Uni-Taschenbücher 901

UTB

Eine Arbeitsgemeinschaft der Verlage

Birkhäuser Verlag Basel und Stuttgart
Wilhelm Fink Verlag München
Gustav Fischer Verlag Stuttgart
Francke Verlag München
Paul Haupt Verlag Bern und Stuttgart
Dr. Alfred Hüthig Verlag Heidelberg
Leske Verlag + Budrich GmbH Opladen
J. C. B. Mohr (Paul Siebeck) Tübingen
C. F. Müller Juristischer Verlag – R. v. Decker's Verlag Heidelberg
Quelle & Meyer Heidelberg
Ernst Reinhardt Verlag München und Basel
K. G. Saur München · New York · London · Paris
F. K. Schattauer Verlag Stuttgart · New York
Ferdinand Schöningh Verlag Paderborn
Dr. Dietrich Steinkopff Verlag Darmstadt
Eugen Ulmer Verlag Stuttgart
Vandenhoeck & Ruprecht in Göttingen und Zürich

Walter L. H. Moll

Taschenbuch für Umweltschutz

Band III: Ökologische Informationen

Mit 6 Abbildungen und 32 Tabellen

Springer-Verlag Berlin Heidelberg GmbH

Dr.-Ing. habil. *Walter L. H. Moll,* geboren 1905 in Berlin, studierte nach dem Besuch des humanistischen Gymnasiums in Weimar Chemie an den Technischen Hochschulen Hannover, Stuttgart und Berlin. 1930 Promotion (Fachbereich Physikalische Chemie) bei Prof. Dr. *Max Volmer* in Berlin. 1939 Habilitation für Kolloidchemie bei Prof. Dr. *Wolfgang Ostwald* in Leipzig. Anschließend als Wissenschaftler in anwendungstechnischen Laboratorien der kunststoffverarbeitenden Industrie tätig. Seit 1970 im Ruhestand und in der Erwachsenenbildung tätig. Zahlreiche wissenschaftliche Originalarbeiten, vorwiegend in der Zeitschrift „Colloid and Polymer Science".

CIP-Kurztitelaufnahme der Deutschen Bibliothek

Moll, Walter L. H.:
Taschenbuch für Umweltschutz / Walter L. H. Moll.
– Darmstadt: Steinkopff
Bd. 3. Ökologische Informationen. – 1980.
   (Uni-Taschenbücher; 901)

ISBN 978-3-7985-0539-1   ISBN 978-3-662-41447-7 (eBook)
DOI 10.1007/978-3-662-41447-7

© 1980 Springer-Verlag Berlin Heidelberg
Ursprünglich erschienen bei Dr. Dietrich Steinkopff Verlag Gmbh & Co., Darmstadt 1980

Alle Rechte vorbehalten. Jede Art der Vervielfältigung ohne Genehmigung des Verlages ist unzulässig.

Einbandgestaltung: Alfred Krugmann, Stuttgart
Satz und Druck: Mono-Satzbetrieb D. Betz GmbH, 61 Darmstadt 12
Gebunden bei der Großbuchbinderei Sigloch, Leonberg

Vorwort

Der vorliegende Band „Ökologische Informationen" ergänzt die beiden vorhergehenden Bände des „Taschenbuch für Umweltschutz" und setzt sie fort. – Die ersten drei Kapitel befassen sich mit den Grundlagen der Ökologie, des Klimas und der Bodenkunde. Das folgende Kapitel „Wasser" leitet über zu den natürlichen Ökosystemen: Binnengewässer, Meere, Wald und Gebirgswelt. Ein zentraler Abschnitt behandelt die Raumordnungspolitik und den Naturschutz. Die Landwirtschaft umfaßt das größte Kapitel, den Schluß bildet ein Nachwort.

Die Unterlagen für das Buch lieferte das Studium einer großen Zahl von Büchern und Fachzeitschriften in der „Technischen Informationsbibliothek" (Hannover, Welfengarten 1 B) und der Bibliothek des Instituts für „Gartenbau und Landeskultur" (Hannover, Herrenhauserstr. 2). – Herausgehoben seien die Veröffentlichungen: „Umweltgutachten 1978" (Bonn 1978) und das vierbändige Werk „Handbuch für Planung, Gestaltung und Schutz der Umwelt" von *K. Buchwald* und *W. Engelhardt* (München 1978), die besonders für ein Weiterstudium geeignet sind.

Der Umfang der einzelnen Kapitel entspricht etwa dem Zahlenverhältnis der Veröffentlichungen in diesem Zeitraum. Die einzelnen Kapitel überschneiden sich notgedrungen. Am Ende eines jeden Kapitels befinden sich die zugehörigen Tabellen und Literaturverzeichnisse. Den Schluß bildet ein zusammenfassendes Register der Bände I, II und III.

Die meisten der über 600 Zitate stammen aus den letzten 3 Jahren. In den zitierten Veröffentlichungen werden aber auch ältere Arbeiten referiert. – Einige Zitate des Buches gehen auf die Jahre 1912 und 1938 zurück, die auch jetzt noch außerordentlich aktuell erscheinen. Die damaligen Erkenntnisse wurden durch zwei Weltkriege verschüttet. Das darf sich nicht wiederholen.

Walsrode, Januar 1980   *Walter L. H. Moll*

V

Inhalt

I. Einleitung

Die weite Verbreitung der Bände I und II dieses Taschenbuches, die wohlwollende Kritik ermutigte zu einer Fortsetzung.

Zu danken ist zunächst dem Verleger, dem viel zu früh verstorbenen *Jürgen Steinkopff,* der die Arbeit durch Ratschläge und Hinweise unterstützte. — Zu danken ist auch den vielen Freunden aus den Bürgerinitiativen, die sich mutig und unermüdlich für ihre Ziele einsetzten und so die Hoffnung auf eine Wende bestärkten. — Der erste Durchbruch der Umweltschutzbewegung zu Beginn dieses Jahrzehnts ist gestoppt worden. Die mächtigen, leitenden Schichten denken in kurzen Zeiträumen, die Manager an den Jahresabschluß, die Parlamentarier an ihre Wiederwahl.

Inzwischen wurden die Bürgerinitiativen selbstbewußt. Von kleinen, lokalen Anfängen, über regionale Zusammenschlüsse sind sie zu einer öffentlichen Macht geworden. Der Kampf gegen die atomaren Gefahren wurde zu einer Volksbewegung. — Immer neue Gefahren werden bekannt. Bürger wehren sich gegen die Zerstörung ihrer Heimat, den Bau von neuen Autostraßen, die Vermarktung der Landschaft. — Die Gefahren der Chemie, ihr Eindringen in fast alle Lebensbereiche wurden erkannt, müssen viel gründlicher untersucht werden. Es genügt nicht die instinktive Ablehnung z.B. der industriell hergestellten, synthetischen Nahrungs- und Heilmittel. —

Aus alternativen Versuchen wächst eine neue Erfahrungswissenschaft, ein neuer Lebensstil.

Das Buch wendet sich an die junge Generation (die jung gebliebenen Alten), die Verantwortlichen in Verbänden und Behörden, nicht zuletzt an die Journalisten. In der Presse, im Rundfunk und Fernsehen müssen sie wieder einmal um ihre Unabhängigkeit kämpfen.

Das Buch soll Grundtatsachen vermitteln, beim Weiterstudium helfen, Denkanstöße geben.

1

II. Ökologie

1. Grundbegriffe

In den Medien, als Titel von Aufsätzen und Büchern trifft man in den letzten Jahren häufig auf das Wort „Ökologie". Dieses bedeutet wörtlich „Haushaltslehre". Gemeint ist hier die gegenseitige Wechselwirkung der Lebewesen untereinander und mit ihrer Umwelt. – Das Wort Ökologie wurde schon 1866 von dem Biologen *Ernst Häckel* gebraucht. 1912 erschien von *R.H. Francé* „Das Edaphon, Untersuchungen zur Ökologie der bodenbewohnenden Mikroorganismen". Unter „Edaphon" verstand *F.* die Gesamtheit der Mikrofauna und -flora. –

In den allgemeinen Sprachgebrauch drang aber das Wort Ökologie erst in den letzten Jahren, als immer weiteren Kreisen bewußt wurde, daß das rücksichtslose Eindringen der Industrie in die Natur (mit Billigung der Gesellschaft) nicht nur einzelne Pflanzen und Tiere, nicht nur Landschaften vernichten, sondern schließlich auch die leibliche und seelische Gesundheit des Menschen zerstören kann. – Im Folgenden sollen zunächst die Begriffe und Grundlagen der Ökologie gebracht werden, insbesondere nach den Büchern von *Odum* (1) und *Stugren* (2). – Dieser etwas abstrakt und theoretisch erscheinende Abschnitt wird dann in den folgenden Kapiteln durch praktische Beispiele veranschaulicht werden.

2. Ökosysteme (nach *Ellenberg* (3))

Ein Ökosystem besteht aus einer Gruppe von Elementen, die miteinander in stetiger Wechselwirkung stehen. Es enthält:
1. *Abiotische* (leblose) Substanzen: Gase, Wasser, Bodensalze. tote organische Substanzen, Humus u.a.
2. *Produzenten* (Erzeuger), das sind insbesondere grüne Pflanzen, die mit Hilfe des Sonnenlichtes aus den abiotischen Stoffen Organismen aufbauen. Diese sind autotroph, d.h. sie ernähren sich selbst.
3. *Makrokonsumenten,* die andere Organismen, Pflanzen und Tiere, auffressen. Sie sind heterotroph, von ihrer Beute abhängig.
4. *Mikrokonsumenten* (Destruenten), das sind Kleinlebewesen (Bakterien, Pilze), die von den Abfällen dieser Prozesse leben, sie in ihre Bestandteile, z.B. Wasser, Kohlendioxid, Salze auf-

lösen und so für einen neuen Kreislauf vorbereiten. – Die
Kreisläufe: Produzenten → Konsumenten sind meist geschlos-
sen. – Die Zahl der Individuen und Arten pendelt um einen
Mittelwert in Abhängigkeit von den äußeren Bedingungen. –
Mit *Biotop* bezeichnet man den Standort, die Lebensstätte der
Organismen, darüber hinaus die Umwelt ihrer Lebensgemein-
schaften. Als Umweltfaktoren sind wichtig das Klima (Tem-
peratur, Feuchtigkeit, Sonnenstrahlung, Wind u.a.) und die
Bodenbeschaffenheit (Oberfläche, Struktur, Mineralstoffe u.a.).
Beispiele für Biotope sind: Seen, Moore, Gebirge, Steppen u.a.
Unter *Biozönose* versteht man die Gemeinschaft der Produ-
zenten und Konsumenten. Kennzeichnend für die meisten
Biozönosen ist ihre Selbstregulierung, ihr biologisches Gleich-
gewicht, ihre relative Stabilität. Sie bilden einen geschlossenen
Kreislauf. Ausnahmen sind offene Ökosysteme wie z.B. Torf.
Biotop und Biozönose sind nur theoretisch voneinander zu
trennen, sie bedingen und durchdringen sich gegenseitig.

3. Energiefluß

In einem Ökosystem, das sich in einem Fließgleichgewicht befindet, bilden die abiotischen Stoffe einen Kreislauf. Der Energiefluß im System stellt dagegen eine Einbahnstraße dar. – Die Sonnenenergie wird nur zu einem kleinen Teil in chemische Energie
umgewandelt. Zuletzt geht alle Energie in Wärme über.
   In dem folgenden Diagramm nach *Odum* wird der Energiefluß
eines Ökosystems dargestellt. Die ,,Vierecke" stellen den Bestand
der Organismen dar (die Biomasse), die enger werdenden
,,Röhren" den Energiefluß. Von oben links strahlt das Sonnenlicht ein (3000 kcal/m^2/Tag). Etwa die Hälfte der Sonnenenergie
wird von den Pflanzen absorbiert. Der größte Teil wird direkt in
Wärme verwandelt. Ein Teil der absorbierten Energie wird für die
Atmung der Pflanze (R) verbraucht.
   Nur etwa 1%–5% werden in chemische Energie P_N verwandelt
(Nahrungsenergie, z.B. Stärke). Von P_N (Nettoproduktion) wird
von den Pflanzenfressern nur 1% genutzt (P_2). Die Fleischfresser
können davon wiederum nur 1% nutzen (P_3). Die kleiner werdenden Vierecke und enger werdenden Röhren im Diagramm sollen
die schlechte Materie- und Energiebilanz veranschaulichen. In
der Nahrungskette: Pflanze – Pflanzenfresser – Tierfresser geht
der größte Teil der Energie verloren.
   Die Nahrungsenergie hat ihren Ursprung in den grünen Pflanzen. Sie geht in der Nahrungskette (dem wiederholten Fressen

und Gefressenwerden) vom Pflanzenfresser zum Tierfresser. Je kürzer die Nahrungskette ist (meist drei Glieder), um so größer ist die verfügbare Nahrungsenergie. Ein Vegetarier braucht für seine Ernährung nur einen Bruchteil der Ackerfläche, die ein Fleischfresser benötigt.

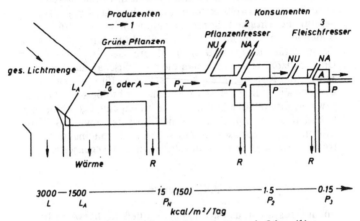

Abb. 1. Energieflußdiagramm einer Nahrungskette nach *Odum* (1)

L_A Absorbierte Lichtmenge

P_G Primärproduktion, die Gesamtmenge des gebundenen organischen Stoffes, einschließlich der von der Pflanze verbrauchten Menge.

P_N Nettoproduktion, die darüber hinaus gespeicherte organische Materie, die für Heterotrophe als Nahrung zur Verfügung steht.

N_A nicht assimilierte Energie.

N_U nicht ausgenutzte (gespeicherte oder abgegebene) Energie.

R Energieverluste durch Atmung.

Aus der Zahlenreihe unter dem Diagramm geht hervor: wenn durchschnittlich 1500 Kilokalorien (kcal) pro Quadratmeter und Tag durch grüne Pflanzen absorbiert werden, können davon nur 15 bis 150 kcal als pflanzliche Nettoproduktion erwartet werden. 1,5 kcal fallen dann auf den Primärkonsumenten (Pflanzenfresser) und nur noch 0,15 kcal auf den Sekundärkonsumenten (Fleischfresser).

4. Primärproduktion

Ein Ökosystem kann der Geosphäre (Boden) oder Hydrosphäre (Wasser) angehören. In beiden kann die Pflanzenmasse und ihre jährliche Produktion stark unterschiedlich sein, wie folgende Tab. 1 nach *Walter* (4) zeigt.

Stugren (2) gab stark abweichende Produktionszahlen. – Das Meer, die Wüsten erzeugen nur 0,1 g (trocken) Biomaterial pro m² und Tag, semiaride Grasfluren, küstennahes Meer, Flachseen, normales Ackerland 1–10 g, Flachwassersysteme, Feuchtwälder, intensiver Ackerbau, natürliche Gesellschaften auf Alluvialflächen 10–20 g/m²/Tag. – 1 g Trockengewicht entspricht etwa 4 kcal.

Nach der Tabelle von *Walter* ist die Pflanzenmasse der Hydrosphäre gering. Sie besteht aus niederen Pflanzen (Einzellern und Plankton). Ihre Jahresproduktion ist relativ hoch. Die Pflanzenmasse der Geosphäre ist dagegen groß, ihre Produktion verhältnismäßig gering. Während die Einzeller im Wasser nur Stunden oder Tage leben, braucht ein Baum zu seiner vollen Entwicklung bis zu 100 Jahre und mehr. –

Assimilation

Die Pflanzen produzieren ihre Masse aus Wasser, Kohlendioxid (aus der Luft) und Mineralien mit Hilfe des Sonnenlichtes nach der Gleichung:

$$6\,CO_2 + 6\,H_2O + 675\ \text{kcal} \underset{\text{nachts}}{\overset{\text{tags}}{\rightleftharpoons}} C_6H_{12}O_6 + 6\,O_2$$

Kohlendioxid + Wasser + Lichtenergie = Kohlehydrat + Sauerstoff

264 Gramm + 108 Gramm = 180 Gramm + 192 Gramm

In der Nacht wird ein Teil der assimilierten Energie wieder veratmet. 1 kcal entspricht 0,23 g Kohlehydrat (Glukose) bzw. 0,28 g Sauerstoff. Die Umsetzung von Sonnenenergie in chemische Energie wird durch den grünen Farbstoff Chlorophyll vermittelt. Die Gesamtchlorophyllmenge pro m² ist ein Indikator für die Primärproduktion pro Zeiteinheit. Die folgende Tabelle gibt den Einfluß der Belichtungsstärke auf den Chlorophyllgehalt und die Effektivität der Produktion.

Wie man aus der Tabelle 2 ersehen kann, ist der Gesamtchlorophyllgehalt stark schwankend. Die Assimilationsrate (Sauerstoff- bzw. Kohlehydratausbeute je Gramm Chlorophyll) ist klein in Gesellschaften mit gegenseitiger Beschattung oder geringer Gesamtbelichtung. Sie ist groß an der Oberfläche von Seen und ihren Randschichten (Feuchtgebieten). Je dichter der Boden bewachsen ist, desto höher verlagert sich die aktive Oberfläche. In dicht bewachsenen Wiesen wird der Erdboden kaum bestrahlt. In geschlossenen Wäldern stimmt das Kronendach mit der aktiven Oberfläche überein.

5. Begrenzungsfaktoren

Ein Ökosystem kann durch den Kreislauf der Materie reguliert werden. Auch physikalische Größen können das System begrenzen (z.B. Temperatur, Licht). Wenn einer der Grundstoffe stark vermindert oder aber im großen Überfluß auftritt, bricht das System zusammen (Beispiele: Wasser in der Savanne, Überdüngung eines Sees). – Von einer bestimmten Fläche der Erde können viel mehr Pflanzenfresser leben als Fleischfresser. Eine Rechnung ergibt: Ein Gramm Pflanzenbiomasse (trocken) enthält etwa 4 kcal, ein Gramm tierische Biomasse 5 kcal. Zu ihrer Erzeugung werden aber acht Gramm Pflanzenmasse gebraucht. – Wo Energie gespeichert wird (in Samen der Pflanzen oder im Körper wandernder oder überwinternder Tiere) werden 7–8 kcal/g erreicht. – Im ökologischen Gleichgewicht ist die jährliche Produktion an organischer Masse gleich dem Gesamtverbrauch (P/R = 1). Das ist der Fall in einem autarken System (z.B. tropischer Regenwald). Ein Gleichgewichtszustand kann auch eintreten, wenn die Bruttoproduktion plus Zufuhr gleich der Gesamtveratmung ist (bestimmte Arten von Flußökosystemen), ebenso wenn die Nettoproduktion gleich der Veratmung plus Entfernung eines Teiles der Produktion ist (Stallhaltung von Tieren in der Landwirtschaft). – Wenn die Primärproduktion und die heterotrophe Nutzung nicht gleich sind, also P/N erheblich größer oder kleiner als 1 ist, zum Beispiel organisches Material sich anhäuft oder erschöpft wird, kann sich ein neues Ökosystem bilden. – Ein ökologisches System befindet sich also in einem labilen Gleichgewicht. Nur bis zu einer bestimmten Grenze behält es die Fähigkeit zur Selbstregulierung.

Darüber hinaus tritt eine neue Entwicklungsstufe auf. Diesen Vorgang nennt man eine ökologische Sukzession (z.B. Entwicklung eines Waldes auf einem Brachfeld). – Wenn die Ursache der Sukzession mehr physikalischer Art ist (z.B. eine Temperaturänderung), können sich natürliche, unbeeinträchtigte Ökosysteme zu einer Schlußgesellschaft entwickeln, Klimax genannt.

Eine Voraussetzung der Selbstregulierung einer Population (Bestand von Arten in einem Lebensraum) ist die Möglichkeit, die Fortpflanzung zu regeln. Einige Populationen zeigen eine Verminderung der Wachstumsrate, wenn die Bestandsdichte ansteigt. Andere Populationen vermehren sich exponentiell, bis eine Katastrophe eintritt (infolge Nahrungsmangel, Dezimierung durch Räuber, Seuchen). Nach *Allen* gibt es noch eine dritte Art der Wachstumsregulierung. Bestimmte Tierarten, die in Schwärmen oder Kolonien leben (z.B. Seemöven), streben eine optimale Dichte an und erhöhen bzw. vermindern entsprechend ihre Wachstumsrate. – Aus noch ungeklärten Gründen funktioniert die Selbstkontrolle in bestimmten Zeitabschnitten nicht. Die Lemminge (Wühlmäuse) haben alle 3–4 Jahre eine zu hohe Vermehrungsrate und stürzen sich dann in das arktische Meer. – Die nadelfressenden Raupen des Kieferspinners vermehren sich alle 5–10 Jahre explosionsartig. Dann sind ungefähr 10000 Puppen pro 1000 m^2 vorhanden (normale Dichte: 1 Puppe je 1000 m^2). – Im allgemeinen wird aber die optimale Bevölkerungsdichte durch die Konkurrenz erhalten. Ein Vogelmännchen verteidigt in der Brutzeit sein Territorium durch lautes Singen. – Wüstensträucher haben einen bestimmten Abstand voneinander entsprechend der verfügbaren Wassermenge . – Eine wirksame Regulierung des biologischen Gleichgewichts erfolgt durch die Räuber/Beute Beziehung. *Hempel* (5) berichtete über das Gleichgewicht von Nordseefischen (Kabeljau, Schellfisch, Makrele, Hering). – Das Fließgewicht am Beispiel Feldmaus/Bussard wurde dargestellt durch *Gürtler* und *Winkel* (6). Durch Zählung bzw. Schätzung der Bussard- und Mäusepaare auf einer bestimmten Fläche über einige Jahre erhalten sie typische Populationswellen. Eine starke Vermehrung der Feldmäuse bewirkt ein Ansteigen der Zahl der Bussarde. Die durch sie bewirkte starke Verminderung der Mäusezahl (ein Bussardpaar frißt im Jahr 1500 Mäuse) führt zu einem Nahrungsmangel der Bussarde, deren Zahl abnimmt. Die Folge ist wieder eine Vermehrung der Mäuse usw. Selbstverständlich spielen noch andere Faktoren mit: die Zu- und Abwanderung der Bussarde, ihre Verfolgung durch Jäger, weiter, die Bekämpfung der Mäuse durch Giftweizen und Seuchen. Begünstigt werden die Mäuse durch Ausrottung der Füchse u.a., nicht zuletzt spielt das Wetter mit. Im langjährigen Durchschnitt ergibt sich im Idealfall ein Feldmaus/Bussard Gleichgewicht, auch ohne das oft stümperhafte Eingreifen des Menschen.

6. Ökologie und Ökonomie

Die Herrschaft des kurzfristigen ökonomischen Denkens wird immer deutlicher zu einer schweren Bedrohung für den Fortbestand der Natur, das Überleben der menschlichen Gesellschaft. – Schon 1973 diskutierte *Kayser* (7) in ihrem Referat ,,Vom ökonomischen zum ökologischen Denken" die Erweiterung des ökonomischen Grundsatzes, daß ein maximaler Nutzen nur mit einem minimalen Aufwand verbunden sein darf. ,,Bei möglichst kleinem

7

Aufwand muß möglichst lange ein möglichst großer Nutzen gezogen werden können, wobei die Priorität eindeutig bei dem Faktor Zeit zu setzen ist." „Ökonomisch handeln auf lange Sicht ist gleichbedeutend mit ökologisch handeln." Sie verlangte z.B. die Durchführung des „Verursacherprinzips", die Reform der Kraftfahrzeugsteuer und andere gute Ansätze der damaligen Zeit. – Über das gleiche Thema schrieb 1977 *Schaefer* (8). Am Beispiel der Deichbauten an der Westküste von Schleswig-Holstein zeigte er das kurzfristige Denken der Behörden trotz Warnungen der Ökologen. Der Deich wird verkürzt, ein erheblicher Teil des Wattenmeeres trockengelegt. So wird Land gewonnen, die Unterhaltungskosten für den Deich werden gesenkt. Andererseits entfällt ein großer Teil des Meeres als Futter- und Rastplatz der Vögel und ein Laich- und Nahrungsreservoir der Fische. Langfristig wird die Ökologie der Nordsee und der Fischfang geschädigt. Die Sommertouristen könnten abwandern. Man muß die ganze Erde wie ein Gut betrachten und von ihr Ökonomie lernen (*Novalis*).

7. Ökologische Literatur

Die Literatur über Ökologie ist im letzten Jahrzehnt stark angewachsen. Sie hat sich auf eine Reihe Spezialgebiete ausgedehnt. Über „Ecological Principles for Economic Development" schrieben *R.F. Dasmann* u.a. (Chichester 1973), „Energy, Ecology, and Economics" *H.T. Odum* (AMBIO, 2, 220–227, 1973). – *Winkler* gab eine „Einführung in die Pflanzenökologie" (Stuttgart 1973), *Schildknecht* referierte über „Chemische Ökologie" (Angew. Chemie 88, 235–243, 1976). *Stugren* erörterte die mathematisch-physikalischen Zusammenhänge in seinem Werk „Grundlagen der allgemeinen Ökologie" (Jena 1974). *Remmert* „Ökologie" (Berlin 1978). *Turk* u.a. betonten in ihrem Werk „Ecology, Pollution, Environment (Philadelphia 1972) die pädagogische Aufgabe der Ökologie. *Freye* „Kompendium der Humanökologie" (Jena 1978). *Steubing* referierte über „Ökologie als Grundlage des Umweltschutzes" (Umschau 72, 40, 1972), *Wilmanns* über „Ökologische Pflanzensoziologie" (Heidelberg 1978), *Gossow* über „Wildsoziologie" (München 1976). Zur Praxis und Theorie der Ökologie trug *Ellenberg* wesentlich bei in seinem Werk „Vegetation Mitteleuropas mit den Alpen in ökologischer Sicht" (Stuttgart 1978). – Nach Ansicht von *Walter* in seinem Werk „Die ökologischen Systeme der Kontinente" (Stuttgart 1976) wird von den Botanikern die Bedeutung der Vegetation im Ökosystem überbetont, der Umweltfaktor nicht genügend berücksichtigt. „Bestimmend für ein Ökosystem ist vor allem das Großklima, das durch die Temperatur-, Hydratur- (d.h. Anlagerung von Wasser) und Strahlungsverhältnisse erst die Grundlage für das Pflanzenwachstum und die Bodenbildung schafft". Die Gliederung der Ökosysteme sollte in der Reihenfolge: Großklima — Boden — Vegetation erfolgen. Nach *Franz* „Ökologie der Hochgebirge" (Wien 1979) treten die ökologischen Zusammenhänge in extremen Lebensräumen, wie es die Hochgebirge sind, besonders deutlich hervor.

Anhang: Ökologisches Manifest der „Gruppe Ökologie"

**Geschäftsstelle: Hubert Weinzierl, 807 Ingolstadt, Parkstraße 6
Tel. 0841/6031**

Der Mensch ist ein Teil der Natur, von der er lebt.

Der Mensch kann nicht gegen die Natur leben, er muß sich ihr anpassen, wie alle anderen Lebewesen auch.

Der Mensch kann sich allerdings als einziges Lebewesen selber ausrotten — und zwar durch seine massenhafte Vermehrung.

Die Schätze der Erde haben ihre Grenze erreicht, der Tag ist abzusehen, an dem der Erdboden die Menschen nicht mehr ernähren kann, die Rohstoffe zu Ende gehen und die Fruchtbarkeit des Bodens nachläßt. Die Natur läßt sich nicht vergewaltigen.

Wer die Übervölkerung weiterhin fördert, bringt uns dem gemeinsamen Selbstmord näher. Hunger, Elend, Haß und Gewalt sind die Folgen der Übervölkerung. Massenvermehrung erzeugt Massenelend und oft genug Massenvernichtung!

Fortschritt und Technologie sind nicht mächtig genug, dies abzuwenden.

Wenn wir uns retten wollen, dann müssen wir die Natur für den Menschen vor dem Menschen schützen. In Sorge um die allernächste Zukunft hält es die Gruppe Ökologie daher für nötig, daß überall auf der Welt Überlebensstrategien entwickelt werden, nach denen das Bevölkerungswachstum rasch und weltweit eingedämmt wird.

Auch der Ideologie, daß nur das wirtschaftliche Wachstum die Zukunft sichere, muß ein Ende bereitet werden. Die ökonomischen Ziele des Menschen müssen sich nach den Grenzen der Natur richten.

Diese Grenzen benennt uns die Ökologie, die umfassende Wissenschaft vom Zusammenwirken aller Erscheinungen der Natur einschließlich des Menschen. Die ökologischen Erkenntnisse können lebensrettend sein.

Die Gruppe Ökologie stellt fest: Auch in unserem Land besteht die Gefahr, daß wir in unseren eigenen Abfällen ersticken. Das wirtschaftliche Ziel der nächsten Zukunft darf deshalb nicht die hemmungslose weitere Ausbreitung industrieller Anlagen sein, sondern ein Notprogramm, das die vorhandene Industrie daran hindert, die Lebensbedingungen in unserem Lande weiter zu verschlechtern.

Die **Gruppe Ökologie** anerkennt, daß der Mensch nicht mehr existieren kann ohne die industrielle Technisierung; sie stellt aber auch fest, daß diese Industrialisierung kein Selbstzweck sein darf, sondern sich an den Gegebenheiten der Natur orientieren muß. Eine Wirtschaftspolitik, die um höhere Umsätze willen das Land zerstört, in dem ihre Verbraucher leben, ist kurzsichtig. Für die betroffenen Menschen ist es gleichgültig, unter welchem Gesellschaftssystem dies geschieht.

Das vorrangige Ziel einer ökologischen Überlebensstrategie ist die Erhaltung und Wiederherstellung gesunder, funktionsfähiger Landschaften, in denen sich der Mensch wohlfühlt. Je gesünder eine solche Landschaft ist, um so mehr Pflanzen- und Tierarten leben dort. Solche ausgewogene, natürliche Erholungslandschaften können durchaus von Menschen genützt werden.

Zu warnen ist jedoch vor dem Raubbau an unseren Landschaften durch eine fabrikähnliche Land- und Forstwirtschaft, die maximale Erträge erzielen will. Das führt zwangsläufig zu verödeten, monotonen Landschaften, weil der höchste Ertrag nur durch vollständige Technisierung und die größtmögliche Verwendung von hochwirksamen Chemikalien möglich ist. Das Ergebnis sind riesige Landschaftsteile, die nur von einer einzigen Pflanzenart (zum Beispiel von Fichten) bewachsen sind.

In solchen Landschaften werden alle diejenigen Pflanzen und Tiere ausgerottet, die nicht der Produktion der erwünschten Pflanzen dienen. Das ökologische Gleichgewicht der Natur wird damit unstabil, von Jahr zu Jahr müssen mehr Gifte zur Pflege der Monokulturen verwendet werden. In solchen langweiligen, unästhetischen Landschaften kann sich der Mensch so wenig erholen, wie in den Industriegegenden.

Die **Gruppe Ökologie** fordert daher, daß keine Steuergelder mehr für die Umwandlung gesunder Kulturlandschaften in solche Pflanzenfabriken ausgegeben werden. Selbst wenn dann ganze Behörden aufgelöst werden müssen. Die Gesellschaft muß sich entscheiden, ob sie eine Umwelt haben will, in der es eine Freude ist zu leben, oder ob die Landschaft weiterhin falschen Wirtschaftszielen, bürokratischem Selbstzweck und den Interessen einzelner geopfert werden soll.

Gesunde Landschaften kosten allerdings Geld – ein Bauer, der an die Landschaftspflege denken soll, statt an seinen Gewinn, muß dafür von der Gesellschaft entschädigt werden. Diese Ausgaben sind jedoch zwingend, wenn unser Land lebenswert bleiben soll. Subventionen für die Gesundheit der Landschaft nützen ausnahmslos der Gesundheit aller Mitbürger.

Die **Gruppe Ökologie** warnt auch vor den noch nicht absehbaren Folgen der Rückstände chemischer Stoffe im Boden, im Wasser, in der Luft und in den Körpern aller Lebewesen. Überall reichern sich die Rückstände von Pflanzen- und Insektengiften der Land- und Forstwirtschaft an. Dazu gefährden uns die Rückstände von Arzneimitteln aus der völlig unbiologischen Massenhaltung gequälter Nutztiere. Der Mensch lebt heute schon von oft qualitativ minderwertiger und chemisch verunreinigter Nahrung.

Die **Gruppe Ökologie** unterstützt alle Bestrebungen des technischen Umweltschutzes zur Reinhaltung von Wasser und Luft, zur Lärmvermeidung und zum Kampf gegen gesundheitsgefährdende Gifte. Sie will den Zeitgenossen darüber hinaus bewußt machen, daß diese Gefahren nur die

Folgen des menschlichen Raubbaues an unseren natürlichen Hilfsquellen sind. Chaotische Entwicklungen müssen überall durch ökologisch sinnvolle Pläne für die Zukunft ersetzt werden.

Die Gruppe Ökologie sucht die offensive Auseinandersetzung mit einer Gesellschaft, die allzu oft nur den Profit im Herzen und den Umweltschutz nur auf den Lippen trägt.

Prof. Dr. Dr. *Konrad Lorenz*

Literatur zu II (Ökologie)

1. *Odum, E.P.*, Ökologie (München 1972). – 2. *Stugren, B.*, Grundlagen der allgemeinen Ökologie (Jena 1974). – 3. *Ellenberg, H.*, „Okosystemforschung" (Berlin 1973), „Vegetation Mitteleuropas mit den Alpen in ökologischer Sicht" (Stuttgart 1978). – 4. *Walter, H.*, „Die ökologischen Systeme der Kontinente" (Stuttgart 1976). – 5. *Hempel, G.*, Umschau 78, 271 (1978). – 6. *Gürtler, R.F., Winkel, G.*, Arbeitshilfe zur Praxis des Umweltschutzes (Hannover 1975). – 7. *Kayser, C.*, Vom ökonomischen Denken zum ökologischen Denken. Friedrich-Naumann-Stiftung (Hannover 1973). – 8. *Schaefer, G.*, Umschau 77, 771 (1977). – *Tischler, W.*, „Einführung in die Ökologie" (Stuttgart 1979). – *Kreeb, K.H.*, „Ökologie und menschliche Umwelt. Geschichte – Bedeutung – Zukunftsaspekte" (Stuttgart 1979). – *Schwerdtfeger, F.*, „Lehrbuch der Tierökologie" (Hamburg 1978). – *Butler, G.C.*, „Principles of ecotoxicology" (Chichester 1978). –

Tab. 1. Pflanzenmasse und -produktion auf der Erde und im Wasser (4)

	Fläche in 10^6 km^2	Pflanzenmasse in 10^9 t	Produktion pro Jahr in 10^9 t
Geosphäre	149	2000	150
Hydrosphäre	361	3	60

Tab. 2. Chlorophyllgehalt und Assimilationsrate (nach *Odum*)

Pflanzen-gesellschaften	geschichtet	beschattet	sich mischend	dünnschichtig hell beleuchtet
Beispiele	Wälder, Savannen, Getreide	Winter- bzw. Unterwassergesellschaft	Phytoplankton in Seen und Meer	flaches Wasser, junges Getreide
Chlorophyll-gehalt g/m^2	0,4–0,3	0,001–0,5	0,02–1,0	0,01–0,6
Assimilationsrate g O$_2$/h g Chlorophyll	0,4–4,0	0,1–1,0	1–10	8–40

III. Klima

1. Allgemeines

Unter Klima versteht man „die meteorologischen Zustände und
Vorgänge während eines Zeitraumes, der hinreichend lang sein
muß, um alle für diesen Ort bezeichnenden atmosphärischen Vor-
kommnisse in charakteristischer Häufigkeitsverteilung zu erhalten" (*Schneider – Carius*). Als „Klimaelemente" bezeichnete
Georgii (1) die Strahlung, Temperatur der Luft, Niederschlag,
Luftfeuchtigkeit, Bewölkung, Luftdruck u.a., als „Klimafaktoren" die geographisch bestimmten Elemente (geographische
Länge und Breite, Höhenlage u.a.). Hier soll vor allem das Großklima behandelt werden (nicht das Regional- und Lokalklima).
Zur Kennzeichnung des Klimas sind Messungen der Temperatur,
der Niederschläge u.a. etwa 30 Jahre lang erforderlich. In dieser
Zeit weist das Klima im allgemeinen geringe Schwankungen um
einen Mittelwert auf. In unserer Zeit sind die Schwankungen relativ stark, so daß der Verdacht einer Klimaänderung besteht.
Kurzzeitige (z.B. Wochen, Monate) lokal begrenzte starke
Schwankungen werden besser als Wetter- bzw. Witterungs-Ano-
malien bezeichnet. – In der „Euro-Umwelt" vom 21. 10. 78
werden einige Witterungsextreme seit 1960 aufgeführt: In England waren z.B. 1962/63 der kälteste, 1963/64 der trockenste
Winter seit 1740 (bzw. 1743), 1974/75 der mildeste Winter seit
1834. – Im November 1972 verwüstete der heftigste Orkan die
Wälder Niedersachsens. Im selben Jahr richtete ein Hurrikan im
Osten der USA einen Schaden von 3 Mrd Dollar an, das schwerste
Unwetter Nordamerikas. – Eine Hitzewelle in Westeuropa ließ
1975 (4.–11.8.) die Temperaturen um über 2° C über die bisherigen Höchstwerte steigen, 1976 wieder Hitzewelle in Westeuropa mit einem Hitzemaximum in England. Moskau erlebte
im Mai 1979 die stärkste Hitzewelle seit 100 Jahren. Im Februar
1979 wurde Südkalifornien durch einen Schneesturm lahmgelegt.
Dort hatte seit 80 Jahren ein sonniger und milder Winter ge-
herrscht. – Diese für die Zeitgenossen eindrucksvollen Wetter-
sprünge erlauben wegen ihrer relativ kurzen Dauer keinen Schluß
auf eine Klimaänderung. Bedeutungsvoller sind Feststellungen
wie z.B. von *Roczinik* (2): „Deutschland hatte von 1966–1970
die ergiebigsten, von 1971–1975 die geringsten Fünfjahres-Nieder-
schläge der letzten 100 Jahre." Die Sorge wächst, daß die Menschen selber das Klima ändern, in den letzten Jahrzehnten unbeabsichtigt, in Zukunft mit bestimmten Zielen. Bei dem geistigen

Zustand der Regierenden in Ost und West könnte das Wetter als Waffe eines Wirtschaftskrieges oder einer militärischen Auseinandersetzung mißbraucht werden.

2. Klimaelemente

2.1. Wärmehaushalt

Die Erde bezieht fast ihre gesamte Energie von der Sonne. An der äußeren Grenze der Atmosphäre erhält jeder Quadratcentimeter eine Strahlungsenergie von etwa 2 Kalorien pro Minute (,,Solarkonstante"). Im Sommer (Sonnenferne) sind es 1,94 cal/cm^2 x min, im Winter (Sonnennähe) 2,06 cal/cm^2 x min. Diese für das Klima bzw. seine Änderung entscheidende Größe ist erstaunlicherweise nur zu etwa 1% genau gemessen. Eine Abnahme um 1% könnte eine kleine Eiszeit einleiten. Zur Zeit bemüht man sich, die Solarkonstante auf 0,15% genau zu bestimmen (3). – Die Sonne ist ein alternder Stern, kühlt sich langsam ab. Einen Einfluß auf eine Klimaänderung konnte bisher nicht bewiesen werden. – Insbesondere der 11-Jahre-Zyklus wird seit langem untersucht, eine Beziehung zum Klima vermutet. Nach *Suess* (4) ist man einen Schritt in der Erkenntnis weitergekommen. Die von der Sonne im 11-Jahre-Zyklus ausgestrahlte Gesamtenergie ändert sich kaum merklich. Nur die kurzwellige, ionisierende Strahlung und die Korpuskularemission der Sonne ist während eines Fleckenminimums ,,um Größenordnungen stärker als zu ruhigen Zeiten." – Seit langem weiß man, daß Klimaschwankungen auch aus der Breite von Baumringen festgestellt werden können. Nach *Suess* ist der Gehalt der Baumringe an radioaktivem Kohlenstoff (C_{14}) besonders hoch in Zeiten der ruhigen Sonne.

In dieser Periode ist der Anteil der ionisierenden Höhenstrahlung besonders stark, durch die C_{14} produziert wird. Datierte Holzproben aus dem 17. Jahrhundert wiesen einen hohen C_{14} Gehalt auf. Von 1640 bis 1710 fielen die Sonnenflecken fast völlig aus. Der Gehalt der Baumringe an Radiokohlenstoff stieg um 2%. In dieser Zeit war in Europa ein ungewöhnlich kaltes Klima mit sehr strengen Wintern. Auch in den USA waren gleichzeitig die Jahresringe der Bäume extrem wenig gewachsen. *Suess* verfolgte diese Gesetzmäßigkeit mit Hilfe alter Holzproben auf achttausend Jahre zurück und erwartet durch weitere Messungen einen Anschluß an die letzte große Eiszeit. *Suess* vertritt die Meinung, daß die Sonne einen viel stärkeren Einfluß auf das Klima hat, als man bisher angenommen hat. Vermutet wurden Änderungen der Erdbahn, Neigung der Erdachse u.a. (5). – Offenbar besteht eine Beziehung zwischen dem 11-Jahre-Zyklus der Sonne, ihrer Ultraviolettstrahlung und als Folge: Schwankungen des Ozongehaltes und der Temperatur der Stratosphäre (Troposphäre) (38). – Von der Sonnenstrahlung fallen auf den sichtbaren Teil des Spektrums 56%, auf das Ultrarot 36%, das Ultraviolett 8%. – 34% der Sonnenstrahlung werden von den Luftmolekülen, den Wolken, den Schneeflächen u.a. in den Weltenraum reflektiert (zurückgeworfen). Nur 29% der Strahlung erhält die Erdoberfläche direkt. 15% werden von den Wolken und dem Dunst absorbiert. 22% gelangen nach der Streuung in der Atmosphäre als „diffuse Himmelsstrahlung" zur Erde. Die Wettervorgänge vollziehen sich in der Troposphäre, die an den Polen bis in eine Höhe von 10 km reicht, am Äquator bis etwa 17 km. Mehr als die Hälfte der Sonnenenergie entfallen auf die tropische Zone vom Äquator bis zum 30. Breitengrad. Je ein Drittel der absorbierten Sonnenenergie dient zum Erwärmen der Luft, des Ozeans und zur Verdunstung von Wasser. Die feuchtwarmen Luftmassen in der tropischen Zone steigen 10–12 km hoch, gelangen dort in den Bereich des „Jet-Stream" (Strahlstrom), in dem Geschwindigkeiten bis zu 100 km/h auftreten.

Der Strom fließt polwärts, wird aber durch die Erdumdrehung abgelenkt, so daß in unseren Breiten eine Weströmung entsteht im Austausch mit den kalten, vom Nordpol strömenden Luftmassen. Die Luftströme stehen in Wechselwirkung mit den ozeanischen Wasserströmungen.

Über den Monsunwechsel im Indischen Ozean berichtete *Schott* (6): „Als einzige der drei großen Ozeane weist der Indische Ozean eine halbjährige Umkehr des Windfeldes auf . . . Rückkopplung des Ozeans auf das atmosphärische System . . . soll untersucht werden". Auch hier scheint man noch am Anfang der Forschung zu stehen.

Durch Temperaturschwankungen der Erdoberfläche ergeben sich Druckschwankungen der Atmosphäre, die sich durch Luftströmungen, Winde, ausgleichen. Außer den horizontalen Luftströmungen finden vertikale Strömungen statt. Beim Aufstieg von trockener, warmer Luft kühlt sich diese um 1 $^\circ$C je 100 Meter ab. Absteigende Luft erwärmt sich. Bei Abkühlung erhöht sich die relative Luftfeuchtigkeit, beim Erwärmen sinkt sie. An der Luvseite aller Gebirge regnet es daher bei feuchter Luft öfters. An der Leeseite ist die Luft trockener und wärmer (Föhn). – In unseren Breiten ist das Wetter meist unbeständig. Die Westwinde haben eine Häufigkeit von 70% (Berlin, Sylt, Irland, Neufundland). – Die Grenzlinien, in denen warme (subtropische) und kalte (polare) Luftmassen zusammenstoßen, nennt man Fronten. Von Kaltfronten spricht man, wenn kalte Luft vorrückt. Ein Temperaturausgleich erfolgt durch die Bildung von Wirbeln (Zyklonen) durch eine Vertikalzirkulation. Oft schieben sich zunächst warme Luftmassen über kalte (Inversion).

2.2. Wasserhaushalt

Die absorbierte Sonnenenergie dient z.T. zum Verdunsten von Wasser. Die höchstmögliche Wasserdampfmenge in der Luft bei $0\,^{\circ}C$ ist 5 g/m³, bei $30\,^{\circ}C$, 30 g (bei Übersättigung mehr). Bei der Verdunstung des Wassers wird Wärme verbraucht, findet Abkühlung statt, beim Kondensieren (Wolken-, Regenbildung) eine Erwärmung. Die Verdampfungswärme des Wassers ist 567 cal/g, die Schmelzwärme 80 cal/g. Die Verdunstung des Wassers erfolgt um so rascher, je größer die Differenz ist zwischen der tatsächlichen Wasserdampfmenge in einem bestimmten Luftvolumen und der maximal möglichen Menge („Sättigungsdefizit"). Die Verdunstung der Ozeane beträgt im Jahr rund 1000 mm Wasser, die mittlere Niederschlagsmenge auf dem Kontinent ist 700 mm, wovon mehr als die Hälfte wieder verdunstet, die andere Hälfte allmählich wieder zum Meer zurückfließt. Die jährliche Niederschlagsmenge im Tropenwald (Amazonas) ist über 1700 mm, in den Wüsten z.T. unter 1 mm.

In einem ausführlichen Bericht über Klimaänderungen von *C.L. Wilson* u.a. (7) wird der Wärme- und Wasserhaushalt der Atmosphäre und Ozeane in den verschiedenen Breitegraden dargestellt. Die Tabelle 8 (S. 75) gibt Auskunft über die Wassermengen in den Weltmeeren, auf dem Festland, im Polareis und der Atmosphäre, weiter ihre mittlere Verweildauer. – Wenn der Niederschlag größer als die potentielle Verdunstung ist, spricht man von einem „humiden" Klima, im umgekehrten Falle von einer „ariden" Klimaregion. Kürzlich stellte *Henning* (8) fest, daß „die Ausdehnung der ariden Räume weit größer ist, als es aus den bisherigen Untersuchungen hervorgeht".

D. Teufel (9) befürchtete eine zunehmende Austrocknung des Festlandes. Der Feinstaubgehalt der Luft nimmt zu. Er bildet Kondensationskeime bei Wasserdampfübersättigung. Ein zunehmender Anteil des Wasserdampfes wird bereits über den Wasserflächen abregnen, gelangt nicht zum Festland. Besonders radioaktive Aerosole sind gute Kondensationskeime. Durch Ölfilme auf weiten Flächen der Weltmeere wird die Wasserverdunstung verringert. Die zunehmende Bebauung des Festlandes, schnelle Ableitung der Niederschläge, Abnahme des Humusgehaltes der

Böden, Absinken des Grundwasserspiegels u.a. wird die Verdunstungsrate auf dem Festland verringern.

Seit 10 Jahren untersuchen die GEOSECS (Geochemical Oceans Section Study) die Meeresströmungen, die Biologie und Geologie der Ozeane. – Die Aufquellzonen an der Küste von Peru und Westafrika sind lebenswichtig für die Fischerei. Kaltes, nährstoffreiches Tiefenwasser bewirkt eine starke Vermehrung des Planktons und der Fische. – Für das Klima ist die Wechselwirkung mit der Atmosphäre entscheidend. Zwischen den Meeresströmen bilden sich Wirbel, die erst in den letzten Jahren entdeckt und untersucht wurden. Sie haben einen Durchmesser von 100 km und mehr (10). – Auch im Mittelmeer wurden Spiralwirbel von einem Durchmesser von 250 km entdeckt, die in eine Tiefe von 2 km reichten. Die angeblich „sichere Beseitigung" von Giften und radioaktiven Stoffen durch Versenken im tiefen Meer darf also nicht fortgesetzt werden. Immer wieder läßt die OECD die Versenkung im Atlantik zu. Die Namen der Verantwortlichen müssen festgestellt werden. – Der Wärme- und Gasaustausch zwischen Meeresoberfläche und Atmosphäre schwankt stark und wird erheblich von Verunreinigungen der Oberfläche beeinflußt. Alle Weltmeere sind einer zunehmenden Ölverschmutzung ausgesetzt, die auf den Schiffsrouten nicht mehr „verdaut" werden können. Bereits eine monomolekulare Schicht von Ölen (Oleylalkohol) verringert die Durchtrittsgeschwindigkeit von CO_2 um 30% (11). In den Ozeanen ist CO_2 in einer Menge gelöst, die 60 mal so groß ist als sich in der Atmosphäre befindet, die wiederum einen Einfluß auf das Klima bekommen kann (siehe unten). – Nach *Kohnke* (Deutsches Ozeanographisches Datenzentrum, Hamburg) kann die Ölschicht die Meeresverdunstung verringern und dadurch das Klima ändern. Die Niederschlagsmenge auf dem Festland wird kleiner, eine Versteppung der Kontinente eingeleitet.

Erstaunlicherweise sind noch weite Gebiete der Erdoberfläche klimatisch kaum erforscht, sogar die sogenannten „Wetterküchen". Die Ozeane spielen eine entscheidende Rolle. Während deren horizontale Strömungen durch die Schiffahrt seit langem bekannt sind, werden vertikale Strömungen erst jetzt erforscht. – Um die Antarktis bewegt sich ein Zirkumpolarstrom, der die drei großen Ozeane miteinander verbindet. Nach *Zenk* (12) gehen von diesem antarktischen Wasserring Bodenströme in Richtung Äquator aus, die erst seit 1975 genauer untersucht werden. – Im Pazifik südlich des Äquators gibt es nach *Hanson* (13) eine mehrere tausend Seemeilen umfassende Zone, in der sich in einem siebenjährigen Zyklus das Meereswasser um 3–4 °C erwärmt, mit entsprechenden Änderungen der Luftströme. „Im Herbst 1971/72 ergab sich eine völlige Umordnung der Temperaturanomalien im Pazifischen Ozean" (14). „Die Ursachen für die Änderungen der Ozeantemperaturen sind noch unbekannt". Insbesondere der „Strahlstrom" in 10 km Höhe wurde dadurch erfaßt. In tausenden Kilometern Entfernung traten Witterungsextreme auf. Auf diese Umordnung werden mehrere Klimakatastrophen zurückgeführt: das Ausbleiben der Monsune in Afrika und Indien, Dürren in der Sowjetunion und im amerikanischen Mittelwesten, Überschwemmungskatastrophen in Bangladesch und im nördlichen Afrika. Eine seit Menschengedenken unbekannte Kältewelle hat Anfang 1977 den Osten der USA heimgesucht. Bei einer längerfristigen Wettervorhersage wäre ein Teil des Schadens vermeidbar gewesen. Das gab den Anstoß, die Klimaänderungen mit einem großen Aufwand genauer zu erforschen. Nach mehrjähriger Vorbereitung begann 1979 das größte internationale Forschungsprojekt, getragen von der WMO (World Meteorological Organization), einer Organisation der UNO. Mit Hilfe von Satelliten, 9000 Bodenstationen, 3000 Flugzeugen, 6000 Schiffen, mehr als 300 Meeresbojen mit Sensoren für Wind, Temperatur, Druck u.a. und 5000 Wissenschaftlern werden ein Jahr lang die wichtigsten Klimadaten gemessen. Die Auswertung erfordert mehrere Jahre. Als ein wichtiges Ergebnis wird eine Wettervorhersage über 10 Tage erwartet.

3. Klimaschwankungen

Eine langfristige Wettervorhersage ist aus verschiedenen Gründen dringend erwünscht. Das Wetter hängt nun von vielen Faktoren ab, die nur ungenau bekannt sind, deren Wechselwirkung noch wenig erforscht wurde. Man begnügte sich daher bis jetzt damit, aus dem Wetterablauf in früheren Zeiten Regelmäßigkeiten zu erkennen und daraus die Tendenz für die kommenden Tage abzuleiten. – Durch Zusammenarbeit verschiedener Naturwissenschaften erkannte man, daß schon in vorgeschichtlicher Zeit Kalt- und Warmperioden miteinander wechselten. In den letzten Jahren machte die Klimatologie große Fortschritte in der Erforschung der Erdgeschichte, insbesondere durch die Isotopentechnik. – Untersuchungen der Tiefseesedimente ergaben, daß in den letzten 700 000 Jahren sieben Eiszeiten auftraten. Die Temperaturen lagen damals drei Grad unter „normal" (dem langzeitigen Durchschnitt), in den dazwischen liegenden Warmzeiten drei Grad über normal. In den Polarzonen waren die Temperaturschwankungen

noch größer. Die exakte Temperaturbestimmung für diese lang
zurück liegenden Zeiten war möglich durch die Messung des Verhältnis der Sauerstoffisotopen O_{16} und O_{18} in Kalkablagerungen
auf dem Meeresgrund. Ein weiteres Hilfsmittel waren Pollenana-
lysen. In der letzten Eiszeit, die vor etwa 10000 Jahren zu Ende
ging, erstreckte sich die Eiszone weit äquatorwärts. Die Eisschicht
erreichte eine Dicke von 3 km. Die mittlere Ozeantemperatur war
im Sommer 2,3 °C niedriger als jetzt. Die Meeresoberfläche lag etwa 100 m tiefer. Das eisfreie Gebiet war bedeckt mit Gras, Steppe, Wüste, der Wald war stark zurückgedrängt (15). *Daansgard*
und *Epstein* (16) untersuchten das Grönlandeis. Die Isotopen-
untersuchung eines 1500 m langen Bohrkerns aus Eis zeigte
jahreszeitliche Schwankungen, die exakt den Temperaturgang von
der letzten Eiszeit bis heute gaben.

Abbildung 2 zeigt die Schwankungen der Temperatur der
nördlichen Hemisphäre um den Durchschnittswert im Verlauf der
historischen Zeit (vom Jahr 900 bis zur Jetztzeit). – Danach gab
es im 12. Jahrhundert eine Warmzeit (Temperaturanstieg von 0,4°
über normal), in der die Wikinger Grönland besiedelten. Auf die
„Kleine Eiszeit" von 1600 bis 1900 mit Temperaturen von 0,5–
1,0° unter normal (in der in kalten Wintern die Ostsee zufror)
folgte die einmalig günstige kurze Warmperiode von 1900 bis

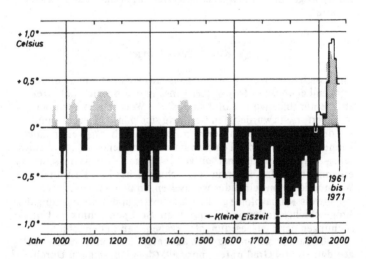

Abb. 2: Temperaturschwankungen um die Durchschnittstemperatur (auf Island) in den Jahren 900 bis 1971 (nach *Bryson* (27))

18

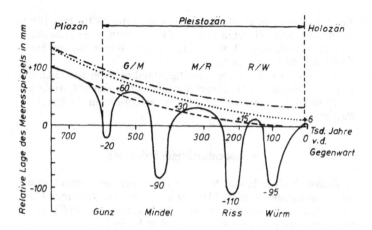

Abb. 3: Schwankungen des Meeresspiegels vor 700 000 Jahren bis zur Gegenwart (nach *Schwarnow* (46))
Die eustatischen Bewegungen des Meeresspiegels während des Pleistozäns durch

—.—.—.—.— Sedimentation in den Meeresbecken
.... tektonische Senkung des Ozeansbodens
— — — — — zunehmende Eisbildung im Pleistozän
——————— Veränderung der Eismassen

1945 mit einem Temperaturanstieg von etwa 0,7°. Seitdem sinkt die Durchschnittstemperatur wieder auf unter „normal". – Die Forscher errechneten eine periodische Schwankung der Temperatur im letzten Jahrtausend mit einem mittleren Abstand der Wärme- und Kältemaxima von 80 Jahren (überlagert von einer Periode mit 180 Jahren). Einen Schluß auf den Temperaturgang der nächsten Jahre kann man aber dem Diagramm nicht entnehmen. – Die Temperaturschwankungen beruhen wahrscheinlich auf einer Änderung des Strahleneinfalls auf der Erde.

Durch welche Einflüsse werden nun die Sonnenaktivitäten geändert? Es liegt nahe, daß die großen Planeten beteiligt sind. Schon in den fünfziger Jahren fand der Radio-Ingenieur *J. H. Nelson,* daß starke Störungen im Übersee-Funkverkehr infolge Veränderungen in der Ionosphäre bei bestimmten Planetenstellungen auftraten. – *R. W. Wood* (Santa Monica, Kalifornien) und *K. D. Wood* (Colorado-Universität) fanden eine gute Korrelation zwischen der Wirkung der Gravitationskräfte der Planeten und den Sonnenaktivitäten zwischen 1610 bis 1960. Diese

Ergebnisse wurden anscheinend kaum beachtet. − Im Jahr 1982 werden die neun Planeten in einer Reihe stehen, wie es nur alle 179 Jahre vorkommt. Vorhergesagt werden Sonnenstürme, Erdbeben und Wetteranomalien.

Schönwiese (17) „Zum aktuellen Stand rezenter Klimaschwankungen". *Heusser* (39) „Direct Marine − Continental Correlation: 150000 Year Oxygen Isotop − Pollen Record from the North Pacific".

4. Unbeabsichtigte Störungen

H. Flohn veröffentlichte 1970 eine Untersuchung: „Produzieren wir unser eigenes Klima?" (18). Er stellte die verschiedenen Faktoren zusammen, die eine bedrohliche Veränderung des Klimas durch menschliche Aktivitäten bewirken könnte.

4.1. CO_2 Konzentration der Luft (Glashauseffekt)

Die derzeitige jährliche Zunahme des Kohlendioxidgehaltes der Luft um 0,7 ppm sollte eine Erwärmung (Treibhausklima, s.a. Buch I) bewirken, wenn z.Z auch andere Effekte zu überwiegen scheinen. Nach *Broecker* (19) könnte der steigende CO_2 Gehalt der Luft in Zukunft eine stärkere Bedeutung gewinnen. *Bolin* (20) untersuchte den Zusammenhang der sich ausdehnenden Forst- und Landwirtschaft auf den CO_2 Gehalt der Atmosphäre. In einer Tabelle (3) gab er Zahlen über die jährliche Nettoproduktion und die Gesamtmenge der Biomasse aller Klimazonen. − *Wang* u.a. (21) zählten eine Reihe anderer Gase anthropogenen Ursprungs auf, die außer CO_2 den Glashauseffekt unterstützen. Diese Gase haben alle die Eigenschaft, daß sie zwar das sichtbare Sonnenlicht durchlassen. Wenn dieses aber auf der Erde durch Absorption in langwelliges Licht (in Wärmestrahlen) umgewandelt wurde, verringern sie die Rückstrahlung in den Weltenraum und bewirken so eine Aufheizung der Erde. Viel diskutiert wird der Einfluß von N_2O, das in großen Mengen bei der übermäßigen Stickstoffdüngung frei wird. Ebenso wirken die Chlorfluorkohlenwasserstoffe, über die später noch zu sprechen sein wird.

Larcher (43) stellte Zahlen über den Kohlenstoffhaushalt auf der Erde zusammen (Tab. 4), siehe auch *Woodwell* (44) „The biota and the world carbon budget".

Hampicke (22) behandelt ausführlich „Das CO_2 Risiko". In den nächsten 50 Jahren könnte es zu einer Verdoppelung des CO_2 Gehaltes der Atmosphäre kommen. Eine dadurch bewirkte globale Erwärmung („Glashauseffekt") würde für die Menschheit eher nützlich als schädlich sein. Gleichzeitig könnte sich eine Temperaturerhöhung am Nordpol von $4,5° -15 °C$ ergeben, was ein Risiko darstellt. Entgegen würde als negative Rückkopplung eine Vergrößerung der Wolkendecke wirken, die eine Abkühlung zur Folge hat, aber noch nicht rechnerisch erfaßbar ist. Unklar ist auch noch, wo das durch die Industrie und die Waldrodung in den tropischen Ländern erzeugte CO_2 bleibt. Nur etwa ein Drittel gelangt in die Atmosphäre, die Hauptmenge offenbar in die Ozeane. – Außer CO_2 geraten auch große Mengen Methan, Ammoniak und Lachgas (N_2O) in die Luft, die ebenfalls den Glashauseffekt verstärken. Daher erscheint nur ein Anstieg des CO_2 Gehaltes der Luft um 50% tolerabel. – Wenn sich der exponentielle Wachstumstrend abschwächt, meint *Hampicke*, ,,daß die Energiebedürfnisse der Menschheit befriedigt werden können, ohne überhastet auf bedenkliche Alternativen wie z.B. die Kernspaltung auszuweichen".

Breuer (23) berichtete über ,,Isotopenuntersuchungen an Jahresringen und das CO_2-Problem". Er hält eine Reduktion des Verbrauchs fossiler Brennstoffe für nicht gerechtfertigt.

Der Kohlendioxidgehalt der Luft (umgerechnet auf elementaren Kohlenstoff C) beträgt z.Zt. 670×10^9 t C. Durch Waldbrände entstehen jährlich $5,7 \times 10^9$ t, von denen ein Nettobetrag von $1,5 \times 10^9$ t in der Luft bleiben. Aus fossilen Brennstoffen entstehen 5×10^9 t (40). Nach sehr kontroversen Diskussionen ist der CO_2 Haushalt noch ungeklärt (41).

H. Flohn (Bonn) betonte besonders engagiert die Folgen einer weiteren Zunahme der CO_2 Konzentration in der Atmosphäre (24). Nach ihm wird in 30–50 Jahren mit einer Wahrscheinlichkeit von 10–50% eine Warmzeit eintreten. Während viele Wissenschaftler von einer mäßigen Erwärmung unseres Klimas Vorteile erwarten, stellt *Flohn* die Frage: ,,Stehen wir vor einer Klima-Katastrophe?". *Flohn* kommt zu dem Schluß: ,,Das Risiko der Verwendung fossiler Brennstoffe ist mindestens ebenso groß wie das Risiko des Betriebes von Kernkraftwerken". Diese Schlußfolgerung wird von *C.F. von Weizsäcker* zusammen mit anderen fragwürdigen Argumenten aufgenommen, auf Grund derer er der Bundesregierung rät, Kernkraftwerke zu bauen. So kann ein Vorurteil eines Spezialisten zu weltpolitischen Entscheidungen beitragen (siehe Nachwort). – Zu dem gleichen Thema äußerte sich Prof. *C. Junge* (Max-Planck-Institut für Chemie in Mainz): ,,Eine Vorhersage der durch den CO_2-Anstieg zu erwartenden Klima-Auswirkungen ist deshalb zur Zeit nicht möglich." – Anläßlich der Weltklimakonferenz 1979 in Genf heißt es in einem Bericht des Max-Planck-Instituts für Meteorologie in Hamburg (Prof. *K. Hasselmann*) : „Die Schätzungen über die Auswirkungen der Kohlendioxidzunahme liegen zwischen null und zehn Grad mittlerer Temperaturzunahme. Da dieser Prozeß vor Jahrzehnten eingesetzt hat, sollte man auch schon eine Temperaturerhöhung messen können." − „Ob es infolge der Zunahme des Kohlendioxidgehaltes der Atmosphäre eine Klimaänderung geben wird, hängt davon ab, wie groß die Wirkung des Kohlendioxids ist, und das läßt sich nur äußerst schwer vorhersagen. Man weiß heute, daß Schwankungen der Sonnenenergie, Änderungen in der Rückstrahlung der Erde, die ihrerseits von der Größe der Wolkenfelder, der Schneedecke und der Eiskappen abhängen, sowie viele anderen Faktoren unser Klima beeinflussen. Ob der Kohlendioxidgehalt der Atmosphäre ein Faktor ist, der über alle anderen Einflüsse dominiert, bleibt abzuwarten". − Nach *Suomi* (45) wird das Klima von 27 Variablen beeinflußt. − *Wefer* (48) und *Broecker* (49) untersuchten den Kreislauf von CO_2.

4.2. Trübung der Atmosphäre

Nach *Flohn* (7) überwiegt z.Z. der zunehmende Einfluß der Trübung der Atmosphäre. Staubteilchen reflektieren die Sonnenstrahlen und bewirken daher eine Abkühlung der Erde.

Über dem Observatorium am Mauno Loa (3394 m) auf Hawai nahm in den Jahren 1958−1967 die Trübung kontinuierlich zu. Auch auf dem Kaukasus nahm in derselben Zeit der Staubgehalt der Luft um ein Vielfaches zu. Gleichzeitig wurde ein Rückgang der Sonnenstrahlung in 4 Observatorien der semiariden Zone der UdSSR beobachtet. Die Zunahme der Trübung beruhte nur zu einem Teil auf Vulkanausbrüchen. Wirksamer war die Luftverschmutzung durch Industrie und Hausbrand, das jährliche Abbrennen der natürlichen Vegetation in den semiariden Savannen, vor allem aber die „Zerstörung der natürlichen Vegetation durch Umwandlung von Steppe in Ackerland sowie durch die unkontrollierte Zunahme des Weideviehs in Wüstensteppen und Halbwüsten, wobei weite Flächen lockeren, z.T. staubartigen Lößbodens . . . der Staubaufwirbelung durch Wind unterworfen wird". − Die Rolle des Staubes für den Wärmehaushalt der Erde ist kompliziert. Er bewirkt eine Rückstrahlung des Sonnenlichts in das Weltall, er absorbiert aber auch die Strahlung und erhöht durch eine Gegenstrahlung die Erwärmung des Erdbodens. Eine besondere Rolle spielen die Teilchengröße und -gestalt, auch die optischen Eigenschaften der Partikel.

Nach dem Ausbruch des Vulkans Mount Agung (Bali) 1963 (1965?) hat man wochenlang die Streustrahlung des Staubes in

22

der unteren Stratosphäre messen können. In dieser Staubschicht war die mittlere Temperatur um 5° gestiegen. − Versuche mit Staub in der Wüste Arizonas ergaben eine Erhöhung der Oberflächentemperatur der Erde, erst bei sehr hoher Staubkonzentration, die praktisch nicht vorkommt, eine Abkühlung (37).

Große Teilchen (Durchmesser größer als 10 μm) setzen sich schnell ab, sehr kleine Teilchen (< 0,2 μm) werden als Kondensationskeime in der Troposphäre verbraucht und regnen ab. Bei einer mittleren Größe von 0,5−1 μm bleiben die Teilchen am längsten schweben. Von dieser Größenordnung ist auch der Staub aus Lößboden im Iran, Pakistan und Russisch-Zentralasien. Dort kann dadurch die Sichtweite im Sommer unter 1 km sinken. − Staub von dieser Teilchengröße gelangt auch unter besonderen Anlässen, z.B. Vulkanausbrüchen, Atomexplosionen, aber auch bei Wirbelstürmen in die Stratosphäre, wo er monate- oder jahrelang verweilen kann, bis er sich allmählich absetzt.

4.3. Wärmehaushalt der Atmosphäre

Flohn (18) befaßte sich auch ausführlich mit der Frage, inwieweit die Energieerzeugung des Menschen und die damit verbundene Temperaturerhöhung eine Klimaänderung bewirken könnte. Als Maß nimmt er ein „Ly" (= 1 g cal/cm^2), die Energieverbrauchsdichte. Nach seiner Tabelle stieg diese von 1962−1967 in der BRD von 2,54 auf 2,82, in Japan von 0,81 auf 1,47 Ly/Tag. Für Nordrhein-Westfalen ergab sich 8,6, für die Industriezonen des Ruhrgebiets Zahlen über 35 Ly/Tag, für die Zentren amerikanischer Großstädte sogar 100−400 Ly/Tag. Wenn die weitere Steigerung des Energieverbrauchs den Erwartungen der Elektrizitätswirtschaft entsprechen sollte, würde die erzeugte Energie in absehbarer Zeit ein Viertel der natürlichen Sonneneinstrahlung erreichen mit kaum absehbaren Folgen nicht nur für das Regionalklima. Eine dadurch bewirkte Erhöhung der Verdunstung würde auch einen starken Eingriff in den Wasserhaushalt bedeuten.

Nach *Barrie* u.a. (25) ist die Erwärmung in der ersten Hälfte des Jahrhunderts und die Abkühlung in der zweiten Hälfte durch die Zunahme der CO_2 Konzentration oder der Aerosolbildung nicht zu erklären. Eine Verdoppelung des CO_2 Gehaltes im nächsten Jahrhundert würde zwar rechnerisch eine Temperaturerhöhung um 2,5 °C bringen. Die dadurch bewirkte Erhöhung der Verdunstung und Zunahme der Bewölkung würde aber dagegen eine Abkühlung bewirken. − Russische Stationen haben eine Abnahme der einfallenden Strahlung um 10% in den letzten 25 Jahren gemessen. In Canada hat sich die Zahl der dunstigen Tage im Sommer von 1953 bis 1971 verdoppelt. − Eine Verdoppelung

der Aerosolkonzentration bewirkt eine Temperaturabnahme von
1–3 °C. Hauptsächlich handelt es sich um Sulfat-Aerosole von
der Teilchengröße 0,1–1 μm.

Brünig (26) untersuchte die Folgen einer weiteren Vernichtung
der tropischen Regenwälder. Sie sind einzigartig durch ihren
Pflanzen- und Insektenreichtum. Darüber hinaus spielen sie eine
wesentliche Rolle in der Biosphäre. Die Tropenwälder haben eine
Albedo (Rückstrahlungsvermögen) von 5–10% (kultivierte Böden
haben 10–15%, Wüsten 25%). Wenn ihre Abholzung fortschreitet,
werden sie am Ende des Jahrhunderts verschwunden sein. Von
den dabei freiwerdenden großen Mengen an CO_2 (durch Verbrennung und Verwesung) werden 10–20% von der nachfolgenden
Vegetation aufgenommen, 40% von den Ozeanen gelöst, 40%
gehen in die Luft. Der CO_2 Gehalt der Luft steigt dann um
10–15%. Der Boden wird schnell unfruchtbar, die Erosion nimmt
rasch zu. Es folgt eine irreversible Änderung des regionalen und
globalen Klimas.

Bryson (27) untersuchte ausführlich den Einfluß kleiner Temperaturschwankungen auf die Vegetation, die Ernteerträge. Die
Wechselwirkung verschiedener Faktoren ist noch nicht zu übersehen, z.T. stehen sie in einem empfindlichen Gleichgewicht.
Kleine Temperaturschwankungen könnten schnell zu unerwar-
teten irreversiblen Klimaänderungen führen.

4.4. Stratosphäre

Oberhalb der Troposphäre, in der sich die eigentlichen Wetter-
vorgänge vollziehen, erstreckt sich die Stratosphäre bis zu einer
Höhe von 80 km. In ihrem unteren Teil herrscht eine Temperatur von −50° bis −80 °C, der Wassergehalt ist sehr klein (2–3
ppm). An der Grenze zur Troposphäre bilden sich zuweilen die
Cirrus-(Feder)wolken, die aus feinsten Eiskristallen bestehen.
Nach der amerikanischen SMIC Studie (7) haben sich die Cirrus-
wolken über den USA von 1965–1970 um 17% vermehrt (über
Denver 100%). Damit steigt die Albedo, das heißt die prozentuale
Rückstrahlung des Sonnenlichts, wodurch eine Abkühlung der Erde bewirkt wird. – Bis vor einigen Jahrzehnten war die Stratosphäre nur für einige Spezialisten von Interesse. Die in diese
Sphäre gelangten Gase und Staubteilchen können dort jahrelang
verweilen, da es dort kaum Luftströme und Niederschläge gibt.
Stratosphärenflugzeuge werden in zunehmendem Maße im Fern-
verkehr in Höhen bis 15 km eingesetzt und reichern die Sphäre
mit Abgasen an. Dadurch könnte ebenfalls das Klima beeinflußt
werden. Die Fluggäste, insbesondere die Stewardessen, klagten
über Beschwerden, die als Ozonvergiftung erkannt wurden. Ozon

entsteht in der Stratosphäre durch Einwirkung kurzwelliger Sonnenstrahlen auf den Luftsauerstoff. Dieses Ozon hat nun eine wichtige biologische Funktion. Es absorbiert den kurzwelligen Anteil des ultravioletten Lichtes, das auf der Erde alles Leben abtöten würde. – Die Ozonschicht wird nun wiederum durch verschiedene Abgase zerstört. Seit mehreren Jahren wird die Rolle der Chlorfluorkohlenwasserstoffe diskutiert, die als Treibgas in Spraydosen und in Kühlaggregaten verwendet wird (s. a. Band II, 142). Es wurde bereits gezeigt, daß die meisten Sprays überflüssig oder sogar schädlich sind. Die Industrie versucht mit großem wissenschaftlichem Aufwand ein Verbot hinauszuschieben.

In der Zwischenzeit werden Versuche gemacht, die Chlorfluorverbindungen durch andere Treibgase zu ersetzen. Die angesehene USA Organisation „National Research Council" kam zu dem Schluß, für die Anwendung von Chlorfluorstoffen für Aerosole (Spraydosen) zum Januar 1978 ein Verbot zu fordern, für die anderen Verwendungszwecke starke Einschränkungen. Eine Zusammenfassung der verschiedenen Argumente (29). – Nach *Galbally* (30) ist nun die Chlorabgabe (Ozonzerstörung) durch CCl_4 (Tetrachlorkohlenstoff) noch dreimal größer als bei der Photolyse von Chlorfluorstoffen. CCl_4 und andere stabile Chlorverbindungen, die erst in der Stratosphäre zersetzt werden, sind viel schwerer in der Industrie zu ersetzen. Viele organischen Chlorverbindungen haben sich in den letzten Jahrzehnten als verhängnisvoll erwiesen. Sie entstehen auch bei der Chlorung des Trinkwassers.

4.5. Ionosphäre

Die Ionosphäre erstreckt sich in einer Höhe von 60 km bis 5000 km und ist gekennzeichnet durch einen hohen Ionengehalt. Diese elektrisch geladenen Teilchen entstehen durch die kurzwellige Sonnenstrahlung. Ihre praktische Bedeutung bestand früher darin, daß die Ionenschichten die Radiowellen der Sender reflektieren und so einen Funkverkehr über weite Strecken ermöglichen. Auch diese Schichten droht der Mensch zu verändern, und zwar durch Emission von radioaktiven Edelgasen, insbesondern Krypton (Kr-85). Kr-85 fällt in größeren Mengen bei der Wiederaufarbeitung von verbrauchten Kernbrennstoffen an. Seine Halbwertszeit (das ist die Zeit, in der das Element zur Hälfte zerfällt) ist über 10 Jahre. Beim Zerfall werden Elektronen emittiert, als Endprodukt entsteht das Alkalimetall Rubidium. Geschädigt werden Haut und Lunge. Die KEWA GmbH (Kernbrennstoff-Wiederaufbereitungsanlage) hat im Juli 1975 ein Konzept für die geplante Anlage verfaßt. Darin heißt es auf Seite 15: „Nach dem heutigen Entwicklungsstand ist insbesondere für Krypton bei Inbetriebnahme der Anlage noch nicht mit dem Einsatz einer funktionstüchtigen Rückhalteeinrichtung mit ausreichendem Rückhaltefaktor zu rechnen". Wenn eine 90%ige Rückhaltung gelingt, ist danach immer noch mit einer jährlichen Emission von 1,5 Mio Curie zu rechnen. − Nach einer Anhörung des Deutschen Bundestages am 9. 6. 79 kann sogar eine jährliche Gesamtemission von Kr-85 mit 10 Mrd Curie angenommen werden. - Eine 30 Millirem Hautbelastung darf pro Jahr nicht überschritten werden. Nach *Boeck* (31) muß die jährliche Kr-85 Emission unter 10 Mio Curie gehalten werden, um die für die Lunge und blutbildenden Organe zugelassenen Konzentration von 300 Nanocurie im m^3 einzuhalten (Nano = 1 Milliardelstel).

Als Physiker richtete *Boeck* sein Augenmerk auf andere Gefahren. Krypton-85 wirkt stark ionisierend. Bisher konnte man die Erdkugel als einen Kondensator betrachten. Die Erdoberfläche hatte eine negative Ladung, die positiv geladene Gegenelektrode bildete die Ionosphäre. Durch dieses Spannungsverhältnis wird die elektrische Struktur der Atmosphäre bestimmt. Durch das ionisierende Kr-85 und andere radioaktive Zerfallsprodukte kann das Wetter in unvorhersehbarer Weise und nicht umkehrbar verändert werden, in den nächsten Jahrzehnten. Die Diffusion des Kr-85 in die Ionosphäre benötigt längere Zeit. − Aus diesem Grund und vielen anderen muß die sofortige Stillegung aller atomarer Anlagen gefordert werden.

4.6. Strahlenklima der Erde

Die Beziehungen zwischen den lebenden Organismen und der strahlenden Umwelt können hier nur kurz erwähnt werden. Die elektrischen Energien erstrecken sich über 24 Potenzen der Wellenlänge bzw. der Schwingungsfrequenzen. Nach der Abbildung 4 von *König* sind technisch und biologisch wichtig Schwingungen mit den Wellenlängen 10^8 bis 10^{-16} Meter bzw. Frequenzen von $3,10^0$ bis $3,10^{24}$ Hertz. Das sichtbare Licht stellt nur einen ganz kleinen Ausschnitt dar ($3,6-7,8^{-7}$ m, bzw. $4-7.10^{14}$ Hertz. − In der Tabelle 5 von *Schulze* sind in der linken Spalte die von der Sonne, bzw. dem Weltenraum emittierte Strahlung angegeben, in der rechten Spalte die (Sekundär)Strahlung der Atmosphäre und der Erdoberfläche mit ihren biologischen Wirkungen. − Außer den elektromagnetischen Feldern haben statische Felder auf biologische Systeme einen Einfluß. − Durch Magnetfelder wird die Struktur des Wassers verändert, wodurch wiederum biologische

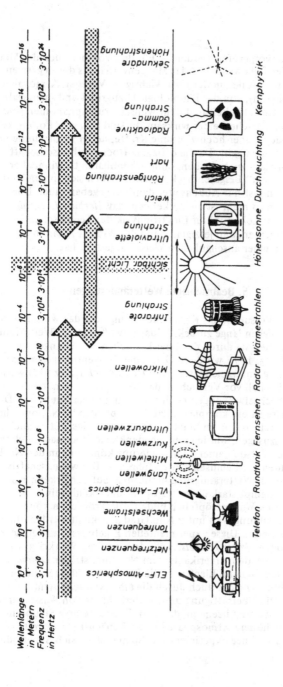

Abb. 4: Anwendung und Erscheinungsformen elektromagnetischer Energien (nach *L.H. König*)

27

Effekte hervorgerufen werden. — Für das Wohlbefinden der Menschen (aller Lebewesen) ist das Mengenverhältnis der negativen und positiven Ionen in der Luft wichtig. — Von den Atmospherics (in den Blitzen), von der Baubiologie (Baugrund und -material) bis zur Wetterfühligkeit und dem Wünschelrutenphänomen sind elektromagnetische Felder wirksam. Es sind z.T. sehr komplexe und schwache, aber hochwirksame Kräfte, deren Erforschung nur langsam vor sich geht. Da die offizielle Hochschulwissenschaft solche schwierigen Aufgaben, ohne erkennbaren Gewinn, aber mit „okkultem" Beigeschmack, ablehnt, haben sich in den letzten Jahrzehnten fast nur Außenseiter damit abgegeben (auch Dilettanten). Um so mehr ist anzuerkennen, daß *Herbert L. König,* Professor am Lehrstuhl für Elektrophysik der Technischen Universität München, den jetzigen Stand des Wissens zusammengefaßt und in einer anschaulichen Weise dargestellt hat.

5. Beabsichtigte Wetteränderungen

Die ersten Versuche, das Klima oder wenigstens das Wetter zu beeinflussen liegen lange zurück. In das Bewußtsein der Weltöffentlichkeit kamen sie durch die amerikanischen Bemühungen im Vietnamkrieg. 1977 wurde in Genf eine Konvention gegen den Umweltkrieg unterzeichnet. — *Kellogg* und *Schneider* (32) warnten ausdrücklich vor Versuchen, das Wetter zu ändern, da die Folgen, die Wechselwirkungen noch gar nicht zu übersehen sind. Die Atmosphäre ist ein komplexes, labiles Gebilde. Alle Nationen haben an ihr teil. Wenn ein Staat imstande wäre, das Wetter auch nur vorauszusagen, würde er eine bedenkliche Übermacht bekommen. Jeder Versuch einer Klimaänderung könnte dann den Nachbarn schaden, zu Feindseligkeiten führen. — Die wissenschaftliche Grundlage der Wetteränderung beruht u.a. auf der Erkenntnis, daß Wasserdampf stark übersättigt bzw. unterkühlt sein kann, ohne daß sich Wassertröpfchen bilden. Die Tröpfchen können nach ihrer Bildung weit unter Null Grad abgekühlt werden ohne daß sie gefrieren. Diese experimentellen Ergebnisse des deutschen Meteorologen *Walter Findeisen* vor dem zweiten Weltkrieg wurden später von dem amerikanischem Nobelpreisträger *Langmuir* mit Hilfe der General Electric in die Praxis überführt. Sogleich wurden ihre Versuche auch durch die amerikanische Armee unterstützt. — Die Übersättigung bzw. Unterkühlung von Wasserdampf kann man dadurch beenden, daß man Keime, feinste Staubteilchen in die höhere Atmosphäre bringt. Zunächst wurde mit Kohlensäureschnee experimentiert. Später zeigte sich Silberjodid als besonders geeignet, das eine ähnliche Struktur wie Eiskristalle aufweist. Fallen solche Staubteilchen in der hohen Atmosphäre durch eine übersättigte Wasserdampfschicht, dann kondensiert sich an ihrer Oberfläche der Dampf, es entstehen Regentropfen bzw. Schneekristalle. –

Bald bildeten sich in den USA überall private Firmen, die mit einem Aufwand von vielen Millionen den Plantagenbesitzern Regen auf Bestellung liefern wollten. Der Erfolg blieb aber häufig aus. Offenbar waren die Verhältnisse komplizierter als vermutet. Die USA Regierung gab für die Forschung zur Wetterveränderung im Jahre 1971: 16 Mio Dollar aus, 1973 25 Mio Dollar, 1978: 45 Mio Dollar (33). Über 18% der Ausgaben für meteorologische Forschungen werden in das Programm für die Wetterveränderung gesteckt. Mit Hilfe der Radartechnik und Satelliten konnte die Erfolgsquote gesteigert werden. – Wirksam ist die Impfung mit Silberjodid bzw. Bleijodid dann, wenn die Obergrenzen der Wolken Temperaturen zwischen $-12\,^{\circ}C$ und $-23\,^{\circ}C$ haben. – Nun wagte man sich an Großprojekte. In den Rocky Mountains soll der Schneefall im Winter um 30% gesteigert werden können. Man erhält dann für den Sommer einen zusätzlichen Wasservorrat im Wert von 100 Mio Dollar. Die Kosten der Aktion sollen nur 3 Mio Dollar betragen. Wenn man im Gegenteil wünscht, daß eine Schneewolke weiterzieht, muß man die Aussaat von Silberjodid stark erhöhen. Die Schneeflocken werden dann kleiner und fallen langsam in einer anderen Gegend nieder. – Ein lohnendes Ziel für die Wetterbeeinflussung sind die Hurrikans (Wirbelstürme), die in den USA jährlich Schäden von etwa 500 Mio Dollar anrichten. Man hat mit Erfolg versucht, die Gewalt der Stürme zu verringern oder ihre Richtung abzulenken. Dabei traten auch die ersten Unglücksfälle auf. Im Juni 1972 änderte ein besäter Hurrikan unbeabsichtigt seine Richtung und entlud sich über einem Stausee. Die Dämme des Sees brachen, 118 Menschen ertranken. In diesem Fall wurde von den Verursachern ein Zusammenhang geleugnet. Schon vorher gab es mehrere Schadenersatzprozesse, in denen einzelne Farmer und auch USA Staaten ihre Nachbarn wegen Regendiebstahls anzeigten. –

Nach jahrelangem Leugnen gab das US-Verteidigungsministerium zu in den Jahren 1965–1972 im Grenzgebiet von Vietnam über dem „Ho-Chi-Minh-Pfad" mit Erfolg Regenbomben abgeworfen zu haben, um den Nachschub der Nordvietnamesen zu unterbrechen. 47 409 Nebelpatronen aus Leichtmetall, nur 4 cm lang, mit einer Silberjodidfüllung und einem Brandsatz wurden abgeworfen. Dadurch wurde der Monsunregen so verstärkt, daß der Pfad unpassierbar war. Ein Zusammenhang mit einer Überschwemmungskatastrophe 1971 in Nordvietnam mit zahlreichen Deichbrüchen wurde bestritten.

In der Literatur wird häufig berichtet von harmlosen Eingriffen in das lokale Wetter wie Entneblung von Flugplätzen, Frostschutz von Obst- und Rebengelände und Bekämpfung von Hagelwolken (34, 42). Schwerwiegendere Folgen werden das Fällen von Wäldern in tropischen Gegenden (Amazonas) haben oder die Umwandlung von Steppen in Wüsten durch Überweidung. Die Beseitigung von Feuchtgebieten oder umgekehrt die Errichtung von großen Staubecken und Bewässerungsanlagen können nicht nur das regionale Klima ändern. – Kellogg (32) stellte die mögliche Wechselwirkung der verschiedenen Klimafaktoren und ihre Rückkoppelung in einem Schema dar. Auf einer Erdkarte zeigte er die abenteuerlichen Pläne, die das gesamte Erdklima verändern könnten: Dammbauten, um die Beringstraße zu schließen oder den Golfstrom abzulenken, Sprengung des Polareises u.a. Durch eine Änderung der Meeresströme würde auch der Jet-Stream beeinflußt werden. Das alles wäre durch die ,,friedliche" Nutzung der Atomenergie technisch durchführbar. – Aufsehen erregte auch der russische Plan, in Sibirien die ins Nördliche Eismeer fließenden Ströme nach Süden umzulenken, um dort riesige Stauseen zur Bewässerung der Steppen zu gewinnen. Eine der Folgen wäre auch, daß das Nordmeer salzhaltiger wird, durch Senkung des Schmelzpunktes nur für kürzere Zeiten gefrieren würde (35).

Es ist zu erwarten, daß dadurch das Klima der gesamten nördlichen Zone beeinflußt wird. Aber auch weniger spektakuläre Eingriffe könnten große Wirkungen haben. Die mittlere Wolkenbedeckung der Erde soll z.Z. 31% betragen. Wenn dieser Anteil durch vermehrte industrielle Emissionen, durch den Flugverkehr, durch zunehmende Versteppung unbeabsichtigt vergrößert wird, oder auch beabsichtigt, z.B. durch Raketen (mit Staub gefüllt), könnte die Erhöhung der Wolkenbedeckung eine weltweite Abkühlung bewirken. Wegen der ständigen natürlichen Schwankungen des Klimas würden solche Eingriffe kaum oder viel später bemerkt oder nachgewiesen werden. In Anbetracht dieser Gefahren gaben die USA und die UdSSR am 3. 7. 74 eine Erklärung heraus in der sie fordern: ,,möglichst wirksame Maßnahmen, um den Gefahren eines Einsatzes der umweltverändernden Techniken für militärische Zwecke zu begegnen" (36). Im Mai 1977 wurde dann in Genf von 33 Staaten eine Konvention unterzeichnet, in der gefordert wird: ,,die Menschheit vor den verheerenden Folgen neuer und schrecklicher Mittel eines Umweltkrieges zu verschonen".
,,Der Einsatz umweltverändernder Techniken zu friedlichen Zwecken wird in der Konvention . . . ausdrücklich befürwortet".

Darf man den Juristen die Entscheidung überlassen, welche umweltverändernden Techniken friedlich oder unfriedlich sind? — Der angesehene amerikanische Meteorologe und Geograph *R. A. Bryson* veröffentlichte 1974 eine Untersuchung über Klimaveränderungen (27). Er bestätigt die Befunde anderer Wissenschaftler, daß kleine Änderungen der das Klima bestimmenden Faktoren große Umweltveränderungen bewirken können. Das gilt besonders für die Landwirtschaft. Das Klima, die gute oder schlechte Ernte eines einzigen Jahres besagt wenig. Entscheidend ist der Klimaablauf einer längeren Zeitspanne. Die „Schönwetterperiode" von 1931—1960 war nicht „normal", sie war einzigartig in der Klimageschichte der letzten 1000 Jahre.

Vieles deutet auf eine entscheidende Änderung des Klimas in den nächsten Jahrzehnten. — *Bryson* bekam einen Forschungsauftrag von der CIA. Im CIA Report heißt es nach der AP v. 6. 5. 77: „Der Klimawechsel bedeutet Abkühlung in einigen wichtigen Agrargebieten und Dürre in anderen. Wenn z.B. auf der nördlichen Halbkugel die Temperatur um ein Grad sinkt, wird Indien alle vier Jahre von einer folgenschweren Dürre heimgesucht und kann nur drei Viertel seiner gegenwärtigen Bevölkerung ernähren. Wenn aus den Weltreserven nicht jedes Jahr 30—50 Mio Tonnen Getreide zur Verfügung gestellt werden, müssen 150 Mio Inder verhungern. — China mit Hungersnöten im Fünf-Jahres-Zyklus braucht dann 50 Mio t Getreide. Die Sowjetunion wird Kasachstan als Getreidekammer verlieren und deshalb jährlich 48 Mio t Getreide weniger ernten. — In Kanada wird die Ernte um die Hälfte schrumpfen. Gleichzeitig werden die Exporte Kanadas um 75% geringer werden. — Nordeuropa wird 20—30% seiner Ernte verlieren" . . . Die Getreideproduktion in den USA würde dadurch nur unwesentlich beeinflußt. Die Schlußfolgerungen und Empfehlungen der CIA werden nicht veröffentlicht. Die Getreidespekulanten und die Militärstrategen werden daraus ihre eigenen Schlüsse ziehen. —

Literatur zu III (Klima)

1. *Georgii, H.-W.*, Grundzüge des Klimas, (in *Buchwald/Engelhardt*, Handbuch für Planung, Gestaltung und Schutz der Umwelt, S. 132 München 1978. — 2. *Roczinik, K.* Meteorol. Rdsch 29, 187 (1976). — 3. *Raschke, E., Preuss H.J.* Meteorol. Rdsch. 32, 18 (1979). — 4. *Suess, H.E.* Umschau 79, 312 (1979). — 5. Science 198, 131, 824 (1978) 199, 293 (1979). — 6. *Schott, F.* Meteorol. Rdsch. 29, 133 (1976). — 7. *Wilson, C.L.* u.a. „Inadvertent Climate Modification", Cambridge (Mass. 1973). — 8. Meteorol. Rdsch. 29, 142 (1976). — 9. *Teufel, D.*, Lebensschutz-Informa-

tion 7 (9) (1976). – 10. Science 198, 327 (1978). – 11. Umschau 78, 382 (1978). – 12. *Zenk, W.* Umschau 78, 607 (1978). – 13. *Hanson, K.* Chem. Eng. News 10. 10. 77, S. 30. – 14. *Klaus, D.* VDI Nachr. 31 (13), 1. 4. 77. – 15. „Climac Project Members", Science 191, 1131, (1976). – 16. *Dansgaard, W.*, u.a. Science 166, 377 (1969). – 17. *Schön-wiese, C.D.* Meteorol. Rdsch. 31, 73 (1978). – 18. *Flohn, H.*, Meteorol. Rdsch. 23, 161 (1970). – 19. *Broecker, W.S.*, Science 189, 460 (1975). – 20. *Bolin, B.* Science, 196. 613 (1977). – 21. *Wang, W.C.* u.a. Science 194, 685 (1976). – 22. *Hampicke, U.* Umschau 77, 599 (1977). – 23. *Breuer, G.* Naturw. Rdsch. 31, 416 (1978). – 24. *Flohn, H.* Umschau 77, 561 (1977). – 25. *Barrie, L.A.* u.a. AMBIO 5, 209 (1976). – 26. *Brünig, E.* AMBIO 6, 187 (1977). – 27. *Bryson, R.A.* Science 184, 753 (1974). – 29. *Hahn, H.M.* Umschau 79, 355 (1979). – Biologische Rdsch. 13, 189 (1975). – 30. *Galbally, I.E.* Science 193, 573 (1976). – 31. *Boeck, W.L.* Science 193, 195 (1976). – 32. *Kellogg, W.W.* u. *Schneider, S.H.* Science 186, 1163 (1974). – 33. X, Intern. J. Environm. Stud. 13, 183 (1979), X, Science 201, 399 (1978). – *Kerr, R.A.* Science 202, 860 (1978). – 34. *Breuer, G.* Naturw. Rdsch. 31, 330 (1978). – Chang-non, S.A. Science 200, 387 (1978). – 35. X, Intern. J. Environmental Studies 8, 227 (1976). – 36. *Brown-Weiss, E.* „Wettermanipulation als Waffe" in „Technologie und Politik" Band 3, S. 47–57 (Reinbeck 1975). – 37. *Idso, S.B.*, Science 198, 731 (1977). – 38. *Callis, L.B.*, Science 204, 1303 (1979). – 39. *Heusser, L.E.* Science 204, 837 (1979). – 40. *Wong, C.S.* Science 200, 197 (1978). – *Wilson, A.T.* Nature 273, 40, 1978 ref. nach Naturw. Rdsch. 32, 119 (1979). – 41. Science 204, 1346 (1979). – 42. *Federer, B.* Umschau 79, 463 (1979). – 43. *Larcher, W.*, „Ökologie der Pflanzen" (Stuttgart 1973). – 44. *Woodwell, G.M.* u.a. Science 199, 141 (1978). – 45. *Suomi, V.E.*, Science 197, 2. 9. 77 (1977). – 46. *Schar-now, U.* u.a. „Grundlagen der Ozeanologie" (Berlin 1978). – 47. *Scherhag, R.* und *Blüthgen, J.* „Klimatologie" (Braunschweig 1973). – 48. *Wefer, G.* Umschau 79, 699 (1979). – 49. *Broecker, W.S.* Science 206, 409 (1979). – *Meyer zu Düttingdorf, A.-M.* „Klimaschwankungen im maritimen und kon-tinentalen Raum Europas seit 1871" Dissertation (Paderborn 1978). – *Panzram, H.* „Soll sich die Energiepolitik an Klima-Modellen orientieren?" Naturwiss. Rdsch. 32, 402 (1979). – Berichte über: „Einfluß des Menschen auf das Klima", Water, Air and Soil Pollution 12, 9–103 (1979). – *Kalb, M.*, Klimakarten, Natur und Landschaft 54, 250 (1979).

Literatur zu „Strahlenklima der Erde"

Reiter, R., „Felder, Ströme und Aerosole in der unteren Troposphäre" (Darmstadt 1964). – *Dolezalek, H.* u. *Reiter, R.*, „Electrical Processes in Atmospheres" (Darmstadt 1976). – *Schulze, R.*, „Strahlenklima der Erde" (Darmstadt 1970). – *König, H.L.*, „Unsichtbare Umwelt" (Mün-chen 1977). – *Palm, H.*, „Das gesunde Haus" (Dettingen 1975).

Tab. 3. Nettoproduktion und Biomasse von Landpflanzen ((nach *Bolin* (20)) (Auszug)

	Fläche	Gesamte Produktion		Gesamte Biomasse	
	10^6 km^2	10^9 t/Jahr	%	10^9 t	%
Tropischer Regenwald	17	15,3	32	340	41
Nördlicher Wald (Boreal)	12	4,3	9	108	13
(Teilsumme Wald)	(48,5)	(31)	(65)	(743)	(90)
Buschwald, Savannen	23	7	14	49	6
Kultiviertes Land	14	4	9	7	0,8
Gesamtsumme	149	48	100	827	100

Tab. 4. Kohlenstoffvorrat auf der Erde (in 10^9 t Kohlenstoff) nach *Larcher* (43)

Anorganische Vorratsmengen	
Atmosphäre	700
Hydrosphäre	
Binnengewässer	250
Meer, Oberflächenwasser	500
Meer, Tiefenwasser	34 500
Lithosphäre	
Kohle, Erdöl	7 500
Gesteine	25 000 000
Organische gebundener Kohlenstoff	
Biomasse Landorganismen	410
Biomasse Meeresorganismen	> 10
Organische Abfälle und Boden (Festland)	710
Detritus und organische Sedimente Meer)	3 000

Tab. 5. (nach *R. Schulze*)

Strahlenquelle Weltraum	Strahlenquelle Atmosphäre und Erdoberfläche
1. Materiestrahlung fast vollst. absorbiert	1. Infrarotstrahlung 6 μm bis 60 μm 10^2 Watt/m^2 lebenserhaltend Ausgleich des Strahlungs- defizits des Menschen (Glashauswirkung)
2. Kosmische Ultrastrahlung 0,1 r/Jahr geringe biolog. Wirkungen	
3. γ-Strahlung fast vollst. absorbiert	2. Hochfrequenzstrahlung λ : 1 km bis 100 km Impulse bis zu 10 V/m Übermittler von den Vorgängen der höheren Atm. zum Menschen (?)
4. Röntgenstrahlung vollst. absorbiert	
5. Ultraviolettstrahlung 6. Sichtbares Licht *Fenster I*	3a. Natürliche Radioaktivität (als Folge des Radiumgehaltes der Erdkruste) 0,1 r/Jahr Gewöhnung keine wesentl. biolog. Wirkung gering. Stapelung.
7a. Infrarotstrahlung kurzwellig *Zu 5, 6 u. 7a* λ : 0,3 μm bis 2 μm 10^3 Watt/m^2 CO_2-Assimilation Verdunstung Erwärmung selekt. biol. Reaktionen	
7b. Infrarotstrahlung langwellig. vollst. absorbiert	3b. Künstliche Radioaktivität (als Folge von Atombomben- explosionen) Bestr.-Stärke z.Z. niedrig Gefahr der Stapelung im Organismus
8a. Hochfrequenzstrahlung Ultrakurzwelle Kurzwelle *Fenster II* 10^{-2} m bis 10^2 m 10^{-9} Watt/m^2 keine bes. biol. Wirkungen	
8b. Hochfrequenzstrahlung Langwelle Mittelwelle vollst. absorbiert	

IV. Boden

1. Entstehung des Bodens

In der Antike wurde die Erde zu den vier Urelementen gerechnet, neben Luft, Wasser und Feuer (= Energie). Von der Erde spricht der Chor in der „Antigone" (von *Sophokles*): „erhabenste Göttin, die nie verarmt, die nie versagt" (nach *Buschor*) oder: „die unverderbliche, unermüdete" (nach *Hölderlin*).

Die Bodenkunde drückt es nüchterner aus: „Als Boden bezeichnen wir die obere Verwitterungsschicht der Erde, die durchsetzt ist mit Wasser, Luft und Lebewesen sowie abgestorbenen und umgewandelten organischen Substanzen" (*Trolldenier* (1)). – „die nie verarmt". Wie wir sehen werden, verarmen immer mehr Böden an Humus. „die unverderbliche": ein großer Teil unserer Äcker wird verdorben durch künstlichen Dünger, Biozide und andere Schadstoffe (Fremdmetalle u.a.), die die natürliche Mikrofauna und -flora stören. Hier soll zunächst ein allgemeiner Überblick gegeben werden, Einzelheiten findet man in den folgenden Kapiteln. –

Die mineralischen Bestandteile des Bodens sind vor allem Silikate. Aus ihnen entstehen durch Verwitterung: Tonminerale, Oxide und Hydroxide. Bei weiterer Zersetzung bilden sich Kolloide und Lösungen. Hinsichtlich der Mineralzusammensetzung der bodenbildenden Eruptivgesteine gibt *Laatsch* (2) folgende Schätzung: Quarz 12%, Silikate 82% (Feldspäte 60%, Hornblenden 18%, Glimmer 4%), alle übrigen Mineralien 6%. Eine wichtige Rolle spielen weiter die Carbonate (Kalk, Dolomit). – Hinsichtlich der chemischen Zusammensetzung dieser Gesteine wird geschätzt: Kieselsäure (SiO_2) 58%, Aluminiumoxid (Tonerde, Al_2O_3) 16%, Eisenoxide 7%, Kalk (CaO) 5,2% Magnesia (MgO) 3,8%, Natron (Na_2O) 3,9%, Kali (K_2O) 3,1%. Dazu kommen die Spurenelemente. – 75% der Erdoberfläche bestehen aus Sedimenten. – Durch Verwitterung dieser Mineralien, auch mit Hilfe der Organismen, bildet sich der Boden.

Von den organischen Bestandteilen haben die Humusstoffe eine besondere Bedeutung (siehe Kapitel 3). –

Die verschiedenen Bodenarten unterscheiden sich weiter durch die Korngröße der Einzelteilchen. Der Boden besteht aus einem Skelett von größeren Sand- und Gesteinsteilchen. Unter „Schluff" versteht man Teilchengrößen von 0,002–0,06 mm, unter „Ton" die Größen von weniger als 0,002 mm. Wenn die feinsten, kolloiden Teilchen überwiegen, spricht man von „schweren" Böden. –

Wichtig bei den Bodenarten sind nicht nur die einzelnen Bestandteile, sondern die Art ihres Zusammenhaftens, ihre Struktur. Ein fruchtbarer Boden soll etwa zur Hälfte aus Poren bestehen, die zum Teil mit Wasser gefüllt sind. –

Die folgenden Angaben beziehen sich auf die Bücher von *Loub* (3), *Scheffer* (4) und *Trolldenier* (1).

2. Chemie des Bodens

Stickstoff ist im Boden in den Humusstoffen organisch gebunden. Der Gesamtstickstoffgehalt der Böden beträgt nur 0,02–0,4% (N). Für die Pflanzenernährung ist vor allem die Bindung des Luftstickstoffs durch Mikroben wichtig.

Der *Phosphatgehalt* der Böden beträgt 0,02–0,08%. Leicht pflanzenverfügbar sind nur 1–30 mg P_2O_5/100 g Boden. Die Böden sollen mindestens 4 mg haben.

Kali. Leicht pflanzenverfügbares Kali ist im Boden zu 0–60 mg vorhanden. Als Mindestbedarf werden 10 mg/100 g Boden angegeben. Über Calcium, Magnesium, Schwefel und Spurenelemente, die in kleinen Mengen lebenswichtig sind, kann man der Tabelle 6 weitere Einzelheiten entnehmen. Sie enthält Angaben über den Gehalt im Boden, in den Pflanzen und ihre biologische Bedeutung. Der Mangel oder Überfluß an Spurenelementen kann zu Krankheiten der Pflanzen und der Tiere führen, die sich von diesen Pflanzen ernähren.

Der pH-Wert, die Bodenacidität, beeinflußt stark die Verfügbarkeit der verschiedenen Pflanzennährstoffe für die Wurzeln. Durch Adsorption von Wasserstoff-, Ca-, Mg- und K-Ionen an Ton, Humus und andere Bodenbestandteile wird die Bodenacidität gepuffert (reguliert, ausgeglichen). Der pH-Wert erstreckt sich von 3,5 (stark saurer Boden) bis 7,0 (neutral). Ackerland hat meist ein pH von 6–7, Grünland 5–6, Sandböden sind sauer, Kalkböden können ein pH bis 9 haben. – Im Idealfall überwiegen im Sorptionsbelag der Bodenkrume Ca-Ionen mit 65% neben Mg mit 10%, K mit 5%, höchstens 20% Wasserstoff- und weniger als 0,1% Na-Ionen. Die Sorptionsträger binden auch Gifte wie die Pestizide, die in ihrer Wirkung abgeschwächt und z.T. abgebaut werden können. Durch Auswaschen versauert der Boden.

3. Humus

bildet sich beim Abbau abgestorbener organischer Stoffe. Dabei entstehen hochpolymere, schwerlösliche Verbindungen, die Wasser, anorganische und organische Stoffe binden und langsam wieder abgeben. Humus bildet mit Ton Komplexe, die eine maximale Sorptionskapazität der Böden bewirken. Die Komplexe begünstigen eine Krümelstruktur, und damit den Stoffaustausch, die Atmung, die Fruchtbarkeit der Böden. *Schnitzer* und *Kahn* (5) arbeiten physikalisch-chemisch und kolloidchemisch über die Struktur des Humus und werteten über 500 Literaturzitate aus. – *Ottow* (6) gab eine Zusammenfassung der neuesten Arbeiten über „Chemie und Biochemie des Humuskörpers unserer Böden". Die Kulturböden West-Europas enthalten noch 1,5–2% organische Substanzen (mit 0,2–0,4% Stickstoff). Rohhumus ist sauer. Er wird durch die Mikroflora und -fauna langsam zersetzt. Einerseits begünstigt Humus die Mineralisation (d.h. Abbau der organischen Stoffe in ihre Ausgangsbestandteile wie Wasser, Kohlendioxid, Sulfate, Phosphate). Dieser Vorgang stellt eine Degradierung der Energie dar (Zunahme der Entropie). Andererseits findet bei der Humifizierung eine Neusynthese von organischen Verbindungen statt (Konservierung von Energie).

Daraus ergibt sich eine Tendenz zur maximalen Stabilität. Zu unterscheiden ist der Nährhumus als Nährstofflieferant für Pflanzen und Mikroorganismen und der Dauerhumus mit einer hohen Sorptionsfähigkeit für austauschbare Kationen und Anionen und als Nährstoffspeicher, insbesondere für Stickstoff. Er bewirkt auch eine Stabilisierung der Bodenstruktur. *Ottow* betont: „Eine Wirtschaftsweise auf rein mineralischer Basis kann jedoch im Laufe der Zeit zur Humuszehrung führen . . . Die Folge für Wasser-, Luft- und Nährstoffhaushalt sind . . . gravierend." – *Quirbach* (7) warnt vor einer weiteren Vernachlässigung der Humuswirtschaft. Durch die Zunahme der Mineraldüngung, die dadurch bedingte Erhöhung der Konzentration der Bodenlösung werden erst die Pilze, dann die Bakterien der Lebensgemeinschaft Edaphon zerstört. Gleichzeitig nehmen die Schädlinge überhand, z.B. die Nematoden. Nach *Quirbach* sind mindestens 7% Humus erforderlich, um eine ausreichende Mineralstoff-Freisetzung (durch das Bodenleben) zu sichern.

Albrecht Thaer (1752–1828) betrachtete Humus als Hauptnahrung der Pflanzen. Durch die Forschung von *Justus v. Liebig* (1803–1873) gerieten die Erkenntnisse von *Thaer* in den Hintergrund, letzten Endes zum Schaden der Landwirtschaft.

4. Wasserhaushalt

Ein erheblicher Teil der Böden der BRD ist bewässerungsbedürftig, d.h. durch Bewässerung könnten die Erträge erhöht werden.

Nach *Laatsch* (2) ist der jährliche Wasserbedarf zunächst vom Wetter, insbesondere von den Niederschlägen abhängig. Die Speicherleistung des Bodens wird bedingt durch seine Struktur (Korngröße, Porosität), vor allem aber durch seine Ton- und Humusteilchen. Ein Boden ist dann bewässerungsbedürftig, wenn seine (durch die Wurzeln nutzbare) Speicherleistung geringer ist als die Differenz aus dem gesamten Bedarf (je nach Pflanzenart) und der Niederschlagssumme während der Vegetationszeit. Es ist also wichtig, den möglichen Wurzelraum durch Untergrundlockerung zu vertiefen und die Speicherleistung des Oberbodens durch Vermehrung des Humus zu erhöhen. Ein erheblicher Teil der Niederschläge fließt vom Boden ab oder verdunstet. *Brechtel* und *Eschner* (8) gaben eine ausführliche Wasserbilanz. Sie stellten die Gleichung auf: $A = N - V \pm S$ (A = Abfluß, N = Niederschlag, V = Verdunstung, S = Speicherung im Boden). A gliedern die Verfasser wieder in den *Oberflächenabfluß,* der von der Bodenschicht nicht aufgenommen werden kann. Dieser unerwünschte Anteil tritt bei starken Regenfällen und schneller Schneeschmelze ein, erodiert den Boden, führt zu Hochwasserwellen. Der *oberflächennahe Abfluß* braucht wesentlich länger, um zum Vorfluter zu gelangen. Das Wasser dringt zunächst in den Boden ein, tritt aber hangwärts bald wieder aus. Der *Grundwasserabfluß* entspricht am besten den Bedürfnissen des Menschen. Gleichmäßige Mengen und gute Qualität sind günstig auch für die Wasserwirtschaft. In den folgenden Kapiteln wird darauf noch eingegangen werden.

Die Verdunstung wird unterteilt in die Evaporation (rein physikalische Verdunstung) und die Transpiration (die Verdampfung auf den Blattoberflächen).

Mit Hilfe der Transpiration und des osmotischen Drucks befördert die Pflanze die Nährstoffe von den Wurzeln bis in die Blätter (die Frucht). — Messungen ergaben, daß die Verdunstung über Böden mit Vegetation erheblich höher ist als über vegetationslosen Böden. In einem Versuch wurde z.B. ermittelt, daß ein mit Reisig bedeckter nackter Boden nur 24% der Jahresniederschläge verdunstet, eine Vegetationsfläche über 50%. Trotzdem überwiegen verständlicherweise die Vorteile einer Vegetationsdecke, insbesondere für die Wasserwirtschaft. — Die Verdunstung der Böden wird von ihrer Temperatur (Wind u.a.), ihrem Wärmehaushalt reguliert. *Monteith* (9) erörterte die theoretischen Grundlagen der Umweltphysik. Der Reflexionskoeffizient des Lichtes beträgt 10% für Böden mit hohem Gehalt an Humus und 30% für Wüstensand. Der Koeffizient, die Eindringtiefe des Lichtes, sind auch abhängig von der Teilchengröße der Bodenbestandteile. Durch Abdecken mit Stroh, Torf, schwarzem und weißem Pulver, mit Folien, kann die Oberflächentemperatur und Verdunstung reguliert werden. Dunkle Böden sind bis zu 3 °C wärmer als helle. — *Balke* betont im Vorwort zur obigen Schrift (8), daß es darauf ankommt: „bei ausreichender Menge an Gesamtniederschlag Stetigkeit und Qualität der Wasserversorgung und die Maßnahmen zum Bodenschutz in vernünftige Relationen zur landwirtschaftlichen und forstlichen Produktion zu bringen". — *Balke* war Wirtschaftsführer, Minister und Wissenschaftler. Trotzdem ist es ihm kaum gelungen, diese Grundsätze durchzusetzen.

5. Das Bodenleben

1910 erschien von *R.H. Francé* (10) ein grundlegendes Werk: „Das Edaphon, Untersuchungen zur Ökologie der bodenbewohnenden Mikroorganismen". Unter „Edaphon" versteht man die Gesamtheit der Bodenorganismen (Flora und Fauna). — Pro Quadratmeter Boden (bis 10 cm Tiefe) wurden 0,4—1,0 kg Mikroben gefunden, 0,1—0,35 kg Bodentiere und 1,5—3,0 kg Wurzeln höherer Pflanzen (in Abhängigkeit von Nährstoffgehalt, Feuchtigkeit, Temperatur u.a.). Erstaunlich sind die Ergebnisse einer Auszählung. In 1 m^2 Waldboden wurden gefunden: 150 Millionen Protozoen (Einzeller), 1 Mio Nematoden (Fadenwürmer, einige davon gefährliche Pflanzenparasiten), 250000 Milben, 150000 Collembolen (Springschwänze), 1000 größere Arthropoden (Gliederfüßer) und bis zu 500 Regenwürmer. Im Darm dieser besonders nützlichen Tiere werden organische Abfälle mit anorganischen Bestandteilen vermischt und so die Bildung von Ton-Humuskomplexen gefördert. Das Gewicht der stabilen Kotballen wird auf 10—90 t/ha und Jahr geschätzt. Die Regenwürmer hinterlassen auch dauerhafte Gänge, tragen so wesentlich zur Bildung von Grobporen bei, die auch von Pflanzenwurzeln genutzt werden und die Bodenlüftung erhöhen (11). Hinsichtlich der Mikroflora ergab sich: 1 Gramm nährstoffarme Erde enthält 1 Mio Bakterien (nährstoffreiche über 50 Mio), ebensoviel Aktinomyceten (Strahlenpilze, die den Erdgeruch erzeugen), außerdem Algen u.a. Alles zusammen ergibt die vierfache Menge der tierischen Biomasse. Nach *Trolldenier* sind erst 10% der Bodenbakterien erforscht. Ihre Aufgaben sind vielseitig. Azobakter können 50 kg Stickstoff pro ha und Jahr aus der Luft binden, Knöllchenbakterien 100—300 kg N/ha/a. Andere Bakterien verwandeln Ammonium in Nitrit oder Nitrat (Nitrifikation) oder umgekehrt (Denitrifikation). —

Die biologische Aktivität wird z.B. gemessen durch die Atmungsintensität der Böden, also die ausgeatmete Menge Kohlendioxid, etwa 8 t/ha/a oder auch die verbrauchte Sauerstoffmenge. „Um solche Aufgaben bewältigen zu können, muß natürlich die Bodenmikroflora sehr artenreich sein, denn nur in einer artenreichen Mikroflora finden sich auch die erforderlichen Spezialisten". Die Agrochemikalien vermindern die Artenzahl, hemmen oder zerstören wichtige Bakterien, bringen das biologische Gleichgewicht durcheinander, begünstigen die Entwicklung von Schädlingen, z.B. der Nematoden.

6. Schädigung des Bodens

Die Böden stellen ein empfindliches komplexes System dar von chemischen, kolloidchemischen und biologischen Faktoren. Eine Änderung des pH-Wertes kann z.B. zu einer Festlegung von Spurenelementen durch Sorption führen. Dadurch werden Mangelerscheinungen an Pflanzen bewirkt, oder auch an Tieren, die diese Pflanzen fressen. In Monokulturen werden einzelne Bestandteile des Bodens übermäßig entzogen oder auch zugeführt. Das ursprüngliche Gleichgewicht ist schwer wiederherzustellen. Das Zusammenspiel der Mikroben wird gestört bzw. vernichtet. Pflanzenschädlinge vermehren sich stark. Durch die Verwendung von schweren Maschinen wird die ursprüngliche Bodenstruktur zerstört, der Boden wird verdichtet. – Gefährlich ist die Anreicherung von vielen Spurenelementen, die nur in kleinen Konzentrationen lebensfördernd wirken. Im Laufe von Millionen Jahren Erdgeschichte hat sich im biologischem Bereich ein entsprechendes Gleichgewicht eingestellt. Die Konzentration dieser Elemente im Erdboden ist aber durch die Industrialisierung auch der Landwirtschaft auf das vieltausendfache gestiegen (s.a. Band II, S. 181). Infolge von Luftverunreinigungen, durch Abwasser, Klärschlamm, Müll, auch durch Düngemittel werden dem Boden ständig nicht nur förderliche Stoffe zugeführt, sondern auch lebensfeindliche, die eine landwirtschaftliche Nutzung für lange Zeit unmöglich machen (s.a. Band II, Kap. Abwasser, S. 170 ff.). Das Zusammenwirken von anorganischen Fremddionen, die sich gegenseitig ausfällen oder in Lösung bringen können, wird in Tabelle 7 anschaulich gemacht. Wie man sieht, ist die gegenseitige Beeinflussung von Kationen und Anionen kaum noch zu übersehen. Für die organischen und biologischen Wechselwirkungen sind die Verhältnisse noch viel komplizierter und kaum erforscht.

6.1. Erosion

Die Bodenerosion als Folge der Entwaldung Griechenlands beschrieb bereits *Plato* vor 2400 Jahren: „Der Boden, von den höher liegenden Ländereien abgebrochen, gleitet unaufhörlich abwärts und verschwindet in der Tiefe ... die gesamte fette, saftige Erde ist verschwunden, und nur das nackte Gerippe des Landes ist übrig geblieben ... Das Land hatte viele Wälder auf seinen Bergen ... zahlreiche stattliche Obstbäume und unbegrenztes Weideland für die Herden ... mit reich fließenden Quellen und Strömen" (12). – Ähnlich katastrophal wirkte sich das Fällen der Wälder in den anderen Ländern um das Mittelmeer aus. Siehe auch *Hempel* (24). Zur Zeit trifft die weltweite Bodenerosion besonders hart die Entwicklungsländer. Nach einem Bericht der UN-Organisation für Landwirtschaft und Ernährung (FAO) ist mehr als die Hälfte des fruchtbaren Bodens bedroht durch einseitige Bodennutzung, nachteilige Veränderung des Wasserhaushaltes, Überweidung und Entwaldung. Durch die Bodenverschlechterung sind weite landwirtschaftliche Nutzflächen in Südasien, Afrika, Südamerika in Savannen (Grasbrache) umgewandelt. Diese sind kaum noch nutzbar, ein Stück Großvieh benötigt hier 4–9 ha Weide. Auf die Entwicklungsländer kann aber hier nicht eingegangen werden. – Auch die USA, das Land mit den größten Exporten an Nahrungs- und Futtermitteln, hat große Verluste durch Erosion. Im Laufe ihrer Geschichte haben die USA etwa ein Drittel ihres landwirtschaftlich genutzten Landes verloren. Jährlich werden 4 Mrd t Ackerboden durch Wasser fortgeführt, 1 Mrd t durch Wind. 3 Mrd t Boden werden ins Meer gespült, eine Mrd t sedimentiert in Seen, Flüssen, Stauwerken, deren Ausbaggerung jährlich 250 Mio Dollar erfordert (13). Als Gegenmaßnahmen werden empfohlen: minimale Bodenbearbeitung (minimum tillage) (14), Konturenpflügen. In Abhängigkeit von der Bodenneigung stiegen die Bodenverluste von 0,1 t/0,4 ha beim Pflügen auf Horizontallinien bis auf 14 t/0,4 ha beim Bergauf(ab)pflügen. Ein weiterer Vorschlag ist: an Stelle der üblichen riesigen monotonen Ackerflächen werden die Felder streifenförmig abwechselnd mit Weizen und anderen Feldfrüchten (z.B. Hülsenfrüchten) bebaut (strip-cropping). Auch das alte Prinzip des Fruchtwechsels wird wieder geübt. – Trotz einem Aufwand von 15 Mrd Dollar in den letzten Jahrzehnten zur Bekämpfung der Erosion ist der Erfolg gering. – Außer durch Erosion gehen jährlich auch noch 1 Mio ha fruchtbaren Ackerlandes durch Autostraßen und Bauten verloren. Trotzdem sind die Ernteerträge nicht zurückgegangen, vor allem auch durch einen hohen Aufwand an Kunstdünger. Durch die Erosion werden aber wiederum große Mengen an Stickstoff-, Phosphat- und Kalidünger ausgewaschen, schätzungsweise jährlich 50 Mio t im Werte von 7 Mrd Dollar (15). Langsam setzen sich ökologische Vorschläge durch, die bei ihrer Verwirklichung die Erosion um mehr als die Hälfte herabsetzen könnten.

6.2. Chemische Schädigung

Erosionsverluste können durch eine vernünftige Bodenpflege vermindert, durch natürliche Verwitterung der Gesteine und Bildung von Humus z.T. wieder ausgeglichen werden. Eine Beladung der Böden mit Schwermetallen ist dagegen nicht wieder zu beseitigen. Die Metalle werden meist als Feinstaub bei der Verbrennung von fossilen Brennstoffen, bei chemischen und metallurgischen Prozessen, bei der Müllverbrennung, freigesetzt, lagern sich in weitem Umkreis auf dem Boden wieder ab und gelangen dann in den biologischen Kreislauf (Band I 45, 190, Band II 143, 197, 201 ff.). *Crößmann* (16) untersuchte die Anreicherung von Zink und Cadmium im Boden in Abhängigkeit von der Bodentiefe und der Bodenbearbeitung.

Zn, Cd, Cu und Ni in Konzentrationen von wenigen ppm hinderten die Bindung von Stickstoff an Sojabohnen (17). – In einer Wasserkultur von Getreidepflanzen und Sonnenblumen verringerten kleine Konzentrationen von Pb, Cd, Ni und Tl die Photosynthese und das Wachstum. Thalliumsalze halbierten die Reaktionsgeschwindigkeit schon bei Konzentrationen von 10 Mikromol/Liter (18). – *Hutter* und *Oldiges* (19) untersuchten die Schadwirkungen von Schwermetallen auf Mikroorganismen. Durch 100 ppm Blei und bereits durch 1 ppm Cadmium wurde die Proteinsynthese geschädigt. – Einen erheblichen Einfluß hat das pH (die Wasserstoffionenkonzentration). Die Schwermetalle im Boden werden z.T. durch chemische oder physikalische Bindungen fixiert und so ihre Wirkung auf die Bodenorganismen bzw. Pflanzen verringert. Die Metalle gehen dann wieder in Lösung, wenn der Boden saurer wird. Der Regen ist in weitem Umkreis von Industriegebieten in den letzten Jahrzehnten immer saurer geworden, insbesondere durch seinen Gehalt an Schwefeldioxid und Stickoxiden (20). Dadurch wird das Wachstum vieler Pflanzen verringert, auch der Ertrag der Wälder. Es gibt noch andere Ursachen einer Versauerung. Wenn Wiesen oder Laubwälder in Nadelwälder umgewandelt werden, sinkt das pH des Bodens stark. – Als Indikator für eine Rauchgasschädigung wurden häufig Flechten untersucht. In diesem Fall scheint die reduzierende Wirkung des SO_2 den Einfluß der Säure zu überwiegen. – *Frink* und *Voigt* (21) erstellten eine Bilanz der Schwefel- und Stickstoffreaktionen im Boden und der Wirkung von Säureregen. Durch Zugabe von Kalk kann ein günstiges pH wieder eingestellt werden. – Physikalische und chemische Analysen können die Konzentration von Schadstoffen im Boden ermitteln, aber nicht ihre Wirkung auf lebende Organismen. *Schubert* (25) untersuchte den Einfluß der Stoffe auf verschiedene Pflanzen, die als Bioindikatoren die ökologische Veränderung des Bodens meßbar machen.

Sogar im Grönlandeis und in der Antarktis wurden für die letzten Jahrzehnte wachsende Mengen an Blei und anderen Schadstoffen gefunden. Nach *Moll* (22) kann die Oberflächenkonzentration dieser Niederschläge in einer Grenzschicht das Mehrfache der ursprünglich im Boden vorhandenen Spurenelemente erreichen. Diese sind zwar in einem engen Konzentrationsbereich lebenswichtig, können aber in den unnatürlich hohen Konzentrationen ihre Wirkung durch Synergese verstärken oder auch blockieren und so unvorhersehbare biologische Schäden verursachen (z.B. in der Nahrungskette: Pflanze – Tier – Mensch). – *Kloke* (23) gab eine Übersicht: ,,Zur Belastung von Böden und Pflanzen mit Schadstoffen in und um Ballungsbereichen". Er faßte zusammen: ,,Schadstoffe jeder Art können in Ballungsgebieten und in einem 3 km-Gürtel um diese sowie in den 50-m-Streifen beiderseits der Verkehrswege Schäden an Pflanzen und Böden verursachen. In der übrigen Landschaft sind die Konzentrationen soweit erniedrigt, daß keine signifikante Schäden mehr zu beobachten sind". Die Summe dieser Belastungsbereiche beträgt etwa 7% der gesamten Fläche der Bundesrepublik. In einem äußeren Bereich (7 km Gürtel und 100 m Streifen vom Fahrbahnrand) können nach *Kloke* ,,zwar noch Anhebungen von Schadstoffen in der Luft, in Böden und in Pflanzen analytisch festgestellt werden, eine negative Wirkung auf Entwicklung, Aussehen und Qualität der Pflanze wurde jedoch bisher kaum beobachtet". Im Abstand von hunderten, ja tausenden Kilometern von Emittenten konnten Schäden z.B. durch SO_2 (bzw. saure Sulfate) festgestellt werden. Herr Prof. *Kloke* (Biologische Bundesanstalt für Land- und Forstwissenschaft, Berlin) wird sein Forschungsgebiet noch erheblich ausdehnen können. – *Bohn* und *Seekamp* (26) untersuchten den Einfluß von Beryllium auf Ackerfrüchte.

Literatur zu IV (Boden)

1. *Trolldenier, Günter,* ,,Bodenbiologie" (Stuttgart 1971). – 2. *Laatsch, W.,* ,,Dynamik der deutschen Acker- und Waldböden" (Theodor Steinkopff, Dresden 1938). – 3. *Loub, W.,* ,,Umweltverschmutzung und Umweltschutz" (Wien 1975). – 4. *Scheffer, F.* und *Schachtschabel, P.,* ,,Lehr-

buch der Bodenkunde" (Stuttgart 1973). – 5. *Schnitzer, M.* und *Kahn, S.U.*, „Humic Substances in the Environment" (New York 1972). – 6. *Ottow, J.C.G.*, Naturwissenschaften **65**, 413 (1978). – 7. *Quirbach, K.H.*, Natur und Landschaft **53**, 83, 354 (1978). – 8. *Brechtel* und *Eschner*, Schriftenreihe der Vereinigung Deutscher Gewässerschutz Nr. 23 (1969). – 9. *Monteith, J.L.*, „Umweltphysik" (Darmstadt 1978). – 10. *Francé, R.H.*, „Das Edaphon, Untersuchungen zur Ökologie der bodenbewohnenden Mikroorganismen" (Stuttgart 1910). – 11. *Kennel, W.*, Garten organisch, 3/72, 47. – *Abele, U.*, Garten organisch 3/72, 49. – 12. *Engelhardt, Wo.*, „Umweltschutz" (München 1974). – 13. *Carter, L.C.*, Science **196**, 409 (1977). – 14. *Brink, R.A.*, u.a. Science **197**, 625 (1977). – 15. *Pimentel, D.*, u.a. Science **194**, 149 (1976). – 16. *Crößmann, G.*, VDI-Berichte Nr. 203, 86 (1974). – 17. *Vesper, S.J.*, u.a. Water, Air, and Soil Pollution **9**, 413 (1978). – Wallace, A., u.a., Soil science **126**, 336 (1978). – 18. *Carlson, R.W.*, u.a., Environmental Research **10**, 113 (1975). – 19. *Hutter, K.-J., Oldiges, H.*, Ber. Ldw. **55**, 724 (1977). – 20. *Malmer, N.*, AMBIO **5**, 231 (1976). –21. *Frink, C.R.*, u.a. Water, Air, and Soil Pollution 7, 371 (1977). – 22. *Moll, W.L.H.*, U – das techn. Umweltmagazin, Febr. 1978. – 23. *Kloke, A.*, Ber. Ldw. **55**, 633 (1977/78). – 24. *Hempel, L.*, Umschau **79**, 405 (1979). – 25. *Schubert, R.*, Hercynia, N.F., **14**, 399 (1977). – 26. *Bohn, H.L.* u. *Seekamp, G.*, Water, Air, and Soil Pollution **11**, 319 (1979). – *Ott, W.R.*, „Environmental indices. Theory and practice (Ann Arbor, Mich. 1978). – *Foth, H.D.*, „Fundamentals of soil science" (New York 1978).

Tab. 6. Nährelemente im Boden und Pflanze nach *Loub* (3)

Element	Form des Vorkommens im	Häufige Gehalte im Boden 1. Gesamtgehalt 2. leicht löslich	Häufige Gehalte in der Pflanze (bzw. auf Trockensubstanz)	Bedeutung oder Wirkung
Ca	Kalk, Dolomit, Gips, Silikate	0–2%, aber auch über 30% bis über 90%	0,5–50$^0/_{00}$	Stabilisierung der Bodenstruktur, pH-Wert-Regulierung Plasmaentquellung, Teil organischer Verbindungen, Ca-Pektinat, Ca-Oxalat
Mg	Magnesit, Dolomit, Silikate	1–10$^0/_{00}$ austauschbar 3–15 mg/100 g Boden	1–10$^0/_{00}$	oft Ersatz des Ca und im Chlorophyllmolekül
S	Sulfide (FeS) Sulfate	0,1–1$^0/_{00}$	0,5–5$^0/_{00}$	Bestandteil organischer Verbindungen, besonders im Eiweiß, Sulfate im Zellsaft
B	Borate, Silikate	1. 5–100 ppm 2. wasserlöslich 1–3 ppm	2–100 ppm	Kohlehydratstoffwechsel, Befruchtung, Wasserhaushalt
Co	meist organische Bindung oder als Phosphat	1. 1–10 ppm 2. austauschbar 0,03–0,3 ppm	0,7–300 ppb	in Enzymen notwendig für Vitamin-B$_{12}$-Synthese
Cu	Sulfid, Sulfat, Karbonat	1. 5–100 ppm 2. 0,1 n HCl löslich, 0–40 ppm	2–20 ppm	in Redoxenzymen Plasma entquellend
F	Fluoride, Flußspat, Apatit, Silikate	1. 10–1000 ppm	0,1–10 ppm	Enzymgift (?)
Fe	Oxyde, Hydroxyde, Silikate,	1. 0,5–4,0% in Anreicherungshorizonten über 20 oder 30%	5–1000 ppm	in Redoxenzymen und Atmungsfermenten

Tab. 6 Fortsetzung

Element	Form des Vorkommens im	Häufige Gehalte im Boden 1. Gesamtgehalt 2. leicht löslich	Häufige Gehalte in der Pflanze (bzw. auf Trokkensubstanz)	Bedeutung oder Wirkung
Mn	Manganit, Pyrolusit, Silikate	1. 200–4000 ppm 2. austauschbar 4–30 ppm	20–200 ppm	in Redoxenzymen
Mo	Silikate, Eisen- und Aluminiumoxyde, Molybdate	1. 0,5–5 ppm 2. wasserlöslich 0,01–4,1 ppm	0,2–10 ppm (Leguminosen)	in Enzymen, vor allem für die Fixierung von atmosphärischem Stickstoff
Zn	Phosphat, Karbonat, Hydroxyd und in Silikaten	1. 10–300 ppm 2. austauschbar 3,5–23 ppm	10–100 ppm	Aktivierung von Enzymen, Sporenbildung bei Mikroben, besonders bei Pilzen

Tab. 7. Reaktionsmöglichkeiten von Kationen und Anionen nach *Loub* (3)

	Cl	SO_3	CO_3	BO_3	PO_4	NO_3	SO_4	F	MoO_4
K	–	–	–	–	–	–	–	–	–
Na	–	–	–	–	–	–	–	–	–
NH_4	–	–	–	–	$+$[1]	–	–	–	–
Mg	–	+	+	+	$+$[1]	–	–	+	
Ca	–	(+)	+	+	+	–	(+)	+	+
Al	–	+	+	+	+	–	–	–	
Cr	–	+	+	+	+	–	–	0	
Fe	–	+	+	+	+	–	–	0	
Co	–	+	+	+	+	–	–	0	
Ni	–	+	+0	+	+	–	–	0	
Mn	–	+	+	+	+	–	–	0	
Zn	–	$+$[2]	+	+	+	–	–	+	
Pb	+	+	+	+	+	–	+	$+$[2]	+
Hg	+	+	+	+	+	–	(+)	–	+
Cu	–	+	+	+	+	–	–	(+)	
Mo	+	+			+			+	

– in Lösung bleibend; + Ausfällung möglich; 0 Komplexbildung möglich.
[1] Ausfällung gemeinsam mit Magnesium bzw. NH_4 als $Mg(NH_4)PO_4$.
[2] Ausfällung gemeinsam mit Cl.

V. Wasser
(siehe auch Band I und II)

Drei Viertel der Erdoberfläche sind mit Wasser (bzw. Eis) bedeckt. Während die Luft die meisten Verunreinigungen wieder ausscheiden kann, gilt dies nur im beschränktem Maße für das Wasser. Der Anteil der nicht zersetzbaren Verunreinigungen wächst. Im Schlamm der Flüsse reichern sich toxische Schwermetalle, dauerhafte organische Chlorverbindungen u.a. an. Dieser Schlamm wird z.T. in die Meere verfrachtet. Dort kommen noch Erdölprodukte, radioaktive Abfälle u.a. hinzu. Die industrielle Schlammschicht auf dem Meeresboden wächst. Wo früher in der Tiefe Fische ihre Laichplätze hatten, Kleinlebewesen herrschten, entsteht eine lebensfeindliche Wüste.

Wissenschaftler, die über die Tagesprobleme hinaussehen, halten einen Wassermangel in absehbarer Zeit für die Menschheit für noch bedrohlicher als etwa den Nahrungsmittelmangel. „Kein Trinkwasser für morgen" ist der Titel eines wissenschaftlich engagierten Buches (1), das im folgenden mehrmals zitiert wird.

1. Wasserhaushalt der Erde

Lvovitch (2) gibt einen Überblick über den Wasserhaushalt der Erde. Danach beträgt die Gesamtmenge des Wassers 1454 Mio km^3. Die Hauptmasse befindet sich in den Weltmeeren (1370 Mio km^3), kleinere Mengen im Grundwasser (66 Mio km^3) und in den polaren Eiskappen (24 Mio km^3). Relativ geringe Beträge sind im Oberflächenwasser, der Bodenfeuchtigkeit und in der Atmosphäre enthalten (s. Tab. 8). Durch die Sonnenenergie verdunstet ständig ein kleiner Teil des Wassers und regnet wieder ab im Kreislauf. Während das Regenwasser zu Beginn des Jahrhunderts noch ziemlich rein war, findet man jetzt darin wachsende Mengen Schadstoffe (3).

Das Wasser der Atmosphäre wird alle 10 Tage ausgetauscht, das der Flüsse in 11 Tagen. Erheblich länger dauert der Kreislauf des Oberflächenwassers des Festlandes mit 7 Jahren, noch viel länger der Austausch des Grundwassers. Erst in den sechziger Jahren wurde der Ablauf der Flüsse bilanziert hinsichtlich des Grundwasser- und Oberflächenwasserablaufes. – Sehr ungleichmäßig sind die pro-Kopf-Mengen an Regenwasser auf der Erde verteilt. Während in den tropischen Regengebieten über 100 000 m3 auf einen Einwohner kommen, sind es in der gemäßigten Zone Eurasiens weniger als 5000 m^3 pro Kopf und Jahr. Schon lange bemüht man sich um einen Ausgleich. Jetzt scheint er mit Hilfe der modernen Technik möglich zu werden. In der UdSSR plant man jährlich 50—70 km^3 Wasser in Kanälen von Westsibirien nach Zentralasien zu leiten. 60 km^3/Jahr sollen aus dem Norden des europäischen Rußlands in das Wolgagebiet befördert werden, um wasserarme Gebiete fruchtbar zu machen. Ähnliche Projekte gibt es in den USA für das Mississippi-Missouri-Gebiet. Dabei ergeben sich aber schwierige ökologische Probleme und Bedenken, die bis zu einer möglichen Änderung des Klimas reichen. — Auf technische und wirtschaftliche Schwierigkeiten stoßen noch Pläne, Eisberge aus der Antarktis als Trinkwasserreserve z.B. nach Kalifornien, Südafrika oder Arabien zu befördern (4).

Unbedenklich und erfolgreich sind aber Sparmaßnahmen. Nach russischen Versuchen ist z.B. der Feuchtigkeitsverlust in der Steppenzone beim Pflügen im Herbst 4 bis 7 mal kleiner als beim Pflügen im Frühjahr. — Von immer größerer Bedeutung werden Wasserspeicher. Ihr jetziges Fassungsvermögen wird auf 4100 km^3 geschätzt. In Zukunft sollten sie unterirdisch angelegt werden, um die nutzbaren Landflächen nicht zu verringern und um das Verdunsten und eine Verunreinigung an der Oberfläche zu vermeiden. — Nach *Lvovitch* ist aber der folgenreichste Mißbrauch des Wassers, wenn z.Z. jährlich 450 km^3 Abwasser in 6000 km^3 Flußwasser entlassen werden.

Technisch wäre es möglich, 80—95% der Verunreinigungen in Reinigungsanlagen zu entfernen. Die Behörden drängen auch darauf. Aber gerade die 5—20% schwer- oder nichtabbaubaren Schadstoffe (wie giftige Schwermetalle, chlororganische Verbindungen, Salze) dringen langsam aber stetig in das Grundwasser ein und verunreinigen es, machen es für Trinkwasser unbrauchbar, für unabsehbare Zeiten. Verantwortungsbewußte Betriebe verringern ihre Abwassermengen, führen das Betriebswasser im Kreislauf (siehe Band I Tab. S. 119). Manche chemische Prozesse lassen sich auch wasserfrei durchführen. Insgesamt wächst aber die Verunreinigung der Flüsse, insbesondere der Flußschlamm. *Lvovitch* kommt zu dem Schluß, daß bis zum Jahr 2000 die Einleitung von Abwässern in Flüsse und Seen stark eingeschränkt oder gar verboten werden muß. Optimistisch hofft er auf die Einsicht der Wirtschaft und der Behörden (der russischen). Wahrscheinlich ist es aber im Jahr 2000 bereits zu spät.

Die Niederschlagsmengen waren in 6 aufeinanderfolgenden Jahren in der BRD kleiner als die langjährigen Durchschnittsmengen, so daß rechnerisch bereits die Menge eines Normaljahres fehlt. — Anderseits sind in den letzten Jahrzehnten 10% mehr Niederschläge auf den Boden gefallen, als gemessen wurde, infolge von Meßfehlern. Die jährliche Wassereinnahme war 100 l/m² größer als bisher angenommen. Der größte Teil des Wassers verdunstet. Ein erheblicher Anteil am Wassermehrverbrauch beruht auf der Intensivierung der Landwirtschaft, dem Produktionszuwachs der Industrie. Aber auch die Bevölkerung ist daran beteiligt. Anstelle eines Wannenbades genügt zur Reinigung meist ein Brausebad. In unserem WC wird wenig Urin mit viel Trinkwasser weggespült.

2. Trinkwasser

Trinkwasser ist das wichtigste Lebensmittel. Es ist unersetzbar. *W.H. Frank* erklärte auf einer Anhörung des Bundestages (Band I, 91): „Es gibt in unserem Land auf Grund der meteorologischen Verhältnisse genügend Wasser, es gibt örtlich an den Bedarfspunkten nicht überall genug Wasser, und es gibt immer weniger genug gutes Wasser". –

Trinkwasser wurde in der BRD 1975 zu 57% aus Grundwasser, zu 16% aus Quellwasser, der Rest aus Oberflächenwasser gewonnen (Stauseen, Bodensee). In wachsendem Maße wird aber Flußwasser zur Herstellung von Trinkwasser herangezogen. Hinsichtlich der Reinheit unterscheiden sich diese Wasserarten immer weniger. Grundwasser wird häufig durch Versickernlassen von Flußwasser „angereichert". Infolge der kurzen Verweilzeit und wachsendem Anteil an Fremdstoffen entsteht kein natürliches Grundwasser. Die Qualität des Rohwassers dieser Herkunft nimmt ständig ab, zur Sorge der Trinkwasserwerke. – Erklärung der Bundesregierung vom 30. 8. 1973: „Der Zustand der Gewässer ist . . . weiter schlechter geworden", Erklärung vom 15. 10. 1977: „In den letzten fünf Jahren hat sich der Zustand der Gewässer . . . nicht mehr verschlechtert". –

Durch die öffentliche Wasserversorgung wurden 1976: 5 Mrd m³ Wasser gefördert. 1 Mrd m³ wurde an die Industrie abgegeben, die ihren Bedarf (14 Mrd m³/a) meist selbst fördert. Die chemische Industrie benötigt jährlich 4,5 Mrd m³ (davon 3/4 aus Oberflächenwasser). –

Matthess u.a. (6) erörterten den Grundwasserschutz und notwendige Untersuchungsmethoden. Die Wasserwerke sind gehalten, Wasserschutzgebiete auszuweisen. Infolge langjähriger Versäumnisse besteht aber ein erheblicher Rückstand. „Von den gegenwärtig 981 Wasserwerken in Niedersachsen hatten am 1. 4. 1975 erst 164 ein festgesetztes Wasserschutzgebiet, für 156 Einzugsgebiete war das Schutzgebietsverfahren eingeleitet".

„Die Ausweisung als Wasserschutzgebiet mit den dadurch bedingten Nutzungsbeschränkungen oder Verboten stößt nicht nur auf den Widerstand der betroffenen Grundeigentümer, sondern wird häufig auch von anderer Planungsseite nicht oder nur ungern hingenommen". Hohe Entschädigungsforderungen von Kiesgrubenbesitzern wurden vom Bundesverfassungsgericht zurückgewiesen (7). – Die Wasserversorgung von Niedersachsen ist relativ gut gesichert durch die „Überschußgebiete" Harz und Lüneburger Heide, wenn auch letztere durch Hamburg stark als Wasserlieferant (25 Mio m^3/a) beansprucht wird. Andererseits werden im Heidebezirk 10000 ha Acker- und Weideland mit 16 Mio m^3/a bewässert. Die Landeshauptstadt Hannover beutet das Grundwassergebiet der Aller so stark aus, daß durch die Grundwasserabsenkung Landschaftsschäden entstehen, zuerst durch ein Waldsterben erkennbar. – Frankfurt a.M. bezieht sein Wasser vor allem aus dem Hessischen Ried, in dem Wälder und Landwirtschaft aus Wassermangel allmählich eingehen. Aus dem „Naturpark" Vogelsberg werden jährlich 52 Mio m^3 Wasser gefördert. Diese Menge soll vervielfacht werden. – Der Grundwasserspiegel sank in vielen Gebieten der Bundesrepublik um 1–2 Meter (8). G. Hartkopf (BMI) (9) gab eine ausführliche Übersicht über die gegenwärtigen Wasserprobleme.

Nach *Danker* (10) wird die Trinkwasserversorgung immer schwieriger. Noch befriedigend, aber gefährdet, ist die Gewinnung aus dem Bodensee. Das Rohwasser wird dort aus 60 m Tiefe gewonnen. Mit einem Mikrosieb (Maschenweite 40 μm) wird das Seeplankton abfiltriert. Darauf folgt eine Entkeimung mit Ozon. Nach einer Filtration durch Sand (zusätzlich durch Aktivkohle bei Ölverschmutzung) wird das Wasser gechlort und in das 770 km entfernte Stuttgart geleitet. Das Wasser hat eine Temperatur von 4,5 °C, einen Sauerstoffgehalt von 9,4 mg/l, eine Gesamthärte von 8,7 dH. Es ist klar, geruchs- und geschmacksfrei. –

Erheblich schwieriger ist die Gewinnung von Trinkwasser aus dem Rhein bei Wiesbaden. Nach einer biologischen Vorreinigung wird es gechlort, geflockt, filtriert und mit A-Kohle gereinigt. Darauf folgt eine Bodenfiltration. Das so gewonnene künstliche Grundwasser wird durch langsame Sandfilter geschickt. Diese Filter haben einen Überzug von Bakterien und Algen, die die organischen Verunreinigungen verzehren. Schließlich wird das Wasser gechlort. – Vor kaum lösbaren Aufgaben steht das Wasserwerk Amsterdam und Nordholland. Mit Natronlauge und Eisenchlorid (FeCl$_3$) werden zunächst aus 1 m^3 Rheinwasser 60 g Schlamm ausgefällt. Nach der Flockung und Filtration ist die Wasserqualität deutlich verbessert. Der Schlammgehalt ist von 33 auf 0,6 mg/l gesunken, der Phosphatgehalt von 1,7 auf 0,4 mg/l. Der Zinkgehalt ist von 105 auf 35, Chrom von 13 auf 1, Kupfer von 10 auf 4, Cadmium von 1,1 auf 0,25 μg/l gesunken. Nach einer Chlorung läßt man nun das Rohwasser zunächst in den Dünen versickern. Das dort gewonnene künstliche Grundwasser wird darauf belüftet, über A-Kohle filtriert, mehrmals über Sandfilter filtriert und gechlort. Wegen des zunehmenden Salzgehaltes mußte das Wasserwerk vom Rheinarm Lek auf die Schelde ausweichen. –

Durch zunehmende Verschmutzung des Rohwassers stiegen die Anforderungen an die Wasserwerke immer stärker an. – Im amerikanischen Trinkwasser wurden außer anorganischen Salzen über 400 organische Verbindungen gefunden, z.B. Huminsäuren in einer Menge von 1–5 mg/l, organische Verbindungen (gaschromatographisch ermittelt) 0,5–3 μg/l, Chloroform (Chlorbrommethan u.a., krebsverdächtig) 0,1–300 μg/l Trinkwasser. Zur Verhinderung von Seuchen wurde das Wasser auch in der BRD stark gechlort (Höchstwert 0,3 mg/l). Aber gerade durch die Chlorierung entstehen aus z.T. harmlosen organischen Substanzen Verbindungen, die kanzerogen und mutagen wirken. In den USA wurde ein Grenzwert für Trihalogenmethanverbindungen in der Höhe von 100 μg/l vorgeschlagen. Das Bundesgesundheitsamt hält einen Jahresmittelwert von 25 μg/l für vertretbar (11). Es weist daraufhin, daß bei der Verwendung von Chlordioxid erheblich kleinere Mengen an organischen Halogenverbindungen entstehen. Jedenfalls vertritt es die Ansicht, daß zur Sicherstellung eines bakteriologisch einwandfreien Trinkwassers eine Chlorung vorgenommen werden muß. Es sind Bestrebungen im Gange, die billige Chlorierung zu ersetzen durch die Aufbereitung mit Ozon. Durch Ozon werden nicht nur die Bakterien abgetötet, sondern auch die Viren (12), die eine zunehmende hygienische Bedrohung darstellen und durch Chlorierung nicht beseitigt werden. – Der chemischen Wasserbehandlung mit Ozon sollte eine physikalisch-chemische Reinigung vorhergehen, z.B. eine Flockung und Fällung (13, 14). –

Manche organischen Verbindungen sind so stabil. daß sie durch diese chemischen Prozesse nicht abgebaut werden. Da ein wachsender Teil des Abwassers zu Trinkwasser aufbereitet werden muß, findet man darin auch häufiger Hormone, z.B. Östrogene aus empfängnisverhütenden Mitteln und Hautkremen, deren Konzentration aber noch „nicht bedenklich" sein soll (15). – Die Wasserwerke werden nicht umhin können, durch Aktivkohlefilter die Konzentration an organischen Verbindungen herabzusetzen, die dem Wasser einen schlechten Geruch und Geschmack geben.

Auf der Kohle findet dabei außer der Adsorption auch ein biologischer Abbau organischer Substanz und auch der Ammoniumsalze statt (16). Nach *H. Sontheimer* kann 1 m^3 Aktivkohle täglich bis zu 100 g organische Substanz und 125 g Ammonium entfernen. –

Aussichtsreich scheint auch die „reverse (umgekehrte) Osmose" zu sein (17, 18). Mit einer Membran aus modifiziertem Celluloseacetat lassen sich Pestizide, chlororganische Verbindungen, Organophosphorverbindungen zu 99% abtrennen. Aus einer 0,5% Kochsalzlösung kann man z.B. 96,5% des Salzes zurückhalten (Betriebsbedingungen: 40 at, 32 ml/cm^2/Tag). – Die Gesellschaft für Kernenergieverwertung (GKSS Geesthacht) machte Versuche, Brackwasser zu Trinkwasser aufzubereiten mit Hilfe der reversen Osmose und der Elektrodialyse. Der Stromverbrauch lag bei 5 kwh/m^3 Wasser. Bei Entsalzung von Wasser durch Verdampfung benötigt man 20 kWh/m^3. Auf der Erde werden täglich 2,5 Mio m^3 Meereswasser entsalzen. Durch Verdampfen werden aber nur die Salze abgeschieden, nicht die flüchtigen Verunreinigungen. – Sorge macht besonders der wachsende Gehalt an Schwermetallen im Trinkwasser. Im amerikanischen Wasser (19) wurden z.B. durchschnittlich gefunden (in μg/l): Zn 194, Cu 135, Pb 13, Ni 5, Cd, Cr, Co, Ag 1–2. Wenn diese Konzentrationen auch keine akute Gefahr darstellen, so ist doch ihre Langzeitwirkung noch unbekannt. *Bringmann* (20) bestimmte die toxische Grenzkonzentration (TGK) gegen Protozoen, die z.T. in bedenklicher Nähe dieser Konzentrationen liegen: Natriumselenit (Na$_2$ SeO$_3$ · 5 H$_2$O): 0,0029 mg/l, Berylliumnitrat (BeNO$_3$)$_2$): 0,004, Cadmiumnitrat (Cd(NO$_3$)$_2$): 0,0011, Bleiacetat (Pb (CH$_3$COO)$_2$): 0,02, HgCl$_2$: 0,018, CuSO$_4$: 0,11, NiCl$_2$: 0,14 mg/l.

Die Niederländer haben wegen der Versalzung des Rheins besondere Schwierigkeiten bei der Trinkwassergewinnung. In der EG verlangten sie als Richtlinie für die Trinkwasserqualität einen Grenzwert von 150 mg/l (berechnet auf Natrium). Der Genuß von salzigem Wasser erhöht den Blutdruck. Über den Einfluß von Nitraten in Wasser auf den Bluthochdruck (21).

Landwirtschaflich intensiv genutzte Flächen mit hohem Nitratverbrauch im Bereich von Grundwassererfassungsanlagen stellen ein erhebliches Risiko für das Trinkwasser dar (16). Die Bundesregierung setzte einen Grenzwert für Nitrat in der Höhe von 90 mg/l fest, offenbar aus wirtschaftlichen Rücksichten. Nach einer Empfehlung des Bundesgesundheitsamtes (11) sollte dieser Wert auf 50 mg NO$_3$/l herabgesetzt werden. Bei diesem Wert wird „das Risiko für die Säuglings-Methämglobinämie auf ein ... akzeptables Niveau herabgesetzt". Der Nitritgehalt soll unter 0,1 mg/l liegen. *Haberer* (22) berichtete über „Trinkwasseraufbereitung auf neuen Wegen", *Höll* (23) über „Die neue Trinkwasser-Verordnung in der Praxis". – *Quentin* (24) schrieb einen Bericht über „Organische Verunreinigungen im Wasser". Eine Tabelle „Konzentration organischer Inhaltsstoffe im Wasserkreislauf" enthält eine ausführliche Übersicht über das Vorkommen der wichtigsten Schadstoffe im Trinkwasser, Grundwasser, Uferfiltrat, Oberflächenwasser, Abwasser, Regen und Meerwasser (Tab. 9).

Zullei (25) arbeitete über Chlorphenole im Trinkwasser. *Shuval* über die wachsenden Schwierigkeiten, aus Abwasser direkt oder indirekt Trinkwasser zu gewinnen (26).

Die „thermische Verschmutzung" des Grundwassers nimmt zu. Nach der DIN 2000 soll Trinkwasser eine Temperatur von 5–15 °C haben. Die Flüsse werden aber durch die wachsende Zahl der Kraftwerke, insbesondere der Kernkraftwerke, aufgeheizt. Entsprechend steigt die Grundwassertemperatur auf 20 °C und höher, insbesondere in den Ballungsgebieten, in denen Sickerbrunnen zum Kühlen von Kühlwasser dienen (27). Bei höherer Temperatur wächst auch die Keimzahl des Trinkwassers, Verunreinigungen werden stärker gelöst. –

2.1. Fluoridierung

Nach der Trinkwasserverordnung vom 1. 2. 1976 ist es den Ländern anheimgestellt, eine Trinkwasserfluoridierung zuzulassen. Bereits in den vorhergehenden Bänden dieses Taschenbuchs (I S. 96, II S. 177) wurde dargestellt, daß die Nachteile der Fluoridierung die zweifelhaften Vorteile weit übersteigen. Nach *Wagner* (Gießen) wird die Karies durch eine Fluorbehandlung nicht verhütet, sondern etwa zwei Jahre hinausgeschoben. Fluorschäden treten bereits bei 1,2 mg F/l Wasser auf an verschiedenen Organen des Körpers. Das beste Kariesschutzmittel ist Milch. – Nach *Burk* (28) besteht in den USA eine Korrelation zwischen Trinkwasserfluoridierung und erhöhter Krebssterblichkeit. – Nach *Boettcher* (29) ist für die Trinkwasserfluoridierung im Ausland eine Rückentwicklung festzustellen. In Europa sank der Anteil der „fluoridierten" Personen von 2% auf 1%. Nur in der DDR wird die Fluoridierung noch intensiviert. In einer DDR Zeitschrift wird allerdings von Spätschäden berichtet: „Die Skelettfluorose entwickelt sich nach 10–30 Jahren" (30). Nach *Hässelbarth* (31) sind Fluoride im Meereswasser zu 1,0– 1,4 mg/l als Fluorionen enthalten, in Flüssen und Seen: 0,05– 0,5 mg/l, im Grundwasser 0,05–0,5 mg/l. Von der WHO wurde 1967 für Trinkwasser in Abhängigkeit von den Durchschnitts-

temperaturen und entsprechenden Trinkgewohnheiten empfohlen: bei 10−12 °C 1,2 mg/l, bei 26−32 °C 0,7 mg/l. Von der
EPA wurde 1975 die doppelte Menge vorgeschlagen. Da die
Lebensmittel sehr unterschiedliche Fluormengen enthalten,
erscheint eine Zudosierung zu Trinkwasser unbegründet und
kaum zu verantworten.

Kettner (32) berichtete über „Fluoride und ihre langfristige
Wirkung auf den Organismus". Die tägliche Fluoridaufnahme
durch Nahrung und Wasser beträgt für Menschen 0,08−0,15 mg/kg.

2.2. Überwachung

Da die Art und Menge der Verunreinigungen im Rohwasser zunimmt, ist eine ständige Kontrolle des Trinkwassers erforderlich.
Insbesondere, wenn auf Flußwasser (Uferfiltrat) zurückgegriffen
wird, muß jederzeit mit plötzlichen Zwischenfällen, ja Katastrophen gerechnet werden. Früher trieben dann z.B. im Rhein tausende tote Fische flußabwärts. Jetzt entfällt diese Warnung, es
gibt dort kaum noch Fische. Man ist daher auf chemisch-physikalische Analysen angewiesen, um festzustellen, ob Schadstoffe
eine bestimmte zulässige Konzentration überschreiten. *Stöfen*
veröffentlichte Tabellen: „Gesundheitliche Höchstwerte für
Schadstoffe in Trinkwasser" (33). Diese enthalten Toleranzgrenzen der WHO und UdSSR, insbesondere russische Werte für 332
verschiedene Chemikalien. Nach *Stöfen* bieten diese Höchstwerte
„Schutz gegen funktionell-degenerative Erkrankungen, nicht aber
gegen Krebs und genetische Auswirkungen". Sie berücksichtigen
auch nicht die vielmals höhere Empfindlichkeit des kindlichen
Organismus. − Die deutsche Trinkwasserverordnung vom 1. 2.
1976 beschränkt den Untersuchungsumfang erstaunlicherweise
auf 12 (zwölf!) chemische Stoffe, deren Grenzwerte in Tabelle
10 wiedergegeben werden. Der Referentenentwurf enthielt eine
weitere Reihe von Schadstoffen, die aber vom Bundesrat gestrichen wurden. Eine vorsichtige Kritik „Zur Durchführung der
Trinkwasserverordnung" versuchte *Fast* (34). Er wunderte sich
u.a. über den Grenzwert für Nitrat (90 mg/l Wasser). Durch einen
hohen Nitratgehalt von Wasser bzw. Gemüse und die Umwandlung des Nitrats in Nitrit sind schon viele Säuglinge umgekommen. *Fast* schließt mit der Bemerkung, „daß diese Verordnung
nicht in allen Punkten einer objektiv-kritischen Betrachtung
standhalten kann". In einem Sammelband „Die Trinkwasser-
Verordnung" (31) erläutern 23 Sachverständige die einzelnen
Paragraphen der Verordnung, die nach 16-jährigen Diskussionen
und Auseinandersetzungen der verschiedenen Interessenten beschlossen wurde. − Der Nitratgehalt des Wassers muß beschränkt

werden, da das Nitrat im Magen-Darmkanal unter Mitwirkung von Keimen zu Nitrit reduziert wird. Dieses verbindet sich mit Hämoglobin. Die Reaktion führt zu einer Methämoglobinämie („Zyanose", „Blausucht"). Säuglinge in den ersten drei Lebensmonaten sind besonders empfindlich. In Europa und Nordamerika wurden etwa 2000 solcher Erkrankungen gemeldet. Die Dunkelziffer ist hoch. Die Mortalität beträgt 7—8%. Die Säuglingssterblichkeit in der BRD ist relativ sehr hoch, die Morbidität der Gastarbeiterkinder besonders hoch. Bei starker Nitratdüngung ist auch der Nitratgehalt des Grundwassers und des Gemüses hoch (siehe Kap. XIII, 6, Landwirtschaft). Kühe, die nitrathaltiges Wasser trinken, produzieren Milch mit hohem Nitratgehalt. Das Nitrat/Nitrit geht vom Blut der Mutter auf den Fetus über. Wegen der Mitwirkung der Keime empfiehlt ein Sachverständiger, Pulvermilch nur in abgekochtem Wasser zu lösen und die Zubereitung noch einmal zu kochen. Das kann man einer Mutter zumuten, die Diätassistentin gelernt hat, aber kaum einer Mutter einer Gastarbeiterfamilie. Der Sachverständige betont, daß der Nitratgrenzgehalt von 90 mg/l strenge Anforderungen für ein bakteriologisch einwandfreies Trinkwasser voraussetzt. Andernfalls empfiehlt er, die Bevölkerung durch das Gesundheitsamt warnen zu lassen. Darüber könnte sich aber der Verkehrsverein ärgern. Die EPA fordert einen Grenzwert von 45 mg/l. *Höll* (siehe Buch I, 123) nimmt als Grenzwert 30 mg/l an, als noch tragbar 20 mg Nitrat/l. Das Streben nach Höchsterträgen für die chemische Industrie, Landwirtschaft und Grundbesitzer war stärker als die Schutzbemühungen der Mediziner, Biologen und Vertreter der Wasserwerke (auch hinsichtlich der Schutzgebiete).

Andere Sachverständige referierten über den Gehalt des Trinkwassers an toxischen Schwermetallen. Wasser fließt in die Haushaltungen durch verzinkte Eisenrohre. Das Zink darf 1,5% Blei und 0,2% Cadmium enthalten. Bei Korrosion der Rohre könnten die zulässigen Werte für Blei und Cadmium im Wasser überschritten werden (31). − Von den organischen Bestandteilen des Trinkwassers sind die polyzyklischen aromatischen Kohlenwasserstoffe besonders unerwünscht, weil sie z.T. Krebs bewirken können. 3,4 Benzpyren gilt als Leitsubstanz für hunderte verwandte Verbindungen. Bitumen für den Wasserbau (Großleitungen und Behälter) enthält einige mg/kg. Besonders in den ersten Monaten nach Inbetriebnahme werden erhebliche Mengen an das Wasser abgegeben. Durch A-Kohle können diese Stoffe zu 90% entfernt werden. − Durch Lebensmittel und Trinkwasser werden vom Menschen jährlich 1−10 mg dieser kanzerogenen Stoffe aufgenommen. Ihre Löslichkeit in Wasser wird erhöht durch Tenside

(Waschmittel). – *Ford* (35) berichtete über kanzerogene Anteile im amerikanischen Trinkwasser (Asbest und Teerverbindungen). *Ott* u.a. (36) verwandten Bakterien, Algen und Protozoen für Teste. Diese Organismen reagieren auf Schadstoffe schneller und empfindlicher als Fische. Ihre Reaktionen können automatisch gemessen und registriert werden. *Bringmann* und *Kühn* bestimmten die Schadwirkungen von Herbiziden gegen Algen (38) und von 173 wassergefährdenden Stoffen gegen Daphnien (37).

Für die Trinkwasserverordnung, die seit 1961 von den zuständigen Länderministern beraten wurde, müssen von den Länderministern noch Ausführungsbestimmungen erlassen werden. Bei der Durchsicht vermißt man in der Liste die Grenzwerte für weitere Schwermetalle, radioaktive Stoffe, viele organische Verbindungen (Kohlenwasserstoffe, Detergentien, Phenole, chlorierte Verbindungen u.a.), die im Wasser bereits vorhanden oder zu erwarten sind. In der Verordnung steht, Trinkwasser dürfe (nicht namentlich genannte) Stoffe nicht „in solchen Konzentrationen enthalten, bei denen feststeht, daß sie in diesen Konzentrationen bei Dauergenuß gesundheitsschädlich sind". Versuche an Menschen dürfen nicht gemacht werden. Die Feststellung der Schädlichkeit kann erst nach der Auswertung langjähriger Statistiken gebracht werden, und dann ist es zu spät. Das wäre eine Aufgabe der Epidemiologen, deren Arbeit aber durch die Behörden eher behindert als gefördert wird. Die Politiker reden vom Verursacherprinzip, handeln aber nicht danach. Die Verursacher müßten beweisen, daß die Chemikalien, die sie in die Luft oder ins Wasser entlassen, auch in kleinen Mengen, auch bei langjähriger Einwirkung unschädlich sind. Die ersten Opfer dieser Verordnung werden wohl Säuglinge sein, deren Nahrung durch Auflösen von Pulver in Trinkwasser hergestellt wird. – Wegen der Zunahme der Verunreinigungen im Rohwasser wird es für die Trinkwasserwerke immer schwieriger, die einzelnen Schadstoffe analytisch zu erfassen. *Stiegele* und *Klee* (1) halten es daher für dringend notwendig, „physiologische Verfahren zu entwickeln, mit denen selbst kleinste Anfangsschädigungen an biologischen Modellorganismen gemessen werden können". Bereits jetzt werden in einem durchlaufenden Seitenstrom des fertigen Trinkwassers Warnfische gehalten. „Als Signal einer Giftwirkung auf den Testfisch gilt der Verlust seiner Fähigkeit, sich bei horizontaler Wasserströmung ortsfest zu halten und nicht abtreiben zu lassen".

2.3. Schutz des Grundwassers

Das Grundwasser ist lebensnotwendig für uns und unsere Nachkommen. Es wird gefährdet durch ober- und unterirdische in-

dustrielle Nutzungen. Schon lange werden Salzlösungen, z.B.
Kaliendlaugen „beseitigt", indem man sie in Tiefenzonen preßt. –
Giftmüll wird in stillgelegten Erzschächten deponiert. Gase wer-
den im Tiefengestein gespeichert, Rohöl und Mineralölprodukte
in norddeutschen Salzstöcken. Im Raum Burrweiler (Rheinland-
Pfalz) plante man Felskavernen für die Lagerung von Mineralöl.
Zunächst wurden Bohrungen bis zu einer Tiefe von 100–150 m
vorgenommen. „Die Lagerräume liegen unterhalb des tiefstmög-
lichen Grundwasserspiegels". Woher weiß man, daß das Öl nicht
wieder in höhere Schichten steigt, daß wir später nicht auf tiefere
Grundwasserhorizonte zurückgreifen müssen? Nach einer
Schätzung des TÜV verschwinden in der BRD jährlich 19 Mio t
Altöl (39). Zu einem erheblichen Anteil sind die Kraftfahrer
daran beteiligt, auch die Werkstätten zum Ausschlachten und für
Reparaturen. Durch einen Liter Öl können 1 Mio Liter Grundwasser verdorben werden. – In der UdSSR werden radioaktive Abwässer durch Einpumpen in 1200–1500 m Tiefe „entfernt" (40).
Auch in der geplanten Atommülldeponie in Gorleben sollen tri-
tiumhaltige Abwässer in den Untergrund gepreßt werden. Welche
Geologen in Ost und West können solche Projekte verantworten?
An sie und die Verantwortlichen in Industrie und Staat haben
wohl die Wissenschaftler gedacht, als sie schrieben: „Erst wenn
die ersten Trinkwasserkatastrophen eintreten, wird die Bevölkerung aufschrecken und nach den Verantwortlichen rufen. Dann
werden auch mit Sicherheit diejenigen als gemeingefährliche Kri-
minelle verurteilt werden, deren Giftabwässer uns Tag für Tag
näher an die Katastrophenschwelle rücken" (1).

3. Abwasser

3.1. Abwasserproduzenten

„Überall ist vom Abwasserproblem die Rede, aber keiner sagt,
daß das unser Trinkwasserproblem ist" (O. Klee). Durch Abwasser werden vor allem unsere Seen und Flüsse bedroht, z.B. der
Rhein. 8,5 Mio Einwohner der Rheinanliegerstaaten beziehen ihr
Trinkwasser indirekt aus diesem Fluß, der häufig eine Kloake genannt wird. – Bei diesem Wort denkt man zunächst an Fäkalien.
– Urin wird als minderwertige Flüssigkeit angesehen. Ein Mensch
scheidet mit ihm täglich 10 g Kochsalz, 2,5 g Phosphate und
andere Salze aus, 20–30 g Harnstoff und weitere Stickstoffverbindungen, Hormone, Vitamine u.a. Im Altertum wurde Urin zu
Heilzwecken verwendet, er enthält auch antibiotische Stoffe.
Urin ist keimfrei, in Notfällen wird er zum Auswaschen von

Wunden empfohlen. Noch 1935 hielt eine deutsche Firma Stuten und Hengste zu dem Zweck mit ihrem Urin Heilpflanzen zu fördern. Eine japanische Firma kaufte den Urin von schwangeren Frauen auf, um daraus Hormone herzustellen. Beim Faulen des Urin entstehen in einem Zwischenstadium pflanzenschädliche Stoffe. Ausgefaulter Urin wird von Naturvölkern als umweltfreundliches Waschmittel verwendet. Eine Tabuisierung des Urins erfolgte im Mittelalter, weil seine Quelle in Beziehung steht zu den geschlechtlichen Freuden. – Kot besteht zur Hälfte aus meist harmlosen Bakterien. Alle Bestandteile werden im Fluß rasch abgebaut (außer einigen Wurmeiern und Viren). Noch 1979 entließen sogar größere Städte (z.B. Passau und Regensburg) ihre Abwässer ungereinigt in den Fluß, der damit fertig wird, wenn die Konzentration der Verunreinigungen nicht gar zu groß ist. Dann sinkt der Sauerstoffgehalt des Wassers gegen Null, der Fluß fault, „kippt um". – Nach *Schwoerbel* (41) wurden in der Bundesrepublik 1976 25,8 Mrd m^3 Wasser verbraucht und 15,2 Mrd m^3 als Abwasser entlassen. Die in diesen Abwassermengen enthaltenen Schmutzstoffe und der für ihren Abbau erforderliche Sauerstoff (BSB_5) betrugen an häuslichen Abwässern 4,2 Mio t Feststoffe (1,2 Mio t O_2), Industrie 40 Mio t Feststoffe (3 Mio t O_2) und Landwirtschaft 191 Mio t Feststoffe (20 Mio t O_2). 70% aller Schmutzstoffe gelangten nicht abgebaut in die Gewässer (Sauerstoffbedarf 17 Mio t pro Jahr).

Die eigentliche Gefahr für die Gewässer bilden aber die Abfälle unserer Zivilisation, insbesondere der Industrie und ihrer Produkte. Man unterscheidet leicht-, schwer- und nicht abbaubare organische Substanzen, anorganische Salze, giftige Metallverbindungen u.a. Die Hälfte der Rheinverschmutzung mit biologisch abbaubaren Stoffen wird durch Einleiter verursacht, die vom Rat der Sachverständigen erstmals mit Namen genannt wurden (10):
1. Stadt Basel und chemische Industrie
2. Maison Rhone-Poulenc, Mulhouse
3. Maison Cellulose de Strasbourg (Kläranlage im Bau)
4. Stadt Straßburg
5. Zellstoffabrik Mannheim
6. Hoechst AG Offenbach und Griesheim (Kläranlage im Bau)
7. Bayer AG, Leverkusen.

Biologische Kläranlagen wurden und werden überall gebaut, ihre Kapazitäten bleiben aber meist hinter den wachsenden Belastungen zurück. – Bayer hatte z.B. 1971 die „Gemeinschaftskläranlage Leverkusen", 1973 die „Zentralkläranlage Dormagen" und 1975 die erste Stufe der Kläranlage in Uerdingen in Betrieb genommen. Eine erweiterte Anlage soll 1980 in Betrieb gehen. –

Die BASF benötigte 10 Jahre (1964–1974) für den Bau einer Großkläranlage. Der Sauerstoffgehalt des Rheins war danach deutlich gestiegen. Inzwischen ist aber die Gesamtbelastung mit schwer abbaubaren organischen Verbindungen stärker gewachsen. Als Grundsatz gilt noch immer:

„Wenn es der Produktion nützt, muß ein Unternehmer die Umwelt verschmutzen, soweit es ihm gesetzlich erlaubt ist. Das ist nicht nur sein Recht, sondern seine Pflicht, Besitzern und Belegschaft gegenüber. Tut er es nicht, schadet er dem Werk, hilft er der Konkurrenz, soll er als Unternehmer abtreten und Pfarrer oder Juso werden" (42).

Jetzt, fünf Jahre später, würde man das etwas differenzierter ausdrücken. Jedenfalls stieg die Belastung mit Lignin-Sulfonsäuren aus Zellstoffabriken von täglich 140 t (2. Halbjahr 1975) auf 306 t (1. Halbjahr 1976). Dazu bemerkte Prof. *H. Sontheimer* (43) „Als die ersten Zahlen über Konzentration und Fracht von Lignin-Sulfosäure im Rhein bei Koblenz im Frühsommer 1975 veröffentlicht wurden, war plötzlich ein erheblicher Rückgang zu beobachten.

Nahezu zeitlich mit der Neuformulierung des Abwasserabgabengesetzes und mit dem Verzicht auf eine an der effektiv abgegebenen Fracht orientierten Abwasserabgabe wurde dann wieder ein erheblicher Anstieg der Frachten und Konzentrationen festgestellt. Diese offensichtlich zeitliche Übereinstimmung ... kann natürlich auch nur Zufall ... sein". – Die Bundesregierung setzte einen „Rat der Sachverständigen für Umweltfragen" ein. Dieser sollte ein Gutachten über die Art, Ursache und Höhe der *Belastung des Rheins* anfertigen, stieß dabei aber auf erhebliche Schwierigkeiten (32). „Insbesondere erwies es sich als schwierig, konkrete Analysenergebnisse von großen Abwassereinleitungen zu beschaffen. Sie werden wegen ihrer möglichen politischen Bedeutung oftmals zurückgehalten; es ist anzunehmen, daß die Aufsichtsbehörden nur zurückhaltend Daten über Abwassereinleitungen herausgeben, weil ihre unbeschränkte Offenlegung einen ihnen unerwünschten politischen und wirtschaftlichen Druck auf die betroffene Gemeinde oder Firma haben könnte". Dem Rat der Sachverständigen waren dann auch weder das Untersuchungsmaterial der Arbeitsgemeinschaft der Länder zur Reinhaltung des Rheins – Arge Rhein – von 1974 noch die Ergebnisse aus dem Sommer 1974 der für die Internationale Kommission zum Schutz des Rheins gegen Verunreinigung (IKSR) durchgeführten Messungen zugänglich. – Die Lignin-Sulfonsäuren sind immerhin noch sekundäre Naturprodukte. Die Kohlenwasserstoffe, die chlorierten Verbindungen, Biozide und vielen tausend anderen organischen

Stoffe, die in den Rhein eingeleitet werden, sind zwar nur in kleinen Konzentrationen vorhanden, ihre Toxizität ist aber erheblich größer. –

3.2. Kochsalz im Abwasser

Von den anorganischen Verbindungen überwiegt bei weitem das Kochsalz (und Sulfatsalze), die zwar lebensnotwendig sind und keine Giftstoffe darstellen, wegen ihrer hohen Konzentration aber die Gewinnung von Trinkwasser und die Bewässerung von Gemüsepflanzen unmöglich machen können.

Besonders betroffen sind die Niederlande. 1920 betrug die Salzfracht des Rheins an der holländischen Grenze noch 100 kg/sec., 1960: 250 kg/sec., 1976 war das Maximum 450 kg/sec., im Januar 1977 wurden 875 kg Salz pro Sekunde gemessen. 49% des Salzes kamen aus Frankreich (Schweiz), davon 37% aus dem Kalibergbau des Elsaß. 22% lieferte die deutsche Industrie, 15% der deutsche Kohlenbergbau. – Die Kaligruben bei Mühlhausen produzierten jährlich 7 Mio t Abfallsalze. Es lag nahe, diese in die stillgelegten Gruben zu füllen. Gegen 1960 bemerkte man aber, daß diese in einen Grundwasserstrom in 1000 m Tiefe versickern, der von Basel nach Mainz fließt. 1976 wurde geplant, die Salzabfälle im Tiefengestein (1900 m tief) zu versenken. – Ähnliche Salzprobleme ergaben sich an der Weser. 1971 enthielt die Werra 13–16 g Salze pro Liter Wasser, die Oberweser noch 6 g/l. Nach früheren Abmachungen mit der DDR sollten im Grenzgewässer nicht mehr als 2 g/l sein. Im September 1973 bedauerte eine DDR-Zeitung, daß in den letzten 60 Jahren ,,seinerzeit kapitalistisches Profitstreben der Kalikonzerne umweltfreundliche Maßnahmen verhinderten‘‘. Wie lange noch? Seit 1953 gab die DDR keine Auskünfte mehr über die eingeleiteten Salzmengen, die auf das 4- bis 13-fache der Vereinbarungen stiegen. Selbst in Bremen wurden Chloridgehalte bis zu 2,5 g/l gemessen, im Trinkwasser zeitweise 0,8 g/l, das Vierfache der Konzentration, die die Trinkwasserverordnung der EG zuläßt. 1976 flossen täglich 35000 t Salz über die Grenze. In der Weser stiegen die Konzentrationen stoßweise auf 18 g/l, in der Werra sogar bis auf 93 g/l. (Im Meereswasser befinden sich 19 g Salz/l). Noch in Minden wurden 10 g/l gemessen. – 1977 überschritten bis zu 170 kg Salz pro Sekunde die Grenze.

3.3. Schwermetalle im Wasser (s.a. Band II, S. 172)

Die zunehmende Versalzung der Flüsse könnte technisch in absehbarer Zeit gestoppt und rückgängig gemacht werden. Eine nicht umkehrbare Vergiftung der Flüsse, Seen und Meere wird aber durch die Emission von Schwermetallen befürchtet, die sich im Bodenschlamm anreichern. Auch in diesem Kapitel spielt der Rhein eine führende Rolle. Seit 1972 bemüht sich die „Internationale Kommission zum Schutz des Rheines", die Schritte der Anliegerstaaten zu koordinieren. Jährlich wird der Fluß verunreinigt mit 13 000 t Zink, 1650 t Kupfer, 1300 t Blei, 400 t Arsen, 130 t Cadmium, 41 t Quecksilber (Schätzung 1976). Die Metallsuspensionen werden in die Nordsee gespült. Ein erheblicher Anteil wird aber vorher ausgefällt, bedeckt als Schlamm den Flußboden. Der Metallgehalt der Sedimente steigt vom Bodensee bis zur holländischen Grenze für Zink von 185 auf 3900 ppm, Blei von 30 auf 850, Chrom von 120 auf 760, Nickel von 100 auf 200, Kupfer von 70 auf 470, Quecksilber von 0,4 bis auf 18 ppm (44). – Der Neckar, Main und andere Nebenflüsse bringen weitere Metallfrachten. In der Mündung des Schwarzbaches in den Rhein wurden im Schlamm gefunden: 7840 ppm Zink, 775 Kupfer, 730 Nickel, 192 Silber, 110 Quecksilber und 100 ppm Cadmium. – Die Metalle werden meist als Feststoffe suspendiert, an Ton- und Humussubstanzen, an Eisen- und Manganoxiden adsorbiert. Durch Erhöhung der Säurekonzentration, Komplexbildner, durch Erniedrigung des Sauerstoffgehaltes und folgender anaerober Vorgänge werden die Metalle in Lösung gebracht, können in das Grundwasser eindringen und das Trinkwasser gefährden (45). *Schramel* u.a. (46) fanden im Sediment anderer Flüsse 40 ppm Arsen, in Wasserpflanzen 250 ppm Quecksilber und 3000 ppm Zinn, in Fischen (Aalleber) 18 ppm Selen. – *Lahann* (47) fand im Klärschlamm 2–1000 ppm Molybdän. – Die Suche nach anderen toxischen Metallen erfolgt nur gelegentlich.

Quecksilber wird im Abwasser im allgemeinen als Sulfid gefällt und dann durch Komplexbildner nicht wieder gelöst (48), wohl aber durch Bakterien im Faulschlamm alkyliert. – Nach *Braun* (49) gelangen in der BRD aus natürlichen Quellen jährlich 20 t Quecksilber in die Biosphäre, aus Industrieemissionen etwa 200 t. Im Wasser wird das Metall in der Rückenmuskulatur der Fische gespeichert. Insbesondere Hechte können als Quecksilberindikatoren für Gewässer dienen. Nach der Höchstmengenverordnung darf Quecksilber im Fischfleisch maximal in einer Konzentration von 1 mg/kg Fleisch enthalten sein. Das Metall wird durch Fische aus dem Gewässer um einen Faktor 2000 angereichert. – Über die Alkylierung durch Bakterien von Blei, Quecksilber, Thallium, Zinn, Chrom, Kobalt, Selen, Arsen und andere Elemente berichteten (50). – Eine Reihe von Untersuchungen über Anreicherung von Schwermetallen in Flußsedimenten, ihre Bindung und Mobilisation stammten von *Förstner* (45) und seinem Arbeitskreis *Offhaus* (51) berichtete über „Quecksilbergehalt im Gewässer". – Die Verunreinigungen des Wassers durch toxische Metalle rühren meist vom Erzbergbau, Metallhütten und verarbeitenden Betrieben her. – Nach *Cherry* u.a. (52) hat einen erheblichen Anteil die Kohleverbrennung. In den USA wurden 1970 290 Mio t Kohle verbrannt mit 32 Mio t Asche. Diese gerät direkt in das Meer oder die Flüsse, z.T. wird sie in Deponien durch Regen ausgewaschen. Drainagewasser wurde auf 40 Elemente untersucht. Folgende Konzentrationen ergaben sich: für Mn, Sr, Ba 40–80 ppm, Cr, V, Cu 10–20 ppm, Co, Se, As 3–5 ppm, Mo, Cd, U 1–2 ppm, Hg 0,4 ppm. Diese Konzentrationen sind 3–10 mal so groß wie im Drainagewasser aus „sauberem" Boden. Bedenklich ist, daß aus dem verunreinigten Wasser Kleinlebewesen, Pflanzen und Fische die Metallkonzentrationen auf das 10- bis 100fache anreicherten.

3.4. Abwasserreinigung (siehe auch Band I, 106 und Band II, 168)

Bei der Abwasserreinigung werden die groben Verunreinigungen zunächst zerkleinert und durch Siebe und Absetzbecken entfernt. In der folgenden „Biologischen Reinigung" werden die organischen Verunreinigungen durch Bakterien bei starker Luftzufuhr abgebaut. Die Abgase riechen unangenehm. Die Firma Bayer AG benutzt daher technisch-reinen Sauerstoff, so daß kaum Abgase entstehen (53). – Nach Erfahrungen der Firma C.H. Boehringer ist eine biologische Kläranlage zweckmäßig zweistufig zu betreiben (54). – Bei organischen hochkonzentrierten Abwässern (z.B. aus der Nahrungsmittelindustrie) ist ein Abbau bei höherer Temperatur über 45 °C erforderlich (55). – Auch die Länder und Kommunen bemühen sich, ihre Abwässer biologisch zu reinigen, wenn auch noch nicht mit vollem Erfolg. Ein zuständiger Minister erklärte 1976: „Insgesamt ist die Leistungsfähigkeit jeder zweiten Kläranlage in Baden-Württemberg zufriedenstellend" (56). „Die im gesamten Bundesgebiet im öffentlichen Bereich getätigten Investitionen für Kläranlagen stiegen von 1970 mit 418 Mio DM über 1975 mit 1071 Mio DM auf 1976 mit 1408 Mio DM an" ... „Die Anzahl der Einwohner, deren Abwasser vollbiologisch behandelt wurde, wuchs von 21,3 Mio (35%) im Jahre 1969 auf 31,6 Mio (51%) im Jahre 1975. Der Anfall von Abwasser nimmt weiterhin zu" (57). – Bei der biologischen Abwasserreinigung fallen große Mengen Klärschlamm an, der aus Wasser, Bakterien und unzersetztem Material besteht. Für 1976 wurde der Schlamm allein in den Kommunen auf 20 Mio m³ geschätzt. Bei der geplanten biologischen Reinigung aller häuslicher Abwässer könnte diese Menge auf etwa 50 Mio m^3 steigen. Zum Vergleich der Anfall an Hausmüll beträgt jährlich etwa 100 Mio m^3. Durch die biologische Reinigung werden nur die leicht abbaubaren Schmutzstoffe entfernt, die für Auge und Nase der Mitmenschen lästig sind. Es ist also mehr eine kosmetische Operation, anstelle von wirksamen Maßnahmen (radikale Drosselung der Abwässer bei dem Verursacher). Inzwischen wächst der Schlammberg.

Mehr als zwei Drittel dieser Schlammengen kommen z.Z. auf Deponien, 6−8% werden verbrannt (besonders in den Großstädten), 15−20% „lassen sich in der Landwirtschaft und im Gartenbau unterbringen". 1% wird gemeinsam mit Müll kompostiert. Wegen des Gehaltes an Krankheitserregern muß der Schlamm hygienisiert (z.B. pasteurisiert) werden. Der Schlamm hat einen hohen Anteil an Pflanzennährstoffen, ist daher als Düngemittel hervorragend geeignet. Anderseits enthält er eine Reihe von Schadstoffen (Schwermetalle, chlororganische und andere toxische Verbindungen), insbesondere, wenn die häuslichen Abwässer mit gewerblichen und industriellen vermischt wurden. Bei zu hohem Schadstoffgehalt kann die biologische Reinigung gehemmt oder sogar zum Stillstand gebracht werden. Im Kapitel Landwirtschaft wird auf das Problem der Düngung mit Klärschlamm näher eingegangen werden.

Wenn die biologisch gereinigten Abwässer in einen Vorfluter oder in einen See geleitet werden, entwickelt sich eine starke Algenflora („Eutrophie"), die zunächst aus ästhetischen Gründen (z.B. in Kurorten) abgelehnt wird. In einem weiteren Stadium sterben die Algen ab, es tritt ein Fäulnisprozeß ein, der Sauerstoff der Gewässer wird verbraucht. Das Gewässer ist dann für die Gewinnung von Trinkwasser nicht mehr brauchbar. Das Algenwachstum wird gefördert durch restliche organische Verbindungen, insbesondere durch den Stickstoff- und Phosphatgehalt der biologisch gereinigten Abwässer. Der Stickstoff kann durch einen anschließenden anaeroben Prozeß beseitigt werden (58). Zur Entfernung der Phosphate ist eine „dritte Reinigungsstufe" erforderlich (siehe Kap. 3.6.) Beim Absterben der Algen können starke Gifte entstehen. Über „Algen-Toxine" berichtete *Mebs* (59).

Besondere Probleme stellen die Abfälle dar, die bei der Herstellung von Antibiotika entstehen (1,6 Mio t in den USA) (60). Ihre Einleitung in Gewässer ist verboten. Die öffentlichen Klärwerke nehmen sie nicht auf, da sie die Mikroflora stören. US-Firmen deponieren sie in stillgelegte Tagebaubergwerke. Ein lukratives Geschäft war eine Beimischung zu Viehfutter. Wegen der Gefahr, daß sie im Gewebe resistente Mikroorganismen bilden, wurde diese Anwendung in England und den USA verboten (Antibiotic Task Force Report, USA 1972). – *Zähner* (61) warnt ausdrücklich davor, antibiotische Abfälle in den Vorfluter oder das Meer einzuleiten. Mikroorganismen, insbesondere Sporen von Pilzen, könnten Allergien auslösen. Stämme von Penicillium oder Aspergillus können extrem starke kanzerogene Aflatoxine bilden. – Einerseits werden in der BRD immer noch riesige biologische Kläranlagen geplant oder gebaut, anderseits wachsen die Zweifel, ob das überall sinnvoll ist, ob sie nicht zum Teil durch neue Verfahren ersetzt werden sollten. Der biologische Abbau der organischen Schmutzstoffe beruht darauf, daß Bakterien diese verzehren („mineralisieren") und sich dabei vermehren. Diese beiden Prozesse werden immer häufiger durch neue Industriechemikalien gehemmt. Die häuslichen Abwässer enthalten Stickstoff- und Phosphatverbindungen im Überschuß, diese fehlen meist in industriellen Abwässern. Mit dem Rechenstift hatte man also ermittelt, daß es vorteilhaft sei, beide Sorten von Abwässern zu mischen und gemeinsam biologisch zu reinigen. Auch die häuslichen Abwässer werden nun häufig durch gewerbliche Chemikalien vergiftet und dadurch für den biologischen Abbau ungeeignet gemacht. – Die bei der biologischen Reinigung anfallenden wachsenden Mengen von Klärschlamm enthalten z.T. solche Mengen an industriellen Giften, daß ihre Anwendung in der Landwirtschaft kaum noch zu verantworten ist.

3.5. Phosphat im Wasser (Waschmittel)

Die Abwässer enthalten meist Phosphate, von denen etwa je ein Drittel aus Fäkalien, aus der Landwirtschaft und aus Waschmitteln stammen. Letztere enthalten etwa 40% Phosphate (Band I, 187). Diese dienen als Schmutzlöser und als Wasserenthärter. Die zweite Funktion könnte durch ein neu entwickeltes Natriumaluminiumsilikat („Sasil") ersetzt werden, das Calcium- und Magnesiumionen bindet. Die Phosphate fördern das Algenwachstum, die Eutrophierung der Oberflächengewässer. In der BRD werden jährlich 200000 t Phosphate für die Waschmittelherstellung verbraucht. – Eine Studie „Wege und Verbleib des Phosphors in der Bundesrepublik Deutschland" verfaßte die Fachgruppe Wasserchemie der Gesellschaft Deutscher Chemiker (62). *Schmidt* u.a. (63) untersuchten die biologische Abbaubarkeit, das toxikologische Verhalten und die eutrophierende Wirkung von Waschmittelbestandteilen. – *Haux* (64) berichtete über „Umweltfreundliche Waschmittel". *Brümmer* u.a. (65) untersuchten den „Phos-

phorgehalt und -bindungsformen in den Sedimenten von Elbe"
und Nebenflüssen. Die Sedimente enthielten 80—8300 ppm (mg
P/kg Sediment). Die Phosphate sind gebunden an Eisen- und Alu-
miniumoxide, z.T. auch an Calcium und organische Verbindungen. Die Bindungen sind labil, leicht mobilisierbar. Bei nachlassen-
der Konzentration im Wasser geben die Sedimente die Phosphate
wieder ab, wirken als Phosphat-Quelle. — Nach dem Waschmittelgesetz vom 1. 9. 1975 müssen alle Rezepte von Waschmitteln
beim Umweltbundesamt hinterlegt werden. Nach einer Rechtsverordnung vom 1. 10. 1977 sollen die in den Wasch- und Reini-
gungsmitteln enthaltenen anionischen und nicht ionischen Tenside eine Abbaurate von mindestens 80% haben (66). Es ist zu
fragen, ob der Rest von 20% nicht viel zu hoch ist.

Außerdem ist bekannt, daß bestimmte synthetische Produkte
wie z.B. Alkylenoxid-Addukte biologisch nicht abbaubar sind,
sondern nur durch Adsorption entfernt werden können (67). —
Durch eine Rechtsverordnung soll der Phosphatgehalt der Waschmittel begrenzt werden (bis 1980 zu 25%, 1983 zu 50%). Für eine
Beseitigung der Eutrophierung genügt das aber nicht. Erforderlich
ist eine dritte chemische Reinigungsstufe der Abwässer. — Waschmittel enthalten noch andere fragwürdige Stoffe wie 20—30%
Perborate als Bleichmittel. Wenn borhaltige Abwässer zur Bewässerung von Weiden dienen, können Schafe Lungen- und Ma-
genkrankheiten bekommen, bereits wenn das Flußwasser 0,2—2,0
mg Bor/l enthält (68). — Von 1974—1977 hat sich der Borgehalt
im Grundwasser der Rheinebene verdoppelt (69).

3.6. Weitergehende Abwasserreinigung

Langfristig sollten alle biologischen Reinigungsverfahren durch
eine Fällung der Phosphate (mit Aluminium- oder Eisensulfat)
ergänzt werden. Dabei werden gleichzeitig weitere Schadstoffe
verschiedener Art ausgefällt. Dieses Verfahren wird häufig die
„dritte Reinigungsstufe" genannt. In den USA wurde versucht
durch eine Fällung vor der biologischen Reinigung deren Wir-
kungsgrad zu erhöhen. Vielfältige Vorschläge wurden gemacht,
die biologische Reinigung ganz durch physikalisch-chemische
Verfahren zu ersetzen. — In verschiedenen Industriezweigen
machte man erhebliche Fortschritte, die im Abwasser befindlichen Haupt- und Nebenprodukte wiederzugewinnen, wodurch
gleichzeitig der Vorfluter entlastet wurde. Durch die steigenden
Rohstoffpreise sind die Anreize zur Wiedergewinnung weiter gestiegen. Die frühere Gewohnheit, sich seiner Abfälle zu entledi-
gen, indem man sie verdünnt oder unverdünnt in den nächsten
Vorfluter einleitete, kann nicht mehr geduldet werden. Die Ein-

65

sicht wächst, daß es vorteilhafter ist, die anfallenden Abwässer unmittelbar am Entstehungsort zu verarbeiten, ohne sie erst mit anderen zu verdünnen. Der „Verband der Chemischen Industrie" hat dazu wertvolle Vorarbeit geleistet (70). Aus den Titeln seiner Veröffentlichungen gehen die verschiedenen Verfahren hervor:

1. Abwasserverbrennung
2. Abwassereindampfung
3. Adsorptive Abwasserreinigung
4. Abwasserreinigung mittels Reversosmose und Ultrafiltration
5. Abwasserreinigung durch Extraktion
6. Abwasserreinigung durch Naßoxidation
7. Flockung und Fällung.

Es ist deutlich, daß diese Verfahren im allgemeinen nur sinnvoll sind, wenn konzentrierte Abwässer vorliegen.

Kämpf (71) berichtete über „Einsatz von Biofiltern bei der Reinigung von Chemieabwasser".

Wenn eine vollständige Mineralisation der Inhaltsstoffe nicht möglich ist, also eine Umwandlung in einfache, inerte Produkte bzw. Naturprodukte, sollte doch eine Umsetzung in feste, unlösliche Produkte gefordert werden, die man deponieren kann.

Bei kolloiden Verunreinigungen half häufig die chemische Fällung, bzw. die Koagulation. *Seegers* (72) wandte diese Methode zur Trinkwasserreinigung an, *Hegemann* u.a. (73) zur Reinigung von Abwasser. *Klein* u.a. (74) berichteten über „Adsorption zur Reinigung hochbelasteter Abwässer". Prognose zur Entsalzung von Wasser durch reverse Osmose (75). *Bishop* u.a. (76) berichteten über physikalisch-chemisch kombinierte Methoden zur Reinigung städtischer Abwässer. *Hahn* u.a. (77) über „Weitergehende physiko-chemische Abwasserreinigung", *Haberer* (78) über „Neuere technologische Entwicklungen in der Wasseraufbereitung". *Shuval*: „Water Renovation and Reuse" (79). *Marquardt* (80) berichtete über Aufbereitung von metallhaltigem Abwasser. *Böhnke* (81) forderte eine Reinigung bis zu Werten von BSB_5 zu 25 mg/l und CSB zu 100 mg/l. *Fuhr* (82) diskutierte die Aussagefähigkeit der Wasserwerte von BSB, CSB und TOC (siehe Band I, S. 92). – *Gleisberg* (83) beschreibt „Testsets" (tragbare Laboratorien) für die quantitative Analyse wäßriger Lösungen. *Helmer* und *Sekonlov* (84) verfaßten ein Standardwerk „Weitergehende Abwasserreinigung".

3.7. Kühlwasser

In der BRD wurden 1972 täglich 50 Mio m^3 Kühlwasser gebraucht, insbesondere in Kraftwerken. Über die ökologischen

Folgen der Gewässererwärmung wird im Kap. VI. 6 berichtet.
Die Industrie behauptet, daß sie das Kühlwasser in reinerem Zustand wieder abgibt, als es entnommen wurde. Das stimmt insofern, als die groben Verunreinigungen, Sand und Schlamm, entfernt werden müssen, damit das Wasser zum Kühlen verwendet werden kann. Angeblich soll der Sauerstoffgehalt des abgegebenen warmen Wassers höher sein als bei der Entnahme des kalten Wassers. Ein Liter Wasser kann aber bei 15 $^\circ$C maximal 7,0 cm^3 Sauerstoff lösen, bei 30 $^\circ$C nur 5,3 cm^3. Der biologische Sauerstoffbedarf (BSB) des gebrauchten Wassers könnte allerdings kleiner sein als des „frischen" infolge der zugesetzten giftigen Chemikalien. — Eine direkte Kühlung mit Flußwasser wird in der BRD wegen der starken Erwärmung der Gewässer nicht mehr genehmigt. Nur Frankreich nahm sich dieses Recht für das Kernkraftwerk Fessenheim am Rhein heraus. In der BRD werden neue Werke nur noch mit indirekter Kühlung durch Kühltürme genehmigt. In diesen Türmen herrscht ein ideales Klima für das Wachstum und Vermehrung von Algen, Bakterien und Pilzen. Diese bilden eine Schicht auf den Kühlaggregaten und vermindern so den Wärmeübergang. Deswegen werden dem Kühlwasser Biozide und andere Chemikalien zugesetzt, die nicht nur für die niederen Lebewesen, sondern auch für Fische und deren Nährtiere giftig sind (85). Empfohlen wird eine stoßweise Dosierung. Eine Firma gibt für die Fischtoxizität ihres Mittels eine LC$_{50}$ (das ist die Konzentration, bei der die Hälfte der Fische verendet) von 6 g/m^3 Wasser an. Empfohlen werden aber als Minimalkonzentrationen 5–25 g/m^3. Auch wenn ein Teil des Kühlwassers im Kreislauf geführt wird, dürfte es erst nach vielfacher Verdünnung wieder in den Fluß entlassen werden.

Die Holz- und Stahlkonstruktionen der Kühltürme werden durch Mikroorganismen korrodiert. Als Gegenmaßnahme wird der Zusatz von Chrom-, Kupfer-, Bor-, und Fluorsalzen empfohlen. Auch diese toxischen Substanzen geraten in die Gewässer. — Zum Teil gelangen sie mit den Dampfschwaden der Kühltürme in die Luft und regnen in entfernten Gebieten wieder ab. In einem amerikanischen Werk enthielt das Kühlwasser 20 ppm Chromat. Nach 7 Wochen wiesen 200 m weit entfernte Pflanzen 10 ppm Chromat auf, in 1400 m Entfernung noch 2 ppm (86).

Bohnsack und *Greiner* (87) berichten über „Kühlwasserzusatzmittel". Damit wird die „Schutzbehauptung" der Industrie, daß sie das Kühlwasser reinige, endgültig widerlegt. *Koppensteiner* (85) schrieb über „Biologische Probleme in Kühlwasserkreisläufen".

67

3.8. Immissions- oder Emissionsregelung?

Im Umweltprogramm der Bundesregierung 1971 (88) wurde eine
Änderung des Wasserhaushaltsgesetzes vorgeschlagen in der Ab-
sicht: „daß dem Einleiter von Abwasser Maßnahmen zur Erhaltung des biologischen Gleichgewichts im Vorfluter . . . vorgeschrieben werden können". Als Mittel dazu waren vorgesehen
„Erhebung von Abwasser-Abgaben". Im November 1972 fand
in Karlsruhe ein Gespräch von internationalen Wirtschaftsexper-
ten (OECD) statt (89). Mit Hilfe einer Abwasserabgabe soll ein
Anreiz geschaffen werden, die schädlichen Abwässer zu reinigen
oder zu reduzieren. „Ohne gültige Zielwerte für Umweltgüte wird
keine sinnvolle Umweltpolitik möglich sein. Die Schwierigkeit
der Festlegung solcher Zielwerte ist bekannt und dadurch bedingt, daß bisher ein wissenschaftlich fundierter Wirkungskata-
log sowohl für Einzelschadstoffe als auch besonders für Synergismen fehlt". Angesprochen werden offenbar die Naturwissenschaftler. Als Zielwerte könnten diese „Waldesluft" und „Trink-
wassergüte" vorschlagen. Gemeint sind aber offenbar *Grenzwerte*
der Verunreinigungen, die biologisch, technisch und wirtschaftlich noch annehmbar erscheinen. In der BRD gibt es für etwa 10
Arten von Luftverunreinigungen MIK-Werte (maximale Immissionskonzentrationen, angegeben als ppm oder mg/m^3). Außerdem gibt es für einige hundert Stoffe MAK-Werte (maximale
Arbeitsplatzkonzentrationen). Für das Wasser gibt es entsprechende Richtwerte, getrennt für Trinkwaser, Flußwasser, Abwasser. Sie sind meist ein Kompromiß, ausgehandelt in langjährigen Verhandlungen zwischen den Forderungen der Medizin (Biologie) und der Industrie. Es ist verständlich, wenn die Wirtschaft
und die Juristen eine „Festlegung" verlangen. Erfahrungsgemäß
mußten diese Grenzwerte im Laufe der Jahre ständig herabgesetzt werden infolge von kleineren oder größeren „Zwischenfällen". Ein Anlaß war z.B. die Erkenntnis, daß auch kleinste Mengen von gewissen Verunreinigungen durch physikalische und biologische Vorgänge (Nahrungskette) zu gefährlichen Konzentrationen angereichert wurden. Noch viel zu wenig weiß man von
Synergismen (Zusammenwirken mehrerer verschiedener toxischer Substanzen). In einzelnen Fällen ergab sich erhebliche
wechselseitige Verstärkung der Giftwirkung. Die Zahl der Giftstoffe beträgt nun viele tausende. Jährlich kommen hunderte
neue hinzu. Die Wirkung auch nur von Zweierkombinationen
zu bestimmen, würde allein aus mathematischen Gründen eine
astronomische Zahl von Untersuchungen erfordern.
   Es erscheint also wenig sinnvoll, Gewässergütezahlen, also zulässige Konzentrationen von tausenden Verunreinigungen festzu-

legen. In der UdSSR und den USA hat man Tabellen von etwa
500 Schadstoffen aufgestellt, ist aber dabei stehen geblieben. Dagegen sollte man die zulässige *Emission*, die Abgabe von bestimmten Schadstoffen, die in etwa bekannt sind, durch Betriebe, Kommunen, Landwirte und andere Emittenten in die Gewässer begrenzen, in besonderen Fällen verbieten. – *Hurler* (90) diskutierte über „Immissions- oder Emissionsregelungen im Gewässerschutz?". Eine Immissionsgrenze wäre für den Verschmutzer ein
Anreiz, Schadstoffe bis zur maximalen Konzentration einzuleiten. Der Oberlieger eines Flusses hätte einen großen Vorteil gegenüber dem Unterlieger. Je nach Art der Wassernutzung als
Trinkwasser, Badewasser, Fischgewässer, landwirtschaftliche oder
industrielle Nutzung würden die Verbraucher verschiedene Forderungen erheben. Dagegen könnte man bei einer Emissionsregelung
die Einleitung bestimmter Stoffe nach dem „Stand der Technik"
begrenzen, den Verursacher direkt belangen, insbesondere die
Großeinleiter von gefährlichen Stoffen (mit geringem analytischen und organisatorischen Aufwand). Die Gewässerbelastung
muß bereits an der Anfallstelle vermieden werden. Erst unter diesen Voraussetzungen sollten allgemeine Forderungen hinsichtlich
der Gewässergüte gestellt werden. Nach *Hurler* wird z.B. in
Bayern gefordert: grundsätzlich Gewässergüte II (s. Band I, 113)
und besonderer Schutz für alle noch gering belastete Gewässer.
Bei einer Immissionsregelung würden umgekehrt gerade diese als
geeignete Standorte für neue Industrien in Anspruch genommen
werden. – Von Sonderregelungen für Grenz- und Küstengewässer
sollte abgesehen und so eine Verzerrung des Wettbewerbs vermieden werden. Diese Forderung könnte allerdings sogleich zu internationalen Spannungen führen. Die Küstenländer würden sich
wehren. Wie wir sehen werden, sind aber nicht nur Seen und
Flüsse, sondern auch die Weltmeere in Gefahr. –

3.9. Internationale Abkommen

Schon 1958 (1960) forderten die internationalen Seerechtskon-
ferenzen (s. Band I, 106) in Genf: „the prevention of pollution
of the seas . . . with radioactive materials or other harmful
agents". Dem Oslo-Abkommen von 1972 (Verhütung von Meeresverschmutzung) folgte 1974 das Paris-„Übereinkommen zur Verhütung der Meeresverschmutzung vom Lande aus".
   Die Verwirklichung dieser Forderungen hängt aber von jahrelangen Verhandlungen und Verzögerungen der nationalen Büro-
kratien ab. In einer Liste I („schwarze Liste") wird das Verbot
des Einleitens bestimmter Stoffe (z.B. Quecksilber, Cadmium,
Arsen u.a. anorganischer Stoffe, weiter organischer Chlorverbin-

dungen u.a.) gefordert. In der Liste II („graue Liste") wird eine
Begrenzung der Einleitung gefährlicher Stoffe (z.B. organische
Verbindungen von Phosphor, Silizium, Zinn) vorgeschlagen. –
Das Rheinschutzabkommen vom 4. 5. 1976 spricht von einer
„Eliminations-Liste" und einer „Reduzierungs-Liste". Als Aus-
wahlkriterien gelten die Toxizität, die Persistenz (Langlebigkeit)
und die Bioakkumulation (Anreicherung in der Nahrungskette:
Pflanze – Tier – Mensch). Auch die kanzerogenen Stoffe sollten
in die Liste I aufgenommen werden (*Niemitz* (91)). *Keune* (92)
vom Verband der Chemischen Industrie (VCI) kritisierte als
Jurist die Schadstofflisten. Ein Totaleinleitungsverbot bis zur
Grenze der analytischen Nachweisbarkeit bestimmter Stoffe
würde zu großen Schwierigkeiten für die chemische Industrie
führen. Die Grenzwerte für die Emissionen sollen „unter Berücksichtigung der besten verfügbaren technischen Hilfsmittel festgesetzt" werden. Dieser Grundsatz ist ein häufiger Streitpunkt bei
Fragen des Umweltschutzes. Die Industrie sträubt sich meist aus
wirtschaftlichen Gründen, den neuesten „Stand der Technik" an-
zuwenden und verzögert so dringend notwendige Entscheidungen
um viele Jahre, z.B. die Entfernung von Schwefeldioxid und anderen Schadstoffen aus Rauchabgasen. – Ein andersartiges Beispiel für die Eliminierung einer toxischen Substanz ist das Quecksilber (Hg). Dieses Element sollte auf Grund früherer Katastrophen (Minamata) auf Liste I stehen, die Einleitung in Gewässer
also verboten werden. Hg wird vor allem bei der Chloralkali-Elek-
trolyse gebraucht (Amalgamverfahren). Ein anderes Verfahren zur
Herstellung von Natronlauge und Chlor kommt ohne Hg aus, das
technisch und wirtschaftlich gleichwertige „Diaphragmaverfah-
ren". Trotzdem hat die Stadtverwaltung von Wilhelmshaven der
Firma Alusuisse eine Elektrolyse mit Hg genehmigt. Allerdings
dürfen nur 4,5 kg Hg jährlich ins Meereswasser eingeleitet werden.
Ein kurze Zeit vorher in Bayern genehmigtes Werk darf die zehn-
fache Menge Hg emitieren. Die Folge ist, daß die Fische in dem
bayerischen Fluß einen hohen Hg-Gehalt aufweisen. Dabei stellte
das genehmigte Verfahren seinerzeit ebenfalls einen großen technischen Fortschritt gegenüber früherer Verfahren dar.

Orbig (93) berichtete über „Internationale und supranationale
Gewässerschutzbemühungen". *Ruchay* (94) zählte acht internationale Übereinkommen von 1972 bis 1976 für den Gewässerschutz auf. Die EG-Kommission hat eine Liste von 1500 handelsüblichen Stoffen vorgelegt (Liste I), deren Einleiten in Gewässer
„begrenzt" (verboten?) werden soll. Er hält es für „nicht vertretbar", zunächst eine langwierige Diskussion über die Festlegung
von Schädlichkeitskriterien zu führen. – Der Umfang der Liste

könnte verdächtig erscheinen. Die amerikanische Umweltschutz-
behörde EPA legte eine Liste mit 129 toxischen Chemikalien vor
(95). Daraus darf man keineswegs folgern, daß die EG umwelt-
freundlicher als die EPA ist. *Malle* (96) diskutierte die Begriffe
„Stand der Technik" und „Wirtschaftlichkeit" hinsichtlich der
Grenzwerte für Emissionen. „Allgemein anerkannte Regeln der
Technik" definierte er so, daß sie sich in der Praxis bewährt haben und von der Mehrzahl der Hersteller längere Zeit angewendet
werden. Darüber hinaus geht die Forderung „Stand der Technik".
Es handelt sich um Verfahren, die sich im Technikumsmaßstab
bewährt haben, aber erst in einigen Betrieben durchgeführt werden. Noch höhere Anforderungen stellt der Begriff „Stand von
Wissenschaft und Technik". Es handelt sich um Verfahren, deren
„prinzipielle Eignung wissenschaftlich gesichert nachgewiesen ist,
die aber technisch noch gar nicht oder nicht über einen ausreichenden Zeitraum hin erprobt worden sind". – Strittig wird die
Abwasserreinigung besonders bei der Frage der Wirtschaftlichkeit. *Malle* betont, daß „die Kosten nicht linear mit dem Reinigungsgrad ansteigen, sondern . . . exponentiell wachsen, wenn
man versucht, sehr hohe Reinigungsgrade zu erreichen". Anschau-
licher: Wenn man einen Reinigungsgrad von 90% auf 99% steigern
will, wachsen die Kosten unverhältnismäßig stärker, erst recht bei
der Forderung 99,9%, obwohl auch dieser „Reinigungsgrad" für
viele Stoffe nicht ausreicht.

Diese Art der Darstellung ist aber eine Verschleierung der tatsächlichen Betriebsbedingungen. Im allgemeinen werden Betriebs-
abwässer, die Schadstoffe enthalten, nicht direkt in die Gewässer
eingeleitet, sondern erst mit anderen Abwässern gemischt. Das
Abwassergemisch wird dann noch mit der vielfachen Menge Kühlwasser verdünnt. In dem Endgemisch ist die Schadstoffkonzentration tatsächlich sehr klein. Es würde einen großen Aufwand an
Technik, Energie und Geld erfordern, ihn wieder aus dem Abwasser zu entfernen. Aber gerade das mutet die Industrie den Wasserwerken zu. Aus dieser Brühe sollen sie wieder Trinkwasser herstel-
len. – Abwässer fallen in der Produktion zunächst in der Regel
konzentriert an. Wenn man sie an der Anfallstelle unverdünnt
reinigt, die Restlauge im Kreislauf führt, entstehen zwar Kosten,
aber keine technischen Schwierigkeiten. Es gelangen praktisch
keine Schadstoffe in die Biosphäre. – Für die Stoffe der Liste I
(„schwarze Liste") ist daher ein Verbot der Einleitung in die
Gewässer zu fordern, nicht eine „Begrenzung". Die Frage der
Wirtschaftlichkeit ist für die Liste I erst in einem Zusatzprotokoll
der EG enthalten, das nicht veröffentlicht wurde (!). Nach *Sontheimer* (Karlsruhe) (97) kostet die Beseitigung von einer Tonne

organischem Kohlenstoff bei der Abwasserbehandlung 1000–2000 DM, bei der Trinkwasseraufbereitung aber 500000–600000 DM. Das Endprodukt, das Trinkwasser, genügt kaum den ästhetischen (instinktiven) Ansprüchen. Auch wenn akute Gesundheitsschäden vermieden werden können, chronische Schäden werden erst nach Jahren sichtbar, oder gar erst in der kommenden Generation. – Die Industrie und die ihr hörigen Regierungen tragen eine schwere Verantwortung.

3.10. Abwasserabgabengesetz (AbwAG)

Im Mai 1976 verabschiedete der Bundestag fast einstimmig das AbwAG, zur Enttäuschung, ja Empörung der Fachverbände der Wasserwirtschaft, aller Umweltschützer. Im Gegensatz zu den ursprünglichen Absichten des zuständigen Innenministeriums beginnen die Abwasserabgaben erst 1981 mit 12 DM Buße pro „Schadeinheit" (siehe unten) und steigen dann allmählich bis auf 40 DM im Jahre 1986. Prof. *H. Sontheimer* (97) bedauert, „daß die Abgabenhöhe so festgesetzt wurde, daß es in fast allen Fällen billiger sein wird, die Abwasserabgabe zu zahlen anstatt Kläranlagen zu bauen". Anstelle eines Anreizes zur Wasserreinigung ist daraus eine zweckgebundene Steuer geworden. *Burchard* und *Kracht* (98) kommentieren das AbwAG. Die Abgabe wird berechnet nach der Menge und dem Gehalt des Abwassers an Schadstoffen (Absetzbarer Schlamm, oxydierbare Stoffe, Quecksilber- und Cadmiumgehalt, Giftigkeit). Die Verfasser bringen Beispiele für die Kostenberechnung. Daraus geht hervor, daß für kommunale Einleiter eine ökonomische Anreizfunktion erst dann eintritt, wenn Abwässer von mehr als 200000 Einwohnern zu reinigen sind, und das erst ab 1986. – Nach einer Berechnung des „Sachverständigenrats für Umweltfragen", der von der Bundesregierung erst einberufen, dann brüskiert wurde, hätte z.B. die Rheinsanierung 1,3–1,5 Mrd DM pro Jahr erfordert. Das sind etwa 0,25% des Umsatzes der Industrie. Das Geld wäre aber wieder der Wirtschaft zugeflossen, insbesondere der Bauwirtschaft. Seit 1976 haben die Parlamente (die Bundesregierung) auf verschiedenen Gebieten des Umweltschutzes mehrmals dem Druck einer Lobby nachgegeben. Für geringe, kurzfristige und lokale Vorteile haben sie die Interessen der Allgemeinheit zurückgestellt, mit verhängnisvollen Folgen für die Zukunft.

Keune (99) über „Vorbereitung zur Einstellung auf die Wasserabgabe".– In Bayern und Baden-Württemberg gibt es Bestrebungen, das AbwAG wieder abzuschaffen, oder zu verzögern.

Literatur zu V (Wasser)

1. *Stiegele, P.* und *Klee, O.* „Kein Trinkwasser für morgen" (Stuttgart 1973). – 2. *Lvovitch, M.I.* AMBIO 6, 13 (1977). – 3. *Hellmann, H.*, Vom Wasser 47, 57 (1976). – 4. *Holden, M.C.*, Science 198, 274 (1977). – 6. *Matthess, G.* u. a. gwf – wasser/abwasser 119, 9 (1978). – 7. Beschluß vom 7. Juni 1977. – 8. X, Umschau 78, 147 (1978). – 9. *Hartkopf, G.* Umwelt (BMI), 59, 17 (1977). – 10. *Danker, H.* U – das techn. Umweltmagazin November 18 (1977). – 11. Bundesgesundhbl. 22, 102 (1979). – 12. *Quentin, E.* u.a. gwf – wasser/abwasser 115 (1974), 375, Referat *Sontheimer, H.* u.a., Z. f. Wasser- u. Abwasser-Forschung 10, 155 (1977). – 13. *Haberer, K.*, Vom Wasser 47, 399 (1976). – 14. Verband d. Chemischen Industrie e.V. Frankfurt. – 15. *Rurainski, R.D.* gwf – wasser/abwasser 118, 288 (1977). – 16. X, Zeitung für Kommunale Technik v. 8. Juli 1977. – 17. *Marquardt, K.*, Vom Wasser 44, 233 (1975), 45, 129 (1975). – 18. *Chian, E.S.K.* u.a. Environ. Sci & Technol. 9, 52 (1975). – 19. *Angino, E.* u.a., Environ. Sci. & Technol. 11, 660 (1977), *Wade, N.*, Science 196, 1421 (1977). – 20. *Bringmann, G.*, Z.f. Wasser- und Abwasser-Forschung 11, 210 (1978). – 21. *Malberg, J.W.* u.a., Environ. Pollut. 15, 155 (1978). – 22. *Haberer, K.*, Umschau 79, 80 (1979). – 23. *Höll, K.* gwf – wasser/abwasser 117, 516 (1976). – 24. *Quentin, K.E.* in „Organische Verunreinigungen in der Umwelt" (Berlin 1978). – 25. *Zullei, N.* Z. f. Wasser- und Abwasser-Forschung 11, 178 (1978). – 26. *Shuval, H.I.* AMBIO 6, 63 (1977). – 27. *Werner, D.* gwf – wasser/abwasser 118, 528 (1977). – 28. *Burk, D.* The Internat. J. of Environm. Studies 11, 80 (1977) Naturw. Rdsch. 30, 375 (1977). – 29. *Boettcher, F.* gwf – wasser/abwasser 118, 238 (1977). – 30. *Freye, H.-A.*, Biologische Rdsch. 14, 385 (1976). – 31. *Aurand, K.*, *Hässelbarth, U.* u.a. „Die Trinkwasser-Verordnung" (Berlin 1976). – 32. *Kettner, H.* Staub-Reinh. Luft 38, 456 (1978). – 33. *Stöfen, D.* gwf – wasser/abwasser 115, 67 (1974). – 34. *Fast, H.* gwf – wasser/abwasser 117, 13 (1976). – 35. *Ford, R.S.* Science 197, 1322 (1977). – 36. *Ott, W., Irrgang, K.* Wasser, Luft, Betrieb 7, 396 (1977). – 37. *Bringmann, G.* u. *Kühn, R.* Z. f. Wasser- u. Abwasser-Forschung 10, 161 (1977). – 38. *Bringmann, G.* u. *Kühn, R.* gwf – wasser/abwasser 115, 364 (1974). – 39. X, TÜ 18, 342 (1977). – 40. *Spitzyn, V.I.* u.a. Müll u. Abfall, 9, 63 (1977). – 41. *Schwoerbel, J.* Lebensschutz-Informationen 8, Februar 1977. – 42. *Jacobi, C.* Wirtschaftswoche Juni 1974. – 43. *Sontheimer, H.* U – das techn. Umweltmagazin Februar 1977. – 44. *Banat, K.* u.a. Umschau 72, 192 (1972). – 45. *Förstner, U.* u.a. Chemiker Zeitung 100, 49 (1976). – 46. *Schramel, P.* u.a. Intern. J. Environm. Stud. 5, 37 (1973). – 47. *Lahann, R.W.* Water, Air, and Soil Pollution 6, 3 (1976). – 48. *Quentin, K.E.* u. *Frimmel, F.* Z. f. Wasser- und Abwasser-Forschung 9, 170 (1976). – 49. *Braun, F.* U – das techn. Umweltmagazin (November 1977). – 50. *Wood, J.M.* Naturwissenschaften 62, 357 (1975). *Wood, J.M.* Ref. Angewandte Chemie 90, 311 (1978). *Ridley, W.P.* Science 197, 329 (1977). – 51. *Offhaus, K.* Ref. gwf – wasser/abwasser 115, 376 (1974). – 52. *Cherry, D.S.* u.a. Water, Air, and Soil Pollution 9, 403 (1978). – 53. Umwelt (BMI) 53, 14 (1977). *Kalinske, A.A.*

Wasser, Luft, Betrieb **22**, 24 (1978). – 54. *Klapproth, H.* Chemiker-Zeitung **100**, 57 (1976). – 55. *Loll, U.* gwf – wasser/abwasser **115**, 191 (1974). – 56. Umwelt (BMI) **52**, 37 (1977). – 57. *Hartkopf, G.* Umwelt (BMI) **59**, 17 (1977). – 58. *Karnovsky, F.* Abwassertechnik **29**, 25 (1978). – 59. *Mebs, D.* Naturw. Rdsch. **31**, 508 (1978). – 60. *Breuer G.* Naturw. Rdsch. **30**, 445 (1977). – 61. *Zähner, H.* Angew. Chemie **89**, 696 (1977). – 62. Umwelt (BMI) **61** (1978). – 63. *Schmidt, R.D.* Chemiker-Zeitung **99**, 301 (1975). – 64. *Haux, E.H.* Naturw. Rdsch. **31**, 67 (1978). – 65. *Brümmer, G.* u. *Lichtfuß, R.* Naturwissenschaften **65**, 527 (1978). – 66. *Henning, K.* VDI Nachrichten **31**, Nr. 45 (1977). – 67. *Tobin, R.S.* u.a. AMBIO **5**, 30 (1976). – 68. *Arrhenius, E.* AMBIO **6**, 59 (1977). – 69. U – das techn. Umweltmagazin (Oktober 1978). – 70. Verband der Chemischen Industrie e.V. 7. Bericht: „Flockung und Fällung" (September 1977). –71. *Kämpf, H.J.* Chemische Industrie **30**, 37 (1978). – 72. *Seegers, H.* gwf – wasser/abwasser **119**, 466 (1978). – 73. *Hegemann, W.* in „Wasserkalender 1979" 13. Jahrgang (Berlin 1979). – 74. *Klein, J.* u. *Jüntgen, H.* Umwelt (VDI) 6/77, 465. – 75. X, Environm. Sci. & Technol. **11**, 1052 (1977). – 76. *Bishop, D.F.* u.a. Journ. Water Pollution Contr. Fed. **44**, 361 (1972). – 77. *Hahn, H.H.* u. *Kiefhaber, K.P.* Umwelt (VDI) 4/78, 257 u. 5/78, 359. – 78. *Haberer, K.* gwf – wasser/abwasser **120**, 103 (1979). – 79. *Shuval, H.J.* „Water Renovation and Reuse" (New York 1977). – 80. *Marquardt, K.* Wasser, Luft und Betrieb **16**, 317 (1972). – 81. *Böhnke, B.* Korrespondenz Abwasser **24**, 193 (1977). – 82. *Fuhr, H.* Chem. Ind. **29**, 324 (1977). – 83. *Gleisberg, J.* Z. f. Wasser- und Abwasser-Forschung **11**, 13 (1978). – 84. *Helmer, R.* u. *Sekonlov, J.* „Weitergehende Abwasserreinigung" (Mainz 1977). – 85. *Koppensteiner, G.* Wasser, Luft und Betrieb Nr. 12/1973. – 86. *Park, P.D.* Atm. Environment **10**, 421 (1976). – 87. *Bohnsack, G.* u. *Greiner, G.* Wasser, Luft und Betrieb **22**, 29 (1978). – 88. Materialienband zum Umweltprogramm v. 23. 12. 1971, S. 143. – 89. Umwelt (BMI) **26**, 11 (1973). – 90. *Hurler, K.* Wasser + Abwasser, bau-intern 7/1977, 149. – 91. *Niemitz, W.* in Aurand „Organische Verunreinigungen der Umwelt" (Berlin 1978). – 92. *Keune, H.* Umwelt (VDI), 4/77, 297. – 93. *Orbig, K.E.* Wasser + Abwasser 1/2, 13 (1972). – 94. *Ruchay, R.* Umwelt (VDI), 6/77 471. – 95. X, Science **198**, 1130 (1978). – 96. *Malle, K.-G.* Umwelt (VDI), 6/77, 474. – 97. *Sontheimer, H.* Umschau **76**, 464 (1976). – 98. *Burchard, C.-H.* u. *Kracht, H.-G.* KfW-Mitteilungen, Z. f. Wasser- und Abwasser-Forschung **10** (1977). – 99. *Keune, H.* Chem. Ind. **31**, 539 (1979). – *Golwer, A.* u. a. „Belastung des unterirdischen Wassers mit anorganischen Spurenstoffen", gwf – wasser/abwasser **120**, 462 (1979). – *Rail, C.D.* u. a. „Selen im Wasser" J. Environm. Health **39**, 173 (1976). – *Bock, K.J., Schenbel, J.B.* „Die biologische Messung der Wassergüte", Naturwissenschaften **66**, 505 (1979). – *Müller, G.,* „Schwermetalle in den Sedimenten des Rheins", Umschau **79**, 778 (1979).

Tab. 8. Wasservorräte der Erde ((geschätzt nach *Wilson*) (III7))

	Gesamt-fläche (10^6 km²)	Gesamt-Wasser 10^3 km³	%	Veränderung des Betrages in 10^3 km³ während der letzten 18000 J. 10^3 km³	80 Jahre 10^3 km³	Mittlere Verweilzeit
Welt-ozeane	360	1370000	93	+40000 (Erhöhung des Wasserspiegels) (+ 110 m)	+100 (+0,27 m)	3600 Jahre
Polar-eis	16	24000	2		+40	15000 J.
Wasser auf der Erdober-fläche davon:	134	64000	5			Flüsse und Boden-feuchtigkeit einige Wochen
(Seen)		(230)				Grundwasser: 10 Tage bis
(Boden-feuchtigkeit):		(82)				10000 J.
Atmosphärisches Wasser	510	13	0,001			

Tab. 9. Konzentration organischer Inhaltsstoffe im Wasserkreislauf (24)

	Trinkwasser	Grundwasser	Uferfiltrat	Oberflächen-wasser	Abwasser (gereinigt)	Regen	Meerwasser
Summenparameter [mg/l]							
COD	1–10	1–50	1–15	1–40	50–500	2–20	
TOC	0,2–3	0,5–20	0,5–3	3–70	20–400	0,1–10	0,6–6
DOC	0,2–3	0,5–20	0,5–3	2–50	10–200		0,5–5
TBS (MBAS)						0,1–0,25	
Gruppenparameter [µg/l]							
organ. Chlor			30–60	20–150	kommunal 30–120 industriell 200–2000		
gelöste Kohlenwasserstoffe	20–200	20–50	50–200	50–800	200–1000	20–300	8–150
Organohalogene* [µg/l]							
Chloroform	0,1–20	0,3–0,6	2–20	0,2–60	0,3–4000		
Tetrachlorkohlenstoff	0,01–0,1	0,01–0,02	0,1–1,5	0,01–7	0,05–0,5		
1,1,1-Trichlorethan	0,1–0,4	0,1–0,6	3,3	0,1–0,2	0,2–0,4		

* In Oberflächengewässern wurden weitere Halogenkohlenwasserstoffe wie z.B. Tetrachlorbutalen (4,5 µg/l), Pentachlorbutadien (1,0 µg/l), Pentachlorbuten (0,6 µg/l), Hexachlorbutadien (0,2–0,3 µg/l), Chlorbenzol (4,3 µg/l), Dichlorbenzole (3,0 µg/l), Chlortoluole (1,0 µg/l), Trichlorbenzol (0,4 µg/l) und Chlornaphtalin (0,1 µg/l) gefunden.

Trichlor-ethylen	0,05–10	0,6–1,2	0,5–2,5	0,1–7	1,4–50		
Tetrachlor-ethylen	0,05–1,8	0,5–1,8	0,1–2,6	0,1–3	0,1–70		
Phenole [µg/l]							
Phenole	< 0,4			< 0,9–20			
Chlorphenole				< 0,1–3	1–200		
Polycyclen [µg/l]	0,002–0,8	0,01–0,2	0,01–1	0,05–6	0,2–5 industriell $10^4 \times 10^5$	0,2–4	0–0,6
Pestizide [µg/l] Organophos-phate	0–0,001		3–5	1–500	100–1500		
PCB			0,05–0,1	0,002–0,32	50–100	< 0,001–0,1	0,004–0,005
DDT	0,04			0,04	0,04	< 0,001–0,1	0,001–0,012
DDE	0,01			0,01	0,01		
Aldrin	0,005			0,005	0,005		
—HCH	0–0,003		0,01–0,3	0,01–0,5	0,001	0,03–0,4	
Algenbürtige** [µg/l]							
Skatol				< 0,01–0,08			
Indol				< 0,01–1,5			

** In stehenden Gewässern.

Tab. 9 Fortsetzung

	Trinkwasser	Grundwasser	Uferfiltrat	Oberflächen-wasser	Abwasser (gereinigt)	Regen	Meerwasser
S,N,P, -haltige [µg/l] sek. u. tert. Amine				< 0,01-0,8			
Sulfone				0,1			
Anilin				2-12			
Nitro-aromaten			0,1-2	0,3-10	0,1-0,2		
Polare Ligninsulfon-säure [mg/l]				1	100-5000		
Chelatbildner [mg/l]				0,5	1-100		
Carbonsäuren [µg/l]							15-66
Naturstoffe [µg/l] Chlorophyll				0,5-500			

Tab. 10. Grenzwerte für chemische Stoffe (Anlage 1 zu § 3 TVO)

Lfd. Nr.	Bezeichnung	Grenzwert		entsprechend etwa		berechnet als
1	Arsen	0,5	mmol/m³	0,04	mg/l	As
2	Blei	0,2	mmol/m³	0,04	mg/l	Pb
3	Cadmium	0,05	mmol/m³	0,006	mg/l	Cd
4	Chrom	1	mmol/m³	0,05	mg/l	Cr
5	Cyanide	2	mmol/m³	0,05	mg/l	CN^-
6	Fluoride	80	mmol/m³	1,5	mg/l	F^-
7	Nitrate	1500	mmol/m³	90	mg/l	NO_3
8	Quecksilber	0,02	mmol/m³	0,004	mg/l	Hg
9	Selen	0,1	mmol/m³	0,008	mg/l	Se
10	Sulfate*	2500	mmol/m³	240	mg/l	SO_4^{2-}
11	Zink	30	mmol/m³	2	mg/l	Zn
12	Polycyclische aromatische Kohlenwasserstoffe	0,02	mmol/m³	0,00025	mg/l	C

* Ausgenommen bei Wässern aus calciumsulfathaltigem Untergrund.

VI. Ökologie der Binnengewässer (siehe Band I, 97)

1. Chemie und Biologie der Gewässer

Die Wechselbeziehungen zwischen Wasserorganismen und ihrer Umwelt sollen hier an Hand der Fachliteratur (1) kurz abgehandelt werden. Die Lebensvorgänge im Wasser hängen zunächst von chemischen Faktoren ab (Gehalt an Sauerstoff, Kohlendioxid, Stickstoff-, Phosphor- und anderen Verbindungen). Von den physikalischen Faktoren sind wichtig die Temperatur, Lichtintensität, Fließgeschwindigkeit.

Bei einer Laboruntersuchung wird das Wasser zunächst filtriert. Nach dem Eindampfen des Filtrates findet man Salze: Karbonate, Sulfate, Chloride des Kalzium, Magnesiums, Natrium und Kalium, weiter etwas Eisen, Mangan und Kieselsäure, sehr kleine Mengen an Spurenelementen. – Der größte Teil der Salze im See besteht aus Kalziumbikarbonat ($Ca(HCO_3)_2$). Seine Konzentration wird vom Kalkgehalt des Untergrundes und dem Kohlensäuregehalt des Wassers bestimmt. Ein Maß dafür ist die „Härte" des Wassers (ein deutscher Härtegrad bedeutet 10 mg CaO in 1 l Wasser). Außer dieser „Karbonathärte" wird noch die „Gesamthärte" angegeben, die zusätzlich die Sulfate und Chloride erfaßt. – Das $Ca(HCO_3)_2$ verleiht dem Wasser eine schwach alkalische Reaktion (pH 7–9). Es dient als „Puffer", d.h. nicht zu große Mengen an sauren Verunreinigungen ändern das pH (den Säuregrad) nicht. – Untersucht man nun den Filterrückstand, der beim Filtrieren des Seewassers zurückgeblieben ist, unter dem Mikroskop, so entdeckt man zahlreiche Lebewesen.

In den Binnengewässern gibt es etwa 50000 tierische Arten und 20000 pflanzliche. In den biologischen Kreisläufen sind die grünen Pflanzen die „Produzenten". Aus Kohlendioxid und Wasser produzieren sie mit Hilfe des Sonnenlichtes Kohlehydrate („Assimilation").

Als „Nebenprodukt" fällt Sauerstoff an. Von diesem Gas hängt alles höhere Leben ab. Es ist nicht ausgeschlossen, daß Menschen mit Hilfe des „technischen Fortschritts" die Gewässer und den Erdboden so weit vergiften, daß die Sauerstoffproduktion der Pflanzen erheblich nachläßt. Es ist nur mit größter Anstrengung zu verhindern, daß Menschen irreversible Vorgänge einleiten, die nicht mehr rückgängig gemacht werden können. Ein Beispiel dafür ist die „friedliche Nutzung" der Atomenergie.

Von dem Kreislauf der Kohlensäure und des Sauerstoffs werden alle höheren Lebensprozesse in Gang gehalten. Die Luft enthält nur 0,03 Volumprozent CO_2 (das Regenwasser bei 15 °C etwa 0,3 cm^3 bzw. 0,6 mg CO_2 im Liter). Von diesen kleinen Mengen wird der Aufbau der organischen Substanzen geregelt, die Lösung und Fällung des Kalkes in Gewässern bestimmt. – In engem Zusammenhang mit dem CO_2-Kreislauf steht der Sauerstoffhaushalt der Gewässer. Bei 4 °C (der Temperatur der größten Wasserdichte) ist der Sauerstoffgehalt maximal 9,1 cm^3 (13,1 mg) je Liter, bei 20°: 6,4 cm^3, bei 30°: 5,3 cm^3. Bei Tageslicht überwiegt die Sauerstoffproduktion der Pflanzen, bei Dunkelheit die CO_2-Abgabe (Atmung. – Entsprechend ist der Einfluß der Wassertiefe. In tiefem Wasser nimmt der Sauerstoffgehalt ab, insbesondere in ruhenden Gewässern, die im Sommer eine stabile Temperaturschichtung aufweisen. Die obere lichtdurchflutete Schicht hat eine höhere Temperatur bis zu einer Tiefe von etwa 10 m (Epilimnion). Die Atmung und andere chemischen Vorgänge verlaufen bei einer Temperaturerhöhung von 10° doppelt so schnell. Aus dem Verlauf der Sauerstoffkurve als Funktion der Seetiefe kann man die Produktion eines Gewässers beurteilen. In einem eutrophen (nahrungsreichen) See nimmt der Sauerstoffgehalt mit der Tiefe stark ab, in einem oligotrophen (nährstoffarmen) langsamer. Durch Zufuhr von nahrungsreichen Abwässern kann der Sauerstoffgehalt der Bodenschicht Null werden. Dann entwickelt sich eine Fauna und Flora anderer Art. Der Abbau der organischen Substanz wird stark verlangsamt, neben CO_2 entstehen Faulgase (Methan, Schwefelwasserstoff, Ammoniak u.a.). Erst im Herbst wird die starke Schichtung der Temperatur, des Sauerstoff- und Nährstoffgehaltes wieder teilweise abgebaut.

Von den „Produzenten", den grünen Pflanzen, leben die „Konsumenten", die Tiere. Der biologische Kreislauf wird geschlossen durch die „Destruenten" (Bakterien und Pilze), die die organischen Abfallprodukte wieder in ihre Ausgangsstoffe zerlegen („mineralisieren") z.B. in Wasser, CO_2 u.a.

Die im Wasser frei schwebenden Lebewesen nennt man das „Plankton". Den größten Teil bilden Einzeller. Das freie Schweben bewirken sie durch ihre besondere Gestalt, durch Geißeln und Vakuolen. An pflanzlichen Arten überwiegen Flagellaten, Diatomeen, Bakterien und Blaualgen. Zu dem Zooplankton zählen die Protozoen, Rädertiere und andere Urtiere, die meist von mikroskopischer Dimension sind. Von dem Phytoplankton (Pflanzen) leben die Daphnien, die die Hauptmasse des tierischen Planktons bilden. Die Biomasseproduktion des Gesamtplanktons in einem oligotrophen See wird auf 300 kg/ha Seeoberfläche geschätzt (im Ackerbau erzeugt man auf dieser Fläche eine hundertfache Menge). Die Jahreserträge an Fischen betragen 3–10 kg/ha (in eutrophen Seen etwa 50 kg). – Nach dem Tode sinken die Lebewesen auf den Seeboden. Bei geringem Abfluß bilden sich Sedimente (Schlammschichten). Im Jahr 1934 wurden z.b. in dem oligotrophen Lunzer Untersee je Hektar etwa 3000 kg Trockengewicht abgelagert (davon 800 kg organische Substanz, 20 kg Stickstoff und 4 kg Phosphor). Die Masse der im Wasser gelösten oder suspendierten organischen oder anorganischen Stoffe ist zehnmal größer. Im Schlamm werden die organischen Bestandteile langsam durch Bakterien zersetzt. Bei Sauerstoffmangel findet der oben erwähnte anaerobe Abbau statt.–

Nach dem Gesetz von *Liebig* wird ein Produktionsprozeß von demjenigen Stoff begrenzt, der in geringster Menge vorhanden ist (Gesetz des Minimums). Dieser Stoff ist in den Gewässern meist die Phosphorsäure, es können aber auch Stickstoff, Spurenelemente u.a. sein. Der Phosphatgehalt der Binnengewässer ist in den letzten Jahrzehnten auf das Hundertfache gestiegen. Das zeigt sich offensichtlich in dem ungeheuren Wachstum der Algen. Diese erzeugen an der Wasseroberfläche große Mengen Sauerstoff. Nach dem Absterben verbrauchen sie bei der Zersetzung aber ein Vielfaches des Sauerstoffs. – Die Phosphate werden zunächst am Seeboden als schwerlösliches Eisenphosphat (Ferriphosphat) ausgefällt. Bei anaerober Zersetzung wird dieses reduziert zu dem löslichen Ferrophosphat. So wird eine erhebliche Phosphatmenge im Kreislauf gehalten. Dazu kommt eine ständige Phosphatzufuhr aus den Abwässern. Infolge der industriellen Entwicklung und dem Bevölkerungszuwachs der letzten Jahrzehnte wuchs die Phosphatindustrie stark an. Die unbeabsichtigte Düngung der Binnenseen (mit geringem Abfluß) führt zu einer schnellen Verlandung. Das wurde von den Behörden (der Bevölkerung) zu spät erkannt. Die Warnungen der Wissenschaftler blieben unbeachtet. Auch wenn man die Phosphate vollständig aus den Waschmitteln entfernen sollte, würde sich dieser Prozeß fortsetzen. Er könnte nur durch radikale Mittel gestoppt werden, z.B. Abpumpen der gesamten phosphathaltigen Schlammschicht, die Verhinderung der weiteren Zufuhr von organischen Nährstoffen.

2. Der Bodensee – ein bedrohtes Ökosystem

Der Bodensee ist als Urlaubsgebiet bekannt (jährlich 1 Mio Gäste). Er liefert auch Trinkwasser für 3 Mio Einwohner von Stuttgart und Umgebung. Der Fischereiertrag ist jährlich 1,5 Mio kg Fische. Das Wachstum der Industrie, der Fremdenzustrom und die damit verbundene Zunahme des Verkehrs, der Abwässer und der Bauboom bringen den Bodensee in eine schwierige Lage. *Elster* (2) gab eine Zusammenfassung aus der Sicht der Limnologie (Seenkunde). — Im Obersee wurde 1948 erstmals freies Phosphat im Wasser gefunden (3 mg/m^3), dessen Menge von Jahr zu Jahr exponentiell stieg und 1975/76 Werte von 80—90 mg/m^3 erreichte. Damit wurde aus dem oligotrophen (nährstoffarmen) ein eutropher (nährstoffreicher) See. Nach wissenschaftlicher Berechnung liegt die Grenze oligo-/eutroph zwischen 10 und 20 mg Phosphat/m^3. Die jährliche Produktion von Phytoplankton (z.B. Algen) war infolgedessen bis 100 mal größer als vor 50 Jahren. Algen sind die Nahrung von Wasserflöhen, die wiederum von Fischen (insbesondere Blaufelchen) gefressen werden. Eine erfreuliche Folge der Eutrophierung des Obersees war, daß der Fischertrag von 8 kg/ha auf das Dreifache stieg. Die Zufuhr der Phosphate konnte daher zunächst als Düngung, nicht als Verunreinigung angesehen werden. Alle weiteren Folgen waren aber nachteilig. Durch das starke Algenwachstum wurde der ehemals klare See trübe und grünbraun. Das Sonnenlicht konnte nicht mehr in tiefere Schichten dringen. Die sterbenden Algen sanken ab und verbrauchten bei ihrem Abbau im Tiefenwasser den Sauerstoff. Die Folge war, daß der Obersee in seiner untersten Schicht zu faulen begann, wie schon früher der Untersee. Nur Herbst- und Frühjahrsstürme konnten wieder sauerstoffreiches Oberwasser dem Tiefenwasser zuführen. Nach dem Bericht von *Elster* sind die biologischen Vorgänge noch komplizierter. — Mit dieser Entwicklung wurde die Nutzung des Bodensees als Trink- und Badewasser gefährdet.

Die Blaufelchen nahmen ab, an ihre Stellen traten robustere, weniger wertvolle Fische wie Barsche und Weißfische. — Die Phosphate waren (neben den Nitraten und Spurenelementen) diejenigen Nährstoffe, deren minimale Konzentration früher das Wachstum der Wasserorganismen begrenzt hatte. — Die Phosphate in Abwässern stammen im allgemeinen zu je einem Drittel aus Fäkalien, Waschmitteln und der Landwirtschaft. Nach *Elster* fallen speziell im Bodenseegebiet 59% der Phosphate aus Waschmitteln an, 20% aus Fäkalien und 21% aus Landwirtschaft und Niederschlägen (Erosion des Bodens). Nach dem neuen Waschmittelgesetz soll der Phosphatgehalt auf die Hälfte herabgesetzt werden. Wenn alle häuslichen Abwässer nach der biologischen Reinigung in einer zusätzlichen chemischen Fällungsstufe von Phosphaten befreit werden, könnte ihr Zufluß in den See auf die Hälfte reduziert werden. — Für die Sanierung von Rhein und Bodensee hat die Bundesregierung Investitionen von 2 Mrd DM bis 1980 vorgesehen (3). Die Städte am Bodensee sind alle beschäftigt mit der Planung, dem Bau und der Erweiterung der Wasserreinigungsanlagen. Aber: „Nur 20% der Phosphate kommen von den Ufergemeinden, 80% dagegen aus dem Einzugsgebiet, das 11000 km² groß ist" (insbesondere aus dem Oberrhein). – Phosphate sind in der Regel die Verbindungen, die eine Eutrophierung bewirken bzw. begrenzen. Schätzungsweise gelangen jährlich 2800 t Phosphate in den See. Mengenmäßig ist das nur ein kleiner Bruchteil der sonstigen Verunreinigungen, die insbesondere die Industrie zuliefert. „Ein Zellstoffwerk bringt trotz 90%iger Reinigung Reste von Verunreinigungen, die denen der Großstadt Karlsruhe entsprechen" (1974, bezogen auf BSB_5). Inzwischen ist ein erheblicher Rückgang der Emission dieses einen Werkes bewirkt worden. – Fäkalien und Zellstoffabwässer werden allmählich vom See verdaut, nicht aber schwerabbaubare Kohlenwasserstoffe, chlororganische Verbindungen und insbesondere giftige Schwermetallverbindungen. Die „Internationale Gewässerschutzkommission für den Bodensee" beschloß auf ihrer 25. Konferenz, bis Ende 1982 alle am Bodensee und seinen Zuflüssen geplanten Kläranlagen fertigzustellen. Sie sollen auch mit einer dritten chemischen Reinigungsstufe ausgestattet werden.

Prof. *G. Müller* (Heidelberg) (4) untersuchte „Die Belastung des Bodensees mit Schadstoffen und Bio-Elementen". Durch Untersuchung der Sedimente konnte er die zeitliche und mengenmäßige Belastung des Sees über die letzten Jahrzehnte hin verfolgen. Seit der Einführung der polyphosphathaltigen Waschmittel 1950 nahm der Phosphatgehalt der Sedimente extrem zu. Der Gehalt an toxischen Schwermetallen (Cd, Pb, Zn, Cu) stammte vor allem aus der Kohleverbrennung. DDT (DDE) sollte seit 1966 nicht mehr verwendet werden, gelangt aber weiter in den See und die Sedimente. Weiter wurde der Gehalt an Radionukliden und kanzerogenen Kohlenwasserstoffen untersucht. Die Tubificiden (Schlammröhrenwürmer) nehmen Schadstoffe aus den Sedimenten auf und könnten das Anfangsglied einer Nahrungskette darstellen. – Eine weitere Schadensquelle ist der Schiffsverkehr. 1977 fuhren 26 500 Motor- und Segelboote auf dem See (18 000 mit Zweitakt-, 4000 mit Viertaktmotor). Zusammen mit der Verkehrsschiffahrt geraten etwa 60 t Öl pro Jahr ins Wasser. Dazu kommen 3 t schädliche Abgase pro km² (Gesamtfläche 539 km²). Auf anderen Seen ist der private Motorverkehr verboten.– Hinzu kommen die Emissionen der PKW an unverbrannten Kohlenwasserstoffen, Blei u.a., die von den Straßen in den See geweht werden. Trotzdem betreiben Regierungen von Württemberg und anderen Anliegerstaaten den Bau von Autobahnen um den See.

Eine 4 km lange Brücke über den See ist zunächst zu den Akten gelegt. Es wird aber weiter über die Schiffbarmachung des Rheins von Basel zum Bodensee beraten. Die ökologischen Folgen wären unübersehbar. – Bürgerinitiativen kämpfen verzweifelt um ihren See, auch gegen die Aktionen von Spekulanten und Baugesellschaften, die in freundlichem Einvernehmen mit Stadträten, Bürgermeistern und Landräten den Bau von Betonkolossen an den schönsten Aussichtspunkten durchsetzen. – So werden planmäßig die ökologischen Grundlagen, das Landschafts- und Städtebild des Bodensees zerstört.

3. Kleinere Seen

Der Bodensee kann infolge seiner Größe zeitweilig erhebliche Abwassermengen verkraften. Bei Hochwasser fließen bis zu 50% der nährstoffreichen Oberflächenschicht in den Rhein ab. – Schwieriger sind die Verhältnisse bei kleineren Seen mit geringen Abflüssen. Der Starnberger See ist mit 3100 Mio m^3 Wasser der größte bayerische See. Infolge der geringen Zuflüsse – das Wassereinzugsgebiet ist nur 310 km^2 groß – wird sein Wasser theoretisch nur alle 21 Jahre erneuert. Schon 1956 hatte das Bayerische Landesamt für Wasserversorgung und Gewässerschutz darauf hingewiesen, daß selbst biologisch gereinigte Abwässer nicht mehr in den See eingeleitet werden dürfen. Nach Androhung eines Baustopps entschlossen sich die Ufergemeinden, einen Ringkanal rund um den See zu bauen, der alle Abwässer aufnimmt und einer zentralen Kläranlage zuführt. Der Bau wurde 1965 begonnen und 1976 fertiggestellt. Zusammen mit den Ortskanälen, den Pumpwerken und der Kläranlage betrugen die Kosten bisher über 100 Mio DM. Der Staat soll 60% zuschießen, die Grundbesitzer 35 DM/m^2 zahlen. Das zu 96% (BSB$_5$) gereinigte Abwasser fließt in die Würm. – Der See ist für den Fremdenverkehr einstweilen gerettet. Ein Großteil der Fischer stellte aber den Fischfang (*Renken*) ein. Durch den Bootsverkehr (über 4000 an Wochenenden), das Schwinden der Schilfzone, den geringen Sauerstoffgehalt in den Tiefenzonen (infolge der Abwässer der letzten Jahrzehnte) sind die Laichverhältnisse für die Fische zu ungünstig. Jetzt sollen die Zulassungen für Motorboote eingeschränkt und Laichschonstätten in bestimmten Ufergebieten eingerichtet werden. Der Vertreter der 37 Berufsfischer wehrte sich gegen das Argument, daß die Erholung zehntausender Urlauber vorgehe. Geordnete Fischereiverhältnisse seien ein Indikator für einen gesunden See. Ein Fachwissenschaftler erklärte: ,,ob sich der See auch bei völliger Abwasserentlastung überhaupt tiefgreifend verbessern kann.

Der Tegernsee ist 10 Jahre nach dem Bau einer Ringleitung
wieder ziemlich sauber. Auch der Schliersee erholt sich langsam.
Der Ammersee leidet noch an den Zuflüssen aus dem Hinterland.
Sorge macht der Chiemsee. Von den Anrainergemeinden und der
Tiroler Ache werden jährlich 115 t Phosphate eingeschwemmt.
Der See droht umzukippen. Ein Badeverbot wäre die Folge. Ein
Ringkanal für 125 Mio DM wird geplant. Aber auch dann muß die
Zunahme des Fremdenverkehrs gestoppt werden. Das Abwasser
der Seeufergemeinden soll in einer Sammelkläranlage am Seeaus-
lauf, der Alz, gereinigt werden (5). Eine dortige Bürgerinitiative
wehrt sich. Die Hauptmenge des Phosphors kommt nicht aus den
Ufergemeinden (nur etwa 18 t), sondern aus dem Nachbarland
Tirol (51 t pro Jahr). Zusätzliche Mengen kommen aus dem Hinterland, besonders der Landwirtschaft. Weite Gebiete des Dauer-
grünlandes wurden in ertragreichere Äcker mit starker Phosphat-
düngung verwandelt, auf diese Weise auch noch die Erosion des
Bodens erhöht. Das Bayerische Landesamt für Wasserwirtschaft
(*K. Bucksteeg*) (6) meint: ,,Der Fernhaltung jeder einzelnen (!)
Tonne Phosphor kommt dabei außerordentliches Gewicht für
eine Verbesserung der Güteverhältnisse zu". Nach Prof. *Elster*
liegt die Grenze der eutrophierenden Wirkung des Phosphats bei
der sehr kleinen Menge von 10–20 mg/m^3. Am Boden des Chiem-
sees liegen aber bereits riesige Schlammengen, deren Phosphatgehalt im Gleichgewicht mit der Konzentration des Seewassers
steht, die eine ständige Nachlieferung bewirken, wenn das Seewasser wieder sauberer wird. Nur bei kleinen Seen helfen vielleicht vorübergehend Ringleitungen. Auf die Dauer wirkt nur
eine Radikalkur, die Absaugung des Bodenschlammes. – Kleine
Seen in Naherholungsgebieten werden besonders stark von den
Städtern besucht und belastet. Zur Lösung dieser Probleme wurde ein ,,Verein zur Sicherstellung überörtlicher Erholungsgebiete
in den Landkreisen um München e.V." gegründet, der von den
Landkreisen und Gemeinden getragen wird. Ein gutes Beispiel für
die Tätigkeit dieses Vereins ist die Rettung des Deininger Weihers.
Dieser 2,7 ha große See war vollkommen verschlammt. Mit einer
Dieselpumpe (250 PS) wurden 20 000 m^3 Schlamm in eine benachbarte Kiesgrube gepumpt und dann das Wasservolumen verdoppelt. Die Kosten von 260 000 DM hätte der Eigentümer nicht
übernehmen können (48). Der Grundbesitz des Vereins erweiterte
sich 1972–1978 auf 29 000 ha in 19 Arealen. Die Investitionen
für Grunderwerb und Ausbau beliefen sich bis Ende 1978 auf 30
Mio DM. 54 Gebietskörperschaften mußten 1977 an Unterhalts-
kosten 360 000 DM aufbringen, die Einnahmen (insbesondere
Parkgebühren) betrugen 130 000 DM. Der Staat sollte helfen. –

Norddeutschland hat wenig Seen. Der größte in Niedersachsen ist das Steinhuder Meer (30 km^2). Auf dem 7 km langen und 3 km breitem See kreuzten schon 1970 über 2000 Segelboote. Hunderttausende suchten dort Erholung. Pläne von Baugesellschaften, in einem Landschaftsschutzgebiet Hochhäuser in einem „Erholungspark" zu bauen, scheiterten an heftigen Kämpfen auch innerhalb der zuständigen Behörden. Der Deutsche Bund für Vogelschutz (DBV) setzte die Erweiterung eines Naturschutzgebietes im östlichen See durch. – Auch Pläne der Behörden, Deiche mit Promenadenwegen vor dem Ort Steinhude zu errichten, scheiterten am Widerstand der Bevölkerung. – 1973 hatte eine Kommission aus Chemikern, Biologen, Bakteriologen und Ökologen (7) auf Grund einer großen Zahl von Meßdaten geraten: Jede bauliche Änderung am Ufer oder im Uferbereich des Steinhuder Meeres sollte möglichst vermieden werden. – Obwohl das Bayerische Landesamt (siehe Starnberger See) schon 1956 gewarnt hatte, ließen die niedersächsischen Behörden 1965 zu, daß biologisch einwandfrei gereinigte Abwässer in das flache Steinhuder Meer eingeleitet wurden. Infolge der starken Düngung mit den phosphatreichen Abwässern kam es 1971 zu einer katastrophalen Algenentwicklung (Blaualgen). Infolge Sauerstoffmangel kippte der See um. Fische starben, Badegäste bekamen Hautentzündungen. Untersuchungen ergaben, daß die kritische Grenze für Fäkalbakterien überschritten wurde. Auch die starke Vermehrung der Möven ist ein hygienisches Problem. Sie verbreiten Salmonellen. – Nach Abstellen der Einleitung von Klärwasser hat sich der See erholt. Inzwischen sind aber erhebliche Phosphatmengen im Bodenschlamm gebunden. Der See hat nur einen jährlichen Abfluß von 10%. – Ein schwieriges Problem bleibt der Wassersport. Privatboote mit Verbrennungsmotor bleiben verboten. Fast 6000 Segelboote sind zugelassen. Wenn davon nur 2000 kreuzen, wird es schon „kriminell". Immer mehr eingezäunte legale und illegale Bootsstege versperren den Spaziergängern den Zugang zum See. Grundstücksmakler planen neue Siedlungen. – Der größte See Norddeutschlands ist der Plöner See. Die Untersuchungen seiner 15 m starken Schlammschicht mit radiologischen Methoden gab Aufschluß über den zeitlichen Ablauf der Verlandung. Der See entstand am Ende der Eiszeit. Die Schlammschicht erhöhte sich damals nur um wenige Dezimeter in einem Jahrtausend. Als sich in seiner Umgebung Wälder ansiedelten, stieg die Bodenschlammbildung auf 115 cm im Jahrtausend. Im 13. Jahrhundert wurden die Wälder um den See gerodet und Äcker angelegt. Durch die Bodenerosion stieg die Sedimentationsrate auf 820 cm pro Jahrtausend. In unserem Jahrhundert wurde die Verlandung noch beschleunigt durch die Verwendung von Kunstdünger. Jetzt gilt auch dieser See als bedroht.

4. Freier Zutritt zu den Seeufern?

In der bayerischen Verfassung steht (auf Betreiben von *Wilhelm Hoegner*): „Staat und Gemeinde sind berechtigt und verpflichtet, der Allgemeinheit die Zugänge zu Bergen, Seen, Flüssen . . . freizuhalten". Das Bayerische Naturschutzgesetz, das am 1. 8. 73 in Kraft trat, führt im Artikel 22 aus: „Alle Teile der freien Natur, insbesondere Wald, Bergweide, Fels, Ödungen, Brachflächen, Auen, Uferstreifen und Moore . . . können von jedermann unentgeltlich betreten werden". Nach Artikel 33 und 44 sind die Kreisverwaltungsbehörden verpflichtet, die Ausübung des Betretungsrechtes zu gewährleisten und vorhandene Sperren zu beseitigen. Wo der Zugang zum Seeufergrundstück „durch davorliegende, eingefriedete oder sonst gesperrte Grundstücke verschlossen" sei, müsse der Grundeigentümer stets einen Durchgang freihalten. Seitdem häufen sich die Anfragen im Landtag, wie viele Kilometer Seeufer noch gesperrt seien. Der Staat hält es für die beste Lösung, geeignete Flächen zu kaufen und dann Erholungseinrichtungen (Badegelände, Spazierwege) einzurichten. Zur Verbesserung der Zugänglichkeit wurden zahlreiche Flächen aufgeschüttet und Seeuferwege geschaffen. Am Starnberger See sind z.B. „über die Hälfte" des Ufers nicht versperrt. Die Grundbesitzer wehren sich gegen allgemeinen Zugang, auch durch Prozesse. Am 30. 7. 1976 wurden vom Umweltministerium Richtlinien für die Praxis bekanntgegeben. In diesen wurde festgestellt, daß „Grundbesitz als Teil der Landschaft auch anderen Menschen, die in ihr Freude und Erholung suchen, dienen soll. Durch das Recht zum Betreten und zum vorübergehenden Aufenthalt wird das Eigentum nicht seiner primären Zweckbestimmung entfremdet, es werden vielmehr Bindungen wirksam, die sich aus der naturgegebenen Lage des Grundstücks ergeben". „Betreten" schließe „auch ein Aufenthaltsrecht, d.h. vor allem die Möglichkeit zum Rasten und Lagern ein".

Gerade aus dem Gesichtspunkt des Naturschutzes sollte aber ein Teil der Seeufer für den allgemeinen Zutritt gesperrt bleiben, da sonst die Ufer durch den starken Erholungsverkehr zerstört würden . . . Insbesondere müssen nach Ansicht der Landesstelle für Naturschutz (Prof. *O. Kraus*) die Schilfflächen erhalten bleiben, die für die Seevögel, die Fische und die Selbstreinigung des Sees unbedingt erforderlich sind. Durch Badestege, die in den

See hineinragen, können die Schilfstreifen geschont werden. Besonders gefährdet sind die kleinen Moorseen, bei denen ein strenger Maßstab für die zulässige Nutzung angelegt werden muß. – In den anderen Ländern der Bundesrepublik sind die Probleme ähnlich. Der Sozialminister von Niedersachsen erklärte, es könne nicht geduldet werden, daß die Ufer der Binnenseen mit Wochenendhäusern und Zäunen versperrt würden und ständig Erholungsflächen verlorengingen. – In West-Berlin sind von 290 km Uferlänge nur 145 km mit Grün und Wanderwegen angelegt, 84 km befinden sich in Privatbesitz. – Aber auch eine Ostberliner Zeitschrift klagt: ,,Das Hauptproblem bleibt die Bebauung der Uferzonen" . . . ,,hier sind nur noch weniger als 20% der nutzbaren Uferlandschaft frei gesellschaftlich verfügbar. Ansonsten bietet sich ein stimmungsvoller Blick auf Bootshäuser und -stege, Erholungsheime, Bungalows, Privatquartiere . . . ". 1973 beschlossen die Räte der Bezirke, Uferschutzzonen von mindestens 100 m Breite anzulegen, in denen künftig nicht mehr gebaut werden darf.

5. Feuchtgebiete

Feuchtgebiete sind nach *Kuenen* (8) ,,Flächen, die zum Teil ständig von seichtem Wasser bedeckt sind". ,,Dieser Ausdruck ist eine Kombination von zwei Begriffen, die einander eigentlich widersprechen – Land ist trocken, Wasser naß". Aus diesem Widerspruch ist auch die Handlungsweise des Menschen zu verstehen. Er hat von altersher Feuchtgebiete ausgetrocknet, z.B. zur landwirtschaftlichen Nutzung, oder aber – seltener – überflutet, einen See geschaffen. Beides entspricht oft nicht dem Wunsche des Biologen, des Ökologen. – Feuchtgebiete sind Stätten üppiger biologischer Produktivität. Das seichte Wasser ist lichtdurchflutet und warm, die Nähe des Bodens sorgt für einen Reichtum an Mineralien. So findet man hier unzählige Arten von Organismen: Insekten, Fische, Amphibien, Pflanzen, insbesondere Vögel, die anderswo aussterben, wie Watvögel und Wasservögel. Die Flachgewässer an der Meeresküste und an den Ufern der Seen sind die am besten geeigneten Brutstätten für Tiere aller Arten, Kinderstube für Fische, Raststätte für Vögel. Die Feuchtgebiete haben aber auch eine direkte praktische Bedeutung für den Menschen. Sie regulieren den Wasserhaushalt, speichern überschüssiges Wasser und geben es bei Trockenheit wieder ab. Sie schützen den Boden vor Erosion, erhalten den Grundwasserspiegel. – *Erz* (9) erweiterte noch den Begriff ,,Feuchtgebiete". Er versteht darunter:

„Feuchtwiesen, Moor- und Sumpfgebiete sowie Gewässer, die natürlich oder künstlich, dauernd oder zeitweilig, stehend oder fließend, Süß-, Brack- oder Salzwasser sind, einschließlich solcher Meeresgebiete, deren Tiefe bei Niedrigwasser 6 Meter nicht übersteigt". Diese Definition ist enthalten in dem „Internationalen Übereinkommen zum Schutz von Feuchtgebieten (Ramsar-Konvention)" und der „Internationalen Konferenz zum Schutz von Feuchtgebieten" (Heiligenhafen/Ostsee, Dezember 1974). – 1978 waren 22 Staaten der Ramsar-Konvention beigetreten (10). Es fehlte noch Frankreich.

Erz gibt Hinweise zur Erhaltung und Gestaltung von Feuchtgebieten. Von den gefährdeten Vogelarten der „Roten Liste" sind über 80% Bewohner der Feuchtgebiete. Diese sollten im Landschaftsplan aufgenommen werden. Nach Möglichkeit sollte die öffentliche Hand sie ankaufen. – Auch die Wege zum und um das Feuchtgebiet sollten im Plan aufgenommen werden. Diese Wege sind nicht als Rundwanderwege anzulegen, in einem angemessenen Abstand vom Ufer, um die Tierwelt nicht zu stören. Empfohlen werden Lehrpfade mit Schautafeln. – *Haarmann* und *Flüeck* stellen 541 Literaturzitate über Feuchtgebiete zusammen (11) *Eber* und *Schäfer* (12) berichten über die Schwierigkeiten, einen Hochmoorrest und anschließendes Feuchtgebiet zu erhalten.

5.1. Moore

„Moore sind Anhäufungen von Pflanzenresten, die durch Sauerstoffmangel in der vernäßten Geländeoberfläche nur unvollständig abgebaut werden" (Merkblatt des Niedersächsischen Landesverwaltungsamt – Naturschutz, Landschaftspflege, Vogelschutz, Hannover, Richard-Wagnerstraße 22). Niedermoore entstehen aus verlandeten Seen und sind nährstoffreich (eutroph). Hochmoore sind ausschließlich auf Niederschläge angewiesen, haben keine Verbindung zum Grundwasser, sind nährstoffarm (oligotroph). Sie sind besonders empfindlich gegen alle menschlichen Einflüsse. Möglichst alle Umgebungseinflüsse sind auszuschalten wie Jagdhütten, Rastmöglichkeiten, Fischteiche, Erschließung durch Wege. – Vor hundert Jahren war Niedersachsen mit 6500 km² das moorreichste Gebiet Mitteleuropas. Jetzt sind von 3500 km² Hochmooren kaum 350 km² im naturnahen Zustand erhalten. Alle anderen Moorflächen wurden für landwirtschaftliche Zwecke kultiviert, aufgeforstet oder abgetorft. Früher diente der Torf zum Heizen. Sogar ein Kraftwerk wurde damit betrieben. Das Torfstechen war eine mühselige Arbeit. Jetzt wird der Torf maschinell abgebaut. Er dient vor allem als Mittel zur „Bodenverbesserung". Geschäftstüchtige Handelsfirmen beliefern damit gutgläubige Gartenfreunde. – Prof. *B. Grzimek* schrieb 1975 an den niedersächsischen Landwirtschaftsminister *Klaus Peter Bruns*: die in den letzten Jahren in verstärktem Umfang vorgenommenen Entwässerungsmaßnahmen in der Bundesrepublik seien „sinnlos und gefährlich". Den Plan der Kultivierung eines 1100 ha großen Moores verurteilt er als kurzzeitiges Profitdenken, reine Selbstzweckmaßnahme und Zerstörung der Landschaft." Seit Jahren warnen nicht nur Naturschützer, sondern auch Ökologen vor diesen sinnlosen, auch auf den Gesamtwasserhaushalt der Bundesrepublik bezogenen gefährlichen Entwässerungen". Wertvolles Grundwasser werde auf diese Weise dem Boden entzogen, obwohl der Grundewasserspiegel bereits seit Jahren durch kurzsichtige Eingriffe in den Naturhaushalt ständig absinke. – Das Teufelsmoor bei Bremen ist vor allem bekannt geworden durch die Künstlerkolonie Worpswede. Mit bundesweiter Unterstützung konnte 1971 der Plan abgewehrt werden, das benachbarte Moor als Bombenabwurfsziel für die Luftwaffe der Nato zu nutzen. Dabei war es in der Landesplanung als Erholungsgebiet für über 1 Mio Menschen vorgesehen. Minister *Bruns* entwickelte 1973 einen Plan, mit Hilfe einer „Freizeitparkgesellschaft" und einer Investitionssumme von 174 Mio DM im Moor einen 3000 ha großen Freizeitpark mit einem künstlichen See von 600 ha für tausende Segel- und Motorboote mit zugehörigen Hotels, Ferienhäuser, Reit- und Wanderwege und nicht zuletzt Parkplätze für täglich 40 000 Besucher zu schaffen. Die Bauern, Naturschützer, Künstler und andere undankbare Untertanen des Ministers zeigten jedoch wenig Verständnis für diese „Sanierung" des Teufelsmoors. Nach zähem Ringen wurde 1977 der Freizeitsee aus dem Programm gestrichen. Das Tourismuskapital kämpft aber weiter. – Immer mehr abgetorfte Moore werden als Mülldeponie für die chemische Industrie oder für den Klärschlamm der Abwasserreinigung genutzt.

Die Torfindustrie und das Niedersächsische Landesamt für Bodenforschung (Torfinstitut Hannover) beraten über die Abbau- und Schutzwürdigkeit der Torflagerstätten. Es geht um wirtschaftliche, technische, soziale und ökologische Probleme. Im „Diepholzer Moor" werden z.B. in der von März bis November reichenden Torfsaison rund 100 Männer und Frauen im Moor und in der Torffabrik beschäftigt. Es soll der Versuch gemacht werden, abgetorfte Moore zu rekultivieren. Die Aufgabe ist nicht einfach. Hochmoore müssen naß und nährstoffarm bleiben. Die Bewässerung darf nur durch die natürlichen Niederschläge erfolgen. Nährstoffhaltige Zuflüsse, auch Grundwasser müssen ferngehalten werden. Die in Jahrtausenden gewachsenen, dann in kurzer Zeit abgetorften Moore lassen sich nicht in wenigen Jahren wieder ersetzen. Mit Hilfe der Bestimmungen des Bodenabbaugesetzes kann angeblich der Torfabbau so gesteuert werden, daß eine Restschicht als Untergrund für das Wachstum neuer Moorpflanzen bleibt. Dazu bemerkt Prof. Dr. *Herbert Kunze*: Moor, das als Torf übrigbleibt, wächst jährlich um höchstens einen Millimeter. Auch hinsichtlich der landwirtschaftlichen Nutzung der Moorböden äußert er sich kritisch: „Bei falscher Nutzung können jährlich bis zu zwei Zentimeter Moorboden durch biochemische Prozesse einfach verschwinden. Wenn ein Bauer seine Moorbodenfelder im Laufe seines Arbeitslebens falsch bearbeitet, dann liegen die Felder bei der Hofübergabe an den Sohn 40 Jahr später fast einen Meter tiefer". Auch in Süddeutschland hat man mit der Trockenlegung von Feuchtgebieten schlechte Erfahrungen gemacht. Am 14. 9. 1976 äußerten sich Prof. Dr. *W. Haber* (München) und Prof. Dr. *G. Kaule* (Stuttgart): „Die landwirtschaftliche Bedeutung entwässerter Flächen wird bei weitem überschätzt. Zum Beispiel werden heute nur noch 5 Prozent der entwässerten bayerischen Hochmoore landwirtschaftlich genutzt." Als Beispiel des landwirtschaftlichen Mißerfolges einer staatlich organisierten Moorentwässerung kann das Bergener Moor . . . gelten, wo heute die meisten Flächen brachliegen. „Dennoch werden gerade in den letzten zwei Jahren trotz Rezession viele, wenn auch überwiegend kleinere Gebiete in großer Zahl entwässert . . . trotz anderslautenden Beteuerungen sogar viele ökologisch wertvolle Feuchtgebiete trockengelegt". *Göttlich* (12) „Moor- und Torfkunde".

5.2. Auwälder

Zu den Feuchtgebieten zählen auch die Auwälder, die im Überschwemmungsgebiet der Flüsse wachsen. In den letzten Jahrzehnten (Jahrhunderten) wurden die Flüsse reguliert, um Siedlungsräume, landwirtschaftliche Nutzflächen zu gewinnen und zu sichern, die Schiffahrt der Flüsse zu verbessern. Durch diese Regulierungen, Eindeichungen, Begradigungen vertieften sich die schneller fließenden Gewässer, der Grundwasserspiegel sank, der Auwaldgürtel des Überschwemmungsgebietes wurde schmaler. Neuerdings wird der Auwald bewußt in der Wasserwirtschaft eingesetzt (14). Das Wurzelwerk schützt den Boden gegen Erosion, die Zweige bieten Schutz gegen die angreifenden Kräfte des Wassers, bremsen die Wellen. Nur junge, 3- bis 5jährige Gehölze, insbesondere Weiden, sind elastisch genug. Die älteren müssen ausgeschlagen werden. Wenn die Weide, die Roterlen u.a. schon an den Mittelwasserlinien von kleineren Flüssen angesetzt werden, dienen sie auch zur Unkrautvernichtung der Wasserpflanzen durch Beschattung. — Der Auenwald dient weiter der Erhaltung und Pflege der Vogelwelt. Durch Nistkästen und Winterfütterung werden sie in den Gebirgsauen gehalten und vernichten dort die Holzschädlinge. Diese biologische Bekämpfung ist billiger als die chemische.

Ein leidenschaftlicher Kampf wird seit Jahren gegen die Zerstörung einer „in ganz Europa einmalig noch erhaltenen Wildflußlandschaft" geführt, der Pupplinger Au an der Isar (15). Nach dem Naturschutzbeirat bei der Regierung von Oberbayern ist eine weitere Erschließung der Au nicht mehr zu verantworten. Es sei auch weder sinnvoll noch zweckmäßig, mit großem finanziellen Aufwand weitere Erholungseinrichtungen zu schaffen, um den großen Ansturm der Ausflügler an den schönen Wochenenden aufzufangen. Gefordert wird der Verzicht auf den Ausbau neuer Parkplätze, ein Verbot des Reitens und Feuermachens im Naturschutzgebiet. Es ist nicht leicht, die Bedürfnisse des Naturschutzes und der Erholungsuchenden in Einklang zu bringen. Auf heftigen Widerstand stoßen staatliche Baupläne. Schon früher hatte der Staat zugelassen, daß die Trassen einer Hochspannungsleitung durch die Pupplinger Au geführt wurden. Jetzt soll auch noch ein zwei Meter hohes Wasserleitungsrohr in der Au verlegt werden in einer 30 m breiten Schneise. Das Rohr wird wie eine Barriere wirken, das Auffüllmaterial wie eine Drainage. Die Landschaft wird grundlegend verändert und geschädigt.

5.3. Marschgebiete der Unterelbe

An der Unterelbe zwischen Stade und Brunsbüttel entsteht ein großes Industriegebiet, ein „zweites Ruhrrevier". Gleichzeitig werden weite Gebiete eingedeicht. Die Planung erfolgte nach rein wirtschaftlichen Gesichtspunkten der konkurrierenden Länder, ohne ein „ökonomisches oder gar ökologisches Gesamtkonzept". *Peters* (16) untersuchte die zerstörerischen Folgen auf das große Feuchtgebiet an der Unterelbe. — Die Elbe wurde auf 13,5 m vertieft, das Fahrwasser auf 300—400 m verbreitert. 40 Mio m^3 Boden wurden ausgebaggert und auf Spülfeldern abgelagert.

Der normale Tidenhub unterhalb Hamburg ist etwa 2,70 m. Zweimal am Tag fallen Watten und seichte Nebengewässer für einige Stunden trocken. Das einige 100 bis einige 1000 m breite fruchtbare Marschland außerhalb der jetzigen Deiche dient als Weide. In den Gräben und Prielen wächst Röhricht, stellenweise auch Weide oder Erle, Ulme und Eiche. Dort lebt eine reichhaltige Fisch- und Vogelfauna. Nach der Sturmflut Februar 1962 wurden die Deiche verstärkt und mehrere 100 bis einige 1000 m vorverlegt, so daß nach Abschluß der Arbeiten etwa Dreiviertel der bisher außendeichs gelegenen Feuchtgebiete abgedeicht sein werden, die allmählich verlanden. Diese Maßnahmen geschahen allein aus sicherheitstechnischen und wasserbaulichen Gesichtspunkten, ohne Rücksicht auf die Brut- und Rastgebiete der Vögel, obwohl diese Gebiete schon lange unter Landschaftsschutz stehen. Die Ökologen hatten statt der Deichsiele Sperrwerke und Fluttore vorgeschlagen.

Seit der Vordeichung hat es ungewöhnlich schwere Sturmfluten gegeben. Es besteht der Verdacht, daß diese gerade durch die Neubauten, die Verengung des Mündungstrichters der Elbe hervorgerufen wurden, die das besonders schnelle und hohe Auflaufen der Flutwelle bewirkten. Die verantwortlichen Stellen verweisen dagegen auf besondere meteorologische Verhältnisse.

Der frühere breite Tidenstrom mit seinen Prielen und Röhrichtbeständen hatte ein großes oxidatives Selbstreinigungsvermögen. Infolge der zunehmenden organischen Verunreinigung nimmt jetzt die Sauerstoffsättigung unterhalb Hamburg und bei Glückstadt im Sommer auf 20% und weniger ab, gelegentlich auf Null. Die Elbe droht „umzukippen".

Die unterschiedliche Zusammensetzung von Süßwasser und Meereswasser ist aus Tabelle 14 nach *Loub* zu ersehen.

6. Fließgewässer

„Jahrzehntelang zogen Wasserbauer überall in Deutschland alle Register ihres unbiologischen Schreibtischwissens, um die Bäche in unserer Landschaft zu vergewaltigen. Dort, wo einst in waldreicher Gegend in zahllosen Windungen saubere Bäche plätscherten, strömt jetzt verschmutztes Wasser in einem sterilen Kanal. Wo immer sie zuschlagen, setzen sie ein Denkmal für menschliche Unvernunft. Die standhafte Weigerung, etwas hinzulernen zu wollen, hat einen einfachen Grund: „Würde man die Gewässer nämlich so regenerieren, wie sie von Natur aus waren, könnte man sich kostspielige Unterhaltungsmaßnahmen — und kostspielige Wasserwirtschaftler — sparen". So schrieben Fachleute, die es wissen müssen: *A. Krause* und *W. Lohmeyer* von der Bundesforschungsanstalt für Naturschutz und Landschaftsökologie in Bonn-Bad Godesberg (18) im Jahre 1977. Bereits im Jahre 1973 kritisierte im Landtag von Baden-Württemberg ein Abgeordneter der Opposition „den forcierten Ausbau und die Begradigung von Flüssen und Bächen, das Problem der Ufergehölze, den Hochwasserschutz mit entsprechend großen Investitionen der Regierung . . . im

Laufe von 25 Jahren 1,3 Mrd DM". – Der Sprecher der Regierung bestätigte, „daß die Maßnahmen des Flußbaues tatsächlich sehr stark in die Kritik geraten seien. Besonders gehöre dazu, daß die wasserwirtschaftlichen Maßnahmen in keinem angemessenen Verhältnis zu dem angestrebten Nutzen stehen." Besonders kritisiert wurde eine Feststellung der Regierung, „daß eine Einsparung bei den Mitteln des Flußbaus und des landwirtschaftlichen Wasserbaus zugunsten anderer Aufgaben des Umweltschutzes nicht möglich seien. Hier stehe eine Milliarde DM in den nächsten 10 Jahren zur Diskussion" (19). Der Rat von Sachverständigen für Umweltfragen verfaßte ein Sondergutachten „Umweltprobleme des Rheins" (Stuttgart 1976). – *Poels* u.a. schrieben über „Toxic Substances in the Rhine River" (20). *Laucht* (21) behandelte den Interessenkonflikt Ökonomie – Ökologie an dem Beispiel der Entwicklung der Unter- und Außenelbe. – *Steinlein* (22) schrieb über die thermischen Verhältnisse in Fließgewässern.

6.1. Ökologie der Uferzonen

Ökologisch wichtig sind die Uferzonen der Flüsse und Bäche. *Hiller* (23) untersuchte die Röhrichtzone der Havel. Innerhalb von 10 Jahren war die Hälfte des gesamten Röhrichts vernichtet worden, durch den Sportbootverkehr (50 00 Motorboote), den Badebetrieb, das Campingwesen, die Frachtschiffahrt, die Eutrophierung. Neben der biologischen Funktion des Röhricht für Vögel und Fische ist seine Uferschutzwirkung wichtig. Die widerstandsfähigen, elastischen Halme vermindern die Erosion durch die Wellen. Die tiefgreifenden Wurzeln befestigen den Uferboden. *Buchwald* (24) forderte den Lebendverbau von Wasserläufen als „wichtige, ökologisch-gestalterische Komponente der Raumordnung".

Zwischen 1960 und 1970 sind im Bundesgebiet nicht weniger als 25 000 km Wasserläufe ausgebaut worden. *Rüdiger Bless* von der „Bundesforschungsanstalt für Naturschutz und Landschaftsökologie" (Bonn-Bad Godesberg) verfaßte eine Studie „Bestandsänderungen der Fischfauna in der Bundesrepublik Deutschland" (1978). Flußregulierungen und Staumaßnahmen sind schuld am Rückgang von natürlichen Überschwemmungsgebieten, die für viele Fischarten wichtige Laich- und Freßplätze sind. Durch Begradigungen, Absenken von Gewässern, künstliche Uferbefestigungen und Verrohrungen gehen viele ökologische Nischen verloren. Ein begradigter Bach bietet Forellen, Elritzen und anderen Fischen nicht das Minimum ihrer Existenzbedingungen. Es fehlen Versteckplätze, die Selbstreinigungskraft und Nährstoffproduktion sind vermindert, weil die Aufwuchs- und Besiedelungsfläche für tierische und pflanzliche Organismen kleiner wurde. Reinigungs- und Instandhaltungsmaßnahmen tun ein übriges. Selbst eine vorübergehende Entkrautung kann verheerende Folgen haben (K.H.P).

Über „Lebendbau an Fließgewässern" arbeiten *Bürkle* (25) und *Zimmermann* (26). Dieser versteht unter „Lebendbau" den Einsatz lebenden Pflanzenmaterials zu Bauzwecken, im Gegensatz zum „Hartbau" bzw. „Totbauweise" (mit Steinen und Beton). Der lebende Pflanzenverband hat mehrere Vorteile: er produziert Sauerstoff und Biomasse, er ist Lebensraum für verschiedene Biozönosen. Vorteilhaft sind seine Elastizität und seine Regenerationsfähigkeit. Auch bei einer Kosten-Nutzung-Aufstellung ist er auf lange Sicht meist billiger. Nicht zuletzt bietet er einen erfreulichen Anblick.

Erfolgreich waren Versuche mit der Lebendverbauung an der Aller (bei Gifhorn, Niedersachsen), durchgeführt vom Landesamt für Naturschutz, Landschaftspflege, Vogelschutz (Lüderwaldt). Es wurde festgestellt, daß sich wieder viele Arten von Insekten ansiedelten, die bei dem Ausbau mit Steinschüttungen ferngeblieben waren. Eine Folge davon war die starke Vermehrung der Fischbrut (Brassen, Rotaugen, Rotfedern, Hechte). Die Fische boten wiederum mehr Nahrung den Reihern, Milanen und anderen fischfressenden Vögeln. Die Selbstreinigungskraft des Wassers wurde sichtlich erhöht. − *Lohmeyer* (27) schrieb „Über die Auswirkungen des Gehölzbewuchses an kleinen Wasserläufen". Nach Gehölzbepflanzung (z.B. Roterle) wird durch Schattenwirkung Unkrautbewuchs in Bachläufen unterdrückt, das Ufer befestigt, das kostenaufwendige Mähen verringert. − *Seidel* (28) berichtete „Über die Selbstreinigung natürlicher Gewässer". Es zeigte sich ein günstiger Einfluß höherer emerser Pflanzen auf organische und anorganische Stoffe, pH Regulierung, Abtötung pathogener Bakterien, Wurmeier und Viren.

Die Verwaltungsbürokratie und die Wasserbauämter haben systematisch fast alle Tallandschaften zerstört. Zuerst wurden an den Flußtälern und Bachläufen Autostraßen angelegt. Dafür findet sich immer eine Lobby in den Kreisen der Wirtschaft. Eine bis dahin unberührte Landschaft muß erschlossen werden für den Fremdenverkehr, für einzelne Gewerbebetriebe. Bald darauf folgten Wohnsiedlungen und Fabriken. − Eine verheerende Rolle spielte die Landwirtschaft. Aus Weiden wurden Wiesen gemacht, die mehrmals im Jahr eine Futterernte ermöglichten. Die Wiesen wurden darauf in Äcker verwandelt, die mehr einbringen. Beim nächsten Hochwasser, das von allen Beteiligten vorauszusehen war, ist der Jammer groß. Der Staat muß helfen. Früher düngte das Hochwasser die Weiden. Nun wird von den Äckern die Erde weggeschlämmt. Jetzt werden immer neue Dämme und Wasserrückhaltbecken gebaut. Inzwischen hat man eingesehen, daß die jahrzehntelangen Bestrebungen, dem Wasser einen schnellen Ablauf zu ermöglichen, falsch waren. Die Rückhaltebecken und Talsperren verschlammen in wenigen Jahren. Das ist auch zum Teil eine Folge der falschen Forstpolitik, die an den Hängen der Täler erosionsgefährdete Nadelholzplantagen anpflanzte. Laubmischwälder befestigen den Boden besser. − Oberhalb der Dämme wird der Grundwasserspiegel angehoben, unterhalb gesenkt, zum Schaden der Vegetation in weitem Umkreis. Der Wasserbau kann nicht damit nachkommen, die vielen Folgeschäden zu regulieren. − Unsere Vorfahren haben aus der Wildnis eine naturnahe Kulturlandschaft geschaffen. Wir hinterlassen unseren Nachkommen eine eintönige Landschaft aus Monokulturen, Beton und Asphalt. Aus Flüssen und Bächen wurden Abwasserkanäle. ,,Und das Wasser frißt auf, die drin waten" (29). Baden, Fischen, Trinkwasserentnahme sollten in weiten Gebieten eingestellt werden.

6.2. Thermische Belastung der Flüsse

Eine ,,Arbeitsgemeinschaft für die Reinhaltung der Elbe" der Anrainerländer legte 1973 einen Wärmelastplan für die Elbe vor. Für die Industrie, die Kraftwerke, ist eine ausreichende Kühlkapazität erforderlich, insbesondere für die Kernkraftwerke. Jede Überschreitung einer bestimmten Temperatur ist für alle ökologischen Systeme schädlich. Sie ist besonders dann zu vermeiden, wenn der Strom bereits mit organischen Verunreinigungen vorbelastet ist, da er dann bei Übertemperaturen ,,umkippt", zu faulen beginnt. Die Arbeitsgemeinschaft berücksichtigte die Vorbelastung überhaupt nicht. Sie billigte den Kernkraftwerken und der chemischen Industrie hohe Kühlkapazitäten zu, nach *Peters* ein ,,sinnloses Unterfangen" (16). *Peters* machte Vorschläge für einen ökonomischökologischen Kompromiß, durch den die schlimmsten Folgen der Fehlplanung des Industriereviers Unterelbe gemildert werden könnten.

Weber (17) untersuchte die ,,Auswirkungen von baulichen Maßnahmen und der thermischen Belastung auf die Selbstreinigungskraft der Donau". Eine Temperaturerhöhung wirkt sich zunächst günstig auf die Fischerei aus. Das Wachstum der Fische ist stärker. Dann ergeben sich wesentliche Beeinträchtigungen der Fischpopulationen: Der Sauerstoffgehalt wird vermindert. Die Parasiten vermehren sich stärker. Die Widerstandsfähigkeit gegen Krankheiten und Giftstoffe sinkt. Die Laichzeit wird verändert. Die meisten Fische suchen zum Laichen kühlere Nebenflüsse auf, in denen dann das erforderliche Plankton noch nicht entwickelt ist, die Fische haben keine Nahrungsbasis. Der Fortpflanzungszyklus verändert sich.

7. Kanalbauten und Talsperren

7.1. Bundesrepublik Deutschland

Planmäßig werden die deutschen Flüsse zu Schiffahrtsstraßen ausgebaut und untereinander mit Kanälen verbunden. Der Bundesverkehrswegeplan sieht bis 1985 für Ausbau, Betrieb und Unterhaltung der Bundeswasserstraßen 14,4 Mrd DM vor (Preisstand 1972), „verkehrswirtschaftlich überflüssig und volkswirtschaftlich unsinnig" nach Meinung von Experten (30).

Industrie und Regierung betreiben weiter den Ausbau der „Industrieschiene Rhein". *Stumm* (31) untersuchte die „Beeinträchtigung aquatischer Ökosysteme durch die Zivilisation" am Beispiel des Rheins. Das Einzugsgebiet des Rheins hat, verglichen mit anderen Flußläufen der Welt, die größte Bevölkerungsdichte und die größte Zahl der Einwohner relativ zu seiner Wasserführung. 20% der Chemieproduktion der westlichen Welt liegen schon jetzt im Einzugsgebiet des Rheins. Er ist aber nur mit 0,2% an der Wasserführung sämtlicher Flüsse beteiligt. Notwendig ist daher ein hoher Aufwand an Wasserreinigung. Nur noch 28% der Flußufer sind natürlich. — Aus dem Rhein wird Trink-, Betriebs- und Kühlwasser gewonnen, er muß riesige Abwassermengen aufnehmen. Weiter spielt er eine bedeutende Rolle für die Schiffahrt. Früher wurde diese durch zahlreiche Flußschleifen, Verengungen und Stromschnellen behindert, auch durch Hochwasser. Bereits 1817 begann der Karlsruher Ingenieur *G. Tulla* mit der Begradigung des Rheins und dem Bau von Dämmen. Nach weiteren Korrekturen von 1853—1863 am Oberrhein war der Strom zwischen Basel und Mannheim um ein Drittel verkürzt. Die Fließgeschwindigkeit stieg entsprechend stark an. Die mechanische Erosionsrate wurde verzwanzigfacht, der Grundwasserspiegel stellenweise bis zu 7 Meter gesenkt. Nach dem ersten Weltkrieg wurde parallel zum Oberrhein eine Schiffahrtsstraße mit Schleusen und Kraftwerken gebaut.

Nur ein kümmerlicher Wasserrest verblieb dem Altrhein. 5000 ha Auenwälder starben ab, wurden zur Steppe. Der Grundwasserspiegel fiel hier bis zu 9 Meter ab. In dem Kanal stieg die Fließgeschwindigkeit des Rheins und damit seine erodierende Kraft weiter an, insbesondere hinter jeder neuen Schleusenstufe. Ein Jahr nach Inbetriebnahme der Staustufe bei Straßburg hatte sich der Fluß bereits 2,5 Meter tiefer eingegraben. In einem deutsch-französischen Vertrag vom 4. 7. 1969 wurden Maßnahmen zur Verhinderung der weiteren Erosion der Rheinsohle beschlossen. 1974 wurde die Staustufe Gambsheim unterhalb Straßburg in Betrieb genommen. Aber sogleich mußte eine weitere 25 km unterhalb bei Iffezheim gebaut werden. Durch den Oberrheingraben reißt der Fluß jährlich bis zu 600 000 m^3 Kies und Sand mit sich. Jede neugebaute Staustufe hat zunächst verheerende Folgen für ihre weitere Umgebung. Die frisch aufgeworfenen Dämme sind wasserdurchlässig und setzen das Umland unter Wasser. Dann dichten sich die Dämme allmählich von selber durch Absetzen des Lehms. Nach einiger Zeit trocknet das Umland zu stark aus. Die „Bürgeraktion Umweltschutz zentrales Oberrheingebiet" sammelte Unterschriften gegen eine weitere Staustufe bei Neuburgweier. Ihr Alarmruf ist: „Rheinstufen – Zerstörungswerk des Jahrhunderts". Aber schon wird zusätzlich eine weitere Staustufe bei Germersheim geplant. Wissenschaftler und Techniker untersuchen: „Die Auswirkung einer Staustufe auf den Grundwasserhaushalt" (32). Es sind Versuche, die schlimmsten Folgen zu mildern. Ein Praktiker, Regierungsbaurat *Karl Felkel*, schlägt vor, den Rheinkies in Kähne zu verladen und ihn flußabwärts in erosionsgefährdete Stellen wieder abzukippen. Auf diese Weise könnte die Erosion verlangsamt werden. Das wäre eine teure „Sanierung", sie wäre aber nur halb so teuer wie immer neue Schleusen rheinabwärts.

Dieter Wulf (Bundesverband der deutschen Binnenschiffahrt) erklärt: „Wir haben nie den Bau neuer Wasserstraßen gefordert", im Gegenteil. Der Moselkanal wurde „ausdrücklich abgelehnt" und die Oberrhein-Staustufen seien nur „Hindernisse für einen zügigen Schiffsumlauf" (30). Der Steuerzahler zahlt „bei den künstlichen Wasserstraßen die hohen Bau- und Kapitalkosten voll und die Betriebskosten zu mehr als 90%". – Auf die technischen und volkswirtschaftlichen Fehlentscheidungen soll hier nicht näher eingegangen werden. Wichtiger erscheinen uns die ökologischen Folgen. Prof. *Olchowy* u.a. (Bundesanstalt für Vegetationskunde, Naturschutz und Landschaftspflege) veröffentlichte 1975 ein Gutachten „Ermittlung und Untersuchung der schutzwürdigen und naturnahen Bereiche entlang des Rheins" (33). Es geht unter anderem auch um das Gebiet von Wyhl, wo die Umweltschützer und Atomgegner einen ersten Sieg gegen Atomindustrie und Regierung erfechten konnten. *Olchowy* spricht von einem „erschreckenden Ergebnis". Die Bundesanstalt hat aber nur ein Vorschlagsrecht bei den Regierungen.

Ein weiteres gigantisches Projekt ist der Rhein-Main-Donau-Kanal (34). Er soll von Kehlheim an der Donau bis nach Bamberg am Main geführt werden. Durch Schleusen ist ein Höhenunterschied von 95 Meter zu bewältigen. Der Kanal soll 1985 fertig sein. Bisher wurden 4 Mrd DM verbaut bzw. verplant. Davon zahlen Bayern zwei Drittel, die Bundesrepublik ein Drittel. Experten bezweifeln, daß er je für die Schiffahrt rentabel werden wird. Als Argument für den Bau wurde angeführt, daß er einen Ausgleich zwischen dem niederschlagsarmen Franken und dem wasserreichen Donautal bringen wird. Das könnte man billiger mit einer Wasserleitung bewirken. Die Naturschützer protestieren gegen den Kanalbau, weil das „ungemein reizvolle und feingliedrige Tal der Altmühl" in ein Wasserausgleichsbecken umfunktioniert wird.

Vielleicht wird der Kanal aber doch noch rentabel – für die Ostblockstaaten. Ihre zu Dumpingpreisen fahrenden Flotten hoffen auf einen durchgehenden Verkehr vom Schwarzen Meer bis in die Nordsee. Schon fordern sie, daß der Kanal zu einer internationalen Wasserstraße erklärt wird.

Der Nutzen des Elbe-Seitenkanals, des Saarkanals und vieler anderer wird von Experten bestritten. Nur die Wassersportler freuen sich. „Es ist kein Beispiel bekannt, wo aus einem unterentwickelten und standortmäßig benachteiligtem Raum durch den Bau eines Kanals ein Raum mit überdurchschnittlichen Wachstumstendenzen geworden ist" (Prognos-Institut, Basel). – Die Kanalschiffahrt rentiert sich für die Flotten der großen Konzerne. Die Kleinunternehmer und die Deutsche Bundesbahn kommen in die roten Zahlen, auf Kosten der Steuerzahler. Ein überzeugender Grund für den Kanalbau: „Es sind die Chancen, bei den riesigen Bauaufträgen und Lieferungen viel Geld zu verdienen": „Je größer die Baukosten, desto interessanter das Objekt, desto größer ist das Geschäft" (E. Deischl, Gesellschaft für rationale Verkehrspolitik). Ein Scheinargument ist die Arbeitsbeschaffung. Auf Kosten der weiteren Zerstörung der Landschaft? Wäre die Rekultivierung von Ödflächen und verwüsteten Gebieten in der Bundesrepublik nicht wirksamer und lohnender?

Unzählige kleinere Stauseen werden geplant und gebaut. Vielerlei Gründe werden angegeben: Trinkwasserspeicher, Schutz vor Hochwasser, Ausgleichsbecken für Niedrigwasser, Seen zum Baden und Wassersport, Fischteiche u.a. – Der Ruhrtalsperrenverein (RTV) plant seine 61. Talsperre. Das Flüßchen Neger im Hochsauerland soll aufgestaut werden. Dabei müßte das 1000 Jahre alte Dorf Brunskappel weichen. Die Bevölkerung würde umgesiedelt werden. Als Zugabe könnte eine Schützenhalle oder ein Gemeinschaftszentrum erbaut werden (35). Als aber der RTV als Begründung für den Bau einer Talsperre einen jährlichen Wassermehrbedarf von 1 −2% angab (tatsächlich war der Wasserverbrauch 1975 um 4,5% gesunken) und als der Verdacht aufkam, daß das aufgespeicherte Wasser zum Kühlen von Kernkraftwerken benötigt wird, rief eine Bürgerinitiative zum Widerstand auf. Gegen die vereinte Kraft der Wirtschaft, der Regierung und des Fremdenverkehrsgewerbes werden die Bürger einen schweren Stand haben.

Das Landwirtschaftsministerium in Hannover plante eine Talsperre an der Sieber bei Herzberg im Harz. Ein 90 Meter hoher und 440 Meter langer Damm sollte gebaut werden. Als Gründe werden angegeben: Verminderung der Hochwassergefahr, Anwachsen des Trinkwasserbedarfs. Die Sperre sei außerdem notwendig, weil „mehr Wasser gleichmäßig an die stark durch Industrieabwässer verschmutzte Sieber und die Oder abgegeben und so der Umweltschutz verbessert würde". Was für eine Vorstellung haben die entscheidenden Stellen vom „Umweltschutz"? Wäre es nicht vernünftiger, wenn die Industrie ihre Abwässer selber reinigte, als das reine Gebirgswasser in eine Giftbrühe zu verwandeln? Die Staustufen der Weser beeinflussen das Grundwasser (36). Oberhalb der Staustufe bei Nienburg stieg der Chlorgehalt des Wassers auf das Fünffache. Auch die Temperatur des Grundwassers stieg von 8−9° auf 13° (Temperatur der Weser durchschnittlich 17°). Die Grundwasseroberfläche stieg an bis über 1,5 km Entfernung. − Weserabwärts in Brake wurden als Folge der Weservertiefung Gebäudeabsenkungen, Setzungserscheinungen und Risse festgestellt. Die Auswirkungen der Weservertiefung gehen weit ins Binnenland hinein.

7.2. Wasserkraftwerke-Großprojekte im Ausland

Von altersher hat der Mensch Flüsse durch Dämme aufgestaut, um die Wasserkraft zu nutzen, um Überschwemmungen zu vermeiden, um Ländereien zu bewässern, um Trinkwasser zu speichern. Auch kleine Flüsse und Bäche werden jetzt gestaut für die Fischzucht oder um Seen für Erholungszwecke zu gewinnen. − Besonderes Aufsehen haben in den letzten Jahrzehnten die Riesenbauwerke erregt, die Elektrizität erzeugen sollten. *Kristoferson* (37) gab einen Überblick über die Wasserkräfte der Welt. Danach werden von den verfügbaren Kräften durchschnittlich nur 13% ausgebeutet (in Europa 53%, Nordamerika 31%, UdSSR 11%, Asien 7,5% und Afrika 1,5%). Der Verfasser ist kritisch gegenüber weiteren Ausbauplänen, verweist auf ökologische Schwierigkeiten.

Große Erwartungen hatte man auf den Assuan-Staudamm gesetzt (38). Das Projekt war ursprünglich von Deutschen entworfen, wurde dann aber 1960−1971 von Russen durchgeführt. Der Staudamm ist 110 m hoch und 3,6 km lang. Der Wasserstand liegt auch heute noch 10 m unter dem geplanten Pegel. Das Wasser verdunstet stark, ein Teil verströmt in den Untergrund. 12 Turbinen sollten 10 Mio MWh liefern. Tatsächlich laufen nur 2 bis 3 Turbinen. Damit ist der Strombedarf gedeckt. 100 000 Nubier wurden vor Baubeginn umgesiedelt. Zur Bezahlung des Dammes mußte Ägypten 50% seines Hauptexportartikels Baumwolle auf viele Jahre verpfänden. − Vor dem Bau des Dammes wurde das Niltal jährlich überschwemmt. 50 Mio t fruchtbarer Nilschlamm düngten die Felder. Die neu besiedelten, mit Kanälen bewässerten Flächen müssen nun mit Kunstdünger gedüngt werden. Es treten Versalzungen und Erosion auf. Es wird bezweifelt, daß die gesamte landwirtschaftliche Nutzfläche durch die Bewässerung gestiegen ist. Das träge fließende Wasser der Kanäle wird zur Brutstätte von Krankheiten. Große Sorgen macht die wachsende Zahl der Erkrankungen an Bilharziose, einer Wurmkrankheit. Die starke Vermehrung von Algen und Wasserpflanzen gefährdet die Fischerei und die Trinkwassergewinnung. − Früher wurden im Nildelta jährlich 20 000 t Sardinen gefangen. Diese bleiben nun aus, der fruchtbare Nilschlamm setzt sich schon im Staubecken ab. Ein Ägypter, *Philip Gallab*, stellte in einem Buch die Frage, ob es nicht besser sei, den Staudamm ganz abzutragen.

Trotzdem will man jetzt diesen ungeheuren Fehler durch einen zweiten, noch größeren beheben (*Bernhard Grzimek*). Der Obernil fließt durch den Sudd, ein Feuchtgebiet im südlichen Sudan, das von 3 Mio Schwarzen bewohnt wird. Die Einwohner wurden schon seit hunderten von Jahren durch die Araber im nördlichen Sudan und durch die Ägypter als Sklaven behandelt. Jetzt sollen aus ihrem Gebiet täglich 20 Mio m^3 Wasser mit einem 300 km langen Kanal dem Nil zugeführt werden. Als Ersatz wird geplant, mit Hilfe eines zweiten kleineren Kanals aus dem fischreichen Sudd ein Agrargebiet zu machen. Wahrscheinlich wird aber das umliegende Weidegebiet in eine Wüste verwandelt. Auch die Nachbarländer werden darunter zu leiden haben. *Peter Hayes* (Environment Liaison Center, Nairobi) erklärte, man habe „keinerlei Untersuchungen über die Auswirkungen auf die Umwelt unternommen, nur „kosmetische Ermittlungen". −

In den Jahren 1969−1976 wurde in Mocambique der Cabora Bassa Damm gebaut, um den Sambesi zur Elektrizitätsgewinnung zu nutzen. Das eigentliche Problem wird aber 560 km stromabwärts auftreten, in dem 18 000 km^2 großen Sambesi-Delta, wo der Strom in den Indischen Ozean mündet. Früher wurde das Delta am Ende der Regenzeit überschwemmt und mit frischem Schlamm gedüngt. In der feuchten Flußebene waren drei Ernten im Jahr möglich. Jetzt entsteht eine Trockensavanne, in der nur einmal jährlich geerntet werden kann.

William Bond (Forschungsstation Cabora Bassa): „Da sich das offene Grasland in eine Savanne mit Büschen und Bäumen umwandelt, steht eine Invasion der Tsetsefliege bevor. Diese Insekten benötigen den Schatten der Bäume. Bisher existierte das Problem nicht, weil nur Gras vorhanden war. Die Fliege, die die Schlafkrankheit überträgt, macht jede Rinderhaltung unmöglich". Eines der letzten Tierparadiese mit tausenden Büffeln, Antilopen, Zebras, vielen Elefanten, Flußpferden u.a. Großwild wird aussterben. Der Fischbestand im Flußdelta wird drastisch zurückgehen. – Die erzeugte Elektrizität wird zum größten Teil nach Südafrika verkauft. Der eigene Strombedarf ist gering.

„Sollten Dämme gebaut werden?" ist der Titel eines Berichtes über die Folgen der Stauung des Volta (Ghana) von *Obeng* (39). Der Voltasee ist mit einer Länge von 400 km, einer Fläche von 8500 km^2 und einer Stauhöhe von 85 m der größte Stausee. 80 000 Menschen mußten 1964 bei Baubeginn umgesiedelt werden, in 52 neue Städte und hunderten Dörfern. Die Umsiedlung der vielen Menschen brachte große soziale Probleme. Immerhin hatte sich 1973 die Zahl der Fischer verzehntfacht auf 12500. Viel Elend bewirkte aber das starke Anwachsen der Erkrankungen an Bilharziose, die langsam zum Tode führt. Mit dem blutigen Urin werden die Wurmeier schnell verbreitet. Die Eier entwickeln sich in Schnecken, die als Zwischenwirt dienen. Die Schnecken ernähren sich wiederum von den gefährlich wuchernden Wasserpflanzen. – Die nächsten Forderungen sind: bessere sanitäre Bedingungen und Abfallbeseitigung. – Der Voltadamm wurde vor allem erbaut, um ein Elektrizitätswerk zu betreiben, das den Strom für ein Aluminiumwerk liefert. – Für den Bau von Stauseen in Afrika mußten innerhalb von 20 Jahren 1,5 Mio Menschen umgesiedelt werden. Bei vielen von ihnen wuchs der Lebensstandard – nach amerikanisch-europäischem Maßstab. Für viele bedeutete es aber Krankheit und Elend. Die Pläne wurden von Ingenieuren nach wirtschaftlichen Gesichtspunkten entworfen. Erst hinterher wurden Biologen und Ökologen zu Rate gezogen, um die schlimmsten Folgen nach Möglichkeit zu mildern. – Die großen Dämme bergen aber noch weitere Gefahren. In den letzten Jahrzehnten kam es mehrmals durch Bruch der Dämme zu Überschwemmungen, in denen hunderte Menschen starben. Hinterher stellte es sich meist heraus, daß die Dämme beim Bau und danach ungenügend kontrolliert wurden. Ein großes Risiko sind kriegerische Ereignisse, oder auch Terroranschläge. – Manche Dämme lösten bald nach ihrem Bau Erdbeben aus, die ebenfalls viele Menschenopfer forderten (40). – Staudämme haben nur eine begrenzte Lebensdauer. Aus den Zuflüssen setzt sich Geröll und Schlamm ab. Wenn die Staubecken (z.B. nach 100 Jahren) damit angefüllt sind, werden sie wertlos.

Der Bau der großen Staudämme war ein gutes Geschäft für viele Großkonzerne der Industrieländer, auch für einige Politiker, aber kaum für deren Völker. Zur Zeit der Planung dieser gigantischen Werke war der Glaube an das unbegrenzte Wachstum der Industrie, des Elektrizitätsbedarfs, noch ungebrochen. Jetzt setzt sich langsam die Erkenntnis durch, daß ein allmählicher, behutsamer Übergang aus den ursprünglichen Gesellschafts- und Wirtschaftsformen in die westliche Zivilisation gerade für die Entwicklungsländer besser ist. Die „sanfte Technik" (*Schumacher*) (41) kann hilfreicher sein als die Nachahmung des brutalen technischen Fortschritts, der Gigantomanie, die auch in den westlichen Ländern selbst immer mehr in Frage gestellt wird. Wind- und Sonnenkraftwerke reichen für viele Bedürfnisse aus. In den Industrieländern hat aber die Elektrizitätswirtschaft mit Hilfe der Regierungen leider die Atomindustrie gefördert. Folglich wurde die Entwicklung der Alternativenergien verlangsamt.

Während im Westen die Kritik an der selbstzerstörerischen Entwicklung unserer technischen Zivilisation immer stärker wird, ist im Osten aus weltanschaulichen Gründen der Glauben an die Allwissenheit der Wissenschaftler und die Allmacht der Techniker noch ungebrochen. Aus dieser Grundhaltung stammt wohl auch der Plan, die Richtung der sibirischen Ströme Ob und Yenisei umzulenken und mit ihrem Wasser die Steppen und Wüsten des Südens fruchtbar zu machen. – Krasnojarsk ist wohl z.Z. das größte Wasserkraftwerk. Russische Forscher weisen aber bereits auf unerwünschte ökologische Folgen hin (42). Das Wasser des Angaraflusses wird z.B. unterhalb des Dammes bei Bratsk um $5-10^\circ$ abgekühlt auf einer Flußstrecke von 200 km. – Noch stärkere Wirkungen der Flußumlenkungen werden aber für das arktische Eismeer erwartet. Wenn dort große Mengen Süßwasser ausfallen, friert das Meer weniger zu. Der Golfstrom kann nun in nördlichere Breiten vordringen. Möglich erscheint ein Anstieg des Ozeanspiegels, eine Klimaänderung. – Kanada plant in der nördlichen Eiswüste ein Wasserkraftwerk für 12 200 MW, das Krasnojarsk noch übertreffen würde (43). Die Pläne von *Stauber* und

Kollbrunner (44) für Gletscherkraftwerke in Grönland sollten von einer technisch-wissenschaftlichen Kommission unter Berücksichtigung der gegenwärtigen Energielage erneut geprüft werden.

Nach *Balon* (45) bewirkte das 1958 erbaute Wasserkraftwerk Kariba am Sambesi große Umweltschäden. − Am Itaipu, an der Grenze von Brasilien und Paraguay, entsteht das größte Wasserkraftwerk mit 12 600 MW (46). − *Harte* (47) erstellte eine Energiebilanz der USA.

Literatur zu VI (Ökologie der Binnengewässer).

1. *Reid, G.K.* u. *Wood, R.D.*, „Ecology of Inland Waters and Estuaries" (New York 1976). − *Ruttner, F.*, „Grundriß der Limnologie" (Berlin 1962). − *Schwoerbel, J.* „Einführung in die Limnologie" (Stuttgart 1971). − *Uhlmann, D.* „Hydrobiologie" (Stuttgart 1975). − 2. *Elster, H.-J.*, Naturw. Rdsch. 30, 103 (1977), Naturwissenschaften 64, 207 (1977). − 3. Umwelt (BMI) 58 (10), 59 (17) (1977). − 4. *Müller, G.* Polizei-Technik-Verkehr (3) (1978). − 5. X, Wasser + Abwasser 6/1977, 131. − 6. *Bucksteeg, K.* Wasser und Boden 31, 120 (1979). − 7. *Mühlenberg, W.* u. *Dembke, K.* Städtehygiene, 24, 245 (1973). − 8. *Kuenen, D.J.* Forum Städte-Hygiene 28, 65 (1977). − 9. *Erz, W.* AID Nr. 406, (Bonn 1975). − 10. *Haarmann, K.* Natur und Landschaft 54, 85 (1979). − 11. *Haarmann, K.* u. *Flüeck, R.* „Feuchtgebiete" (Bonn-Bad Godesberg 1979). − 12. *Eber, G.* u. *Schäfer, C.* Natur und Landschaft 53, 215 (1978). − 13. *Göttlich, K.* „Moor- und Torfkunde" (Stuttgart 1976). − 14. *Rödig, H.* Wasser + Abwasser, bau-intern 10/1977, 212. − 15. *Scheurmann, K.* Wasser + Abwasser 7/1973, 207. − 16. *Peters, N.* Umschau 78, 35 (1978). − 17. *Weber, E.*, Wasser und Abwasser 1974, 55. − 18. *Krause, A.*, Wir und die Vögel 9, 22 (1977). − 19. Umwelt (BMI) 28, A3 (1974). − 20. *Poels, C.L.M.* AMBIO 7, 218 (1978). − 21. *Laucht, H.* Umschau 78, 41 (1978). − 22. *Steinlein, H.* Naturwissenschaften 65, 473 (1978). − 23. *Hiller, H.* Natur und Landschaft 53, 224 (1978). − 24. *Buchwald, K.* u. *Engelhardt, W.* „Handbuch für Planung, Gestaltung und Schutz der Umwelt" (München 1979). − 25. *Bürkle, F.* Garten + Landschaft 1/78, 18. − 26. *Zimmermann, A.* Umweltschutz (Wien) 14, 15 (1977). − 27. *Lohmeyer, W.* Bundesforschungsamt f. Naturschutz (Bonn) (1977) Heft 9. − 28. *Seidel, K.* Naturwissenschaften 63, 286 (1976), Garten und Landschaft 88, (1978). − 29. *Brecht, B.* „Mutter Courage". − 30. DER SPIEGEL Nr. 48 (1976). − 31. *Stumm, W.* Naturwissenschaften 64, 157 (1977). − 32. *Armbruster, J.* u.a. gwf − wasser/abwasser 118, 565 (1977). − 33. *Olschowy, G.* u. *Mrass, W.* (Münster-Hiltrup 1975). − 34. *König, F.* u. *Mantel, F.* Wasser + Abwasser, Bau intern 11/1977, 234. − 35. *Handlögten, G.* Stern v. 10. 3. 1977. − 36. Umwelt (BMI) 44, 19 (1975). − 37. *Kristoferson, L.* AMBIO 6, 44 (1977). − 38. VDI Nachrichten v. 26. 3. 1976, Wasser + Abwasser, 117 (1972). − 39. *Obeng, L.* AMBIO 6, 46 (1977). −

40. *Beugelsdorf, J.S.* VDI Nachrichten 16. 8. 1972. – 41. *Schumacher, E.F.* „Small is beautifull" (London 1973). – 42. VDI Nachr. 8. 7. 1977, Intern. J. Environmental Studies 8, 227 (1976). – 43. VDI Nachr. 10. 2. 78. – 44. *Kollbrunner, C.F.* u. *Stauber, H.* „Überlebensmöglichkeiten" (Zürich 1974). – 45. *Balon, E.K.*, AMBIO 7, 40 (1978). – 46. VDI Nachr. 15. 9. 1978. – 47. *Harte, J.* Science 199, 623 (1978). – 48. *Strunze, E.* Natur und Landschaft 54, 245 (1979). – *Schäfer, W.* „Der Oberrhein, ökotechnisch gesehen" (Frankfurt 1978). – *Bader, J.* „Die ökologischen und kultürlich-sozialen Auswirkungen des Talsperrenbaues" Wasserwirtschaft 68, 235 (1978), *Karl, J.* „Ökologische Probleme bei der Nutzung alpiner Gewässer zur Energiegewinnung" (München 1979). – *Kersting, W.* „Die ausgleichenden Maßnahmen des Umweltschutzes bei der Hochwasserregulierung der Aller" (Celle 1979). – *Salden, N.* „Beiträge zur Ökologie der Diatomeen . . . des Süßwassers" (Bonn 1978).

VII. Ökologie der Meere

1. Meeresküsten

Der Übergang vom Festland zum Meer, die Küstenlinien mit ihren besonderen Landschaftsformen wie Wattenmeere und Flußmündungen stellen den Ökologen vielseitige Forschungsaufgaben. In den letzten Jahrzehnten drängten besonders die Kraftwerke und die chemischen Industrien an die Küste. Neben den günstigen Transportbedingungen und der scheinbar unbeschränkten Mengen an Kühl- und Spülwasser rechneten sie damit, dort besonders günstig und einfach ihre gasförmigen und flüssigen Abfälle beseitigen zu können. Damit setzten sie sich aber in einen Gegensatz zu der Küstenfischerei und der aufstrebenden „weißen" Industrie, den Erholungssuchenden. – Die Regierungen der Küstenländer haben durch besondere Vergünstigungen bevorzugt umweltschädliche und ausländische Großbetriebe zu Investitionen an der Küste veranlaßt, ohne sich vorher mit Ökologen zu beraten. Inzwischen stellte es sich heraus, daß diese Neugründungen nicht den erhofften wirtschaftlichen Auftrieb brachten. Die Betriebe erzielten nicht die erwarteten Gewinne und Steuern, sondern stellten in vielen Fällen Verlustquellen dar, die den Steuerzahlern Milliarden kosten. Die hochautomatisierten Betriebe benötigten auch nur einen kleinen Teil der bei der Planung angegebenen Arbeitskräfte, außer in der Bauzeit. Die Vorleistungen der Gemeinden, ihre Verschuldung und die Folgekosten sind untragbar. Zunächst wurden große Landschaftsgebiete für alle anderen Anwendungszwecke unbrauchbar gemacht. Die ökologischen Folgen sind noch nicht abzusehen. – Bürgerinitiativen nahmen den Kampf gegen die weitere Zerstörung der Nordseeküste, des Wattenmeeres, der Badeorte, Naturschutzgebiete und Wälder auf. Eine Veröffentlichung „Rettet die Küste" (1) enthält ausführliche Unterlagen und Zahlenangaben über die Milliardeninvestitionen der Kraft- und Chemiewerke, der Raffinerien, die riesigen staatlichen Vorleistungen und Vergünstigungen.

Es werden auch die Namen der verantwortlichen Minister, Senatoren und Bürgermeister genannt, die zwischen Wilhelmshaven und Cuxhaven ein „Ruhrgebiet des Nordens" errichten. Kontaktadressen der Bürgerinitiativen sind: Dr. jur. *Horst Reinicke*, Gökerstr. 130, 294 Wilhelmshaven, und: Ges. für Natur- und Umweltschutz, Hamburg-Amerikastr. 1, 219 Cuxhaven, und Bürgeraktion Küste (BAK), Bückeburgerstr. 50, 28 Bremen 1. – Wilhelmshaven soll zum drittgrößten europäischen Hafen erweitert werden. Für die Neugründungen der Alusuisse und die Mobil Oil AG werden ausführliche Kosten/Nutzenanalysen mitgeteilt. Die Sandstrände der Umgebung verschwinden oder werden unbenutzbar. Reine Wohngebiete im Umkreis von 8 km von der Industriezone werden herabgestuft. – Bei Cuxhaven soll Hamburgs Industriegebiet: Neuwerk-Scharhörn (60 km^2) entstehen. Damit wird die Existenz des größten deutschen Nordseeheilbades Cuxhaven (2 Mio Übernachtungen jährlich) in Frage gestellt. Die für die Vogelwelt lebenswichtige Wattlandschaft wird zerstört. Durch die Abgase und Abwässer erstickt das Leben im Wattboden. – Das alles widerspricht dem Allgemeininteresse.

„Mit der Zunahme der Verstädterung, der Arbeitszeitverkürzung wächst der Bedarf an naturnaher Landschaft als Erlebnis- und Erholungsraum". Heute gehen täglich 110 ha Grund und Boden für Städtebau, Straßenbau und Industrialisierung verloren". „Meeresforscher befürchten . . ., daß auch das Baden an den Küsten der Nord- und Ostsee bald nicht mehr möglich sein wird".

Am 6. 1. 1967 richteten die Parteien im Bundestag an die Regierung eine „Kleine Anfrage": „Ist bekannt, in welchem Ausmaße Industriebetriebe flüssige oder feste Abfallstoffe durch Rohrleitungen in die See ableiten oder mit Transportschiffen in das Meer verklappen lassen? Können durch derartige Maßnahmen Erholungsgebiete oder auch die Küstenfischerei betroffen werden?" – Die Deutsche Forschungsgemeinschaft (DFG) vergab einen Forschungsauftrag „Litoralforschung", der aber eingeschränkt wurde auf „Abwässer in Küstennähe" (2). Koordinator war Prof. Dr. H. Caspers, Hamburg. – Auch jetzt noch werden von den Anliegerstaaten täglich mehr als 20 000 t flüssige und feste Abfälle in die Nordsee verbracht, anscheinend ohne zu bedenken, daß es sich um ein Binnenmeer handelt, das meist nur 20–40 m tief ist. Die Gefährlichkeit der zu versenkenden Abfälle müßte zumindest in jedem einzelnen Falle genau untersucht werden, auch ihre Folgewirkung. – Die UNESCO definierte den Begriff Meeresverschmutzung: „Direkte oder indirekte Einleitungen durch Menschen, von Substanzen oder Energie in den marinen Bereich, einschließlich Ästuarien (Flußmündungen), die einen schädlichen Effekt auf lebende Organismen haben oder für die menschliche Gesundheit gefährlich sind, oder die marine Nutzung einschließlich der Fischerei behindern, oder die Qualität des Meerwassers einschränken, oder die Erholungsmöglichkeiten verringern". – Die DFG stellte sich als Aufgabe: 1. Feststellung des status quo in verschiedenen Meeresbereichen, 2. Einfluß von Schadstoffen auf das ökologische System der Küstengewässer und der Hohen See einschließlich der Frage der Anreicherung in den Nahrungsketten. 3. Toleranzgrenzen für den Schadstoffgehalt im Meerwasser. – Die Industrie beantragte z.B. die Erlaubnis zur Versenkung von Rotschlamm, einen eisenoxidhaltigen Abfall bei der Bauxitaufbereitung. Dieser Schlamm hat keine akute toxische Wirkung. Bei ständiger Ablagerung bildet sich aber auf dem Meeresboden eine harte Schicht, die schließlich alle Lebewesen erstickt. Der Rotschlamm darf daher nur auf dem Festland deponiert werden. – Seit dem 1. 5. 69 werden Abwässer der Titandioxidfabrik Nordenham in der Deutschen Bucht eingebracht. Diese enthalten 10% Schwefelsäure, 14% Eisensulfat u.a. Täglich werden 1800 t nordwestlich von Helgoland versenkt (Wassertiefe 25–28 m). Durch die Schiffsschrauben werden die Abwässer im Verhältnis von 1:500 bis 1:1000 verdünnt. Nach einer Stunde tritt eine weitere Verdünnung um 1:5 bis 1:10 ein. Auf dem Meeresboden wurden vorher und nachher die Arten der Fauna und die Zahl ihrer Individuen auf 1 m² gezählt. Bis 1972 konnte keine Schädigung im Makrofauna-Bestand gefunden werden. – In Laborversuchen wurden allerdings Schädigungen bei Verdünnungen von 1:5000 bis 1:50000 festgestellt.

2. Wattenmeer

Nach der Sturmflut vom 16./17. 2. 1962 und dem Hochwasser 1976 wurden große Anstrengungen unternommen, die Seedeiche zu erhöhen und zu verstärken. Bei dieser Gelegenheit sollen nach den Plänen der Küstenländer zahlreiche Deiche verkürzt, bisherige Wattflächen eingedeicht und ausgetrocknet werden. In Schleswig-Holstein hat die Leitung der Bauvorhaben das Amt für Land- und Wasserwirtschaft in Husum (*F.H. Andresen*). Der Deich in der Dithmarscher Bucht wurde z.B. von 30,6 auf 14,8 km verkürzt, 4800 ha sind neu eingedeicht. Durch den Vordeich der Nordstrander Bucht werden 5680 ha Neuland geschaffen, gegen den Einspruch zahlreicher Organisationen des Umweltschutzes. Am heftigsten ist der Widerstand gegen den Plan eines Deiches vom Hindenburgdamm (Sylt) zum Emmerleff-Kliff (Dänemark). Damit wird die jahrzehntealte Forderung zunichte gemacht, das nordfriesische Wattenmeer zu einem nationalen Naturschutzpark zu machen. „Der letzte große Naturraum der Bundesrepublik, ökologisch wertvolles Wattgebiet, wird sinnloser Landgewinnung geopfert". Nach Ansicht von Fachleuten wird außerdem durch das Vorziehen des Festlandes die Insel Sylt bei Sturmfluten stärker gefährdet. Im Hintergrund drohen noch ungeheuerliche Gefahren. Nach *H. Bruns* (3) hat die „Dornier System-Meerestechnik" eine

Studie angefertigt über mögliche Standorte für Atomkraftwerke im Wattenmeer. Auftraggeber ist der Minister für Forschung und Technologie *Hans Matthöfer*. „Umweltschädigung ist kriminelles Unrecht". Durch die Abwässer und Abgase von Atomkraftwerken wird das Wattleben mit Sicherheit vernichtet. Aber lassen wir einen kühlen, nüchternen Wissenschaftler sprechen: Prof. Dr. *W. Nellen*, Institut für Meereskunde (Kiel) „Das Wattenmeer" (4). „Die Gewinnung von neuer landwirtschaftlicher Nutzfläche ist in Ländern mit Überproduktion an Getreide, Milch und Fleisch problematisch ... Die Notwendigkeit einer Abdämmung von Wattflächen im Dienste des Küstenschutzes ist oft genug umstritten". Die Holländer haben ihre Bauvorhaben im Rahmen des Deltaplanes reduziert. Die Dänen haben den Plan aufgegeben, das Wattenmeer zwischen Rømø und Fanø einzudeichen. Das Wattenmeer ist nicht nur eine technologische, sondern auch eine ökologische Herausforderung. Das Wattenmeer ist außerordentlich produktiv. „Die durch die Pflanzen erzeugte Primärproduktion im Wattenmeer gleicht der Produktion eines mittleren Haferfeldes (100–120 g Kohlenstoff pro m^2 und Jahr)". Von den Pflanzen leben die Tiere. „Im Mittel finden sich pro m^2 Wattboden 300 g Bodentiere". Diese bilden die Nahrungsgrundlage für Fische und Krebse. – „Schätzungsweise wachsen somit mindestens 80% der Nordseeschollen ... im Wattenmeer heran" – „Die Gesamtlandungen an Schollen und Seezungen in der Nordsee betrugen 1975 12 600 Tonnen, entsprechend einem Wert von mehr als 200 Millionen DM". – „Eingriffe in die Umwelt des Watts dürfen nicht geplant werden, ohne den Argumenten der Landschaftspflege, des Naturschutzes und der Fischerei Beachtung zu schenken".

3. Die Verunreinigung der Meere (Band I, 102)

Die UNESCO forderte den Chemiker und Meereswissenschaftler *Goldberg* (5) auf, einen Bericht über die gegenwärtige Verunreinigung der Ozeane zu geben. – *Goldberg* ist nicht der Ansicht der radikalen Umweltschützer, die ein sofortiges Verbot der Einleitung von radioaktiven Substanzen, toxischen Schwermetallen, Chlorkohlenwasserstoffe u.a. fordern. Er versucht eine Bilanz über die Menge der eingeleiteten Stoffe, ihre Toxizität, ihren Verbleib (Abbau oder Anreicherung durch Organismen) zu geben und daraus eine „Belastbarkeit" der Meere abzuleiten. Er will also der Industrie eine Chance geben. Um so glaubwürdiger und erschreckender sind seine Ergebnisse, die im folgenden dargestellt werden.

Die Konzentrationen der Verunreinigungen im *offenen* Meer sind im allgemeinen so gering, daß sie im Bereich der analytischen

Meßbarkeit liegen. Immerhin ist die Verdoppelung des Bleigehaltes ein ernstes Zeichen. Hinsichtlich der Einleitung von radioaktiven Abfällen fragt *Goldberg*, ob wir sie wirkungsvoll begrenzen können, „bevor eine Tragödie eintritt?". Diese Abfälle dürfen nur sehr vorsichtig, kontrolliert und begrenzt versenkt werden. Verschiedene Organismen reichern sie an. Wenn z.B. die Konzentration von radioaktivem Caesium in Fischen, von Ruthenium in Algen, von Plutonium in der weit verbreiteten Muschel Mytilus edulis bestimmte Richtwerte nicht überschreiten, kann daraus ein „annehmbares Risiko" (?) für den Menschen abgeleitet werden. *Goldberg* erwartet unangenehme Überraschungen durch radioaktive Verseuchung der Fische und der Strände. – Die biologischen Wirkungen der Transurane sind noch ganz ungenügend bekannt. Krebs, Leukämie und genetische Schäden könnten die Folgen sein.

3.1. Verunreinigung durch Erdöl

Bei den anorganischen Stoffen ist es verhältnismäßig leicht, eine Liste der Substanzen aufzustellen, die grundsätzlich vom Meer fernzuhalten sind. – Die Zahl der organischen Verbindungen ist sehr viel größer, ihre biologische Wirkung ist häufig kaum bekannt. Sie können durch die Meeresorganismen angereichert, gespeichert oder abgebaut werden. Über die Abbauprodukte ist noch weniger bekannt. 1970 diskutierten 30 Fachleute der Erdölindustrie über die Wasserverunreinigung durch Erdöl (6). Die meisten Unfälle beruhen auf dem Außerachtlassen der einfachsten Sicherheitsmaßnahmen oder rücksichtslosem Profitstreben. Bedroht sind Flüsse (Trinkwasser), Häfen und Küsten. Das Schwergewicht der Abwehrmaßnahmen beruht auf der Vermeidung von sichtbaren Schäden (Verschmutzen von Stränden, Vogelsterben). Auf offener See versucht man, Öllachen durch Aufsprühen von Chemikalien zu versenken oder zu emulgieren. Wenige Vorträge behandelten die noch kaum bekannten biologischen Folgen. – Nach *Goldberg* (5) sind im Rohöl zehntausende Verbindungen vorhanden. Außer Kohlenstoff und Wasserstoff enthält es bis 2% Sauerstoff, $0,05-0,8\%$ Stickstoff, bis zu 5% Schwefel und $5-40$ ppm Nickel und Vanadium. Durch Analyse dieser Metalle kann man die Herkunft des Rohöls erkennen, auch in Öllachen. – 1971 wurden 2,5 Mrd t Erdöl gefördert, die Hälfte davon über die Ozeane befördert. Dabei gelangten etwa 6 Mio t ins Meer. Etwa ein Drittel davon stammen aber aus den Emissionen des Kraftverkehrs und der Ölheizungen, in denen das Öl unvollständig verbrennt. Durch Wind, Regen und Flüsse gelangen diese Kohlenwasserstoffe ins Meer. – Etwa die Hälfte des Rohöls besteht aus flüchtigen Verbindungen ($C_4 - C_{12}$). Diese verdampfen schnell. Bei jedem Tankerunglück ist also mit Bränden und riesigen Explosionen zu rechnen. Am 1. 7. 1972 waren 3700 Tanker registriert mit einer Tragfähigkeit von 203 Mio t. Davon fassen 500 moderne Tanker mehr als 200 000 t Öl (bis 500 000 t). 2518 Tanker fahren unter der Flagge von Liberia, viele unter der Flagge von Panama und anderen „Billigflaggen". Schiffe nach dem US-Sicherheitsstandard kosten das Doppelte, müssen höhere Steuern und Heuern zahlen. Ende 1976 ereigneten sich innerhalb von 4 Wochen an den Küsten der USA und Kanada 12 Tankerunfälle. In einem amerikanischen Untersuchungsbericht heißt es: „In neun von zehn Fällen spielt menschliches Versagen eine entscheidende Rolle . . . Die Mehrzahl der Unfälle wäre vermieden worden, wenn die Schiffsführung einschlägige Vorschriften befolgt hätte. „Ein häufiger Grund ist der, daß die Tanker zu nahe an der Küste fahren, auf der kürzesten Strecke. Jede Stunde Fahrzeit kostet viel Geld. Die Südafrikanische Republik hält streng darauf, daß die Tanker außerhalb der 12 Meilenzone um das Kap der Guten Hoffnung fahren. – An der bretonischen Küste werden jährlich 400 Mio t Öl vorbeitransportiert. Im Ärmelkanal gibt es genau festgelegte Einbahnstraßen. Viele Tanker halten sich nicht daran, fahren sogar in der Gegenrichtung. – Das bisher größte Tankerunglück hinsichtlich der Ölverluste ereignete sich am 17. 3. 78 an der Küste der Bretagne. Der Tanker „Amoco Cadiz" strandete, 230 000 t Rohöl flossen ins Meer, trieben an die Küste. Auch danach fuhren die Tanker dicht an der Küste entlang und benutzten die Gelegenheit, ihre Ölabfälle ins Meer zu entlassen. – Der Schaden, der an der bretonischen Küste für die Fischerei und den Fremdenverkehr entstand, wird sich auf viele Jahre nicht beheben lassen.

Sowjetische Wissenschaftler haben 400 Arten von Mikroorganismen ausfindig gemacht, die Erdöl oxidieren (7). Im Schwarzen Meer betrug ihre Zahl im Winter 100 im Milliliter, im Sommer 1000–10 000. Außer der Temperatur spielt der Nährstoffgehalt des Wassers eine Rolle. In kalten Gewässern (Polarzonen) fällt die Selbstreinigung der Meere praktisch aus (8).

Nur ein kleiner Prozentsatz der Ölverunreinigungen stammte bisher aus Tankerunfällen, so spektakulär sie auch erscheinen. Wie man schon lange weiß, wovon aber wenig gesprochen wird: ein Drittel der Ölbelastung der Meere stammt aus der Reinigung der Tanker auf Hoher See. Nachdem sich internationale Vereinbarungen der Jahre 1954 und 1969 als kaum wirksam erwiesen, trat am 20. 1. 1978 eine Regelung in Kraft, die durch die IMCO (Inter-Governmental Maritime Consultative Organisation) überwacht und kontrolliert wird. Danach darf ölverschmutztes Wasser nur abgelassen werden, wenn der Tanker sich in Fahrt befindet und mindestens 80 km vom nächsten Land entfernt ist. Es darf nicht mehr als 40 Liter Öl pro Kilometer abgelassen werden, als Gesamtmenge höchstens 1/15 000 der Gesamttonnage. Diese Fragen sind technisch gelöst (9). Ihre Durchsetzung scheiterte bisher an nationalen Egoismen (Tab. 15) (65).

Noch immer treiben Öllachen auf den Flüssen ins Meer. Durch Undichtigkeiten von Ölbehältern und -leitungen werden Böden langfristig verseucht.

An den Stränden der Weltmeere findet man immer mehr Zivilisationsabfälle, z.B. Reste von Verpackungen. Das ist aber mehr ein ästhetisches Problem, das durch Erziehung und etwas mehr Disziplin gelöst werden kann. Auch die hygienischen Fragen der Strände (Bakterien, Viren) lassen sich in den Griff bekommen. Die Verschmutzung mit Öl und anderen Chemikalien ist dauerhafter.

Die Bekämpfungsmaßnahmen sind in den letzten Jahrzehnten trotz wachsender Ölschäden ganz unzureichend geblieben. An der Bretagneküste konnten z.B. durch mechanische Maßnahmen, Absaugen und Abschöpfen keine 5% des Öls entfernt werden. – Bei früheren, kleineren Unfällen versuchte man, den schwimmenden Ölteppich durch Aufsaugen mit porösem Material zu binden oder durch Beschweren mit Gesteinsmehl zum Absinken zu bringen. Die chemische Industrie empfiehlt, im Falle von kleineren Öllachen, durch Aufsprühen von Emulgatoren das Öl zu kleinen Tröpfchen zu dispergieren. Auf diese Weise wird das Öl unsichtbar, oder jedenfalls weniger auffällig gemacht. Die Oxidation und Zersetzung durch Bakterien werden beschleunigt, die Verbindung mit Sand und das Absinken wird begünstigt. Das Fremdenverkehrsgewerbe befürwortet diese Methode. Die Fischer protestieren dagegen, mit Recht. Die bisherigen Emulgatoren sind für die Fischbrut noch viel toxischer als die Ölreste (siehe Band I, 188), auch für die Meeresflora (*Hsiao*) (10).

Inzwischen liegen viele wissenschaftliche Untersuchungen über den Einfluß von Öl auf Wasserorganismen vor. *Krauss* und *Hutchinson* (11) untersuchten die Wirkung der wasserlöslichen Komponenten von Erdöl (7 Sorten Rohöl, ein raffiniertes Produkt und ein Öl für Außenbordmotoren) auf das Wachstum von Algen (Chlorella vulgaris). Dieses bewirkt einen Rückgang von 5 bis 41% der Zellzahlen in den ersten 48 Stunden. Wenn man vorher den wäßrigen Extrakt einige Stunden verdunsten ließ, nahm die Giftwirkung stark ab. Die toxische Wirkung beruht also hauptsächlich auf niedermolekularen, flüchtigen Verbindungen, insbesondere Aromaten. Das wurde bestätigt durch Versuche mit Benzol, Toluol u.a. Weiter wurden untersucht das unterschiedliche Verhalten in Süß- und Seewasser, der Einfluß des Dispersionsgrades (Oberflächenfilm, Emulsion, Öl an Teilchen adsorbiert). Die toxischen Stoffe können das Wachstum, die Photosynthese und die Struktur des Planktons beeinflussen und schießlich auch − den Konsumenten. − *Keck* u.a. (12) untersuchten die Wirkung von nigerianischem Rohöl (wasserlösliche Fraktionen) auf jugendliche Speisemuscheln bei Konzentrationen von 0,06 bis 7 ppm. Innerhalb von 6 Wochen sank die Wachstumsrate auf ein Drittel. Als die Muscheln nach dem Versuch wieder in sauberes Wasser gebracht wurden, starben sie alle nach zwei Wochen. − *Christiansen* (13) untersuchte die Wirkung von wasserlöslichen Fraktionen eines norwegischen Rohöls (Ekofisk) in Konzentrationen von 0,3−3 ppm auf Larven von Krebsen. *Krebs* und *Burns* (14) untersuchten die langanhaltenden Folgen einer geringen Ölverunreinigung auf Krabben. 1969 wurden die Brackwässer der Küste relativ schwach verunreinigt, der Ölgehalt des Sediments betrug 0,6%. Die Folge war eine starke Herabsetzung der Krabbenzahl, eine hohe Wintersterblichkeit und offenbare Nervenstörungen. Während früher 41% der Tiere Weibchen waren, fiel der Prozentsatz nach der Vergiftung auf 18%, vier Jahre später stieg er wieder auf 28%. 0,1% Öl im Sediment blieb für erwachsene Krabben toxisch, 0,01% für jugendliche. Erst als nach sieben Jahren der Ölgehalt unter 0,01% gesunken war, begann die Wiedererholung.

Mehrere Autoren (15) führten eine kontroverse Diskussion über die Auswirkungen von Ölbohrungen in Küstengebieten. Schon seit 1970 darf innerhalb der Drei-Meilen-Zone Kaliforniens nicht mehr nach Öl gebohrt werden.

Der Kohlenwasserstoffgehalt des Meereswassers nimmt mit der Tiefe ab. Bei den Bermudas wurden in den obersten zehn Metern 6 µg/l gefunden, in 100 m Tiefe 3 µg/l, in 1000 m Tiefe 1 µg/l. Die Oberflächenkonzentration ist an den Schiffahrtsstraßen und an den industrialisierten Küsten hoch. Vor Kreta und Cypern wurden 40−230 mg/m^2 gefunden, vor Libyen und Ägypten 100−500 mg/m^2. − Das Oberflächenwasser der Ostsee enthält 0,3−1 mg/l. − Die Kohlenwasserstoffe bilden auf der Wasseroberfläche einen dünnen Film, der den Luftaustausch und die Sauerstofferzeugung durch Algen und andere Organismen hindert (Assimilation). Dieser Sauerstoff ist Voraussetzung für alle höheren Lebewesen

3.2. Verunreinigung durch chlororganische Verbindungen

Ausführlich behandelte *Goldberg* das Vorkommen und die Auswirkung der Chlorkohlenwasserstoffe im Meer, denen bisher viel zu wenig Beachtung geschenkt wurde. Zu diesen Verbindungen gehören DDT und andere Insektizide, PCB, viele Lösungsmittel, Zwischenprodukte für Kunststoffe u.a. Ohne sie ist unsere moderne Zivilisation kaum denkbar. Ihre Wirkung ist z.T. verheerend.

DDT wurde in allen Meeresorganismen gefunden, in Fischen z.B. in Konzentrationen von 10 ppm. Im Oberflächenwasser ist es aber nur in der Größenordnung ppt enthalten (1:1 Billion). DDT wird also in den Organismen stark angereichert. Verschiedene Arten von Seevögeln sterben aus. – Jährlich werden 70 000 t DDT zum Schutz der Baumwollernte verwandt, 50 000 zur Bekämpfung der Malaria. – PCB wird für vielerlei technische Zwecke eingesetzt. Die Jahresproduktion ist 50 000 t. Es ist noch stabiler als DDT, sein Gehalt in der Meeresluft ist 30 mal größer. Bei 25 ppb PCB im Wasser werden Diatomeen im Wachstum geschwächt, bei 5 ppb sterben junge Garnelen. –

Nach *Harding* u.a. (16) ist PCB in Wasser schwerlöslich, wird aber von feinsten Schwebeteilchen adsorbiert. Diese werden vom Phytoplankton aufgenommen, wodurch deren Photosynthese geschwächt wird. Nach *Isensee* (17) reichern Mikroorganismen Herzibide bis auf das 300-fache an, Hexachlorbenzol auf das 3700-fache, Mirex auf das 15 000fache. – Hexachlorbenzol wird als Fungizid eingesetzt. Fische enthalten 0,01–0,2 ppm.

Nach *Salch* u.a. (18) war die Konzentration von Kepone $(C_{10}Cl_{10}O)$ in Wasser 45 ng/l, wurde aber im Sediment angereichert auf 1,5 ppm. *Olsson* u.a. (19) untersuchten die jahreszeitlich abhängige Konzentration von PCB in Rotauge. – *Svanberg* u.a. (20) setzten Fische in Seewasser, das 0,1 und 1,0 mg/l Chlorparaffin (Hüls 70 C) enthielt. Die Fische zeigten neurotoxische Effekte. Chlorparaffine werden als Schmiermittel, Schneidöle, Weichmacher und als flammenhemmende Mittel verwendet. 1973 wurden in den USA 34 000 t produziert. Das Produkt gilt als ungiftig für Säugetiere. – Nach *Biggs* u.a. (21) hat das Insektizid Chlordane $(C_{10}H_6Cl_8)$ eine hohe Toxizität für das Phytoplankton. In einer Konzentration von 10 µg/l hemmt es die Photosynthese und das Wachstum von Algen. *Powers* u.a. (64) untersuchten den Einfluß von Dieldrin auf das Wachstum von Algenzellen. Bei einer Konzentration von 10 Teilen Dieldrin auf 10^9 Teile Wasser trat eine Schädigung auf, die sich in mehr als 5 Generationen fortsetzte.

Andere Chlorkohlenwasserstoffe werden in großen Mengen als Lösungsmittel oder als Zwischenprodukte für die chemische Industrie verwendet und gelangen schließlich in die Biosphäre. Als Beispiel führte *Goldberg* das Perchloräthylen an: Jahresproduktion 1 Mio t. Zwei Drittel davon werden für die Trockenreinigung verbraucht, ein Teil für die Entfettung von Metallen und als chemisches Vorprodukt. In hohen Konzentrationen bewirkt es Leber- und Nierenschäden. Über langzeitige Wirkung bei niedrigen Konzentrationen gibt es keine Informationen. In der Atmosphäre wird es nach Angabe der Hersteller schnell zersetzt. Nach Angabe von Wissenschaftlern ist es stabil. – Ohne diese und andere chlororganische Verbindungen ist unsere Technik, unser Lebensstandard nicht aufrechtzuerhalten. Die Alternative deutete *Goldberg* vorsichtig an: Wenn wir fortfahren, das Meer mit Abfällen zu verseuchen, „kann ein weltweites Massensterben der Organismen eintreten . . . vielleicht in 100 Jahren".

3.3. Verunreinigungen der Meere durch anorganische Verbindungen (Metalle)

Gerlach gab eine Übersicht über die „Meeresverschmutzung" (22). Die Tabelle 11 enthält die Konzentration von 74 chemischen Elementen im Seewasser in der Größenordnung von mg/l, μg/l und ng/l (= 10^{-9} g/l). In der Tabelle 12 stellt er vergleichende Daten einer Auswahl dieser Elemente zusammen: ihre Konzentration in der Erdrinde, im Seewasser, die Zulieferung durch Verwitterung, über die Atmosphäre, durch die Produktion von Bergwerken. Es sind Schätzwerte, ein Vergleich der Tabellen 11 und 12 ergibt z. T. Unterschiede um den Faktor fünf.

Phillips (23) gibt eine umfangreiche Aufgliederung der Metallverunreinigungen nach lokaler Verteilung und biologischer Anreicherung auf Grund der Messungen von 50 Autoren. Er vergleicht die Konzentration von 11 Schwermetallen im offenen Ozean, in den Küstengewässern und in den Flußmündungen. In den Sedimenten sind die Metallkonzentrationen erheblich höher. In den Algen und Fischen werden die Metalle weiter angereichert. In der Nahrungskette: Algen–Mikrofauna–Fische kann ihre Konzentration auf das Vieltausendfache ansteigen. Für Fischmuskelfleisch werden folgende Metallkonzentrationen in ppm angegeben (die Zahlen in Klammern sind Höchstwerte): Zink 5–50 (210), Cadmium 0,1–1 (3), Blei 0,2–2 (15), Kupfer 0,5–5 (9), Nickel 0,1–2 (7), Chrom 0,1–0,6 (2), Arsen 1–8 (300), Quecksilber 0,1–5 (16). Die Metallkonzentrationen im Seewasser schwanken räumlich und zeitlich sehr stark. Bei älteren Messungen lagen sie innerhalb der Meßgenauigkeit. – Die Konzentrationen im Wasser werden in μg/l (also in ppb) angegeben. Um sie mit den Zahlenangaben für die Sedimente, Algen und Fische in μg/g (also in ppm) vergleichen zu können, muß man sie mit 1000 multiplizieren. In den stark streuenden Zahlen von *Phillips* wurden die Extremwerte fortgelassen (Tab. 13). Nach *Zitko* (66) sind im Seewasser 0,01 – 0,02 μg/l Thallium enthalten. Die LD 50 für Seelachs ist 0,03 mg/l (für Hunde 15 mg/kg).

Lal (24) untersuchte Schwebeteilchen, die größer als 1 μm waren. Durch Filtration konnte er 1 g aus 100 t Seewasser gewinnen. Diese feinen Teilchen sind verschiedener Herkunft: Suspensionen in Flußwasser, atmosphärischer oder kosmischer Staub, biologische Produkte. Seine Untersuchungen sind ein Teil der GEOSECS (Geochemical Ocean Sections Study), einer Expedition, die im Atlantischem und Pazifischem Ozean das Oberflächen- und Tiefenwasser untersuchte. *Lal* erforschte insbesondere die Erscheinung, daß die kleinen Teilchen bestimmte Elemente wie Plutonium, Thorium, Blei, Kupfer und Eisen anreichern.

In der oben erwähnten Untersuchung der DFG (2) konnten im Phyto- und Zooplankton Anreicherungen einiger Metalle auf das Hunderttausendfache der im Wasser gemessenen Konzentration festgestellt werden. – Die toxische Wirkung minimaler Mengen von Metallen beruht wahrscheinlich darauf, daß sie in Enzymen eingelagert werden und dort lebenswichtige biochemische Reaktionen blockieren. – In Versuchen mit Hydroidpolypen erwies sich Quecksilber toxisch bei Grenzwerten von 0,001 – 0,003 mg/l, Blei 1 mg/l, Cadmium 0,1 – 0,3 mg/l. In den ersten Tagen zeigten sich noch keine Wirkungen. Nach Einwirkung von Wochen oder Monaten starben die Versuchstiere ab. – Von Miesmuscheln starben bei einer Konzentration von 0,5 mg Blei/l innerhalb von 150 Tagen 50% der Muscheln. Bei 5 mg/l starben sie schon in 105 Tagen. Bei letzterer Konzentration stieg der Bleigehalt des Muschelfleiches von anfangs 8,4 μg/g auf 40 000 μg/g (atro).

Goldberg (5) wies auf das unterschiedliche Verhalten der Organismen hin: Einige Tunicata Arten reichern Vanadium an, andere Niob, andere: keine Metalle. Algen reichern Ruthenium an, Seegras Beryllium, Austern Zink. – *Melhuus* untersuchte Algen als biologische Indikatoren für metallische Verunreinigungen (25). Nach *Hoffmann* (26) bewirken Pb, Cd, Cn, Co und Mn mutagene und carcinogene Effekte.

4. Verunreinigung der Nordsee

Die verschiedenen Meere zeigen Besonderheiten infolge ihrer geographischen und klimatischen Verhältnisse. *Rosenthal* (27) gab eine Übersicht über die Verschmutzung der Nordsee. Diese stellt ein Randmeer dar (mittlere Tiefe 94 m), das im Norden durch die

Shetland-Inseln begrenzt wird. Dort wird jährlich etwa die Hälfte des Nordseewassers mit frischem Wasser aus dem Atlantik ausgetauscht. Betrachtet man den Küstenstreifen von Belgien bis Dänemark bis zur 25 m Tiefenlinie, so umfaßt dieses Gebiet ein Volumen von 600 km^3 Wasser. In dieses ergießen sich jährlich stark verschmutzte Süßwasserflüsse in einer Menge von 120 km^3. „Eine gleichmäßige Verteilung örtlich eingebrachter Abwässer ist in angemessener Zeit nicht zu erwarten. Individuelle Wasserkörper bleiben erstaunlich lange erhalten." Beispiel: Als in Noordwijk (Holland) 20 t Kupfersulfat ins Meer gerieten, wanderte eine nur wenig verdünnte Lösung in einer Fahne an der Küste nordwärts zum westfriesischem Wattenmeer und bedrohte wochenlang die Muschelkulturen. — Der Gehalt an Nährstoffen hat sich im holländischen Wattenmeer in 10 Jahren vervierfacht. Die Phosphatkonzentration wuchs im Rhein in 30 Jahren von 0,03 mg/l auf 0,16 mg/l (1965), also auf das Fünffache. Diese Düngung des Meereswassers führte zunächst zu einer Erhöhung der Biomasse, auch der Fische. In den Mündungsgebieten der Ems, Weser und Elbe war die Entwicklung ähnlich. Dann aber wurde eine ökologische Grenzkonzentration überschritten. Trotz Wind und Wellen trat im Inneren des Wattenmeers von Holland ein Sauerstoffschwund auf, ebenso im Oslofjord. — Die „Selbstreinigungskraft" der Gewässer wird häufig überschätzt. Sie beruht auf dem Abbau organischer Verbindungen durch Bakterien. Diese benötigen zum Wachstum und Vermehrung Stickstoff, Phosphor und andere Elemente, die im Abwasser reichlich vorhanden sind. Begrenzend wirkt dann der Sauerstoffgehalt. Dieser kann schnell verbraucht werden bei übergroßem Angebot von organischer Substanz. Dann tritt eine anaerobe Zersetzung ein unter Bildung von Methan, Schwefelwasserstoff, Merkaptanen, Ammoniak und anderen übelriechenden Gasen, Schlamm- und Schaumentwicklung. — Bedrohlich ist die Einleitung der konzentrierten Abwässer der niederländischen Kartoffelstärke- und Strohkartonindustrie in den Dollart (Emsmündung). Das Abwasser hat einen Gehalt an organischer Substanz, der etwa der Abwasserlast von 24 Mio. Menschen entspricht. In der Kampagnezeit zwischen August und Dezember könnten die Schlammengen zu der nur 20 km entfernten Insel Borkum treiben, deren Fischerei und Badebetrieb zum Erliegen bringen. — Die starke Düngung der Küstengewässer führt auch zu einer übermäßigen Planktonblüte („rote Tide"). Diese Einzeller entwickeln Gifte, die sich in Muscheln und Austern anreichern. Beim Verzehr durch Menschen traten Magen- und Darmerkrankungen auf. — Auch die giftigen Dinoflagellaten nehmen in der Nordsee stark zu. — Während die Süßwasserbakterien (Fäkalbakterien) im Salzwasser allmählich absterben, wurden polioverdächtig Viren in Muscheln und Austern angereichert.

4.1. Chlororganische Verbindungen

Die bisher besprochenen organischen Verbindungen sind Naturprodukte, die innerhalb eines Jahres im Meer abgebaut werden können. Erheblich langlebiger sind eine Reihe von Industrieprodukten, z.B. die chlorierten Kohlenwasserstoffe. – In die Nordsee wurden 1970 an der skandinavischen Küste große Mengen Abfallprodukte eingeleitet die bei der Herstellung von Vinylchlorid anfielen (Ausgangsprodukt von PVC). Diese Verbindungen wurden an der Küste entlang bis nach Island und Grönland getrieben (28).

Niedere Lebewesen starben, Fische zeigten Verletzungen des Nervensystems. Mit diesen Abwässern wurden auch Versuche an Kolibakterien gemacht. Dabei zeigte es sich, daß gar nicht die Hauptbestandteile der Abfälle (1,2 Dichloräthan und 1.1.2 Trichloräthan) besonders giftig waren. Kleine Beimengungen noch unbekannter Art waren 500fach toxischer.

In der oben erwähnten Forschungsreihe der DFG (2) wurde die „Anreicherung, Weiterleitung und Umwandlung von Pestiziden in marinen Nahrungsketten" untersucht. Die chlororganischen Verbindungen wurden zunächst von den Primärproduzenten, z.B. Planktonalgen, aus dem Wasser aufgenommen. In der Nahrungskette: kleine Wirbellose (Krebse), kleine, große Fische, Meeressäugetiere bzw. Fische fressende Seevögel werden die toxischen Verbindungen im Fettgewebe stark angereichert, kaum abgebaut. Dabei treten Störungen im Enzymsystem auf, Schädigungen bei der Entwicklung. DDT wurde von Ringelwürmern zu 51–67% gespeichert, der Rest unverändert ausgeschieden. Die Würmer werden wiederum von Krebsen gefressen. Bei 0,002 mg/l DDT im Wasser starben amerikanische Krebse innerhalb von 18 Tagen. Nordsee-Garnelen sind weniger empfindlich. Die nächste Nahrungsstufe sind Seezungen. Versuche mit diesen ergaben eine Anreicherung im Gehirn, Eingeweide, Muskelfleisch. Wurden die Tiere danach in reines Seewasser zurückversetzt, so schieden sie mehr als 50% der Pestizide wieder aus.

4.2. Radioaktive Verseuchung

Kautsky (29) berichtete über Radioisotope in der Nordsee. Der Ausstoß einer größeren Menge des radioaktiven Cäsiums 137 aus der Wiederaufarbeitungsanlage (WAA) La Hague bei Cherbourg ermöglichte den Wissenschaftlern eine genauere Untersuchung der Nordseeströmungen.

Bei einem Zwischenfall gerieten im Frühjahr 1971 etwa 3000 bis 4000 Curie (Cie) Caesium (Halbwertszeit 30 Jahre) und andere radioaktive Stoffe (Plutonium) in den Ärmelkanal. Die radioaktive Wassermasse brauchte von Cherbourg bis Dover 2–3 Monate, bis in die Deutsche Bucht 1,25 Jahre, bis in das Skagerak etwa 1,75 Jahre. Sie strömte dann weiter an der norwegischen Küste entlang bis in das Polarmeer (Barents See). Nur ein geringer Teil gelangte in die Ostsee. Die Aktivitätskonzentration betrug in der Nordsee 1–5 p Cie, zulässig sind offiziell 900 p Cie (p = 10^{-12}). Bei dieser Gelegenheit stellten die Meeresforscher zu ihrem Erstaunen fest, daß auch fast die gesamten radioaktiven Abwässer der Atomanlagen in Windscale und der Westküste von England in die Nordsee gelangen. Von der Irischen See strömen sie um die Nordspitze von Schottland herum südlich in die Nordsee bis 55 °N, um dann in Richtung Skagerak weiterzufließen, wieder ein Beweis für die Stabilität von Wasserkörpern und ihre geringe Mischung mit den umgebenden Wassermassen.

4.3. Verunreinigung mit Öl

Die norwegischen Fischer kämpfen um ihre Fischfanggebiet. Bisher konnten sie erreichen, daß die Öl- und Gasgewinnung auf das Gebiet südlich des 62. Breitengrades beschränkt blieb. Die Industrie forderte dagegen die Ausdehnung der Exploration nach Norden, obwohl dort Wassertiefen von 500 m erreicht werden mit noch größerem technischen Risiko. Ihre Argumente sind: höhere Steuereinnahmen, neue Arbeitsplätze. Gleichzeitig ist aber ein Verlust der Arbeitsplätze der Fischer vorauszusehen. Infolge der Nordströmung sind sie in zunehmendem Maße durch die südlicheren Ölfelder gefährdet. Die Folgen einer Ölkatastrophe z.B. im Ärmelkanal werden sich erst zwei Jahre später an der norwegischen Küste bemerkbar machen.

5. Verunreinigung der Ostsee

Die Ostsee ist nach dem Urteil der FAO „das am stärksten verschmutzte Gewässer der Welt". Bei einem Wasserinhalt von 22 000 km^3 fließen jährlich 1 200 km^3 Brackwasser an der Oberfläche in die Nordsee, in umgekehrter Richtung 580 km^3 salziges, sauerstoffreiches Nordseewasser am Boden des Belt. Rechnerisch wird danach das Ostseewasser kaum alle 38 Jahre erneuert. Der Atlantik hat 35 Promille Salz, die Beltsee 25, die Oberfläche der Gotlandsee enthält noch 7, der Bothnische Meerbusen nur noch 1 Promille Salz. Am Meeresboden ist die Salzkonzentration höher, bei Gotland 13 Promille. Hierdurch entsteht eine „Salzsprung-schicht", die eine Durchmischung der Wassermassen verhindert. Bei einer Durchschnittstiefe von 53 m hat die Ostsee verschiedenen Tiefs bei Bornholm (100 m), Gotland (200 m) und Landsort (459 m). In die Ostsee strömen jährlich 2,5% ihres Gesamtvolumens Süßwasser durch Flüsse (in der Nordsee nur 0,75%). Der nördliche Teil der Ostsee ist viele Monate im Jahr mit Eis bedeckt. Der westliche Teil wird vor allem durch kommunale Abwässer verunreinigt, der nördliche durch Industrieabwässer (Zellstoff und Papier) und durch landwirtschaftliche Intensivbetriebe. Die Zuflüsse enthalten organische Abfälle in einer jährlichen Menge von 1,2 Mio. t. Die Stadt Kiel leitet täglich 50 000 m³ Abwässer in die Förde, seit 1975 werden sie biologisch gereinigt. Kopenhagen wird 1979 ein Klärwerk in Betrieb nehmen, Leningrad baut eine Anlage für 5 Mio. Menschen. – Es ist nun eine Frage, ob die Ostsee durch diese Maßnahmen noch zu retten ist. Das Tiefenwasser ist stark verseucht, enthält keinen Sauerstoff mehr. Durch die anaerobe Zersetzung wird Schwefelwasserstoff entwickelt. Etwa 10% des Meeresbodens ist verödet, Fische können hier nicht leben. Im Oberflächenwasser nimmt der Gehalt an organischer Substanz und Nährsalzen zu. Der Phosphatgehalt der Ostsee wird auf 0,5 Mio. t geschätzt, jährlich kommen 14 000 t hinzu. Allein in den Bothnischen Meerbusen werden jährlich 81 000 t Stickstoff und 6200 t Phosphate entlassen, davon 80–90% nicht durch die unmittelbaren Anlieger, sondern durch die Flüsse aus dem Hinterland *(Ahl)* (30). Es genügt nicht, die kommunalen und Industrie-Abwässer biologisch zu reinigen, auch der Stickstoff- und Phosphatgehalt muß stark verringert werden. „Wir stehen vor der Frage, ob die natürlichen Prozesse in der Ostsee so stark sind, daß die Einwirkung durch den Menschen unerheblich ist – oder ob wir die Entwicklung aufhalten können, wenn die zusätzliche Belastung durch Mineralstoffe und organische Substanzen gestoppt wird" (Prof. *G. Hempel*, Kiel). – Die Wissenschaftler betrachten es als ihre Aufgabe, den „Verschmutzungsgrad" eines Gewässers zu ermitteln und daraus die „Belastbarkeit", bzw. eine „tolerierbare Grenzkonzentration" zu errechnen. Diese Zahlen sind für die Industrie und die Regierungen wichtig, die nur wenig von Ökologie verstehen. Sie sind kaum zuverlässig zu ermitteln, auch nicht durch erhöhte Forschungsaufwendungen. Staatliche Forschungsaufgaben sind häufig nur ein Alibi, um unbequeme politische Entscheidungen hinauszuschieben.

Die DFG (2) untersuchte in Kiel die Wirkungen der Ölverschmutzung. Häufig wird von der Industrie empfohlen, Ölfilme durch Emulgatoren zu dispergieren. Die durch Chemikalienzugabe erzeugten Dispersionen haben aber eine 10–100mal höhere Toxizität auf Eier und Larven von Fischen als die ursprünglichen Ölfilme. Ölfilme von 0,001 bis 0,1 mm Schichtdicke hemmen die Photosynthese von Meeresalgen. Einerseits wird durch das Öl die Gasdiffusion verringert, andererseits werden die Algen durch toxische Bestandteile der Rohöle geschädigt.

Die DFG entwickelte Methoden, durch Messung der Reaktion niedriger Lebewesen (Polypen, Kieselalgen) festzustellen, bei welchen sehr niedrigen Konzentrationen noch keine Vernichtung, aber bereits eine Dauerschädigung eintritt. Bei Miesmuscheln fanden sie, daß sie nicht nur auf toxische, sondern auch auf nichttoxische, inerte Teilchen (z.B. Ton) empfindlich reagieren, sogar eingehen, eine Warnung für Propagandisten der „Meerestechnik." Inzwischen mehren sich die unübersehbaren Alarmsignale. In der westlichen, stark überdüngten Ostsee vermehrt sich das Plankton stark, das wiederum ein Hauptnahrungsmittel der Quallen ist. Diese erzeugen im Herbst Larven, die sich an festen Gegenständen wie Molen, Buhnen, Spundwänden, Uferschutz festsetzen. Aus ihnen entwickeln sich Polypen, die im Frühjahr scheibchenweise Jungquallen abstoßen. Im Sommer setzen sich die Quallen zentnerweise in den Fischnetzen fest. Die Nesselquallen (Feuerquallen) quälen die Badegäste. Ein Mittel gegen die Quallen gibt es nicht. – In der Ostsee lauern noch schlimmere Gefahren. In den ersten Jahrzehnten wurden große Mengen Arsen in Zementblöcken versenkt. Nach dem zweiten Weltkrieg versenkten die Alliierten Kampfstoffmunition. Nach *Garner* (31) liegen etwa 20 000 t Gelbkreuz (Lost) auf dem Meeresboden. *Halsband* (32) untersuchte die Wirkung von Stickstoff- und Schwefellost auf Aale und Schollen. Diese starben bei 10 ppm in 24 Stunden. Gelegentliche Zwischenfälle wurden meist von der Regierung oder Badeverwaltung dementiert. – Jahrzehntelang wurde eine Stoffgruppe als harmlos angesehen, die jetzt weltweit verbreitet ist, die Polychlorbiphenyle (PCB). *Jensen* (33) fand Abbauprodukte im Speck von Seehunden (16 ppm).

Nach *Helle* (34) bewirkt der PCB Gehalt bei 40% der weiblichen Seehunde pathologische Befunde des Uterus (Bindegewebsverwachsungen an der Gebärmutter), die zu Unfruchtbarkeit führen. PCB ist in vielen alltäglichen Gebrauchsgegenständen vorhanden.

Weigel (35) untersuchte im Ostseewasser die Spurenelemente. Während das Wasser selbst nur sehr geringe Mengen Metall enthält, werden sie im Seston (Schwebstoffe) stark angereichert. Danach sind die Blei- und Cadmiumkonzentrationen in der Ostsee stark überhöht. – Der Quecksilbergehalt ist in bestimmten Bereichen so groß, daß die schwedische Regierung empfiehlt, nur einmal in der Woche Fisch zu essen. Der Deutsche Bundesrat hält dagegen 1 ppm Quecksilber im Fisch für „noch tolerierbar."

An der Ostsee leben 140 Mio. Menschen in 7 Staaten. 15% aller Industriegüter werden hier produziert, der Anteil am Welthandel beträgt sogar 22%. – In Erkenntnis der drohenden Gefahren beschlossen die Anliegerstaaten gemeinsame Forschungen. Am 22. 3. 1974 unterzeichneten sie ein „Abkommen zum Schutz der Meeresumwelt in der Ostsee." Die Einleitung einer Reihe von giftigen Stoffen („Schwarze Liste"), wird beschränkt oder verboten. „Die küstennahen Gewässer und die Flußmündungen sind zwar aus der unmittelbaren Geltung des Übereinkommens ausgeschlossen" (36). Ende 1977 war das Abkommen noch nicht ratifiziert von Polen, der UdSSR und der Bundesrepublik Deutschland.

Scherf (37) untersuchte die Spurenmetalle im Ostsee-Wasser. Im Seston (Trübstoffe) sind die Konzentrationen von Blei und Cadmium stark überhöht. – Nach *Giddings* u.a. (38) wird durch Arsen schon bei 11,5 ppm die Photosynthese von Mikroorganismen gestört.

6. Verunreinigung des Mittelmeeres

Das Mittelmeer enthält 3,7 Mio. km³ Salzwasser. Es ist im Durchschnitt 1500 m tief (stellenweise 5000 m). Der Wasseraustausch mit dem Schwarzen Meer ist gering. Mit dem Atlantischen Ozean findet ein Wasseraustausch in der Gibraltartiefe (350 m) statt. Angewärmtes, aufgesalztes Wasser fließt zum Atlantik ab, kühleres, weniger salziges Wasser strömt an der Oberfläche ein. Durch diesen Austausch wird das Wasser des Mittelmeeres rechnerisch in 80 Jahren erneuert. Die Zufuhr von Süßwasser durch Flüsse und Regen ist gering. Der Verdampfungsverlust (3300 km³) ist dreimal so groß. Der Atlantik hat einen Salzgehalt von 35 Promille, der westliche Teil des Mittelmeeres hat weniger als 37 Promille. An der Küste Kleinasiens hat das Wasser mehr als 39 Promille Salz. Die Zunahme des Salzgehaltes wird noch beschleunigt durch Staubecken und Bewässerungsanlagen (z.B. Assuan-Staudamm). Da es praktisch keine Ebbe und Flut gibt, wird das Wasser wenig durchmischt.

An der Küste wohnen 100 Mio. Menschen, dazu kommen im Sommer die gleiche Zahl an Touristen. Ihre Abwässer strömen zum größen Teil ungereinigt ins Meer. Die Choleraseuche 1973 in Neapel war ein Warnungszeichen. Von 1969–1971 wurden von der WHO 30 000 Fälle von Salmonellose registriert. – Aber selbst wenn alle Abwässer biologisch gereinigt würden, so enthalten diese noch soviel Nitrate, Phosphate und andere Nährstoffe, daß sie ein üppiges Algenwachstum bewirken. − Ölverschmutzungen verderben alle Badefreuden. Gerade an den Touristenstränden hat sich auch die Industrie angesiedelt. Ihre Abwässer sind noch gefährlicher. Jährlich fließen 12 Mio. t organische Substanzen ins Meer, dazu 1 Mio. t Stickstoff, 36 000 t Phosphor, 21 000 t Zink, 2400 t Chrom, weiter Quecksilber, Arsen, chlororganische Verbindungen. − Der Po trägt die größte Schmutzlast, Rhone, Tiber, Arno, Nil und Ebro stehen nicht viel nach. − Die Schwedische Akademie der Wissenschaften gab ein Sonderheft „Mediterranean Sea" heraus (39). Schon 1954 unterzeichneten die Anliegerstaaten eine Konvention gegen die Ölverschmutzung, die aber erst 1967 in Kraft trat, ohne große Wirkung. Weitere Abkommen, die in Barcelona beraten wurden, traten am 12. 2. 1978 in Kraft. Nach ihnen soll verboten werden, von Schiffen aus gefährliche Abfälle im Meer zu versenken. 85% der toxischen Stoffe gelangen aber durch Flüsse und Rohrleitungen ins Meer. − Im Januar 1978 kamen 17 der 18 Anliegerstaaten in Monaco unter Leitung der UNEP (United Nations Environment Program) zusammen. Ihre Vertreter wollen sich für weitere Maßnahmen in ihren Staaten einsetzen („Schwarze" und „Graue" Listen, Forschungs- und Kontrollstationen) (40). − In der UdSSR dürfen ab 1985 Fabriken und landwirtschaftliche Betriebe keine chemischen Abfälle mehr in das Schwarze Meer einleiten, auch nicht in die Wolga und den Ural (die ins Kaspische Meer fließen). Nach *Helmer* (41) ist das Mittelmeer noch nicht zum Sterben oder ökologischem Siechtum verurteilt. Notwendig sind erhöhte Anstrengungen der Anrainerstaaten, möglichst bald ein Programm zur Sanierung der Küstengewässer aufzustellen. Die wichtigste Maßnahme ist eine verringerte und sachgemäße Einleitung von Abwässern, die meist von Flüssen dem Meer zugeführt werden. *Osterberg* u. *Keckes* (42) gaben eine Bilanz der Verunreinigung des Mittelmeeres, einschließlich der radioaktiven Einleitungen.

7. Polarzone

Bereits am 1. 12. 1959 schlossen 12 Staaten den „Internationalen Antarktisvertrag." Auf der Tagung des „Scientific Committee on Antarctic Research" (SCAR) wurden 1978 auch Polen und die Deutsche Bundesrepublik aufgenommen. − Zunächst waren die Nahrungsmittelreserven in den Gewässern um den sechsten Erdteil von Interesse. Dann entdeckte man durch Bohrungen unter dem 1500 m tiefem ewigen Eis wichtige Bodenschätze. 7 Staaten stellten Gebietsansprüche, die übrigen behielten sich „bestimmte Rechte" vor. In New York wurde vorgeschlagen, die Antarktis unter die Oberaufsicht der UNO zu internationalisieren. – Im Sommer sind dort 3000 „Forscher" tätig, im Winter 700, die erhebliche Mengen Umweltschmutz produzieren. Dazu kommt ein wachsender Touristenstrom. Noch gibt es keine Industrieanlage, keine Atommülldeponie. – Am 1. 10. 1977 einigten sich die Mitglieder des SCAR auf ein Moratorium für die Bohrungen nach Öl (43).

Auch kleinste Verunreinigungen im Polarmeer, die dort nicht abgebaut werden können, würden das empfindliche Ökosystem stören. Wegen der extremen Klimaverhältnisse (im Winter bis −88 $^\circ$C, Stürme von 300 km/h, Dunkelheit) können nur wenige Arten von Lebewesen existieren, die voneinander in der Nahrungskette abhängig sind. Bereits jetzt werden durch Winde und Meeresströmungen Öl, DDT, PCB, Schwermetallverbindungen u.a. Verunreinigungen bis in die Küstengewässer getragen. Die Eisschichten registrieren frühere Vulkanausbrüche und atomare Explosionen. – Die USA und UdSSR haben offenbar große Mengen an Erdöl, Erdgas, Uran, Eisen, Kupfer, Nickel u.a. Mineralien gefunden, halten es aber geheim. Die Entwicklungsvölker verlangen von den imperialistischen Mächten einen Anteil. Der damalige Forschungsminister *Matthöfer* forderte die Einrichtung einer deutschen Forschungsstation (Investitionskosten 90 Mio. DM, laufende Kosten 30 Mio. DM jährlich). – Der britische Minister *T. Rowland* wies darauf hin, daß die Antarktis eine Wetterküche des Erdballs ist: „Wir wissen jetzt, daß die Antarktis die ganze Welt durch die Atmosphäre und die Ozeane beeinflußt. Die Welt kann es sich nicht erlauben, die Antarktis zu vernachlässigen oder zu schänden oder die Umwelt dort zu verschmutzen."

Ähnlich kritisch ist das Schicksal der Nordpolargebiete. Die Eskimos lebten seit uralten Zeiten von der Jagd und dem Fischfang. Jetzt wehren sich die Grönländer gegen die Erdölbohrungen an der Westküste Grönlands, da sie das Ende des Fischfangs, der Eskimokultur bedeuten könnten. Auch den Plänen zur Gewinnung von Wasserkraft und anderen Versuchen einer Industrialisierung stehen die Einwohner mit Mißtrauen entgegen. Bisher bedeutete die Erhöhung des Lebensstandards in allen Zonen eine Verminderung der Lebensqualität.

8. Meeresforschung und Meerestechnik

Unter diesem Titel verbirgt sich der Wille der nationalen Regierungen, auch noch die letzten Reserven der Erde zu erforschen, um sie auszubeuten. Von der Beute lebten schon vor tausenden Jahren die Jäger. Ausbeutung in unserer Zeit bedeutet die Plünderung, die Zerstörung der Natur, ohne Rücksicht auf unsere Nachkommen. — Ein weites, noch nicht ausgebeutetes Gebiet ist die Tiefsee. Dort erwartet man ungenützte Fischbestände, am Meeresboden Rohstoffe, insbesondere Erdöl und Metallerze. — Die Wirtschaft und die Regierungen streben ein ständiges Wachstum an. Die Erzvorräte auf dem Festland gehen dann in absehbarer Zeit zu Ende, nach den Rechnungen des Clubs of Rome einige schon in den nächsten Jahrzehnten (44). Die Wirtschaft bedrängt daher die Regierungen, die Meeresforschung zu intensivieren. Der Titel „Meeresforschung" ist irreführend. Man könnte darunter die Bestrebungen der Chemiker, Physiker, Biologen, Geologen und anderer Wissenschaftler verstehen, die Ozeane zu erforschen.

Gemeint ist aber die angewandte Meerestechnik, die Meeresnutzung. Für diesen Zweck hat sich eine „Wirtschaftsvereinigung industrieller Meerestechnik e.V." gebildet. — Für die Jahre 1972—1975 hat das Wissenschaftsministerium der BRD 700 Mio. DM bewilligt, pro Jahr also 175 Mio. DM (zum Vergleich: für Raumfahrt 665 Mio. DM, für Atomforschung 1,6 Mrd. DM). Für den Zeitraum 1976—1979 wurden 1 Mrd. DM gewährt. Die USA gaben bereits 1973 für die Meeresforschung 600 Mio. Dollar aus. Von diesen Beträgen geht aber nur ein Bruchteil in die dringend notwendige Grundlagenforschung. Zur Bekämpfung der Meeresverschmutzung gab z.B. die BRD für 1973 nur 20 Mio. DM aus.

Für die Erzgewinnung erscheint der Pazifik sündlich von Hawai aussichtsreich. In Tiefen von 4000—6000 m lagern Manganknollen (10 kg/m^2). Manganerze gibt es auf dem Festland noch reichlich. Interessant ist aber der Kupfer- und Nickelgehalt von etwa 1%, weiter Kobalt u.a. Metalle. Die Fördertechnik in diesen Tiefen ist noch problematisch. Auch an der ostafrikanischen Küste wird der Meeresboden auf Erze untersucht.

Am Grund des Roten Meeres wurden in 2000 m Tiefe metallhaltige Schlämme gefunden. Nach dem neueren Seerecht (siehe unten) gehören sie den Anliegerstaaten Sudan und Saudi-Arabien. Diese beauftragten zunächst deutsche Meeresbiologen, etwaige ökologische Schäden bei der Erzgewinnung vorbeugend zu untersuchen.

Schon 1975 hatte der Meeresforscher H. Thiel (Hamburg) starke Bedenken geäußert. Früher hatte man angenommen, daß die Biomasse (Summe des Lebendgewichtes der Organismen in der Raumeinheit) mit der Tiefe abnimmt. Diese Abnahme hielt sich erstaunlicherweise über 100 Jahre, obwohl immer wieder Forscher nachwiesen, daß auch in 2000 m Tiefe die Biomasse kaum abnimmt. Auch in der Tiefsee kann man größere Tiere, Fische, Krebse u.a. mit Ködern (Licht) anlocken. Dabei werden immer neue Tierarten ent-

deckt. Diese Organismen verfügen nur über eine geringe Anpassungs-
fähigkeit, da Abweichungen in ihrem Milieu nicht auftreten. „Die
Veränderung der Lebensbedingungen muß sich daher negativ aus-
wirken."

„Die Aufnahme von Manganknollen vom Meeresboden zerstört
primär die Sedimentoberfläche, in der sich alle biologischen Prozesse abspielen. Hinzu kommt die Eintrübung . . . durch den aufgewir-
belten Schlamm und eine wesentlich verstärkte Sedimentation in
weiten Nachbargebieten . . . Die Filtrier- und Atmungsorgane werden verstopft" . . . „Das Ökosystem der Tiefsee wird durch die Förderung von Manganknollen nachhaltig gestört . . . die Organismen
vernichtet, und für die Wiederbesiedlung müssen Jahrhunderte angenommen werden" (45). Immer noch werden atomare Abfälle,
chemische Kampfstoffe, Schadstoffe aller Art in das tiefe Meer versenkt mit der Begründung, daß sie dort sicher aufbewahrt sind. Das
ist offensichtlich nicht der Fall. Die verantwortlichen Regierungs-
beamten und ihre „wissenschaftlichen" Berater müssen namentlich
festgehalten werden. Es besteht der dringende Verdacht, daß es kri-
minelle Handlungen sind.

9. Seerechtskonventionen

Im Jahre 1609 veröffentlichte der Holländer *H. Grotius* eine Ab-
handlung über die „Freien Meere". Diese „Freiheit der Meere"
wird jetzt dazu mißbraucht, die Meere zu verschmutzen. Die
Selbstreinigungskraft im industriellen Zeitalter hat man weit überschätzt. Der Völkerrechtler *H. Krüger* (Hamburg) stellte daher
fest, daß die freie Meeresnutzung „das Gemeingut verdirbt oder
verbraucht und daher seiner Nutzbarkeit ein Ende bereitet". Schon
1958 trat eine „Genfer Konvention über die Hohe See" in Kraft
(siehe auch Band I, S. 105). Die erste Seerechtskonferenz wurde
1968 einberufen. Am 13. 11. 1972 unterzeichneten 91 Länder in
London den Entwurf einer Konvention, die das Versenken giftiger oder sonstwie gefährlicher Industrieabfälle auf offener See international regelt. – Die Verseuchung der Meere durch Tanker
wächst ständig. Dazu stammten 1974 bereits 18% der Erdölpro-
duktion aus Ölfeldern der Kontinentalschelfe. Durch Ölverschmutzung werden nicht nur die Seevögel gefährdet, auch die Fische
und deren Futtertiere. Geringste Ölspuren hemmen die Fortpflanzung. –

Die dritte UN-Seerechtskonferenz begann 1973 in London,
wurde 1974 in Caracas forgesetzt, tagte dann in Genf von
1975–1978. Es geht vor allem um folgende Fragen: 1. Ausdeh-

nung der Hoheitsgewässer von 3 auf 12 Seemeilen (= 22,2 km).
Problematisch ist das Durchfahrtsrecht durch Meerengen. 2.
Ausdehnung einer Wirtschaftszone auf 200 Seemeilen (=370 km),
(wichtig für die Fischerei, aber auch für die Forschung). 3. Gründung einer internationalen Meeresbodenbehörde zur Kontrolle
der Erforschung und Ausbeutung von Meeresbodenschätzen. –
Die Generalversammlung der Vereinten Nationen hatte bereits
1970 den internationelen Meeresboden zum „gemeinsamen Erbe
der Menschheit" erklärt. –

Die Technik der Gewinnung der Erze auf dem Meeresboden ist
zwar noch nicht ausgereift, wirtschaftlich unsicher. Trotzdem
knüpfen die Industriestaaten daran hohe Erwartungen. Die Entwicklungsländer fürchten für ihre Einnahmen. Sie liefern 38% der
Weltgrundstoffe, ihre Einnahmen sind jedoch zu 75% vom Export
abhängig. 1970 lieferten sie unter anderem: 95% des Chroms, 93%
des Antimon, 89% des Mangan, 84% des Kobalt, 64,5% des Bauxit
(Rohstoff für Aluminium) und 48% des Kupfers. Die zukünftige
Bergbauindustrie soll daher durch eine zu gründende Meeresbodenbehörde kontrolliert werden, die über Produktion, Preise und Gewinnverteilung entscheidet. Die Industriestaaten treten dagegen
für eine nationale Rohstoffproduktion ein. Nur sie verfügen auch
über die notwendige Technik. 1976 betrug der Umsatz der Meerestechnik (offshore) international 50 Mrd. DM. Die deutsche Meerestechnik war daran mit über 2 Mrd. DM beteiligt. – Die amerikanische Bergwerkslobby drängt auf ein nationales Gesetz, das ihr
das Recht zur Förderung auf dem Meeresgrund gibt, wenn die UN
sich nicht bald einigen kann. – Die Meerestiere und -pflanzen, unsere Nachkommen haben keine Lobby.

10. Fische und Fischerei

Der weltweite Ertrag der Fischerei stieg von 20 Mio. t (1950) auf
über 70 Mio. t (1970). Daran waren 1974 folgende Nationen beteiligt (in Mio. t): Japan 10,7, UdSSR 9,2, China 6,7, Peru 4,2,
USA 2,7, Norwegen 2,6, Indien 2,3, Dänemark 1,8, BRD 0,5
(*Hempel*, 46). Die starke Zunahme der Erträge in den letzten Jahrzehnten wurde durch den Bau großer Fang- und Fabrikschiffe bewirkt, die mit Flugaufklärung, Echolot, Radar und Fangnetzen,
so groß wie ein Fußballfeld, weite Meeresgebiete leerfischen können. – In der Nordsee schwankten die Fangerträge in der Zeit von
1900 bis 1960 nur zwischen 1,0 und 1,5 Mio. t. Nach 1960 stiegen die Erträge auf 3 bis 4 Mio. t. Das war vor allem eine Folge
der Industriefischerei, z.T. auch einer Erhöhung der Produktivi-

tät. Die Fische wuchsen schneller, wurden früher geschlechtsreif. – Von 1960–1966 steigerten die kleinen isländischen „Ringwandenboote" ihre jährlichen Fänge von 30 000 auf 700 000 t pro Jahr. Am Export Islands sind Fische zu 80% beteiligt. Ähnliche Steigerungen erzielten auch die UdSSR und Norwegen. – Besonders ungünstig wirkte sich die Industriefischerei auf die Heringsbestände aus. Innerhalb von drei Jahren, von 1965 bis 1968, sank im nördlichen Teil der Nordsee der Bestand an Heringen und Makrelen auf den zehnten Teil. Der südliche Teil war schon vorher leergefischt. – Seit dem 1. 7. 1975 wurde der Fang von Heringen von der Nordost-Atlantischen Fischereikommission (NEAC) erst stark beschränkt, dann verboten. Das Verbot wurde von Jahr zu Jahr verlängert. Die Maschenweite der Netze wurde von 120 mm auf 135 erhöht, damit die Jungfische eine Chance zum Entkommen haben. Ein zu großer Teil an kleinen Fischen wird bei der Fischerei vernichtet. Eine Kontrolle ist schwierig. „Für den Hering gibt es noch keine Zeichen der Erholung" (Prof. *Hempel* 1977). – 1925 konnte man einen Hering noch für 10 Pfennig kaufen, für eine wohlschmeckende, nahrhafte und gesunde Mahlzeit. Der Fang von Kabeljau (Dorsch) wurde für 5 Monate im Jahr verboten, die Gesamtfangmenge beschränkt. Gleichzeitig wurden die Fischereigrenzen jedes Staates auf 200 Seemeilen von der Küste ausgedehnt, weniger zum Schutz der Fische als aus nationalen Interessen.

Die Bundesrepublik mußte auf neue Fanggebiete ausweichen. Ihre Fangflotten fischten nun an der Ostküste der USA, vor Mexiko und neuerdings an der Südküste Argentiniens. Auf den modernen Trawler („trawls" = Grundschleppnetze) werden die Fänge sofort an Bord verarbeitet und tiefgefroren. Auf einem Schiff werden nur 50 Arbeitskräfte benötigt für Fang, Filetieren und Frosten. Die Ladekapazität beträgt 1 100 m^3 Fisch und noch einmal halb soviel Fischmehl. Der tiefgefrorene Fisch kann auch auf offener See in normale Kühlschiffe umgeladen und in die Heimat transportiert werden. Die bundesdeutsche Hochseeflotte (66 Schiffe) fing 1976: 300 000 t Fisch, die Kutterfischerei 130 000 t, eingeführt wurden 160 000 t. Auf dem deutschen Markt wird immer mehr gefrorener Fisch verkauft, immer weniger Frischfisch. Die Fangerträge könnten noch stark erhöht werden, wenn die Fische pfleglich behandelt, wenn nicht Raubbau betrieben würde. „Millionen Tonnen werden jährlich durch unsachgemäße Verarbeitung vergeudet" (*Hempel*).

Die verschiedenen Fischarten und ihre Futtertiere bilden variable Ökosysteme. Gleichzeitig mit der Abnahme der Schwarmfische (z.B. Hering) infolge Überfischung vermehrten sich die Bodenfische stärker. – Die Fische gehören im Laufe ihres Lebens verschiedenen Ökosystemen an. Vom Hering liegen z.B. die Eier auf dem Meeresboden und werden dort z.T. vom Schellfisch gefressen. Die Larven leben im freien Wasser, wandern dann ins Wattenmeer. Sie werden bedroht von Makrelen und Kabeljau.

Die Juvenilen (Jungfische) pendeln im Flachwasser, die Adulten (erwachsene Fische) wechseln wieder ins offene Meer. – Die Räuber–Beutebeziehungen werden von *Hempel* in Abbildung 5 anschaulich dargestellt (47).

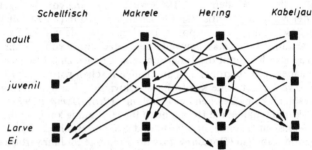

Abb. 5: Räuber-Beutebeziehungen bei vier Nordseefischen auf den verschiedenen Entwicklungsstadien: Der Schellfisch sammelt nur Heringseier vom Boden. Die drei andern Arten sind Bruträuber im Plankton. Makrele und Kabeljau fressen auch Jungfische.

Räuber-Beute-Beziehung nach *Hempel* (47)

Während der Hering in der Nordsee beinahe ausgerottet wurde, sind die Bestände an Kabeljau stark angestiegen. Dieser frißt im Jahr etwa 0,5 Mio. t Jungfische. Man hofft daher, durch scharfe Befischung des Kabeljau die Bestände der anderen Fische erhöhen zu können, so daß auch der Gesamtertrag wieder ansteigt. – Weiter ist geplant, bisher nicht genutzte Fischarten auf den Markt zu bringen, wie den ,,Blauen Wittling'' (48). Dieser ist ein kabeljauartiger guter Speisefisch, der im Atlantik in Wassertiefen zwischen 250 und 500 m lebt, also neue Fangmethoden erfordert. Bei einem geschätzten Bestand von 10 Mio. t könnte man jährlich 1 Mio. t fangen. – Andere Fischarten von der westafrikanischen Küste werden unter der zutreffenden Bezeichnung ,,Heringsfisch'' verkauft. –

Die NEAFC versucht, die Fischerei zu regeln. Sie verbot die ,,Baumkurrenfischerei''. Dabei werden Holzmasten auf schweren Rollen über den Meeresboden geschleppt, die ihn aufreißen und die Schollen- und Seezungenbrut vernichten, die Garnelen (Krabben) schädigen. Umgekehrt fangen die Krabbenfischer mit ihren

Netzen nicht nur Krabben, sondern auch große Mengen Jungfische. „Die Seezunge war fast ausgerottet". Die Krabbenfischer sind ihrerseits auf die Jungfische schlecht zu sprechen, da in deren Mägen große Mengen Jungkrabben gefunden wurden, nach Schätzungen von Wissenschaftlern 100 Milliarden im Jahr. — Der rasche Rückgang mancher Fischbestände beruht nicht nur auf der Überfischung, häufig auch auf Dezimierung der Futtertiere, also einer Störung der Nahrungskette, des Ökosystems.

Einen gemeinsamen Gegner haben alle Fischer: die Wasserbauämter, die durch immer neue Eindeichungen die Wattflächen verkleinern, die Kinderstube der meisten Fische. Wenn man hier behördliche Unwissenheit unterstellen kann, so wird es kriminell, wenn die Erdöl- und chemische Industrie, die Atomindustrie u.a. ihre Abfälle und Abwässer in das Meer leiten dürfen, mit Duldung der nationalen Regierungen. Mitschuldig sind auch die Wissenschaftler, die immer noch über die „Belastbarkeit" der Meere meditieren. Verantwortungsbewußte Wissenschaftler werden darauf hinweisen, daß die biologischen Zusammenhänge, die Ökostrukturen der Meere so kompliziert und wenig erforscht sind, daß auch kleine Eingriffe große Wirkungen haben können, bis zum Zusammenbruch des höheren Lebens im Meer.

10.1. Die Wale

Einstweilen liest man nur mit Bedauern, daß diese oder jene Tierart ausstirbt. Dazu gehören auch die Großwale. Diese wurden seit Jahrhunderten mit primitiven Mitteln gejagt. Die eigentliche Ausrottung begann im Jahre 1905 mit der Entdeckung, daß man aus Walöl (mittels Fetthärtung) Margarine produzieren kann. Walöl, bzw. -wachs wird auch für Firnis, Linoleum, Schuhcreme, Autowachs, Lippenstifte und viele andere Zwecke verwendet. Die Internationale Walkommission (IWC) setzt jährlich die Kontingente für den Walfang fest. Nachdem das nördliche Polargebiet leergefischt war, lohnt sich der Fang nur noch in der Antarktis. Japan und die UdSSR sind an 85% der Fänge beteiligt. In Japan wird auch das Fleisch zur menschlichen Ernährung genutzt. Die Fangquote wurde 1975/76 auf 34 000 Wale festgesetzt, für 1976/77 auf 28 000, nach Ansicht der Biologen viel zu hoch. — *Meadows* gab eindrucksvolle Statistiken über den Walfang von 1930 bis 1970 (44). Die Lebensdauer der Großwale wird auf 80 Jahre geschätzt. Eine Walmutter bekommt jedes zweite Jahr Nachwuchs. Sie stillt ihren Säugling 9 Monate lang. Sein Gewicht nimmt dabei jeden Tag 100 kg zu. Ein Bericht von *B. Grzimek* (49) klingt bereits wie ein Nachruf. Der Blauwal ist das größte Tier, das seit mehr als 100 Millionen Jahren auf der Erde gelebt hat, größer als

die Dinosaurier. Er wird über 30 Meter lang, erreicht ein Gewicht
von 160 Tonnen. Er kann mit einer Geschwindigkeit von 25 km/
Stunde (50 km/Std.) schwimmen, bis 40 Minuten tauchen. 1949
schätzte man die Zahl der Blauwale auf 40 000. 1964/65 wurden noch 20 entdeckt, 1965/66 nur noch 4, „Trotz eifrigen Su-
chens". – Ein ähnliches Schicksal droht anderen Großwalarten,
die jetzt endlich unter Schutz gestellt wurden, wahrscheinlich zu
spät. In den letzten Jahren wurden in der Antarktis nur noch 5%
der Beute von 1964 erlegt. „In Kanada, Australien, England, den
USA ist heute die Einfuhr von Erzeugnissen von Walen verboten
und unter Strafe gestellt (nicht in der Bundesrepublik, Österreich
und der Schweiz)". Spätestens an dieser Stelle wird man den Ein-
wand hören, daß das Aussterben mancher Tierarten zwar bedauer-
lich ist, aber notwendig sei, um den „Hunger in der Welt" zu stil-
len. Von den drei Mio. t Fischen, die 1973 in der Nordsee gefangen wurden, gingen 77% in die Fischmehl-(und -öl-)Verarbeitung,
nur 22% dienten direkt der menschlichen Ernährung. Das Fischmehl wird als Viehfutter verwendet um Schweine, Brathähnchen,
Forellen u.a. Tiere zu mästen. Auf diesem Umwege in den menschlichen Magen wird aber nur ein kleiner Teil des ursprünglichen
Nährwertes genutzt. Es stellt also eine Verschwendung von Lebensmitteln dar, die unverantwortlich ist. Die reichen Fischernten
der armen Völker kommen diesen kaum zugute. In Peru werden
z.B. in normalen Jahren über 10 Mio. t Fische gefangen. Diese werden aber fast restlos als Fischmehl exportiert. Die Fischmehlpro-
duktion dient nicht dem „Hunger in der Welt", sondern der Erhöhung des Übergewichtes der satten Völker.

Die fast ausgestorbenen Wale ernährten sich in der Antarktis
von einem kleinen Krebs, dem Krill. Nach einer Schätzung wurden 50 Mio. t in einem Jahre von den Walen verzehrt. Dieser Krebs
ist 3,5–6 cm lang. Er könnte in großen Mengen gefangen werden,
weit mehr als der gesamte Fischfang z.Z. beträgt. Das Fleisch soll
wohlschmeckend sein. Schwierigkeiten macht noch die Verarbeitung, die Schalen lassen sich schwer ablösen . . . Die UdSSR und
Japan verwenden den Krill als Viehfutter in Mengen von 20 000 t
pro Jahr. Es werden Versuche gemacht, den Krebs auch zur
menschlichen Ernährung zu nutzen. – Die Bundesregierung veranlaßte 1975/76 und 1977/78 Expeditionen in die Antarktis. Die
Forschungsergebnisse werden als erfolgreich gewertet. Man schätzt
den Krillbestand auf 200–500 Mio. t.

Die wissenschaftlich-technischen Fragen sind geklärt, insbesondere durch die Bundesforschungsanstalt für Fischerei in Hamburg
(Prof. *D. Sahrhage*). Nach einer neuen Meldung ist der Fluorgehalt
des Krill zu hoch.

10.2. Süßwasserfischerei

Der Ertrag der Süßwasserfischerei in der BRD wird auf 12 000 t im Jahr geschätzt. Das sind nur wenige Prozente der Seefischerei. Der Fischfang beschränkt sich vor allem auf Seen und Teiche, Bäche und Oberläufe der Flüsse. Die meisten Flüsse stellen nur noch Abwässerkanäle dar. – Vom Rhein war schon mehrmals die Rede. Nicht nur die eßbaren Fische sind fast ausgestorben, gleichzeitig oder vorher auch ihre Futtertiere, die Würmer, Krebse, Schnecken und Muscheln. Nach *R. Kinzelbach* (Mainz) wurden 1923 noch 82 Arten dieser wirbellosen Tiere gefunden, 1958: 41 Arten, 1971 noch 26 Arten. Ein Viertel der letzteren waren nicht einheimische, sondern zugewanderte Arten, die sich besser anpassen konnten.

Auch die Elbe ist in einen Schiffahrts- und Abwasserkanal verwandelt. Unterhalb Hamburgs wurde 1975 die Fahrrinne von 12 Metern auf 13,5 Meter vertieft, von 200 auf 250 (300) Meter verbreitert. – Hinsichtlich der „Belastbarkeit" der Elbe gehen die Ansichten der Regierungen, die eine ausgedehnte Industrialisierung des Flusses unterhalb Hamburgs fördern, und die Wünsche der Biologen weit auseinander. Nach Prof. *N. Peters* (Institut für Hydrobiologie und Fischereiwirtschaft, Hamburg) hat die Elbe sommerliche Mitteltemperaturen zwischen 18 und 20°. Wenn die Temperaturen gelegentlich auf 23° steigen, findet ein starker bakterieller Abbau der hohen organischen Belastung statt. Dadurch sinkt der Sauerstoffgehalt stellenweise auf 3 bis 1 mg/Liter ab. Der Strom droht dann „umzukippen", d.h. zu faulen. „Die Entwicklung krankheitserregender Keime, zum Beispiel Typhus- und Paratyphuserreger, wird gefördert." Das Regierungsgutachten nimmt eine mittlere Sommertemperatur von 25° an und erlaubt eine Aufheizung um 3° bis auf 28 °C. Damit will die Regierung eine weitere Ansiedlung von Kraftwerken und Industrien mit warmen Kühlwässern ermöglichen. *N. Peters*: „Der Wärmelastplan für die Elbe ist wissenschaftlich unseriös und ohne sachliche Relevanz." Der „Deutsche Rat für Landespflege" warnt davor, die zuständigen Naturschutzbehörden bei landschaftsverändernden Maßnahmen nicht oder zu spät zu beteiligen. Beim Wärmelastplan wird die starke Belastung der Elbe durch Abwässer nicht berücksichtigt. Durch die vorverlegten Deiche werden die Brut- und Rastplätze der Vögel verringert, die Sturmflutgefahr erhöht. Auch die Laich- und Brutplätze der Fische werden vernichtet. Gutachten des Zoologischen Instituts der Hamburger Universität: „Die Funktion der Elbe als Nahrungsreservoir beträchtlichen Ausmaßes ist ihrer Nutzung zur Ableitung von Abwässern kompromißlos geopfert worden" (1976). Inzwischen sind die meisten Fische an der Unterelbe ausgestorben. Die tote Zone unterhalb von Hamburg wirkt als Sperriegel für die Fische, die in ihre angestammten Laich- oder Aufwuchsgebiete in der Oberelbe ziehen wollen. An der Oberelbe müssen daher Fischbrut oder Jungfische eingesetzt werden. Aber auch dort ist das Wasser bereits so verseucht, daß z.B. die gefangenen Aale bis zu drei Monaten in Teichen mit sauberem Wasser gewässert werden müssen, damit sie ihren Geschmack nach Chemie verlieren.– Ähnliche Probleme ergaben sich beim Ausbau der Donau. *Weber* (s. VI 17) berichtete über den Einfluß der thermischen Belastung auf die Selbstreinigungskraft. Die Erwärmung der Donau durch Kühlwasser bewirkte zunächst ein stärkeres Wachstum der Fische. Die Laichreife wurde früher erreicht. Die meisten Fische suchen nun zum Laichen den Oberlauf bzw. einen Nebenfluß auf. Diese sind aber erheblich kälter, das zur Ernährung erforderliche Plankton ist noch nicht verfügbar. – Die bei höheren Temperaturen schneller aufgewachsenen Fische zeigten eine herabgesetzte Widerstandsfähigkeit gegen Krankheiten. Sie wurden erheblich mehr von Parasiten befallen.

10.3. Fischer und Angler

Die Zahl der Fischer in der Bundesrepublik wird auf eine Million geschätzt, der Wert ihrer Angelgeräte auf 80 Mio. DM. Die Fischerei dient weniger der Gewinnung von Nahrungsmitteln. Es ist vor allem ein beliebter Sport, eine Freizeitbeschäftigung. – In Bayern gibt es 180 000 Sportfischer. Bayern gehörte einmal zu den fischreichsten Regionen Europas. Um die Jahrhundertwende gab es noch etwa 60 verschiedene Fischarten. 1974 waren 6 Arten vollständig, 7 weitere fast ausgestorben. 12 Arten gelten als stark gefährdet. Viele Arten existieren nur noch durch künstliche Maßnahmen. Die Laichplätze wurden durch den Wasserbau und Verschmutzung zum großen Teil zerstört. Fischkrankheiten und -seuchen haben stark zugenommen. – In Niedersachsen wurden 90 000 Sportfischer und 150 Berufsfischer gezählt. Sie erkannten frühzeitig die katastrophalen Folgen der zunehmenden Gewässerverschmutzung. In einer Aktion „Saubere Leine" wiesen sie schon 1971 nachdrücklich auf die Folgen hin mit Flugblättern, Aufklebern und Demonstrationen. Nicht nur die Angler sind betroffen: „Auch Vogelfreunden, Wandernden und Badenden kann es nicht gleichgültig sein, wenn Entwässerungsmaßnahmen, Abwassereinleitung oder Flußlaufbegradigung das biologische Gleichgewicht im und am Wasser stören." Die niedersächsische Regierung veranlaßte Maßnahmen, die Abwassereinleitung durch die Kommunen, die Industrie und die Landwirtschaft zu verringern. Der Minister für Ernährung, Landwirtschaft und Forsten erklärte als Ziel seiner Fischereipolitik: „mit Hilfe möglichst artenreicher, ausgewogener Fischbestände ein biologisches Gleichgewicht und damit eine möglichst hohe Selbstreinigungskraft zu erhalten." In einem Leitfaden des Ministeriums werden die Grundsätze der Fischhege dargelegt (50). Mit Angelruten kann nur eine kleine Gruppe von Raub- und Edelfischen gefangen werden. Die Zugnetzfischerei ist nur bis zu einer Wassertiefe von 10 m möglich. „Die Elektrofischerei hat in den letzten Jahren zunehmend Bedeutung erlangt." Die Fische werden mit Hilfe eines elektrischen Feldes aus größerer Entfernung angezogen, in der Nähe der Stromquelle dann betäubt und schließlich mit dem Netz eingefangen. „Grundsätzlich ist die Elektrofischerei verboten." Sie darf nur durch besonders Ausgebildete mit einer Ausnahmegenehmigung betrieben werden. „Heute sind in unseren Gewässern kaum noch natürliche Laichplätze für die einheimischen Fischarten vorhanden . . . Durch die Begradigung der Flußläufe, die Verschlechterung der Wasserqualität . . . wurde besonders den Edelfischen die Möglichkeit zur Fortpflanzung genommen."

10.4. Industrielle Produktion von Fischen

Nach *Ackefors* (51) kann bis zum Jahr 2000 die Fischproduktion auf das Doppelte oder Dreifache gesteigert werden. Die Meere enthalten noch große, bisher ungenutzte Reserven, z.B. den Krill und die Tintenfische. – Wenn die Fische auch nur etwa 2% zu den Ernährungskalorien beitragen, so ist doch ihr Eiweißanteil 14% des Konsums an tierischen Proteinen (44% beträgt der Fleisch-, 32% der Milchanteil). Die zur Ernährung genutzten pflanzlichen und tierischen Eiweißmengen sind ungefähr gleich. – *Weatherley* (52) stellte die Probleme der Fischzucht dar. Die Meere werden durch Überfischung und Verschmutzung die früheren Erwartungen hinsichtlich ihres Beitrages zur menschlichen Ernährung nicht erfüllen. Die Küstenzonen, Flußmündungen und Inlandsgewässer könnten unter Kontrolle gebracht werden. Die üblichen Monokulturen werden vielleicht ertragsmäßig von Polykulturen (z.B. in chinesischen Teichen) übertroffen, die das Ökosystem besser nutzen. – Die Teichwirtschaften in der westlichen Welt dienen im allgemeinen dem Luxuskonsum. Lachs, Forellen, Karpfen erfordern für die Produktion von 1 kg Fischfleisch 5–10 kg Fischfutter (Fischmehl). Das ist teuer und verschwenderisch. – Viele tropischen Fische sind Pflanzenfresser. – Die wissenschaftliche Fischwirtschaft steckt noch in den Anfängen.

In der Bundesrepublik wird die Teichwirtschaft mit Zuschüssen von der EG, Bund und Ländern gefördert (bis zu 55%). Die Investitionskosten für einen Hektar sind 32 000 DM (1976). In der Oberpfalz werden 15 000 ha fischwirtschaftlich genutzt. Pro Hektar können 150 kg bis 1250 kg Fisch gewonnen werden. In Israel erntet man bis zu 2500 kg/ha. Hohe Futter- und Personalkosten gefährden die Rentabilität. − Karpfen in Fischteichen erlangen in 4−5 Jahren die Laichreife. Im ersten Lebensjahr erreichen sie ein Gewicht von 40 g. Nach dem dritten Sommer erreichen sie 3−5 Pfund, nach 4−5 Jahren die Laichreife. In Teichen mit einer konstanten Temperatur von 23° werden die Karpfen bereits im ersten Jahr 3−4 Pfund schwer und erreichen außerdem ihre Laichreife. − Forellen vermehren sich kaum noch auf natürliche Weise, sie werden in Zuchtanstalten produziert. Nach 4 bis 6 Wochen sind sie 5 cm lang und werden in den Teich gesetzt. Als Züchtungsziele gelten: Zuwachsleistung, Futterverwertung, Resistenz gegen Krankheiten, Standorttreue, Eignung für Intensivhaltung. Erfolgversprechend sind Aufzuchtversuche im Kühlwasser von Kraftwerken. Die Forellen lieben aber kühles Wasser, die Temperatur muß unter 20° bleiben. − Die Aale mußten früher weite Wanderungen machen vom Sargassomeer in die europäischen Flüsse und wieder zurück. Jetzt ist ihr Zugang in die Flüsse meist durch die Wasservergiftung gesperrt. Die Babies von Glasaalen werden z.Z. an der französischen Atlantikküste gefangen und in Containern ins Festland geschickt. In der Natur brauchten sie 10−12 Jahre, um groß und fett zu werden. In warmen Bassins, mit Fleischabfällen gefüttert, erreichen sie ihr Schlachtgewicht schon in 1 bis 3 Jahren. − Zur Zeit werden Versuche gemacht, Karpfen und Forellen in Silos mit einem Fassungsvermögen von 240 m^3 zu mästen. − Von Geschmack und Bekömmlichkeit dieser Fische ist keine Rede. In der Fischfarm Edermühle (Kassel) produziert *K. Schunke* auf 320 m^2 in „Hängeteichen" (aus kunststoffbeschichteten Geweben) jährlich 50 t (= 0,5 Mio. Stück) Fische. Forellen wachsen hier in 9 Monaten von 4 cm kleinen Tieren zu 250 g schweren Fischen heran. In der Natur dauert das 3 Jahre. − *Tiews* (Bundesforschungsanstalt für Fischerei, Hamburg) berichtete auf einer Tagung der Europäischen Binnenfischerei-Beratungskammer. Die Aquakulturerträge könnten weltweit von zur Zeit 6 Mio. t auf 30 Mio. t gesteigert werden. − *Holden* (53) gab eine Übersicht über die Aquakultur in den USA.

10.5. Schadstoffgehalt und Krankheiten von Fischen

In wäßrigen Biosystemen fand man eine Anreicherung von Herbiziden auf das 10- bis 300fache, für Hexachlorbenzol auf das 300- bis 4000fache, für Mirex auf das 300- bis 15 000fache. − In Dänemark wurde die Verwendung von Dorschleber wegen des hohen DDT Gehaltes verboten. Nach *Somer* (54) ist der DDT Gehalt des Herings in der Ostsee in den Jahren 1969–1975 15mal größer als in der Nordsee. Über ,,Die Anwendung biologischer Testverfahren zur Ermittlung der Toxizität von Wasserinhaltsstoffen " arbeiteten *Ott* und *Irrgang* (55). Für eine standardisierte Prüfung sind besonders Messungen an Daphnien geeignet.

Vor 25 Jahren erkannte man die Rolle des Quecksilbers in der Katastrophe von Minamata (Japan). Die verseuchte Meeresbucht soll jetzt trockengelegt werden. Seitdem gibt es eine umfangreiche Literatur über Quecksilberschäden (siehe auch Band I, S. 194, Band II S. 202). Die neueste Literatur ist (56) zu entnehmen. – *Linko* (57) untersuchte den Quecksilbergehalt in Ostseefischen. Hechtfleisch enthielt durchschnittlich 0,27 mg Hg/kg, maximal 1,3 mg/kg, in Abhängigkeit vom Alter (Gewicht). Heringe enthielten im Mittel 0,9 mg/kg. Nach *Somer* (54) enthalten Federn von fischfressenden Vögeln (Gryllummen) bis 23 mg Hg/kg in den Federn, 25mal mehr als ursprünglich. Der Hg-Gehalt der Fische in der Nordsee (Esbjerg) ist noch fünfmal höher als in der Ostsee. – Die japanische Regierung riet der Bevölkerung, nicht mehr als ein Pfund Fisch in der Woche zu essen bzw. sich auf Fleisch umzustellen. Insbesondere schwangere Frauen und kleine Kinder sollen den Fischverzehr meiden. In den USA und in der Schweiz ist eine Höchstmenge von 0,5 mg Hg/kg Fisch zugelassen. Der Deutsche Bundesrat folgte einer Empfehlung von Sachverständigen, nach der ,,ein Höchstwert bis zu 1 ppm (= 1 mg/kg) nach dem jetzigen Stand der wissenschaftlichen Erkenntnisse noch (!) tolerierbar sei." Nach *Gerlach* (58) haben Fische aus dem Nordatlantik einen Hg-Gehalt um 0,1 mg/kg Frischgewicht. Fische aus dem Mündungsgebiet von Rhein, Weser und Elbe etwa 0,5 mg, große, langlebige Fische wie Thunfisch 1 mg und mehr. – Nach *An der Lan* (59) akkumulieren Fische große Mengen Hg ohne Schaden zu erleiden. Das Hg wird durch ihre Proteine gebunden. In Warmblütlern wird dann diese Bindung aufgelöst, Hg wird wieder hochtoxisch. Prof. *J. Schwoerbel* (Limnologisches Institut der Universität Freiburg) stellte 1977 fest: ,,Über Schwermetallgehalte der Bodenseefische liegen bis heute keine Untersuchungen vor, ebenso keine publizierten Untersuchungen über den Schwermetallgehalt des Bodenseewassers" (60).

Neben den Fischen werden zunehmend auch Schalentiere konsumiert. In der Bundesrepublik werden jährlich 4 Mio. Austern verzehrt. Nachdem die letzten Austernbänke an der deutschen Küste ausgerottet waren, werden jetzt Austern in großen Käfigen im Wattenmeer gezüchtet. Die Brut wird von Schottland importiert. In 2 bis 3 Jahren wachsen die Austern zu einem Gewicht von 50– 100 g an. Für bescheidenere Ansprüche werden auch Miesmuscheln und Herzmuscheln geerntet, 5000 t jährlich an der niedersächsischen Küste, dazu kommen 2000 t Krabben. Muscheln gewinnen ihre Nahrung durch Filtration des umgebenden Wassers. Eine Miesmuschel von 5 cm Länge filtriert täglich 65 Liter Wasser. Sie ist nach dem Institut für Meeresforschung (Bremerhaven) geeignet, als Prüfungsorganismus für Verschmutzung in allen Weltmeeren eingesetzt zu werden. Die Muschel nimmt nicht nur Schadstoffe auf und reichert sie an. Sie filtriert auch Schwebstoffe aller Art, die an sich unschädlich sind. Bei starker Trübung kann sie dann an Hunger eingehen. – Muscheln und Austern können auch Gelbsucht (Hepatitis) übertragen. Zum Abtöten der Viren ist eine Kochzeit von mindestens 5 Minuten erforderlich. – Immer häufiger werden Fische gefangen, die offensichtlich krank sind. Manche Fische sind mit Eiterbläschen bedeckt, zeigen eine Art von Brandwunden, die bis auf die Gräten gehen. Manche Fische zeigen auch genetische Schäden. – Durch die geringste Erdölverschmutzung wird der Paarungstrieb von Krebsen gestört. – Von den in Hamburg 1958 angelandeten Glasaalen zeigten 6% Tumoren, 1971 stieg die Zahl der erkrankten Tiere auf 28%. – Heringe werden zuweilen von 15 mm langen Nematoden-(Fadenwürmer-)Larven befallen. Nach Auskunft von Prof. *Viktor Meyer* (Inst. für Biochemie und Technologie der Hamburger Bundesanstalt für Fischerei) ist keine gesundheitliche Schädigung durch den Genuß solcher Tiere zu erwarten. – „Tumorkrankheiten bei Fischen nehmen epidemische Ausmaße an" (61). Auch Wale werden von Nematodenlarven befallen. Sie setzen sich in den Gehörgängen der Tiere fest. Diese verlieren dann ihren Orientierungssinn und werden an der Küste angespült. Das vermehrte Auftreten von Nematoden ist wohl ein Hinweis auf Störungen im Ökosystem der Meere.

Besonders gefährdet durch Seuchen und Parasiten sind Fischzuchten in künstlichen Systemen wie Silos. Die Fischproduzenten fordern daher die Entwicklung der Fischmedizin, Schnelldiagnoseverfahren und eine Fisch-Veterinärpolizei. – Auch hier gerät die industrielle Nahrungsmittelproduktion offenbar in eine Sackgasse. *Anhalt* (62), *Bless* (63).

Literatur zu VII (Ökologie der Meere)

1. *Liebtrau, W.* u. *Reinecke, H.*, „Rettet die Küste" (Jever 1973). – 2. *Caspers, H.*, „Abwässer in Küstennähe" DFG Forschungsbericht (Boppard 1973). – 3. *Bruns, H.*, Leben und Umwelt 14, 36 u. 70 (1977). – 4. *Nellen, W.*, Umschau 78, 163 (1978). – 5. *Goldberg, E.D.*, „The health of the oceans" (Paris 1976). – 6. *Hepple, P.*, „Water Pollution by Oil" (Amsterdam 1971). – 7. *Lifschiz, L.*, Sputnik 1/1974 15. – 8 *Hsiao, S.I.C.*, Environ. Pollution 17, 93 (1978). – 9. X, Envoronm. Sci. & Technol. 11, 1046

(1977). – 10. *Hsiao, S.I.C.*, u.a. Environ. Pollution **15**, 209 (1978). – 11. *Kauss, P.B.*, u.a. Environ. Pollution **9**, 157 (1975). – 12. *Keck, R.T.*, u.a. Environ. Pollution **15**, 109 (1978). – 13. *Chritiansen, M.E.*, AMBIO **7**, 23 (1978). – 14. *Krebs, C.T.* u. *Burnes, R.A.*, Science **197**, 484 (1977). – 15. X, Science **199**, 125 (1978). – 16. *Harding, L.W.*, u. *Phillips, J.H.*, Science **202**, 1189 (1978). – 17. *Isensee, A.R.*, Intern. J. Environmental Studies **10**, 35 (1976). – 18. *Salch, F.Y.*, u.a. Environ. Sci. & Technol. **12**, 297 (1978). – 19. *Olsson, M.*, AMBIO **7**, 66 (1978). – 20. *Svanberg, O.*, u.a. AMBIO **7**, 64 (1978). – 21. *Biggs, C.*, u.a. Environ. Pollution **15**, 253 (1978). – 22. *Gerlach, S.A.*, „Meeresverschmutzung" (Berlin 1976). – 23. *Phillips, D.*, Environ. Pollution **13**, 281 (1977). – 24. *Lal, D.*, Science **198**, 997 (1977). – 25. *Melhuus, A.*, Environ. Pollution **15**, 101 (1978). – 26. *Hoffmann, D.J.*, Science **198**, 513 (1977). – 27. *Rosenthal, H.*, Städtehygiene 3/1973, 58. – 28. *Hagström, A.*, AMBIO **3**, 77 (1974). – 29. *Kautsky, H.*, Umschau **77**, 672 (1977). – 30. *Ahl, T.*, AMBIO **6**, 273 (1977). – 31. *Garner, F.*, Environment **15**, 4 (1973). – 32. *Halsband, E.*, Veröff. d. Instituts f. Küsten- u. Binnenfischerei, Hamburg, Nr. 60, 1–33 (1976). – 33. *Jensen, B.*, AMBIO **5**, 5 u. 257 (1976). – 34. *Helle, E.*, AMBIO **5**, 261 (1976). – 35. *Weigel, H.-P.*, Helgoländer wiss. Meeresunters. **28**, 206 (1976). – 36. X, Umwelt (BMI) **35**, 3 (1974). – 37. *Scherf, H.*, Naturw. Rdsch. **30**, 418 (1977). – 38. *Giddings, J.*, u.a. Water, Air, and Soil Pollution **9**, 207 (1978). – 39. AMBIO **6**, 299–376 (1978). – 40. *Ekenberger, J.P.*, AMBIO **7**, 33 (1978). – 41. *Helmer, R.*, Umschau **79**, 399 (1979). – 42. *Osterberg, C., Keckes, S.*, AMBIO **6**, 321 (1977). – 43. *Hawkes, N.*, Science **198**, 709 (1977). – 44. *Meadows, D.*, „Die Grenzen des Wachstums" (Stuttgart 1972). – 45. *Thiel, Hj., Schneider, D.*, u.a. Umschau **75**, 716 ff (1975). – 46. *Hempel, G.*, Naturwissenschaften **64**, 200 (1977). – 47. *Hempel, G.*, Umschau **78**, 271 (1978). – 48. *Sahrhage, D.*, Umschau **78**, 280 (1978). – 49. *Grizimek, B.*, DIE ZEIT 17. März 1978. – 50. *v. Dalwigk, H.B.* u. *Günther, U.*, „Die Hege von Fischbeständen" (Wolfenbüttel 1976). – 51. *Ackefors, H.*, AMBIO **6**, 192 (1977). – 52. *Weatherley, A.H.*, u.a. Science **197**, 427 (1977). – 53. *Holden, C.*, Science **200**, 33 (1978). – 54. *Somer, E.*, Umschau **78**, 267 (1978). – 55. *Ott, W.* u. *Irrgang, K.*, wlb. Wasser, Luft und Betrieb **21**, 396 (1977). – 56. *Gardner, W.S.*, u.a. Environ. Pollution **15**, 243 (1978). – 57. *Linko, R.R.*, u. *Terho, K.*, Environ Pollution **14**, 227 (1977). – 58. *Gerlach, S.A.*, Öff. Gesundh.-Wesen **40**, 460 (1978). – 59. *An der Lan, H.*, Reviews on Environ. Health Vol. I. No. 2.– 60. *Schwoerbel, J.*, Das Gewissen **22**, Nr. 3 (1977). – 61. X, Umschau **79**, 160 (1979). – 62. *Anhalt, G.*, Ber. Ldw. **55**, 848 (1977/78). – 63. *Bless, R.*, „Bestandsänderungen der Fischfauna in der Bundesrepublik" (Greven 1978). – 64. *Powers, C.D.*, Environ. Pollution **12**, 17 (1977). – 65. *Giere, O.*, Umschau **79**, 501 (1979), *May, R.M.*, „Management of Multispecies Fisheries" Science **205**, 267 (1979). – 66. *Zitko, V.*, The Science of the Total Environment **4**, 185 (1975). – *Kils, U.* u. *Klages, N.* „Der Krill", Naturw. Rdsch. **32**, 397 (1979). – *Ackefors, H.* u. a. „Farming Aquatic animals" AMBIO **8**, 132 (1979). – „Hg mindert Lernfähigkeit" Umschau **79**, 650 (1979). – Chlororganische Stoffe schädigen Einzeller und Fische bei 1 ppb..Environ. Pollut. **16**, 167–229 (1978) und Science **201**, 737 (1978).

Tab. 11. Konzentration chemischer Elemente in Meerwasser (nach *Gerlach* (22))

	mg/l		µg/l		ng/l		ng/l
Chlor	18 800	Zink	4,9	Xenon	50	Lanthan	3,0
Natrium	10 770	Argon	4,3	Kobalt	50	Neodym	3,0
Magnesium	1 290	Arsen	3,7	Germanium	50	Tantal	2,0
Schwefel	905	Uran	3,2	Silber	40	Yttrium	1,3
Kalzium	412	Vanadium	2,5	Gallium	30	Cer	1,0
Kalium	399	Aluminum	2,0	Zirkonium	30	Dysprosium	0,9
Brom	67	Eisen	2,0	Quecksilber	30	Erbium	0,8
Kohlenstoff	28	Nickel	1,7	Blei	30	Ytterbium	0,8
Strontium	7,9	Titan	1,0	Wismut	20	Gadolinium	0,7
Bor	4,5	Kupfer	0,5	Niob	10	Praseodym	0,6
Silizium	2,0	Cäsium	0,4	Thallium	10	Scandium	0,6
Fluor	1,3	Chrom	0,3	Zinn	10	Holmium	0,2
Lithium	0,18	Antimon	0,2	Thorium	10	Thulium	0,2
Stickstoff	0,15	Mangan	0,2	Helium	7	Lutetium	0,2
Rubidium	0,12	Selen	0,2	Hafnium	7	Indium	0,1
Phosphor	0,06	Krypton	0,2	Beryllium	6	Terbium	0,1
Jod	0,06	Kadmium	0,1	Rhenium	4	Samarium	0,05
Barium	0,02	Wolfram	0,1	Gold	4	Europium	0,01
Molybdän	0,01	Neon	0,1				

Tab. 12. Geochemische und industrielle Daten für einige Spurenelemente (nach *Gerlach* (22))

		Hg	Cd	Sb	Se	Pb	Cr	As	Cu	Zn
Konzentration in Erdkrustenmaterial	mg/kg	0,1	0,2	0,1	0,1	15	?	2	45	40
Konzentration in Seewasser	µg/l	0,04	0,02	0,5	0,5	0,04	0,3	2	2	3
Gesamtmenge im Weltmeer (1,4 · 10^{21} l)	10^6 t	56	28	700	700	56	420	2800	2800	4200
Zulieferung durch Verwitterung	1000 t/Jahr	3,5	?	1,3	7,2	150	240	72	330	720
Zulieferung über die Atmosphäre (aus fossilen Brennstoffen)	1000 t/Jahr	3,2	?	?	0,5	3,6	1,5	0,7	2	7
Produktion der Bergwerke	1000 t/Jahr	9,0	15,0	65,0	1,2	3000	3000	30	6000	5000
Jährliche Bergwerksproduktion in % der Gesamtmenge in den Ozeanen	%	0,02	0,05	0,009	0,0002	5	0,7	0,001	0,2	0,1

141

Tab. 13. Schwermetallgehalt im Ozean (bzw. Sediment, Algen, Fisch), mittlere Schätzwerte nach *Phillips* (23)

Metalle:	Zn	Cd	Pb	Cu	Mn	Ni	Co	Cr	Hg	Ag	As
Offener Ozean*	2–10	0,1–0,3	0,1	1–3	0,2–1	1–3	0,1	0,1	0,05	0,15	
Küstennähe*	1–10	0,1–0,5	0,2–1	1–15	1	1–4	0,1			0,1	
Ästuarien*	10–500	1–10	2–40	2–20	1–100	1–10	6			0,2	
Sediment (trocken)**	20–1000	0,5–5	5–100	5–50	50–500	30–50	10–20	40–100	0,2–3	1	
Algen (trocken)**	50–500	1–10	2–50	5–50	50–400	4–10	2–10	4	0,1–0,2	0,1	20–40
Fischmuskel**	5–50	0,1–1	0,2–2	0,5–5		0,1–2		0,5–1	0,1–1		1–8
Höchstwerte**	210	3	15	9		7		2	16		300

* Zahlenangaben in µg/l bzw. ppb
** Zahlenangaben in mg/l bzw. ppm

Tab. 14. Im Wasser gelöste Substanzen in Prozenten (nach *Loub*)

Substanz	Meerwasser	Süßwasser
CO_3 bzw. HCO_3	0,41	35,15
SO_4	7,68	12,14
Cl	55,04	5,68
NO_3	Spuren	0,9
Ca	1,15	20,39
Mg	3,69	3,41
Na	30,62	5,79
K	1,10	2,12
Fe + Al	–	2,75
HBO_3	bis 0,31	–

Tab. 15. Ölverseuchung der Meere (nach *Giere* (65))

Herkunft des Öls		Menge in Mio. t	%
1. Transporte auf dem Meer		2,1	
– durch Tankerunfälle	0,6		
– durch Tankreinigung	1,4		35
– durch andere Quellen	0,1		
2. Natürliche Quellen		0,6	10
3. Bohrinseln im Meer		0,05	1
4. Eintrag vom Land		3,3	
– durch Flüsse	1,6		54
– durch Regen	0,6		
– durch andere Quellen	1,1		
Gesamteintrag		6,05	100

VIII. Der Wald

1. Der Wald als Wirtschaftsfaktor

Ein Drittel der Landoberfläche der Erde ist mit Wäldern bedeckt.
Davon liegen 55% in den Entwicklungsländern. – In der Bundesrepublik Deutschland gibt es 7,2 Mio. ha Wald, das sind 29% der
Gesamtfläche. 1973 betrug der Wert der forstwirtschaftlichen Erzeugung 2,2 Mrd. DM. Bis vor wenigen Jahren wurde vor allem
die volkswirtschaftliche Funktion des Waldes als Rohstoffprodu-
zent und Einkommensquelle gesehen. Erst neuerdings setzt sich
langsam die Erkenntnis durch, daß der Wald auch eine Sozialfunk-
tion hat, daß er ein lebenswichtiges Ökosystem darstellt. *Kapp* (1)
schätzte 1971 den Gesamtwert des Waldes der BRD auf 70 Mrd.
DM (etwa 10 000 DM/ha). Davon entfielen auf die Holzproduk-
tion 17 Mrd. DM, auf die sonstigen Umweltfunktionen 53 Mrd.
DM. Ein Wasserwerk ist z.B. bereit, einen höheren Preis zu zahlen
für den Vorteil einer gleichmäßigen Lieferung hochwertigen Wassers aus einem Waldgebiet. Ein Hotelbesitzer schätzt den eigenen
Wald als Erholungs- und Jagdgebiet für seine Gäste.

Die Produktion von Holz
Noch ist die wirtschaftliche Grundlage der Waldbesitzer die Produktion von Holz. Etwa die Hälfte der Wälder ist in Privathand,
die andere Hälfte gehört dem Staat und den Kommunen.

Vom Holz gehen an die Sägeindustrie (Hoch- und Tiefbau, Verpackung, Möbelindustrie) 54%, Spanplatten, Faserplatten 21%,
Zellstoff- und Papierindustrie 12%, Masten, Schwellen, Gruben-
holz 6%, Sperrholz- und Furnierindustrie 4%, Brennholz und Holz-
verkohlung 3%. Die Hälfte des inländischen Holzbedarfs (30 Mio.
fm) wird importiert (2). Der Wert des Holzes steigt in den industriellen und handwerklichen Verarbeitungsstufen bis auf das 30fa-
che des Wertes der forstlichen Produktion (3). – Der Umsatz der
Holzindustrie betrug 1972: 18,3 Mrd. DM, die Zahl der Beschäftigten: 265 000. – Abweichende Zahlen nannte die „Schutzgemeinschaft Deutscher Wald" für 1977: Danach werden in der
BRD jährlich 40 Mio. Festmeter Holz verbraucht. Die eigene Produktion betrug 28 Mio. Festmeter im Wert von 2,7 Mrd. DM. Die
Forstwirtschaft beschäftigte 50 000 Menschen (900 000 in Teil-
zeitbeschäftigung), die Holzindustrie 642 000. – 44,4 % des Waldes sind im Privatbesitz, die Bundesländer besitzen 30,4%, die Gemeinden und Körperschaften 25,2%. – Der Anteil der Buchen ist
23%, der Eichen 8%, Fichten, Tannen, Douglasien 42,5%. – Nach

Stutzer (4) wird die Forstarbeit immer mehr technisiert, von der vollmechanischen Pflanzung bis zur Ernte. – *Mayer* (5) erörtert ausführlich „Hat der Waldbau noch eine Zukunft?".

In den westlichen Ländern wird das Holz nur noch wenig als Brennstoff genutzt. Eine entscheidende Rolle spielt diese Verwendung aber noch in den Entwicklungsländern. *Adams* (6) schätzt, daß diese einen Jahresverbrauch von 1–1,5 t Holz/Kopf haben (zum Kochen, Brennen von Tonwaren, Metallarbeiten u.a.). Zum Vergleich: der Weltverbrauch an fossilen Brennstoffen (Kohle und Öl) lag 1979 bei 1,2 t pro Kopf. 1975 wurden insgesamt etwa 5 Mrd. t Kohle und Öl verbrannt gegenüber 1,1 Mrd. Festmeter Holz. Sogar in der Schweiz konnten 1975 durch Holzheizung 100 000 t Heizöl eingespart werden. – Über die Zunahme der Kohlendioxidkonzentration in der Atmosphäre in Abhängigkeit von der Holzverbrennung (Waldbränden) (7).

Kolterer (8) und *Niesslein* (9) sagen dem Wald, dem Holz, eine große Zukunft voraus. Der Rohstoff Holz erneuert sich im Zuge natürlicher Vorgänge von selbst. Der Reproduktionsprozeß ist umweltverträglich, ja sogar umweltfreundlich. Bei der Produktion gibt es kein Problem der Abfallbeseitigung. Besonders aussichtsreich ist die Verwendung von Holz als Baustoff. Angesichts der erst jetzt beginnenden Energiekrise ist es wichtig, daß der Energieaufwand für ein Holzhaus nur halb so groß ist wie bei der Errichtung eines konventionellen Hauses aus Beton oder Backsteinen. Besonders hoch ist der Energieaufwand, wenn Kunststoffe oder gar Aluminium eingesetzt werden. „Holzbauten sparen aber auch noch Heiz- und Klimatisierungsenergie". Darüber hinaus haben Holzhäuser gesundheitliche Vorteile (siehe Umweltfunktionen des Waldes). Einen Literaturbericht „Wirkungen des Waldes auf die Umwelt des Menschen" gab *Brünig* (3).

2. Wasserhaushalt des Waldes

In Wäldern verdunstet ein erheblicher Teil der Niederschläge, etwa 70%. Eine ausgewachsene Birke verdunstet z.B. im Sommer täglich etwa 100 Liter Wasser. Eine Aufforstung von vernäßten Standorten senkt daher den Grundwasserspiegel. Vom Gesamtniederschlag fließt ein Teil direkt ab. Ein Teil verdunstet. Zu unterscheiden ist die Evaporation (physikalische Oberflächenverdunstung des Wassers, das an der Oberfläche der Blätter bzw. der Nadeln haftet) von der Transpiration (Wasser, das aus dem Blattinnern über die Spaltöffnungen dampfförmig entweicht). Diese beiden Verlustquellen faßt man zusammen unter der Bezeichnung

„Evapotranspiration". Ein weiterer Teil des Niederschlagswassers füllt die Poren des Erdbodens, das Überschußwasser sickert hindurch und bildet das Grundwasser. Der Tabelle kann man entnehmen, daß nackter Boden nur 30% der Niederschläge verdunsten läßt, Fichtenwald dagegen 70%. Der Wald ist also scheinbar ein „Wasserverschwender". In ariden Gegenden hat man daraus tatsächlich früher den Schluß gezogen, daß man durch teilweise Entwaldung die Wasserbilanz, die unmittelbar verfügbare Menge, vergrößern kann. Das wäre für unsere Breiten ein Fehlschluß. Durch die Speicherung des Wassers im Waldboden wird die Überschwemmungsgefahr nach einem starken Regen vermindert, die Wasserabgabe in trockenen Zeiten erhöht. Insbesondere wird die Wasserqualität beim Filtern durch den Waldboden erheblich verbessert. Im Wald wird die Schneeschmelze um etwa 10 Tage verzögert, eine Hochwassergefahr im Frühling also verringert. Insbesondere wird durch den langsamen Wasserabfluß die Erosion, das Fortspülen der wertvollen Humusdecke verhindert (siehe auch „Erosion" Kap. IV. 6.1.). Der Wasserhaushalt des Bodens wird mit Lysimetern gemessen. Das sind mit Erdboden der natürlichen Schichtung und Pflanzendecke gefüllte, wägbare Kästen (Fläche z.B. 1 m^2, Tiefe 1,5 m).

Ausführliche Beispiele über die Abhängigkeit des Wasserhaushaltes der Böden von der Vegetation brachte *Brechtel*.

Zundel (11) schrieb eine „Landschaftsökologische Betrachtung" über „Wald und Wasser", *Hoffmann* über „Der Wasserhaushalt des Waldbodens". – *Kreutzen* u.a. (12) schreiben über „Einfluß der Waldbewirtschaftung auf die Wasserspende und die Wasserqualität". Eine Zusammenfassung der neuesten Kenntnisse über den Wasserhaushalt des Waldes enthält das Handbuch von *Buchwald* und *Engelhardt* (13).

3. Wirkung der Luftverunreinigungen

Über die Wirkung von Luftverunreinigungen, insbesondere Schwefeldioxid, Flußsäure u.a. auf die Vegetation wurde bereits in Band I und II berichtet. Eine Zusammenfassung: „Luftverunreinigung und Waldwirtschaft" brachte *Knabe* (14). Durch SO_2 sind im Ruhrgebiet 1700 km^2 Wald stark geschädigt, ein Randgebiet von 3000 km^2 erheblich geschädigt. „Biologisch nachweisbare Immissionswirkungen erfassen jedoch noch einen weit größeren Raum". In der DDR waren bereits 1965 2000 km^2 Wald geschädigt, davon 230 sehr stark, 390 stark. Große SO_2-Emissionen werden auch aus 30 km entfernten böhmischen Braunkohlekraftwerken hinzugeweht. – In den USA wird die ganze Ostküste von Washington bis Boston als Gebiet hoher Luftverunreinigung angesehen. An der Westküste der USA (Los Angeles, San Franzisko) überwiegen oxidierende Gase (Ozonverbindungen) auch in einer Entfernung von 130 km von den Ballungsgebieten. – Durch hohe Schornsteine werden die lokalen Schäden vermindert, die Häufigkeit der leicht erkennbaren akuten Schäden verringert, dagegen die Ausdehnung chronischer Schäden gesteigert. Ein Vorteil für die Verursacher ist also, daß weit entfernt auftretende Schäden meist nicht mehr auf bestimmte Quellen zurückgeführt werden können. – In der BRD gilt die TA Luft 1974. Danach sind die maximal zulässigen Immissionskonzentrationen (MIK) für SO_2 0,14 mg/m^3 bei Langzeiteinwirkung, 0,40 bei Kurzzeiteinwirkung.

Nach dem Bericht von *Knabe* (15, Tabelle 16) treten aber Schäden in Fichtenbeständen bereits bei SO_2-Konzentrationen auf, die nur ein Zehntel der Schadstoffkonzentrationen betragen, die angeblich für Menschen unschädlich sein sollen. Die TA Luft Werte entsprechen weitgehend den Wünschen der Industrie bzw. deren Sachverständigen. Die Schäden an Fichten bzw. deren Nadeln wurden durch deutlich sichtbare Veränderungen festgestellt. Nach *Roback* sollte man auch die unsichtbaren Schäden erforschen, die bei noch kleineren Schadstoffkonzentrationen auftreten, z.B. die Veränderung der Chloroplasten (die im Elektronenmikroskop sichtbar werden). Aufschlußreich sind Untersuchungen über die Störungen des Stoffwechsels von Pflanzen (Assimilation, Dissimilation, enzymatische Prozesse). Als weitere Sekundärschäden führte *Knabe* an: Verminderung der Resistenz gegen Frost- und Insektenschäden, Massenvermehrung latenter Frostschädlinge. – Als Gegenmaßnahme gegen Rauchschäden werden Düngung bzw. Kalkung empfohlen. – Viel Arbeit wurde auch in die Züchtung immissionsresistenter Pflanzen gesteckt. Ein Wissenschaftler erreichte in 20jähriger Forschungsarbeit, daß Nadelbäume eine 2- bis 3mal höhere SO_2-Konzentration vertragen. Seine Kollegen meinten freilich, daß bei dieser Schadstoffkonzentration der größte Teil der Bodenflora und -fauna eingehen, mittelbar dann auch die Bäume. Die Wirkung der Sauerstofferzeugung in den Wäldern wird nach *Brünig* (16) stark überschätzt. Der größte Teil (99,9%) wird an Ort und Stelle für den Abbau toter Pflanzenmasse wieder verbraucht. – Eine vielfach größere Bedeutung für den Sauerstoff-Kohlendioxid-Haushalt haben die Meere.

Die organische tote Masse wird z.T. am Meeresboden festgelegt, also dem Kreislauf entzogen, nicht wieder umgesetzt, so daß ein Sauerstoffüberschuß entsteht. – Für die Reinhaltung der Luft wirkt der Wald insbesondere dadurch, daß er infolge seiner Oberflächenrauhigkeit (im Kronenbereich) einen vertikalen Luftaustausch, die Durchmischung der Luft fördert. Der größte Teil des Staubes wird dabei herausgefiltert. Die Waldesluft ist im Sommer kühl und feucht, reich an aromatischen Verbindungen (Terpenen). Manche Menschen sind jedoch allergisch gegen Blütenpollen.

4. Waldschutzstreifen

Knabe (17) berichtete über die Schutzwirkung des Waldes als Trennfläche zwischen Wohnsiedlungen einerseits und Straßen und Industrieanlagen andererseits. Waldstreifen wirken als Filter für Gase, Stäube, Nebel (die Luftverunreinigungen gelöst haben), Geräusche und Strahlen. Die Wirkung beruht insbesondere auf der „Oberflächenvergrößerung, die bei einem Buchenbestand im Sommerhalbjahr etwa das 14fache, bei einem Fichtenbestand ganzjährig bis zum 26fachen der Bodenfläche ausmachen kann". Die Verunreinigungen schlagen sich auf den Blättern und Nadeln nieder und werden schließlich durch den Regen in den Boden gewaschen. Als Filterkapazität für Staub wurden bis zu 60 t/ha beobachtet. Besonders wichtig ist die Bindung radioaktiver Luftverunreinigungen in der Umgebung von Kernkraftwerken. Waldstreifen von 2–3 km Breite vermindern nach *Knabe* wirksam Industrieemissionen (SO_2 und Staub). „Solche Streifen sind unter allen Umständen zu erhalten." In der Praxis werden leider gerade in Ballungsgebieten Wälder rücksichtslos für Industrie- und Verkehrszwecke geopfert. Neuanpflanzungen werden erst nach vielen Jahren wirksam. – Selbstverständlich werden durch Schutzpflanzungen die Bemühungen nicht überflüssig, die Industrie zu einer besseren Reinigung ihrer Abgase zu nötigen.

Schon lange gibt es Verfahren, die technisch erprobt und wirtschaftlich zumutbar sind. Leider hat das Bundeskabinett am 11. 11. 1977 zugestimmt, daß das Bundesimmissionsgesetz nicht verschärft wird, sondern im Gegenteil unter bestimmten Verhältnissen die Luft noch stärker verschmutzt werden darf. Die „Sachverständigen", auf Grund deren Gutachten dieser Beschluß erfolgte, müssen namentlich festgehalten werden.

Wichtig für den ganzjährigen Immissionsschutz ist die Fichte, die erhebliche Mengen an SO_2 und auch Flußsäure binden und an die Niederschläge wieder abgeben kann (falls die Konzentrationen nicht so hoch sind, daß die Bäume eingehen). Die Nadeln besitzen Wachsüberzüge, die auch karzinogene Aromaten speichern und unschädlich machen können. In einem stark belasteten Gebiet wurden 3,5 mg polyzyklische Aromaten je kg frischer Nadeln gefunden, gegenüber 0,5 mg/kg in einem wenig belasteten Gebiet. Im Waldboden werden auch die meisten Kohlenwasserstoffe der Autoabgase innerhalb von 5 Tagen abgebaut. – *Knabe* unterscheidet Überlastungszonen, in denen die meisten immergrünen Nadelhölzer eingehen, und Belastungszonen, in denen resistente immergrüne Koniferen angebaut werden können mit hohen Absorptionsleistungen (z.B. im Großraum Aachen, Bielefeld, Bonn, Reydt, Remscheid und Siegen). Anschließend liegen die Abschirmzonen, wo im Lee großer Ballungsgebiete zeitweise große SO_2-Konzentrationen auftreten. Auch in diesen weit entfernten Außenzonen hat der Wald noch eine beträchtliche Filterwirkung. In einem Fichtenbestand im Solling wurden noch 200 kg Schwefel pro Hektar und Jahr ausgefiltert gegenüber 50 kg/ha auf freiem Gelände.

Wichtig sind Schutzwaldungen auch zur Minderung von Geräuschen von Autobahnen und Bundesstraßen. Hier werden Schutzstreifen von 300 m Tiefe empfohlen (bei Verkehrskreuzungen 1000 m), ebenso für Flugplätze und Umgebung von Kurorten.

Ein etwa 100 m tiefer Streifen dichter Vegetation vermindert Verkehrgeräusche um 2–10 dB (A), also maximal um die Hälfte. Ein Schutzstreifen hat auch als Sichtschutz eine erhebliche psychologische Wirkung. – Waldboden wird in Industriegebieten durch Säuren, insbesondere Schwefelsäure, stark ausgelaugt. Darüber berichten *Tyler* (18) und *Cronau* (19). – Aber auch in einem weitabliegenden „Reinluftgebiet", im Solling, wurden erhebliche Immissionsschäden beobachtet, u.a. eine Änderung der chemischen Zusammensetzung der Böden (20). Die Konzentrationen an Mg, P, Al und Mn nahmen ab. Infolge des zu niedrigen pH-Wertes und des zu hohen Mn-Gehaltes des Versickerungswassers entsprach es nicht mehr den Qualitätsanforderungen an Oberflächenwasser. Durch die Versauerung (Podsolierung) des Bodens ließ auch die Naturverjüngung nach. *Ulrich* erwartet für den mitteleuropäischen Waldbestand erhebliche Zuwachsrückgänge insbesondere auf leichten Böden als Folge des Mg- und Mn-Mangels. *Lampadius* schrieb einen „Beitrag zum Nachweis der Wertminderung des Waldes als Folge von Immissionswirkung" (21).

5. Hecken

In früheren Zeiten war die Landschaft insbesondere im Flachland durch Hecken gegliedert. Diese hatten vielerlei Funktionen als Gebietsabgrenzung, Schutz vor Wind- und Wassererosionen, Flucht- und Wohnstätte für Vögel und andere Tiere. Die Bedeutung einer Hecke für das Mikroklima geht aus Abbildung 6 hervor. Danach wird durch eine 3 m hohe Hecke auf der Leeseite der Tauniederschlag bis um 80%, der Regenniederschlag um 20%, die Bodenfeuchtigkeit um 10% erhöht. Die Verdunstung wird um 20%, die Windgeschwindigkeit um 60% verringert. Diese Wirkungen sind bis auf Abstände von 60 m meßbar. Da die Hecken die Feldbestel-

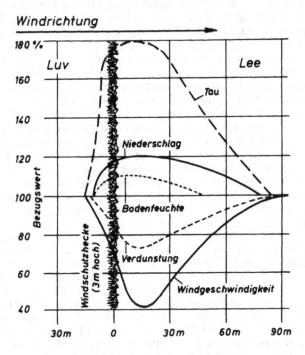

Abb. 6: Der Einfluß einer Windschutzhecke (nach *Krauter* (39)).

lung mit großen Maschinen nicht zuließen, wurden sie größtenteils niedergelegt. Erst als größere Schäden durch Erosion offensichtlich waren, wurden die Hecken z.T. unter Schutz gestellt, der aber vielfach umgangen wird. Die Hecken sind nicht nur ökologisch nützlich, sondern auch ästhetisch vorteilhaft, ein Gesichtspunkt, der selten gewürdigt wird. — *Rotter* und *Kneitz* (22) berichteten ausführlich über „Die Fauna der Hecken und Feldgehölze". *Keller* (23) untersuchte die luftfiltrierende Wirkung von Holzgewächsen, insbesondere für Blei und andere Stäube. Nach einem Sammelreferat (24) hatte eine Weißbuchenhecke an einer Autostraße an der Straßenseite 115 ppm Blei, an der abgewandten Heckenseite nur 60 ppm. — *Engelhardt* (25) schrieb über die Bedeutung von Hecken und Feldgehölzen. Nach dem „Reichsnaturgesetz" des Landes Niedersachsen und der Verordnung zur Erhaltung von Wallhecken der Bezirksregierung Lüneberg stehen Hecken unter Schutz. Auf Weiden schützen sie das Vieh vor zuviel Wind und Sonne und verhindern das Austrocknen der Wiesen. Auf eingefriedeten Weiden gibt es weniger Mäuse, sie werden durch Marder und Iltisse kurzgehalten. Vögel nutzen Hecken als Niststelle und helfen bei der Bekämpfung von Schädlingen.

6. Zusammensetzung der Wälder. Walderneuerung

In vorgeschichtlicher Zeit war fast ganz Mitteleuropa von Urwäldern bedeckt. Zwei Drittel waren Laub-, ein Drittel Nadelwald. Im Mittelalter wurden weite Gebiete gerodet. Große, zusammenhängende Wälder blieben auf ärmeren Böden des Flachlandes und in rauhen Gebirgslagen erhalten. Vor etwa 100 Jahren begann die Forstwirtschaft die Mischwälder durch Nadelholzplantagen zu ersetzen. Diese waren zwar ertragsreicher, aber anfälliger für Katastrophen (Schäden durch Sturm, Brand und Schädlinge). Zur Zeit wachsen aus agrarpolitischen Ursachen die Brachflächen. Wenn der Mensch nicht eingreift, entwickelt sich aus ihnen in wenigen Jahrzehnten wieder Mischwald, der das Schlußstadium der Vegetation ist. — Im Jahr 1878 fielen auf 100 Einwohner Deutschlands noch 32 ha Wald, 1913: 21 ha, jetzt noch 12 ha. — Im vorigen Jahrhundert wurde noch ein Kahlschlag großer Flächen vermieden. Ein Wald enthielt alle Altersstufen, die in Gruppen oder einzeln auftraten. Je nach Bedarf wurde jährlich eine Anzahl Bäume herausgeschlagen (Femelsystem, Plenterwald). Dieses System wird auch jetzt noch im Gebirge und in kleinerem bäuerlichen Besitz angewendet. — *Likens* u.a. (26) untersuchten ausführlich die schweren Folgen von Kahlschlägen für den Wasser-, Mineral- und Humushaushalt eines Waldes. Erst nach 60—80 Jahren wird ein ökologisches Gleichgewicht wieder eingestellt. — Den Stickstoffhaushalt eines Waldes untersuchten *Bormann* u.a. (27). — Der deutsche Hochwald bestand 1972 zu 42% aus Fichten und Tannen, 27% Kiefern und Lärchen, 21% Rotbuchen, 7% Eichen und 2% Pappeln. Auf armen Böden gedeihen auch Birken. Diese dienten bisher für die Herstellung von Zellstoff und Papier oder auch als Brennholz. Häufig werden sie auch als eine Art Unkraut angesehen. In der Lüneburger Heide versuchten „Naturschützer" die Birken mit Giften auszurotten. Jetzt gelangen der Forstlichen Ver-

suchsanstalt Escherode (Göttingen) neue Züchtungen, die ertragsreicher sind und sich auch für Furnierholz eignen.

7. Eine neue Waldpolitik?

Am 13. 11. 1972 legte ein Orkan 15 Mio. Festmeter nieder, 2/3
des westdeutschen Jahreseinschlags. Damit war eine Gelegenheit
zu einem Neuanfang gegeben, zu einer Abkehr von den dichten
Monokulturen, den Nadelholzplantagen, die in Norddeutschland
seit 100 Jahren überwogen. Bisher wurde behauptet, daß die Bodenqualität und das Klima keine andere Bebauung zuließen. Bodenproben ergaben aber schon vor der Sturmkatastrophe, daß
noch im Dreißigjährigen Kriege die eintönigen Kiefernforste zu
60% mit Eichen bewachsen waren. Tatsächlich bestimmen kurzsichtige wirtschaftliche Überlegungen den Waldbau. Die Aufforstung mit Laubhölzern kostet mehr als das Doppelte einer Nadel-
holzkultur. Eine Fichte wird mit 80 Jahren hiebreif, eine Eiche
dagegen erst mit 250 Jahren. Dazu kommen Kosten für die Bodenverbesserung. Der Oberboden ist durch den langzeitigen Nadel-
holzanbau versauert. Die Fichtenstreu und die flache Bewurzlung
haben den Boden degradiert. Die Nadeln verwittern nur langsam.
Am Boden reichert sich ein Rohhumus an, der nährstoffarm ist,
keine Bodenvegetation zuläßt. Die Wasserkapazität und der Hu-
musanteil des Bodens werden verringert, der pH-Wert sinkt. Insbesondere wird aber der Anbau von Laubholz bzw. Mischwald
durch die Übersetzung mit Wild verhindert, das die frischen
Triebe abfrißt. Da die Jäger in allen Regierungen eine starke Lobby haben (siehe auch VIII.9), wird auch aus diesem Grund eine
Walderneuerung sehr erschwert. − Die Bundesforschungsanstalt
für Forst- und Holzwirtschaft (Reinbeck) fordert eine Abkehr von
den bisherigen Anbaumethoden. Zum Beispiel sollen die Baumab-
stände erheblich weiter werden. Für Kiefern müßten die Abstände
3 m sein (bisher 80 cm), für die tannenähnlichen, ertragreichen
Douglasien 4 m (bisher 1,3 m). Dadurch erhält man stärkere
Stammdurchmesser, erhöhte Widerstandsfähigkeit gegen Sturm.
Die Bäume können auch früher geschlagen werden. Nach *Brünig*
(28) sind ,,Waldbaupraxis . . . bis in die jüngste Zeit gekennzeichnet durch extrem hohe Anfangsstammzahlen . . . Diese Produk-
tionsprogramme sind extrem risikobelastet nicht nur hinsichtlich
der Sturmgefährdung . . . sondern ganz besonders auch wegen der
verminderten allgemeinen Resistenz der unter starkem Konkur-
renzdruck stehenden Bäume gegen Schädigungen aller Art (z.B.
Insekten, Pilze, Dürre)''. Hinzuzufügen sind noch ,,Brandgefahr

und Schneebruch". – Ein Mischwald entspricht im allgemeinen
am besten den ökologischen Anforderungen, wenn auch die Stand-
ortbedingungen berücksichtigt werden müssen. – In Niedersachsen
wurden in den vergangenen Jahren 25 000 ha wiederaufgeforstet,
die durch Sturm und Brand zerstört waren. Aber nur 400 ha wurden mit Eichen bepflanzt. – Der Forstverband Verden (Aller) hat
1060 ha wiederaufgeforstet, 39% mit Kiefern, 33% mit Douglasien, 24% mit Fichten, also 96% Nadelholz. – In einem Bericht
aus dem Raum Eschede (Kreis Celle) vom August 1979 heißt es:
von der 3000 ha großen Brandfläche (Privatbesitz) werden 2850
ha wiederaufgeforstet (120 ha in Acker- und Grünland verwandelt). Die neue Baumgeneration besteht wieder zum größten Teil
aus Kiefern. Bodenproben ergaben, daß nur (?) 25% der relativ
trockenen und sandigen Heideböden für den Anbau von Laubbäu-
men, Fichten oder Lärchen geeignet sind. – Um der Brandgefahr
vorzubeugen, beginnt der Ausbau fester Straßen (für Löschfahr-
zeuge). Auf beiden Seiten werden 3 Meter breite Sandstreifen (!)
angelegt. – Ein Gegenbeispiel: Forstdirektor *Sperber* (Ebrach,
Steigerwald) pflegt den „naturnahen Waldbau". Er verzichtet auf
Kahlschläge, vermeidet großflächige gleichaltrige Pflanzkulturen
soweit wie möglich zugunsten natürlicher Verjüngung des Waldes.
Ziel ist der Plenterwald, ein nach Alter und Arten gestufter und
permanent genutzter Mischwald. „Wir vermeiden die typischen
Folgewirkungen des Kahlschlags, z.B. Frostschäden, Austrocknung durch pralle Sonneneinwirkung, Vergrasung, Mäusefraß . . .
sparen die Pflanzkosten und die teure Dickungspflege . . . nutzen
die Sonne optimal für den Lichtwuchs zuwachsträchtiger Zu-
kunftsstämme und ziehen in deren Halbschatten bereits den
Baumnachwuchs groß." Naturgemäßer Waldbau ist in der Schweiz
und Slowenien selbstverständlich, wird in der Bundesrepublik vor
allem von Privatwaldbesitzern betrieben, die durchaus rentabili-
tätsbewußt denken, „aber nicht kurzatmig, sondern über Generationen hin". *Brünig* (3) schrieb über „Wirkungen des Waldes auf
die Umwelt des Menschen", *Mayer* (32) über „Bioklimatische
Kennziffern für die Waldatmosphäre in Hinblick auf die Erho-
lungsfunktion". *Jacob* (33) über „Ergebnisse einer experimental-
psychologischen Ergebnisanalyse verschiedener Waldbestände".
Barthelmeß (34) gab eine geschichtliche Übersicht der Waldpro-
bleme „Wald – Umwelt des Menschen". *Pflug* (29) schrieb eine
„Stellungnahme" zum Entwurf eines Gesetzes zur Erhaltung des
Waldes und zur Förderung der Forstwirtschaft" (Bundeswaldge-
setz). – Der Forstpathologe und Verfechter des biologischen Umweltschutzes *Reisch* (30) schrieb über „Waldschutz und Umwelt".
Likens (31) ein Buch „Biogeochemistry of a forested ecosystem".

8. Bannwald

In den letzten Jahrzehnten wurden große Waldgebiete für Gewerbebetriebe, Wohnsiedlungen und Verkehrsanlagen geopfert, und das gerade dort, wo sie besonders wichtig waren, in Ballungsgebieten. Da der „Landschaftsschutz" nicht ausreicht, wurde im Waldgesetz für Bayern Artikel 11 aufgenommen:

„Wald, der auf Grund seiner Lage und seiner flächenmäßigen Ausdehnung vor allem in Verdichtungsräumen und waldarmen Regionen unersetzlich ist und deshalb in seiner Flächensubstanz erhalten werden muß und welchem eine außergewöhnliche Bedeutung für das Klima, den Wasserhaushalt oder für die Luftreinigung zukommt, soll . . . Bannwald erklärt werden."

Der Wald darf weiter forstwirtschaftlich genutzt werden. Seine Waldfläche darf aber nicht durch Rodungen, Bebauung u.a. verkleinert werden. Ausnahmen sind nur zulässig, wenn zwingende Gründe des öffentlichen Interesses vorliegen, wie Straßenbau, Versorgungsleitungen, militärische Anlagen. – Widerstand leisteten Privateigentümer, die ihren Wald zum hundertfachen Preis als Bauland verkaufen wollten, aber auch Gemeinden, die ihre Planungshoheit eingeschränkt sehen. Für ihre Vorhaben (Straßen, Sportplätze u.a.) müssen sie eine „große Dringlichkeit" nachweisen. – Erster bayerischer Bannwald wurde der Reichswald bei Nürnberg.

9. Die Jagd

„Die Forstbeamten stehen in einem Interessendreieck aus Waldnutzung, Naturschutz und Jagd." „Das System Wald ist nicht nur eine Ansammlung von Bäumen, sondern es ist eine Lebensgemeinschaft von Pflanzen und Tieren." Das Verhältnis von Wald und Wild steht z.Z. im Vordergrund der Diskussion.

Bis in das vorige Jahrhundert hinein hatte noch das Raubwild (Luchs, Bär, Wolf) eine regulierende Funktion in den großen Wäldern. Inzwischen sind aus den meisten Wäldern Forste geworden, Holzplantagen. Anstelle des Raubwildes trat der Jäger, er soll das überzählige, schwache und kranke Wild ausmerzen. Die Jäger betonen, daß die „Hege" die Hauptaufgabe der Jagd sei. Vorgeworfen wird ihnen eine „Überhege". Der Wildbestand sei viel zu hoch, dadurch werde Wald und Wild gefährdet (35).

In der Bundesrepublik gab es 1976: 260 000 Jäger. Ihre Zahl hat sich in den letzten zwei Jahrzehnten verdreifacht. Für ihre Liebhaberei, ihre Jagdleidenschaft, gaben sie im Jahr 500 Mio. DM aus: für die Jagdpacht 200 Mio. DM, Ausrüstung und Wildschäden 120 Mio. DM, dazu die Kosten für Hege, Fütterung und Hundehaltung. Der Wert des Wildbrets betrug 140 Mio. DM, die Einfuhr erreichte denselben Betrag. – International stellen die Jäger einen beachtlichen Wirtschaftsfaktor dar. Für die 15 Mio. Jäger und 26 Mio. Schützen wird ein privates Investitionsvolumen von 84 Mrd. DM geschätzt.

Der Wildbestand in den Wäldern ist zu hoch: als ökologisch tragbar wird ein Bestand von 3 Stück Wild auf 100 ha angenommen. Nach dem alten Jagdgesetz waren 7 Rehe je 100 ha zugelassen. Nach dem geschätzten Wildbestand wird jedes Jahr ein Abschußplan festgelegt. Das scheue Wild zieht sich in den lichten Nadelholzforsten ohne Unterholz vor den lärmenden Autos und Fußgängern zurück. Erst in der Dämmerung erscheint es wieder, tritt aus den dichten Schonungen. Bei den Bestandsermittlungen sollen die Jäger erheblich mogeln. Ein hoher Wildbestand erleichtert es ihnen zum Schuß zu kommen. Durch die Überbesetzung findet das Wild nicht genügend Nahrung. In den dichten Forsten können Unterholz, Kräuter und Gräser nur in den Lichtungen gedeihen. Durch das Abfressen junger Knospen und Triebe, das Abschälen der Rinde, sogar der jungen, nährstoffarmen Nadelhölzer, entstehen jährlich Gesamtschäden an Holz von etwa 100 Mio. DM. „Millionen Rehe und Hirsche verhindern seit Jahrzehnten durch ihren Verbiß das Nachwachsen gesunder, für die Erhaltung einer funktionsfähigen natürlichen Umwelt, unersetzlicher Mischwälder." Ein kapitaler Hirsch kostet so dem Steuerzahler 30 000 DM. Eine schöne Trophäe ist für das Prestigebewußtsein des Jägers unabdingbar. Der Wildbiologe fordert dagegen gerade den Abschuß des Jungwildes (z.B. 90%) zur Wiederherstellung des ökologischen Gleichgewichts. „Die widernatürlich hohen Bestände einer Wildtierart beeinträchtigen auch deren eigenes Wohlbefinden. Hungerformen, kümmerliche Geweihbildung, verminderte Vermehrungsraten, Verseuchung mit Magen- und Darmparasiten sowie soziale Streßzustände häufen sich" (36). Der Forstingenieur *F. Ruhland* schlägt sogar die Reduzierung der Wildbestände auf ein Stück je 100 ha vor, da sonst eine Erhaltung und Verjüngung des Waldes auf natürlichem Wege nicht möglich sei bzw. an den hohen Kosten (für Zäune, Pflege) scheitern würde. Da die Wildbestandsmeldungen „objektiv unsachlich" seien, wird gefordert, daß insbesondere das Rotwild in Wintergatter gelockt und dort dezimiert wird. In Sonderfällen (Wildkrankheiten, Nichterfüllen des Abschußplanes, untragbare Schäden am Wald) soll der Abschuß auch an Fütterungen erfolgen. – Andererseits sollen bestimmte Wälder als Wildschutzzonen erklärt werden, in denen jegliche Jagd verboten wird. – Diskutiert wird auch über die Wiedereinführung von Raubwild. Dieser Plan wird an der Angst der Öffentlichkeit scheitern. Dazu ist festzustellen, daß in den USA zwei Menschen durch Bären getötet wurden in einem Zeitraum, in dem 50 000 Personen im Straßenverkehr umkamen. Im Bayerischen Wald wurde ein Kind von einem Wolf gebissen. Vor allem würde aber die Jägerlobby solche Pläne vereiteln. – Die Füchse genießen keinerlei Schonung, obwohl erfahrene Jäger wissen, daß sie den Naturwildbestand, z.B. die Hasen, gesund erhalten können. Seit die Tollwut in der BRD verstärkt auftritt, sollen die Länderregierungen gegen etwa 800 000 Füchse einen Vernichtungsfeldzug anordnen. Von 1951 bis 1969 starben in der BRD fünf Menschen an Tollwut, 1973 zwei (in Bayern). Jährlich mußten 3000 Menschen wegen Tollwutverdacht geimpft werden. Seit Jahren werden nun vom Bundesernährungsministerium Begasungsaktionen angeordnet. Der Hamburger Rechtsanwalt *Klaus Sojka* kämpft dagegen an: „Bisher konnte von keiner Stelle der Beweis erbracht werden, daß die Tollwut durch die Fuchsbegasungsaktion wirksam bekämpft wird." Es wird vermutet, daß über 50% der Infektionen auf dem Fuchs als Überträger beruhen. Auch Mäuse und Ratten übertragen die Krankheit (die auch vom Fuchs gefressen werden). Durch die Begasung geht auch der Dachsbestand erheblich zurück (siehe XII.2).

Während sich das Schalwild übermäßig vermehrt, ist das Niederwild gefährdet, insbesondere die Hasen. Ihr Ende ist betrüblich. Nur 12% werden von den Jägern erlegt, 11% von Autos überfahren, 18% von Raubtieren getötet, 20% von landwirtschaftlichen Maschinen. Der größte Teil, 39%, fällt aber Krankheiten zum Opfer. Die Jäger sprechen von der „schleichenden Vernichtung durch die Chemie". Anscheinend liegt selten eine direkte Vergiftung vor. Durch den massiven Einsatz von Herbiziden, Unkrautvernichtungsmitteln, in der Landwirtschaft, z.T. auch im Walde werden Kräuter vernichtet, deren Genuß für die Gesundheit der Hasen notwendig ist. Nun versucht man den Hasen geeignete Medikamente beizubringen. – *Onderscheka* (36) über „Herbizide und Wildtiere".
– Seit der starken Überbevölkerung ist das Füttern des Wildes üblich. Die Jäger rühmen sich sogar, einen Beitrag zum Naturschutz zu leisten. In der schönen Jahreszeit wird dadurch der Wildbestand weiter erhöht, die Jagdtrophäen werden noch stattlicher. Einige Jagdpächter versuchen, durch Fütterung die Tiere in ihrem Revier zu halten. Jetzt ist die Sommerfütterung offiziell verboten. Zusammen mit dem Futter werden auch Wurmmittel und andere Medikamente dem Wild zugeführt. Im Winter wird durch die Fütterung die natürliche Auslese verhindert, auch die kranken und schwachen Tiere kommen durch. Nur in harten und schneereichen Wintern sollte gefüttert werden.

Die Reviere werden wegen der wachsenden Zahl der Jäger verkleinert, immer mehr Jäger müssen sich ein Revier teilen. Aus der „Hege" wird eine Fütterung und Versorgung mit Medikamenten. Da ist es nur ein Schritt bis zur Haltung von Wild auf Weiden in landwirtschaftlichen Betrieben. Prof. *G. Reinken* (Bonn) machte 1976 erfolgreiche Versuche mit der Züchtung von Damwild. Diese Tiere sind anspruchslos und widerstandsfähig gegen Krankheiten. Auf einem Hektar können zehn Tiere gehalten werden. Brachliegende Ländereien sind besonders geeignet. Der Arbeitsaufwand ist gering: 40—80 Stunden im Jahr (bei Schafen 60—80, bei Milchvieh 120—140 Stunden). Die Tiere sind nach 1 1/2 Jahren schlachtreif. Die Weide müßte eingezäunt werden.

Die Behörden verzögern die Damtierhaltung. Die Jägerlobby will sie verhindern.

Das Niederwild, insbesondere die Vogelwelt, wird langsam ausgerottet. *Kalchreuter* (37) weist darauf hin, daß daran weniger die Jäger schuld seien als die Zerstörung des Biotops (Lebensraum) der aussterbenden Tiere. Immerhin wird bezweifelt, daß die Sonntagsjäger die 208 jagdbaren Tierarten, von denen neuerdings 50 nicht mehr oder nur unter bestimmten Bedingungen gejagt werden dürfen, nennen oder gar erkennen können. Nur 5% der deutschen Jagdscheininhaber haben sich für eine Schießleistungsnadel qualifiziert. Die Naturschützer forderten daher unter anderem: „Für seltene und im Bestand bedrohte Wildtiere ist ganzjährig der Abschuß zu verbieten. Dabei ist es belanglos, welche Rolle die Jagd beim Rückgang einer Art spielt. Jede Tötung auch nur eines Exemplars einer bedrohten Tierart ist objektiv kein Beitrag zu ihrer Erhaltung." – „Totales Abschußverbot aller gefährdeten Vogelarten der ‚Roten Liste' des Internationalen Rates für Vogelschutz." – „Verbot des Präparierens ganzjährig geschützter Arten." – „Ausweisung von Wildschutzgebieten, in denen auch die Jagd ruht." *Weinzierl* (38) „Ein Jagdgesetz fürs Wild".

Der engagierte, vielbefehdete Naturschützer *Horst Stern* richtete einen „Offenen Brief an den Jäger *Walter Scheel*". Nach *Stern* hat „keine andere gesellschaftliche Gruppierung so stark die höchsten Entscheidungsgremien der Industrie und des Staates durchsetzt wie die der Jäger" (ZEITmagazin vom 21. Februar 1975). Es ist ein Aufruf, ein Hilferuf. – Die Hobbyjäger sind stets erfolgreiche Menschen. Auch in der Provinz sind sie in den entscheidenden Gesellschaftsschichten stark vertreten.

Man kann ihnen keine langen, anstrengenden Fußmärsche auf morastigen Waldwegen zumuten. So werden in den einsamsten Gegenden Straßen gebaut, damit sie ihr Jagdrevier bequem erreichen können . – Es gibt vielerlei Vorwände, Straßen zu bauen,

„Erschließung" für den Fremdenverkehr, Arbeitsbeschaffung. Der Lebensraum des Wildes wird immer mehr zerschnitten und eingeengt, die Natur weiter zerstört.

10. Reiten

Ähnlich wie bei der Jagd entwickelte sich auch das Reiten zum Volkssport und wurde damit zu einer Belastung für den Wald. – Nach den 1973 in den Ländern verabschiedeten Naturschutzgesetzen dürfen Reiter nur noch auf eigens für sie freigegebenen Wegen durch den Wald reiten. „Wandern und Radfahren sind vorrangig." Je nach dem Untergrund werden die Wege durch die Pferdehufe zerstört. – Die Zahl der Reiter wird auf 2 Mio. geschätzt (davon 350 000 organisiert), der Reitpferde auf 0,5 Mio. – 1957 zählte man in München noch 1000 Reiter, 20 Jahre später 20 000 (auf 1620 Pferden). Die Unterhaltung eines Pferdes in der Stadt kostet monatlich 500 DM, auf dem Lande die Hälfte. Der Gesamtumsatz für Pferdezucht, Ausrüstung von Mensch und Tier wurde 1977 auf über 1,5 Mrd. DM jährlich geschätzt. – Nur 2% der Waldbesucher sind Reiter. Die Fußgänger fühlen sich belästigt, besonders durch Reitergruppen. Die Förster sind besorgt wegen der Wege, die Jäger wegen der Ruhe des Wildes. Die Behörden wünschen eine Numerierung der Pferde, um die Verursacher von Schäden ausfindig machen zu können. – Der Bayerische Verfassungsgerichtshof hat 1977 die Klage der Reiter auf freien Zugang zur Natur abgewiesen.

Literatur zu VIII (Wald)

1. *Kapp, K. W.* Forstarchiv **42**, 153 (1971). – 2. VDI Nachr. **31**, 8. April (1977). – 3. *Brünig, E. F.* Ber. Ldw. **50**, 157 (1972). – 4. *Stutzer, D.* VDI Nachr. **33**, 12. Jan. (1979). – 5. *Mayer, H.* Schweiz. Z. f. Forstwesen **128**, 255 u. 513 (1977). – 6. *Adams, J. A. S.* Science **196**, 54 (1977). – 7. *Wong, C. S.* Science **200**, 197 (1978). – 8. *Kolterer, A.* Umweltschutz (Wien) **14**, 183 (1977). – 9. *Niesslein, E.* Umweltschutz (Wien) **12**, 269 (1975). – 11. *Zundel, R.* u. *Hoffmann, D.* „Wald und Wasser", Schriftenreihe d. Vereinigung Deutscher Gewässerschutz Nr. 23 (1969). – 12. *Kretzen, K.* u. *Hüser, R.* Forstwissensch. Centralbl. **97**, 80 (1978). – 13. *Buchwald, K.* u. *Engelhardt, W.* siehe VI 24.–. – 14. *Knabe, W.* Ber. Ldw. **50**, 169 (1972). – 15. *Knabe, W.* Allgemeine Forstzeitschrift 196 (1973). – 16. *Brünig, E. F.* Forstarchiv **42**, 21 (1971). – 17. *Knabe, W.* Forstarchiv **44**, 21 (1973). – 18. *Tyler, G.* Water, Air, and Soil Pollution **9**, 137 (1978). – 19. *Cronau, C. S.* Science **200**, 309 (1979). – 20. *Claussen, T.* Ber. Ldw. **57**, 105 (1979). – 21. *Lampadius, F.* „Beitrag zum Nachweis der

Wertminderung des Waldes als Folge von Immissionswirkung (Berlin 1974). – 22. *Rotter, M.* u. *Kneitz, G.* Waldhygiene **12**, 1–82 (1977). – 23. *Keller, Th.* Allg. Forst-Z. (München) **29**, 588 (1974). – 24. Biologische Rdsch. **10**, 206 (1972). – 25. *Engelhardt, W.* „Umweltschutz" (München 1974). – 26. *Likens, G. E.* u.a. Science **199**, 492 (1978). – 27. *Bormann, F. H.* u.a. Science **196**, 981 (1977). – 28. *Brünig, E. F.* Forstarchiv **44**, 137 (1973). – 29. *Pflug, W.* Natur und Landschaft **49**, 9 (1974). – 30. *Reisch, J.* „Waldschutz und Umwelt" (Berlin 1974). – 31. *Likens, G. E.* „Biochemistry of a forested ecosystem" (Berlin 1977). – 32. *Mayer, H.* Forstw. Zbl. **96**, 212 (1977). – 33. *Jacob, H.* Natur und Landschaft **49**, 31 (1974). – 34. *Barthelmeß, A.* „Wald-Umwelt des Menschen" (München 1972). – 35. *Lang, A.* Gesundheitstechnik 3/73, 49. – 36. *Onderscheka, O.* Allgem. Forst.-Ztg. (Wien) **89**, 117 (1978). – 37. *Kalchreuter, H.* Natur und Landschaft **49**, 224 u. 332 (1974). – 38. *Weinzierl, H.* „Natur in Not" S. 116 (München 1976). – 39. *Krauter, K.-G.* Natur und Landschaft **50**, 107 (1975). – *Hofmeister, H.* „Lebensraum Wald", München (1977). – *Stern, H.* u. a. „Rettet den Wald", München (1979). – *Plochmann, R.* „Forstwirtschaft in der technischen Welt" Naturwiss. Rdsch. **32**, 349 (1979). – *Dochinger, L. S.* u.a. „Acid Precipitation …", j. Air Poll. Contr. Ass. **25**, 1103 (1975).

Tab. 16. Schädigungsgrad von Fichten in Beziehung zur SO_2-Immissionskonzentration (nach *Materna – Knabe* (15))

Beschädigungsstufe	Durchschnittliche SO_2-Konzentration in $\mu g/m^3$ während:			S-Gehalt der Nadeln in %
	des ganzen Jahres	der Vegetationszeit	des Winters	
keine Schädigung	15	5	30	0,1
leicht beschädigte Bestände, schwache Reduktion des Assimilationsapparates	25–35	10–20	50– 60	0,135
mäßig beschädigte Bestände, deutliche Reduktion des Assimilationsapparates, vereinzeltes Absterben der Bäume	30–40	20–30	50– 70	0,165
stark beschädigte Bestände, deutliche Reduktion des Assimilationsapparates, Verlichtung der Bestände durch Absterben	50–70	20–50	70– 90	0,24
Absterben ganzer Bestände aller Altersklassen	70–90	40–70	100–120	0,32

IX. Die Gebirgswelt

1. Erschließung der Alpen

„Müssen die Alpen sterben?" ist die Überschrift eines Zeitungsartikels (DIE WELT 26. 1. 74). In einem anderen Blatt werden die gegensätzlichen Interessen im Alpenland aufgeführt: „die Existenzrechte der einheimischen Bevölkerung, die Spekulationen außeralpiner Kapitalanleger, der totale Erschließungswahn kurzatmiger Touristmanager, das Ruhebedürfnis erholungssuchender Städter und die Nutzungsansprüche von Land- und Forstwirtschaft, Gewerbe und Energieversorgung" (Süddeutsche Z. v. 2. 7. 77). — Seit 1972 treffen sich die Regierungsvertreter von 4 (6) Alpenstaaten in einer „Arbeitsgemeinschaft Alpenländer" (Arge Alpe), um ihre gemeinsamen Probleme zu besprechen. Konkrete Maßnahmen sind kaum zu verzeichnen, immerhin einige grundsätzliche Erkenntnisse: „Wenn bei unlösbaren Zielkonflikten zwischen ökologischer Belastbarkeit und ökonomischen Erfordernissen im Alpenraum eine wesentliche und langfristige Beeinträchtigung der natürlichen Lebensgrundlagen droht, ist im Interesse künftiger Generationen den ökologischen Belangen der Vorrang einzuräumen." Zumindest sollte vor der Inangriffnahme von Großprojekten wie Kraftwerken, Fernstraßen und touristischen Ballungszentren eine ökologische Untersuchung der damit verbundenen Umweltschäden erfolgen. „Ökologie ist keine Weltanschauung für sich, auch kein Luxus für romantische Schwärmer, sondern langfristige Ökonomie im Sinne einer Erhaltung des knappen Potentials am Rohstoff Natur, für künftige Generationen" (*Hannes Burger*).

Seit über 100 Jahren hat der Deutsche Alpenverein (DAV, 300 000 Mitglieder) die Alpen erschlossen. Er hat 40 000 km Wege gebaut, 62 Hütten in den bayerischen, 186 Hütten in den österreichischen Bergen. Jetzt hält er die Erschließung des Alpenraumes für abgeschlossen, er will keine neuen Hütten mehr bauen. Er hat im Juni 1977 ein neues Grundsatzprogramm aufgestellt. Er fordert, daß der Bau neuer Seilbahnen beschränkt wird, nur noch in bereits erschlossenen Zonen genehmigt werden soll. Er fordert: keine weitere Asphaltierung des Alpenraums! Die vorhandenen oder im Bau befindlichen Fernstraßen reichen für den Individualverkehr aus. Der bayerische Wirtschaftsminister wirbt dennoch für den Bau der Transalpina (Ulm—Füssen—Mailand). Ein Vertreter der italienischen Brenner-Autobahn bemerkte dazu: „Wir stehen kurz vor dem Bankerott." — Der DAV, die Naturschutz- und Wandervereine sind auch besorgt wegen des Forststraßenbaus. Zu den bereits vorhandenen 1700 km sind weitere 400 km geplant. Angeblich sind sie notwendig für Forst- und Wirtschaftszwecke. Sie werden aber von Halbschuhtouristen und Geschäftemachern mißbraucht, trotz Autoverbot auch in die bisher unberührten Hochregionen vorzudringen. Der DAV fordert, diese Straßen durch Schlagbäume zu sperren, nicht mit einer Teerdecke zu versehen, ihre Fahrbahnbreite auf 2 Meter zu begrenzen. Insbesondere soll ihr Bau vorher durch die höhere Naturschutzbehörde genehmigt werden.

Der DAV fordert weiter: Keine weiteren Zweitwohnungen in den Alpen. Nach *H. Fischer* (1) gab es 1975 in Oberbayern bereits 20 000 nicht ständig bewohnte Wohnsitze. In Ruhpolding und Reit im Winkl lag die Zweitwohnungsquote bei 60%, in Rottach-Egern und Bad Wiessee um 70%. — Der Massentourismus und der damit verbundene Bauboom nimmt bedrohliche Maße an. Einstweilen profitieren dabei die Grundbesitzer bei rasch steigenden Bodenpreisen, die heimische Bauwirtschaft, die Gastwirte und Pensionen, die Touristikunternehmen. Im gesamten Alpenraum schätzte man die Zahl der Übernachtungen 1973 auf jährlich 200 Millionen, die Einnahmen daraus auf 5—7 Mrd. DM. Die Hälfte der 9 Mio. Einwohner lebt überwiegend vom Fremdenverkehr. Allein auf Österreich fielen jährlich 50 Mio. Übernachtungen. Die Deviseneinnahmen aus dem Tourismus betrugen 1974: 5700 öS pro Kopf (in der BRD nur 700 öS). — In den bayerischen Alpen zählte man 1950/51 14 Mio. Übernachtungen, 1970/71 über 49 Mio. Diese Zahl soll sich bis zum Jahr 2000 verdoppeln.

2. Wintersport

Drei Monate im Jahr werden die Alpen vom Wintersport beherrscht. Die reine klare Winterluft dient immer mehr Menschen zur Erholung und Freude. — Der Lärm und Gestank von Motorschlitten und Hubschraubern sollte überall verboten werden (ausser für Rettungszwecke). — Das Skilaufen ist zum Massensport geworden, über 3 Mio. Bundesbürger genießen jährlich Schnee und Sonne. Damit steigt aber auch die Zahl der Skiunfälle. 1973/74 erlitten auf österreichischen Skipisten 80 000 Skifahrer Unfälle mit schweren Knochenbrüchen. Auch in der Schweiz wird die Zahl der Skiunfälle auf 80 000 geschätzt mit einer Schadenssumme von 500 Mio. Franken. — Früher nahmen die Skifahrer einen stundenlangen, oft mühseligen Aufstieg auf sich. Nach einer Ruhepause glitten sie unter ortskundiger Führung durch die unberührte

Natur wieder hinab. Jetzt ist das Pistenfahren zu einem Rennsport geworden. Die Unfälle beruhen meist darauf, daß die Fahrer ihr Können überschätzen. Nun bemüht man sich, den Langlauf zu fördern. – Garmisch-Partenkirchen ist einer der bekanntesten Wintersportorte. 28 Bergbahnen und Lifte können stündlich 22 000 Skifahrer (bzw. Wanderer im Sommer) auf die Berge befördern, von denen sie dann auf 22 Skipisten wieder hinunterrasen. Die Folgen für die Landschaft bemerken erst die Sommerurlauber. In Skigebieten sind die Berghänge durch Betonsockel und Stahlmasten verschandelt, mit Geröllhalden anstatt mit Alpenflora bedeckt. Der Alpenschutzverein für Voralberg bemerkt dazu (2):

,,Der ohne Rücksicht auf Natur und Landschaft durchgeführte Skipistenbau hat in zahlreichen Regionen unseres Landes zu einer nicht mehr wiedergutzumachenden Schädigung des alpinen Naturhaushaltes geführt. Auf Grund neuester wissenschaftlicher Erkenntnisse müssen daher Waldschlägerungen und Planierungen zum Zwecke des Skipistenausbaues aus volkswirtschaftlichen und ökologischen Gründen abgelehnt werden." In Österreich wurden 1960 noch 51 Mio. Menschen mit Liften und Seilbahnen auf die Berge befördert, 1975 bereits 150 Mio. – Eine Studiengruppe der Universität Innsbruck erforschte die Folgen des Pistenbaues (3). – ,,Um den Bedürfnissen vor allem der schwächeren Skiläufer gerecht zu werden, werden heute anstelle natürlicher Waldabfahrten breite Skipisten durch Bergwälder geschlagen und mit schweren Baumaschinen planiert." Durch die Abtragung der Vegetationsdecke beträgt die Speicherleistung für Wasser stellenweise nur ein Zehntel des angrenzenden Waldes. Daher werden vermehrter Oberflächenabfluß, Erosion, Hangrutschungen und Muren beobachtet. Die Skipisten erreichen schon Autobahnbreite. Sie müssen sogleich begrünt werden. Durch die Pistenfahrzeuge wird der Boden verfestigt, der Schnee vereist. Darunter stirbt das Gras ab. Die Ernteausfälle betragen 15–22%. Bei niedriger Schneedecke sollten die Pisten geschlossen werden. In Tirol wird ein Skipistengesetz erlassen. Die Sommerurlauber werden die typischen Skigebiete meiden. Nach dem Urteil der bayerischen Regierung sind in einigen Orten ,,die Grenzen der ökologischen Belastbarkeit erreicht.". – Der DAV forderte im Juni 1979 die Politiker auf, ,,einer Übererschließung der Bergwelt Einhalt zu gebieten und großflächige Gebiete auszuweisen, die von technischen Eingriffen unberührt bleiben". Seine Sorge ist, daß die Zentralalpen ,,durch Vermarktung des letzten Gletschers" zerstört werden. Das geht auch gegen die österreichischen Pläne, Gletscherregionen zu Sommerskigebieten auszubauen.

3. Bayerische Alpen – Nationalpark

Der Schweizer *F.H. Schwarzenbach* befürchtet, daß die „rücksichtslose Vermarktung alpiner Landschaften" durch ein „Wirtschaftsimperium Freizeit und Fremdenverkehr" rasch fortschreitet. – Gleichzeitig wächst die Gegenwehr von Natur- und Umweltschützern. Bereits 1921 wurde die Hochgebirgslandschaft um Watzmann und Königsee (Bertesgadener Land) unter Naturschutz gestellt. Die Ausbeutung durch Förster und Jäger wurde aber fortgesetzt, im Naturschutzgebiet wurden Straßen, Seilbahnen, Skiabfahrten gebaut, Almhütten in Restaurants und Ferienwohnungen umfunktioniert, das Landschaftsbild schwerwiegend verändert. 1953 schlug Prof. *Hans Krieg* die Schaffung eines Nationalparks vor. Der Bund Naturschutz und der Deutsche Naturschutzring nahm 1970 das Projekt wieder auf (4). Nun begann ein jahrelanges Ringen der verschiedenen Interessenten. An sich waren die Vorbedingungen günstig. Der größte Teil des Gebietes befindet sich in Staatsbesitz, auch die Jagd. Die staatliche Forstwirtschaft spielt im schwer zugänglichen Hochgebirge keine große Rolle. Mit der Planung des Alpenparks wurde 1974 ein anerkannter Fachmann betraut, der Diplomvolkswirt Dr. *Georg Meister*. Nach seiner Vorstellung sollte das 46 000 ha große Gebiet in drei Zonen gegliedert werden. Die Erschließungszone umfaßt den Zugang für den Besucher, den Bereich für Unterbringung und Versorgung. In einer anschließenden Erholungszone befinden sich die Skiabfahrten, Rodelbahnen, Lehrpfade, Spielanlagen, Schwimmbäder. Hier soll der Massentourismus abgefangen werden. In der Kernzone von 20 400 ha soll jegliche forstliche und jagdliche Nutzung beendet werden. Die Pflanzen- und Tierwelt soll nach einer Übergangszeit ihren natürlichen Gleichgewichtszustand erreichen (ev. mit Nachhilfe des Menschen nach ökologischen Gesichtspunkten). Hier ist auch Gelegenheit zur wissenschaftlichen Forschung. – Eine der ersten Aufgaben ist es, die Voraussetzungen zu schaffen, daß die Vegetation, die Wälder, ihre ursprüngliche Zusammensetzung erreichen können. Der Waldbestand ist zur Zeit: Fichte 80% (45%), Laubbäume 17% (30%), Lärche 2%, Tannen 1% /25%). Die Zahlen in Klammern entsprechen der Zusammensetzung vor 100 Jahren. In der Zwischenzeit sank der bewaldete Anteil auf die Hälfte. Der Nachwuchs des Waldes wird vor allem durch das Wild gefährdet, das die jungen Triebe abfrißt. „Untätiges Warten in der Wildfrage ist waldbedrohend und lebensgefährdend" (Prof. *Hannes Mayer*, Wien). In eingezäuntem, für das Wild unzugänglichem Gebiet ist nach *Th. Schauer* die Artenzahl der Sträucher und Bäume achtmal so groß wie außerhalb des Zaunes. Die Biologen und Ökologen halten es daher für notwendig, den Rotwildbestand von z.Z. 600 Stück im Nationalpark auf ein Sechstel zu vermindern und den Rest im Wintergatter einzusperren (und zu füttern). Heftigen Widerstand leisten dagegen die Jäger, vertreten durch den Landtagsabgeordneten *Gerhard Frank*, bayerischer Landjagdpräsident. Die Jäger haben eine starke Lobby in der Wirtschaft und den Regierungen. An sich sollten die staatlichen Jäger das Wild nach biologischen Grundsätzen regulieren. Die kapitalen Hirsche werden aber von „Jagdgästen" geschossen. – Eine weitere mächtige Gruppe der Gegner eines Nationalparkes führt der Berchtesgadener Landrat *Rudolf Müller* an, zugleich erster Vorsitzender des Fremdenverkehrsverbandes und Aufsichtsratsmitglied der Jenner-Seilbahn. *Müller* wirkte auch mit bei der Erschließung der Nordseite des Jenner zu einem Skizirkus. 6 ha wurden planiert, 1 900 m^3 Fels gesprengt. Um das Defizit der Jenner-Bahn zu verringern, soll nun auch die Südseite des Berges mit Pisten versehen werden. Diese Gegend liegt aber größtenteils in der Kernzone und darf nicht verändert werden. Sie weist eine artenreiche Flora auf, ist Aufenthaltsort von Murmeltieren, Gems- und Birkwild. Zur Widerstandsfront gehört auch ein Schnapsfabrikant, der um sein Recht kämpfte, Enzianwurzeln auszugraben. – Als nun auch die zukünftige Verwaltung des Nationalparks dem Landsratsamt angegliedert werden sollte, gab *Dr. Meister* auf. – Widerstand leisteten aber auch die Holzindustrie und einige Almbauern. Die Rolle der Almen für den Landschaftsschutz ist umstritten. Früher nahm man an, daß die Almweide ein Schutz vor Erosion und Lawinen sei. Prof. *Laatsch* (Forstl. Forschungsanstalt München) betonte aber im Gegensatz dazu, daß durch die Almbauern der schützende Wald- und Strauchbewuchs gerodet wurde und dadurch die Lawinengefahr wuchs. Insbesondere ist der Hochgebirgswald durch die Beweidung gefährdet. – Auch der Botaniker *W. Zielonkowski* stellte fest, daß gerade durch die Beweidung die Erosion stark erhöht wird. Schafe verhindern in den Gipfellagen „jeglichen Ansatz von Gehölzwuchs, der an Oberhängen, wo Lawinen und Schneebretter abgehen, als Schutzwald dringend benötigt wird". Die Wildbach- und Lawinenfläche hat sich in den letzten 200 Jahren in den Bayerischen Alpen um 300%, in Westtirol um 400% erhöht. – Nach Prof. *Heinz Fischer*, Koblenz, soll ein Landschaftspflegeplan u.a. enthalten: „Die Schutzwaldsanierung, die Wiederaufforstung einst bewaldeter Hochlagen mit ursprünglichen Beständen, die völlige Unterbindung der Waldweide, die Trennung von Wald und Weide zur Erhaltung biologisch richtiger Bergmischwälder." Alle sind sich darüber einig, daß die Almbauern in ihrem Lebensraum erhalten bleiben sollen. Die alten Waldweiderechte müssen abgelöst werden. Im Nationalpark gibt es noch 37 „Almkaser", im vorigen Jahrhundert waren es noch 219. – Die „Gruppe Ökologie" faßte alle Forderungen zusammen (5). – Unter der Schirmherrschaft der UNESCO traten 1974 internationale Organisationen zusammen und einigten sich auf einen Aktionsplan (7). In Ziffer 8 heißt es: „Jede Planung muß der Tatsache Rechnung tragen, daß die ökonomischen Interessen, welche auf eine Nutzung der Bergwelt drängen, vielfach von außen kommen; diese Interessen spiegeln die steigenden Bedürfnisse von Personengruppen mit hohem Einkommen und Konsum wieder. Dementsprechend muß prinzipiell die Bergbevölkerung selbst in die Lage versetzt werden, ihr Erbe autonom zu verwalten, da sie bester Garant für eine umfassende Beachtung des natürlichen und kulturellen Gleichgewichts ist." – Eine Voraussetzung ist freilich, daß die Bauern ihre Lage erkennen . . . ihre wahren Freunde." – Inzwischen wurde das ursprüngliche Konzept von Dr. *Meister* stark verwässert. In den Vordergrund rückt „die Wahrung der Eigentumsrechte". Trotz der starken Zunahme des Fremdenverkehrs entwickelt sich die wirtschaftliche Lage des Gebietes nicht günstig. Die Gemeinden sind infolge von Überinvestitionen hoch verschuldet, zum Teil auch die Hotels und Pensionen. Die Hälfte der Bergbahnen fährt in rote Zahlen. Als einziger Ausweg erscheint, das weitere Wachstum zu beschleunigen, auf Kosten der Natur. Auch der Landrat *Müller* hat den Plan nicht aufgegeben, den Watzmann durch eine Seilbahn zu „erschließen". Dr. *Meister* trat zurück. Der Kampf um den Bayerischen Nationalpark geht weiter. – *Zierl* (6) berichtete über „Nationalpark Berchtesgaden", *Seybert* (7) über „Internationale Zusammenarbeit im Alpenraum".

4. Der Bayerische Wald

Während in den Alpen der Widerstand der Einheimischen gegen die rücksichtslose „Erschließung" durch Kapitalgesellschaften wächst, richten diese ihr Interesse auf weniger entwickelte Gebiete. Der Bayerische Wald galt bis in die Neuzeit als rauh und unzugänglich. Im 16. Jahrhundert entstanden am Rande des Waldes die ersten Siedlungen und Glashütten. Noch in den letzten Jahrzehnten galt der Wald als Armenhaus, wo Hilfskräfte und Fremdenpensionen billig waren. Das änderte sich schlagartig, als 1970 der Nationalpark Bayerischer Wald eröffnet wurde. In seinem

Vorfeld entwickelte sich ein Bauboom. Oberforstdirektor *H. H. Vangerow* (8) berichtete über die Vorgeschichte, die Aufgaben, Organisation und Problematik des Nationalparks. Er hat eine Fläche von 13 000 ha. Seine Aufgaben sind Naturschutz, Forschung, Bildung und Erholung. – Die äußere Zone längs der Straßen enthält die Schaugehege und Volieren. Hier wird der Großteil der Besucher festgehalten. Eine Ruhe- oder Wanderzone schließt sich an mit bezeichneten Wegen. Nur die „echten Wander- und Naturfreunde" dringen in die eigentliche Naturschutzzone (5000 ha) vor, in die abgelegenen, höheren Teile des Nationalparkes. Es gilt ein „Wege-Gebot". Warntafeln deuten an, daß man in ein Kreuzottergebiet oder gar in die Tschechoslovakei gerät, wenn man vom rechten Weg abweicht. So bleiben die Pflanzen und Tiere geschont. – Die Jagdausübung im Nationalpark entfällt. Die Zahl der Hirsche wurde in vier Jahren von 520 auf 160 Exemplare vermindert. Im Winter werden sie in 100 ha große Wildgatter gelockt, intensiv gefüttert und im Frühjahr wieder freigelassen. Ohne, diese von den Jägern erbittert bekämpften Maßnahmen, ist eine Regenerierung des Waldes nicht möglich. – Die Holznutzung im Park geht weiter. Jährlich werden 55 000 Festmeter Holz der einheimischen Holzindustrie zugeführt. An sich ist eine gewerbliche Nutzung durch Holzeinschlag in einem Nationalpark nicht erlaubt (über die Definition von „Nationalpark", „Naturschutzgebiet" a. siehe Kap. XI. 2.). Da aber dann 90% der Nationalparks diese Bezeichnung verlieren würden, hat eine internationale Konferenz 1972 beschlossen, weniger strenge Maßstäbe anzulegen. – Die zuständige Forstverwaltung versichert, daß das Ziel eines naturnahen Waldes durch geplante Einschläge rascher erreicht wird, als wenn man den Wald sogleich sich selber überlassen würde. – Im Vorfeld des Parkes geht der Bauboom weiter. Bei Grafenau entstand auf einem Felskegel ein achtstöckiger weithin sichtbarer Hotelturm mitten im Staatsforst. – In einem anderen Ort wurde ein 4000-Betten-Hotel gebaut. – Der Präsident des sehr aktiven „Bund Naturschutz in Bayern", *Hubert Weinzierl*, beschimpfte Landräte und Bürgemeister: „bauwütige Kommunalpolitiker, Geldverschwender, Übererschließer, Straßenbauwahnsinnige und Naturschänder." – Einige der Baugesellschaften hatten bereits in Berlin und anderorts Pleite gemacht. – Jetzt haben die Gemeinden in einem Vorfeld von 30 000 ha eine Planungsgemeinschaft gegründet. – Eine neue Gefahr kommt auf den Bayerischen Wald zu. Die Euratom läßt hier durch die Frankfurter Urangesellschaft nach Uran suchen. Für 1978 sind Ausgaben von 1 Mio. DM vorgesehen. Das bayerische Wirtschafsministerium hat am 30.9.1977 die sogenannte Aufsuchungserlaubnis erteilt. Für

eine gründliche Untersuchung sind „nur wenige hundert Hektar"
bestimmt. In dieser "Explorationsphase" sind Bohrungen und
Schürfgräben vorgesehen. Besonders interessant ist der Dreises-
selberg. Die Einheimischen werden den Widerstand rechtzeitig
vorbereiten.

5. Der Harz

Auch im Harz erkennen die Einheimischen allmählich die nachteiligen Folgen der Übererschließung, des Baubooms. Auch hier waren es einige wenige, die die Gefahr sahen, den Widerstand organisierten. Voran ist *Hermann Kerl* (Clausthal-Zellerfeld) zu nennen, der Vorsitzende des Harzklub (10 000 Mitglieder). Zum großen Teil mit eigenen Mitteln, mit geringen öffentlichen Zuschüssen haben sie 2000 km Wanderwege, 200 Schutzhütten u.a. geschaffen. Langsam gewinnen sie Einfluß auch auf die staatliche
Bürokratie. Das Großkapital, kurzsichtige Einheimische sind oft
stärker. Unter der Bezeichnung „Ferienparks" wurden bei Alte-
nau, Goslar, Hahnenklee und Bad Lauterberg Großhotels mit 17
Stockwerken gebaut („Manhatten im Harz"). 1974 gab es im
Harz 54 000 Betten, davon 17 000 in den Großbauten, die mit
Hilfe öffentlicher Zuschüsse und Steuervergünstigungen errichtet
wurden. Da die Hotelgäste wenig zu Fuß gehen, war der Bau von
breiten Autostraßen erforderlich. Auf die Berge werden die Gäste
mit Seilbahnen befördert. – Der Massenansturm bekommt den
Bergen schlecht. Jährlich besuchen 200 000 den Achtermann.
Durch ihre Fußtritte wird das Oberflächengestein in Geröll verwandelt, das bergab rollt. Die ehemals glatte, runde Kuppel ist
zerklüftet und stufenförmig abgetragen. Seltene Pflanzen sind
stark dezimiert. – Auf dem Wurmberg will ein Unternehmer einen großen Turm mit Drehrestaurant und vielen Attraktionen errichten. – Nach einem Gutachten von Prof. *H. J. Beug* (Göttingen) ist das Kammhochmoor des Bruchberges in der Bundesrepublik „einmalig und daher ein Natur- und Landschaftsobjekt
allerersten Ranges". Die niedersächsische Regierung *(Alfred Ku-
bel)* befürwortete 1972 den Bau einer Seilbahn infolge „profun-
der Unkenntnis". – Die kleine Fremdenverkehrsgemeinde Wieda
(über 100 000 Übernachtungen) befürchtet, daß ein ganzer Berg
vor ihrer Haustür abgebaut werden soll. Er besteht aus Diabas, ein
Gestein, das für den Straßenbau geeignet ist. Jährlich solle
800 000 t gesprengt werden. 70 neue Arbeitsplätze sind in Aus-
sicht. Die Einwohner befürchten aber, daß infolge Staub und
Lärm die Gäste wegbleiben. – Von 1968 bis 1975 wurde ein
Landschaftsplan für den Harz ausgearbeitet, der vier Schutzberei-

che vorsieht. *Kerl* und die von ihm vertretenen Verbände fordern ein Mitspracherecht. Unabdingbar sind: 1.) Die Landschaftspläne müssen für die Baupläne der Gemeinden verbindlich sein. 2.) Den Natur- und Umweltschutzorganisationen muß das Recht auf Widerspruch und Klage eingeräumt werden.

Im Schwarzwald leisteten die ansässigen Bauern erbitterten Widerstand gegen eine geplante Autobahn. Durch umweltbelastende Planungen würden ihre Einnahmequellen: Landwirtschaft, Forstwirtschaft und Fremdenverkehr gefährdet, nicht zuletzt die ökologische Struktur des Gebietes. Ihr Widerstand wurde gestützt durch den Schwarzwaldverein (50 000 Mitglieder) und Volksinitiativen *(Franz Weber)*. Wirtschaftsminister *Eberle* und Staatssekretär *Teufel* (Stuttgart) mußten zurückstecken. – Im Fichtelgebirge (5), in allen Mittelgebirgen, leisten Naturschutzverbände und Bürgerinitiativen Widerstand gegen die Ausbeutung und Zerstörung der Landschaft, gegen die Duldung und Förderung durch die Regierungen.

Literatur zu IX (Die Gebirgswelt)

1. *Fischer, H.* Naturw. Rdsch. **30**, 185 (1977). – 2. X, Umweltschutz (Wien) **14**, 37 (1977). – 3. *Cernusca, A.* Umschau 77, 109 (1977). – 4. *Karl, H.* u. *Weinzierl, H.* „Landespflege im Alpenvorland" Schriftenreihe des Deutschen Rates für Landespflege Nr. 16 (1971). – 5. *Weinzierl, H.* in „Natur in Not". S. 106 (München 1976). – 6. *Zierl, H.* Fortstw. Cbl. **98**, 9 (1979). – 7. *Seyberth, M.* wasser + abwasser, bau-intern 1/2/1977, 16. – 8. *Vangerow, H.-H.* Natur und Landschaft **49**, 97 (1974).

X. Raumordnungspolitik

1. Regionalplanung

In der Bundesrepublik werden täglich 150 ha Landschaft (Wälder, Äcker, Wiesen) zerstört, verbraucht für Industrie- und Wohnsiedlungen, für militärische Einrichtungen, Flugplätze, Mülldeponien, Sportplätze, Friedhöfe, ein erheblicher Teil für Straßen. Prozentual berechnet ist das im Jahr nur ein kleiner Teil der Gesamtfläche der BRD. Die ungünstigen Auswirkungen beispielsweise einer Waldstraße erstrecken sich aber auf das mehr als Hundertfache der eigentlichen Fahrbahnfläche. „Die Umweltminister sahen allerdings auch das Problem des immer rascher um sich greifenden Landschaftsverbrauchs durch neue Verkehrsstraßen und die Erweiterung des Siedlungsraums. Hier sei inzwischen eine ökologisch nicht mehr vertretbare *Zerschneidung der Landschaft* eingetreten. Die Umweltminister wollen einen Maßnahmenkatalog erarbeiten, mit dessen Hilfe das Ausmaß des Landschaftsverbrauchs quantifiziert und der Bevölkerung und den Planungsträgern vor Augen gehalten werden kann. Nur (!) auf diesem Wege sei eine Umkehrung dieser noch anhaltenden Entwicklung möglich" (1). Die Umweltminister faßten diesen Beschluß am 10. 10. 77. Wieviele Jahre wird er benötigen, um in die letzten Amtsstuben zu gelangen? Der von der Bundesregierung eingesetzte „Sachverständigenrat für Umweltfragen" übergab dem Innenminister am 20. 2. 78 das Jahresgutachten 1978 (2). Es heißt darin: „Landverbrauch am falschen Platz und ökologisch schädliche Landnutzung werden wegen des nur langsamen Vordringens ökologisch orientierten Denkens und der immer noch unbefriedigenden Kenntnis der ökologischen Zusammenhänge, aber auch wegen vermeintlicher oder tatsächlicher technischer und wirtschaftlicher Zwänge für eine geraume Zeit eine umweltgerechte Raumnutzung verhindern. Infolge dieser Mängel wird insbesondere ein effektiver Schutz wertvoller Ökosysteme mit ihrem natürlichen Arteninventar nahezu unmöglich gemacht."

R. Stich diskutierte ausführlich „Die Rechtsgrundlagen einer umweltschutzwirksamen Gemeinde- und Regionalplanung und ihres Vollzugs" (3). Danach ist die „*Raum*planung der zusammenfassende Oberbegriff für alle *flächen*bezogenen Gesamtplanungen, also für die Bundes-, Landes- und Regionalplanung sowie für die Bauleitplanung der Gemeinden. Ihre Aufgabe besteht darin, die Verwendung des Grund und Bodens (für Wohnen, Arbeiten, Erholen, Personen- und Güterverkehr) zu ordnen". *Stich* zitiert die Umweltschutzminister: „Umweltprobleme haben zum großen Teil aus der Städte- und Bauleitplanung der Vergangenheit ihren Anfang genommen. Einrichtungen des Massenverkehrs und Industriebauten liegen mitten in dicht besiedelten Wohngebieten. Lärm und Abgasbelastung sowie die Verschmutzung der Gewässer haben in dieser Fehlentwicklung der Bauleitplanungen ihre Hauptursache ... Ein Großteil der Umweltschutzmaßnahmen, die wir im Augenblick durchführen, ist ein Kurieren an den Symptomen, die durch diese verfehlte Planung entstanden sind." „Bisher ist bei der Bauleitplanung dem Ziel, das Bauen von Wohnhäusern und die Ansiedlung von Gewerbe- und Industriebetrieben zu ermöglichen, absoluter Vorrang eingeräumt worden." „... Damit wurde aus vordergründigen individuellem oder auch kollektivem Gewinnstreben übersehen oder auch bewußt vernachlässigt ... die Bodennutzung unter Berücksichtigung aller Bedürfnisse der Bevölkerung ... zu ordnen. Deswegen blieben bisher die meisten umweltschutzrelevanten Forderungen des Raumordnungs- und Bauplanungsrechts weitgehend unbeachtet." *Stich* fordert „die verstärkte Mitwirkung der Bürger an der Bauleitplanung der Gemeinden. Die Gemeinden müssen ihre Planungsabsichten offenlegen ... mit den Bürgern erörtern und ihnen dabei auch Alternativen vorstellen". *Buchwald* und *Engelhardt* (4) gaben das grundlegende und umfassende Standardwerk heraus: „Handbuch für Planung, Gestaltung und Schutz der Umwelt".

2. Fernstraßenbau

Große Landschaftsgebiete werden verbraucht bzw. entwertet durch Fernverkehrsstraßen. Der Landschaftsarchitekt *Alwin Seifert* baute Autobahnen, die sich der Landschaft anpaßten. Einschnitte und Dämme wurden vermieden. Nach dem zweiten Weltkrieg wurden die Trassen mit dem Lineal geplant, da kurvenreiche Stecken Höchstgeschwindigkeiten nicht zulassen. Durch kostspielige Bepflanzungen versucht man die häßlichen Böschungen zu verbergen. Der Verbrauch an Benzin und damit die Abgasmengen steigen steil an. Die Autoindustrie, die Mineralölkonzerne und der ADAC wünschen es so. 1971 stellte *Georg Leber* das „Koordinierte Investitionsprogramm für die Bundesverkehrswege bis 1985" auf. Trotz Ölkrisen und wachsendem ökologischen Bewußtsein der Bürger wird der längst überholte Plan mit kleinen Abstrichen weiter verfolgt, von allen Parteien und der Bürokratie in Bonn. Jetzt wundern sich die Regierungen, daß der Bürgerwiderstand immer stärker wird, auch der Autobesitzer. „Bald können wir überall hin fahren, aber es wird sich nicht lohnen, dort anzukommen" *(Horst Stern)*. „Wir müssen dem Terrorismus wider die Natur entgegentreten" *(Hubert Weinzierl)*. *Diether Denecke* trat aus Protest gegen die Pläne zurück, das Rothaargebirge durch eine Autobahn zu zerschneiden. – Der Flächenverbrauch der Schnellstraßen ist groß. Eine Kleeblattkreuzung benötigt 35 ha Land. Die Abgase mit Blei, nitrosen Gasen, Kohlenmonoxid und unverbrannten Kohlenwasserstoffen, weiter die Abwässer mit Öl- und Salzresten, der Lärm zerstören weit über die eigentliche Fahrbahn hinaus die Tier- und Pflanzenwelt, den Erholungswert der Landschaft.

Die Sachverständigen für Umweltfragen schrieben in ihrem Jahresgutachten vom 20. 2. 78 zur Verkehrsplanung (2): „Angesichts der Größenordnung von ca. 100 Mrd. DM, die in den nächsten Jahren in den Bau neuer oder den Ausbau bestehender Verkehrswege sowie in die Entwicklung neuer Fahrzeugtechniken investiert werden, hält der Rat die Integration von Umwelt- und Verkehrsplanung für vordringlich." ... „Der Rat kommt zu dem Ergebnis, daß der Umweltschutz im Koordinierten Investitionsprogramm (KIP) noch unzureichend behandelt und speziell bei dem Bewertungsverfahren für Straßenbaumaßnahmen erheblich unterbewertet wird." Dazu schrieb die „Süddeutsche Zeitung" bereits am 10. 3. 77: „Von diesen 110,8 Mrd. DM sind jedoch rund 61 Mrd. DM nicht mehr ‚koordinierbar', weil dieser Betrag bereits seit längerem verplant ist, zum Teil für gesetzlich festgelegte Maßnahmen, z.B. im Rahmen des Gemeindeverkehrsfinanzierungsgesetzes." Mit anderen Worten: das bewilligte Geld muß verbaut werden. Auch wenn in der Zwischenzeit Bedenken wegen der Notwendigkeit und Zweckmäßigkeit der Planvorhaben gekommen sind, das Geld darf nicht verfallen. – Viele Straßenbaupläne stammen aus den sechziger Jahren. Kennzeichnend war der Ausspruch des damaligen Verkehrsministers *Georg Leber*: „Kein Bundesbürger soll weiter als 25 oder 30 Kilometer bis zur nächsten Autobahnauffahrt zurücklegen müssen." Weder die Erkenntnisse des Club of Rome, noch der Ölschock, noch der Ansturm der ökologischen Bewegung haben seitdem den Autoboom zu bremsen vermocht. – „Der Ansatzpunkt für alle danach fast automatisch ablaufenden Fehlplanungen ist der Straßenbau." Hier gilt, wie überall: Wer bezahlt, hat das Sagen. Das Bezahlen jedoch ist beim großen Straßenbau Bundessache. „Der Bund, vertreten durch den Verkehrsminister, denkt auf zwei Ebenen: Auf der einen Ebene werden durch Abbau der Bahn die Tagesausgaben vermindert, auf der anderen wird durch forcierten Straßenbau die Autoindustrie gefördert und damit die Tageseinnahme vermehrt. An morgen denkt dabei niemand" *(Peter Hemmerich)*. – *P.*

Mathé (5) schrieb über: „Ökologische Gesichtspunkte beim Ausbau und bei der Asphaltierung von Wegen und Straßen ..." Er fordert, daß die Straßenpolitik eng mit der Siedlungs- und Erholungsraumplanung verknüpft sein muß. „Die Interessen der Kraftfahrzeugindustrie, der Erdölkonzerne, der Straßenbauunternehmen, -behörden und der Automobilfahrerverbände sind in diesem Zusammenhang absolut zweitrangig." – Die Straßenbauer geben an: „Jeder Kilometer Autobahn erfordert rund vier Hektar Land." Diese Angabe bezieht sich aber nur auf die Fahrbahn selbst und einen schmalen Seitenstreifen. Der tatsächliche Landschaftsverbrauch ist um das Vielfache größer. Die starke Luftverunreinigung z.B. am Autobahnknotenpunkt „Nürnberger Kreuz" führte zu einem Sterben von 100 ha Kiefernwald. Das jährliche Sterben betrug 10%. 1974 passierten täglich 70 000 Kraftfahrzeuge diese Strecke. Ihre Abgase enthalten Kohlenmonoxid, nitrose Gase, unverbrannte Kohlenwasserstoffe (u.a. krebserzeugende Benzpyrene), dazu Blei u.a. toxische Stoffe. In der BRD wurde der Bleigehalt des Benzins von 0,4 g auf 0,15 g/l herabgesetzt (ab 1. 1. 1976). Das ist ein erfreulicher Fortschritt, entgegen den düsteren Prognosen der Automobilindustrie und des ADAC. In anderen EG Staaten wurde der Bleigehalt des Benzins erst 1978 auf 0,4 g/l (!) herabgesetzt.

Es ist aber ein Irrtum, wenn ein Fachblatt schreibt, daß das deutsche Benzinbleigesetz „die Umweltbelastung durch Bleiablagerung spürbar verringert hat" (6). *Moll* (7) weist dagegen auf die ständige Zunahme der anorganischen Schadstoffbelastung in der Bodenoberfläche hin, zumindest der unlöslichen Stoffe. Das auf den Wiesen und Äcker niedergehende Blei verlagert sich kaum in tiefere Bodenschichten, wird auch durch die Ernten nur wenig verringert (und gelangt dabei in die Nahrung von Tier und Mensch). Das neue Benzinbleigesetz *verlangsamt nur die ständige Zunahme der Bleibelastung des Bodens.* Nach einer Schätzung wird mehr als ein Fünftel der landwirtschaftlich genutzten Flächen durch die Emissionen der Kraftfahrzeuge und der Industrie gefährdet, durch Blei und andere toxischen Metalle. Der erhöhte Bleigehalt ist noch in 100 Meter Abstand von den Autostraßen meßbar. – *Von Känel* untersuchte den Bleigehalt entlang einer Autobahn (8). In 15 m Abstand fand sie 70 ppm Blei, in 200 m 25 ppm, in unbelastetem Gras 1–5 ppm Blei. – Das Regenwasser, das von den Straßen abläuft, ist stark verunreinigt und darf nicht ohne weiteres in die öffentlichen Gewässer abgelassen werden (9). Es enthält Abrieb von Fahrzeugreifen und Bremsbelag, Tropfverluste der Kraftwagen. Der kehrbare Staub enthält Schwermetalle, Fette und Öle, Phosphate, hohe Anteile des CBS. – Die Regenwürmer in Straßennähe enthalten große Mengen Cadmium, Nikkel, Blei (bis 331 ppm) und Zink (bis 670 ppm). Vögel, die diese Würmer fressen, können daran sterben (10). — Zur Verminderung des Unterhaltsaufwandes werden die Straßenränder bedenkenlos in großem Umfange mit chemischen Mitteln zur Wuchshemmung (Herbiziden) behandelt, um einen unerwünschten Pflanzenbewuchs zu verhindern. Auch dadurch wird das Abwasser zunehmend belastet. Der *Wasserhaushalt* wird in weitem Umkreis von Straßen gestört. In Feuchtgebieten muß ein breiter Streifen längs der Straßen entwässert werden. Trotzdem sind diese Straßen gefährdet durch Nebel und Glatteis. — Infolge der zunehmenden Versiegelung des Bodens durch Straßen, Parkplätze und andere bebauten Flächen fließen die Niederschläge schnell ab. Sie können nicht in den Boden eindringen und Grundwasser bilden. Der Grundwasserspiegel sinkt. Ökologisch bedeutsam ist der *„Zerschneidungseffekt"* der Straßen. Er wird nicht durch Wald- und Feldwege bewirkt. Immer häufiger werden aber diese durch Asphaltierung und Betonierung zu „Wirtschaftswegen" aufgewertet, die für die Land- und Forstwirtschaft zumeist notwendig sind. Probleme entstehen dann, wenn die Wege verbreitert und begradigt, schließlich zu Landstraßen ausgebaut werden, auf denen PKW 100 km/h fahren können. Dann trennen sie den Bauernhof von Acker und Weide, Fußgänger und Radfahrer werden gefährdet. Auf freier Strecke wird der Wildwechsel gestört, die Zahl der überfahrenen kleinen und großen Tiere nimmt zu. Ökologische Systeme werden in einem weiten Umkreis zerstört. — Im Bericht des Sachverständigenrates heißt es (2): „Landverbrauch am falschen Platz. Dieser führt zu einem schwerwiegenden Verlust ökologisch wertvoller Flächen. ... Auch die Aufsplitterung und Beeinträchtigung durch die Vielzahl flächenzerschneidender Verkehrswege wirkt in gleicher Weise."

In unzähligen Orten kämpfen seit Jahrzehnten Bürgerinitiativen gegen die Verschandelung ihrer Landschaft, auch gegen die Zerstörung alten Kulturgutes. Seit 1949 widersetzt sich Eltville gegen Regierungspläne, ihr reizvolles, historisches Städtischen durch eine vierspurige Autobahn vom Rheinufer abzuschneiden. Fast alle namhaften Landschafts- und Umweltexperten des In- und Auslandes protestierten. Die Einwohner von Eltville leiden unter dem ständig wachsenden Durchgangsverkehr. Eine Nordumgehung wird von den dort betroffenen Winzern abgelehnt. Die Bürokratie verfolgt trotz Gerichtsbeschlüssen zäh ihr Projekt weiter, voran die damaligen Minister *Georg Leber* und *Heinz Herbert Karry*. — Der Journalist *Karl Korn* urteilt: „daß die Beamten in den Verwaltungs- und Ordnungsämtern zur Umwelt nicht die kul-

turelle Substanz einer Landschaft zählen ... daß an diesem Uferstreifen die Umwelt nicht nur aus Luft und Wasser, sondern aus
einem Gefüge von Natur und Kultur, nämlich aus geschichtlich ge-
wordenem Raum besteht."

Über den Sinn bzw. Unsinn des Baues von Autostraßen wurde
viel geschrieben. *Olschowy* (12) über „Ökologische Gesichtspunkte beim Straßenbau." – *Finke* (13) diskutierte das Projekt A 31,
die das Emsland mit dem Ruhrgebiet verbinden soll. Die Trassen-
planung erfolgte ohne Rücksicht auf die Landschaftsökologie,
über die allerdings zur Zeit der Planung vor zehn Jahren niemand
redete. 50 Bürgerinitiativen mit 200 000 Mitgliedern erhoben Einspruch. Die meisten BI entstanden anläßlich eines Straßenbaus.
Daraufhin wurde die Dringlichkeit der Straße zurückgestuft, erst
1985 beginnt die Diskussion von neuem. Die Bürokratie verfolgt
zäh ihre Pläne. Das verplante Geld muß ausgegeben werden. Im
Hintergrund steht das Wachstum des Sozialprodukts. – Die vielen
neuen Fernstraßen zerstören nicht nur die Landschaft, sondern
auch die Städte, durch die sie sich quälen. Nach dem Willen der
Straßenbauer sollen Umgehungsstraßen das Problem lösen. Das
„Umweltgutachten 1978" (14) befaßt sich ausführlich mit Verkehrsplanung. Auf Seite 395 heißt es: „Es liegt kein Gewinn darin, wenn man den wachsenden Verkehr teilweise von einer Straße
abzieht und auf eine Entlastungsstraße verlegt ... solange es bau-
technisch möglich ist, die bereits vorhandenen und auch verbleibenden Straßen auszubauen." – Das „Umweltforum" befaßte
sich 1978 in Stuttgart mit dem Thema: „Grenzen des Landschaftsverbrauchs". Nach Prof. *Engelhardt* (Präsident des Deutschen Naturschutzrings) werden in der BRD 109 Hektar Land
jährlich allein für zusätzliche Gebäude- und Verkehrsflächen in
Anspruch genommen. – Sogar auf dem „Straßenbautag 1978" in
Hannover mahnte der niedersächsische Wirtschaftsminister *Birgit
Breuel*, intakte Landschaften nicht durch neue Verkehrswege zu
zerstören. Sie forderte Verbesserungen der Straßen an Stelle des
Neubaues. – Von den Alpen bis zum Meer kämpfen Bürgerinitiativen gegen eine weitere Zerstörung ihrer Heimat (obwohl sie selber Auto fahren, aber nur soweit es unbedingt nötig ist).

Der Landesgeschäftsführer vom Bund Naturschutz im Allgäu
erklärte, wer für den Straßenbau sei, mache sich „eines Verbrechens schuldig". Man kann es auch humorvoller ausdrücken. Minister *Dieter Deneke* (NRW) trat aus Protest gegen die geplante Autobahn durch das Rothaargebirge (Naturpark) zurück. Einer seiner Aussprüche: „Eine Autobahn, die ca. hundert Tage im Jahr
von Nebel, Schnee und Reifglätte bedroht ist, soll ein Beitrag zur
Verkehrssicherheit sein? Da lachen doch nur die Streusalzverkäu-

fer." – Die Verkehrsprobleme sind allerdings nicht leicht zu lösen. Millionen neue PKW werden zugelassen. Mit den Mitteln der „Freien Marktwirtschaft" ist dagegen nicht anzugehen. Alle Bundesregierungen haben bisher den Straßenlastverkehr gefördert, zum Schaden der Bundesbahn. – Den Personenverkehr könnte man z.B. lenken durch eine Verbesserung der öffentlichen Verkehrsmittel, vor allem aber durch eine gezielte Herabsetzung des Sozialprestiges der Autofahrer. Das Auto dient für viele als Sportartikel, als Spielzeug. Jugendliche sind geradezu süchtig auf Motorfahrzeuge. Dagegen müssen Initiativen entwickelt werden. Dann gäbe es viele tausend Tote und Hunderttausende Schwerverletzte jährlich weniger. – Eine weitere Zerstörung der Landschaft könnte gestoppt werden.

2.1. Streusalz auf den Straßen

Die Schäden, die durch das Salzstreuen bewirkt werden, sind von den Behörden noch nicht in vollem Umfang erkannt worden. – Im Winter 1957/58 wurde auf den Bundesautobahnen noch Splitt und Sand gestreut (63 t/km). Durch den Sand wurden z.T. die Abflußrohre verstopft. Dem könnte man durch Sandfänger vorbeugen. Um Kosten und Personal zu sparen, wegen der wachsenden Fahrgeschwindigkeit des stark zunehmenden Verkehrs, ging man 1963 zur Auftausalzung gegen Glätte über. 1969 wurden in der BRD bereits 1,5 Mio. t Salz (50 t/km) verbraucht. Man muß einen Salzüberschuß anwenden, da sonst infolge sekundärer Eisbildung die Straßenglätte durch das Salz sogar erhöht werden könnte (bei starker Kälte). In einem Zwischenstadium wird der Schneematsch gerade durch das Salz glitschig. – Wenn das Salzwasser durch die Kraftfahrzeuge versprüht wird, leiden nicht nur die Bäume und Sträucher am Straßenrand. Schäden wurden auch im Abstand von einigen hundert Metern beobachtet. Blätter und Nadeln zeigen eine Nekrose. 75 000 Bäume gehen jährlich in der Bundesrepublik durch Streusalz ein (15). Hamburg gab in einem Jahr 1 Mio. DM aus, um 2000 abgestorbene Bäume durch neue zu ersetzen. Es ist allerdings fraglich, ob diese Ausgabe auf die Dauer sinnvoll ist. Durch die Natriumionen des Salzes werden im Boden die Kalzium- und Magnesiumionen ausgetauscht. Dadurch zerfallen die Bodenaggregate, der Boden wird dicht geschlemmt, seine Atmung herabgesetzt (16). – Für die Autofahrer ist vielleicht die Korrosion durch das Salz interessanter. Der Umsatz der Autoindustrie wird so beträchtlich erhöht. – Auf den Fernstraßen, aber auch innerhalb der Städte steigt der Salzverbrauch. Auf den Gehwegen werden große Mengen Salz gestreut, das ist bequemer als Schnee zu schippen. Die Bürgermeister sehen tatenlos zu. – Wenn nun Salzlösungen bei der Schneeschmelze in die öffentlichen Gewässer und in das Grundwasser gelangen, wird dadurch auch die Allgemeinheit geschädigt. Die TU München führte eine Forschungsarbeit durch: ,,Tausalzstreuung auf Straßen in Wasserschutzgebieten" (17). — Danach stieg der Chloridgehalt des Grundwassers im Großraum München in den letzten 15 Jahren von 25 mg/l auf 40 mg/l. In den einzelnen Fällen stieg der Chloridgehalt um 2 bis 120 mg, maximal bis auf 300 mg/l. — In der Nähe von Autobahnen, im Abstand von 150 m, stieg der Chloridgehalt noch stärker, z.B. in Quellfassungen zur Trinkwasserversorgung von normal 23 mg auf 531 mg/l. — Der Gemeinderat von Lenggries (an der Isar) hat einstimmig beschlossen, mit dem Salzstreuen auf Straßen und Plätzen aufzuhören. — Auch in Skandinavien kommt man ohne Salzstreuen aus. In der Bundesrepublik müssen wir auch im Winter auf den Straßen rasen können, ohne Rücksicht auf Benzinverbrauch und Tote. — Überzeugender für Technokraten ist die Erkenntnis, daß Eisenbeton durch Salz stark angegriffen wird. Bis jetzt besteht keine Möglichkeit, die endgültige Zerstörung zu verhindern. — In Wuppertal mußte ein großes Parkhaus nach 10 Jahren abgerissen werden, da durch den mit Salz vermischten Schneematsch die Stahlbewehrung der Betondecken verrostet war. Ein gigantisches Problem kommt auf uns zu: die Eisenbetonbrücken rosten stark. Nach einem Vortrag von *Thul* Bundesministerium für Verkehr) (18) haben wir über 21 000 Stahlbetonbrücken. Bereits 1970 wurden an 305 Brücken ein An- und Durchrosten von Bewehrungen in mindestens 37% der Fälle festgestellt. Schäden werden erst nach Jahrzehnten sichtbar. In den letzten Jahren nahmen die Schäden an Stahlbetonbrücken ,,explosionsartig" zu. ,,Es ist mit Sicherheit zu erwarten, daß diese Schäden von Jahr zu Jahr zunehmen." Gegenmaßnahmen sind nicht bekannt. Jede Brücke kostet Millionen DM.

Zusammenstürzende Brücken, ein Symbol für den technischen Fortschritt, für unsere Wirtschafts- und Gesellschaftspolitik?

PS: München, d. 27. 7. 79 ,,Weiter Streusalz gegen Schnee und Eis" (SZ).

3. Zerstörung der Landschaft durch Tagebau, Rekultivierung

Ein erheblicher Teil unserer Rohstoffe wie Braunkohle, Kies und anderer Baumaterialien wird im Tagebau gewonnen. Dabei werden große Flächen unserer Landschaft zerstört, nur ein kleiner Teil wieder in annehmbarer Form rekultiviert.

Die Umgebung des Laacher See, das Brohltal, zählen zu den schönsten, eigenartigen Landschaften. Einige der eindrucksvollsten Vulkane verschwinden jetzt. Riesige Maschinen tragen ganze Berge von mehreren hundert Meter Höhe ab, um Basaltlava und Bimsstein zu gewinnen und daraus Baumaterialien herzustellen. Die Gegend steht zwar z.T. unter Naturschutz, aus wirtschaftlichen Gründen wird aber der Abbau immer neu genehmigt. Zurück bleibt eine ausgetrocknete Karstlandschaft. Der Mutterboden ist fortgeschwemmt. Wo früher Buchenwälder grünten, gedeihen jetzt nur kümmerliche Fichten (19).

Unter den Stränden der ostfriesischen Inseln sind große Mineralvorräte an Titaneisenerz und Zirkon entdeckt worden. Um die Versorgung der Bundesrepublik zu sichern und die Abhängigkeit von der Einfuhr abzubauen, betreibt die Bundesanstalt für Bodenforschung in Hannover (Prof. *F. Bender*) die Exploration und Erschließung von abbauwürdigen Lagerstätten in den Dünen, dem Strand und den Vorstränden. Ob sich ein Abbau mit dem Badebetrieb vereinbaren läßt, ist noch unklar.

In Nordhessen liegt der „Hohe Meißner", ein langgezogener Bergrücken mit steil abfallender Nase. Dort ist schon lange Braunkohle im Tiefbau gewonnen worden. In der Notzeit nach dem zweiten Weltkriege wurden ein Tagebau bewilligt, der böse Zerstörungen in der Landschaft anrichtete. Er wurde 1974 wieder eingestellt. Nun will die Preußenelektra (Preag) den Tagbau wieder aufnehmen und noch 6 Mio. t Kohle gewinnen. Ein Argument ist die vorläufige Erhaltung von 1300 Arbeitsplätzen für wenige Jahre. Dagegen sprechen die Gemeinde Eschwege und andere, die ihre Wasserversorgung und den Fremdenverkehr gefährdet sehen. Die Naturschützer wollen das Hochmoor erhalten. Hier hatte auch 1913 die Freideutsche Jugend ihren Aufruf erlassen, mit *Knud Ahlborn* und vielen anderen 1963 erneuert und bekräftigt. Sie waren die Vorläufer der Bürgerinitiativen, des Widerstandes gegen eine lebensfeindliche Bürokratie und Wirtschaftsordnung.

Mehrere hundert Quadratkilometer Land wurden von der rheinischen Braunkohlenwirtschaft ausgebeutet und danach allmählich wieder rekultiviert. Das neue Abbaufeld von Hambach ist 85 km^2 groß. Bagger mit einer Tagesleistung von 240 000 m^3 wühlen sich bis 470 m tief in die Erde. Ein Bagger leistet die Arbeit, die früher einmal 40 000 Arbeiter mit Hacke und Schaufel geschafft haben. Wieder müssen Dörfer verschwinden. Der Grundwasserspiegel der Umgebung wird um 500 m sinken. Die Geologen und Ökologen haben Sorgen wegen der möglichen Folgen. Die Rheinische Braunkohlenwerke AG (Rheinbraun) fördern jedes Jahr 120 Mio. t Kohle. Jährlich werden 100 Mio. DM für Rekultivierung ausgegeben, 2 bis 2 1/2 Mio. Bäume gepflanzt. Die forstwirtschaftliche Rekultivierung je Hektar kostet 7000 DM. Außerdem entstehen neue Wohnsiedlungen, Erholungsparks und Seen. – Nach dem Verursacherprinzip ist die Industrie gehalten, die Schäden an Natur und Landschaft zu beheben. *Begemann* (20) beschrieb die Bemühungen, die zunächst toten Böden zu rekultivieren, die Stoffwechselkreisläufe wieder in Gang zu setzen. Ein Maß für den Erfolg ist z.B. die Zahl der Pflanzenarten (nicht der Individuen!), die auf einem Quadratmeter Boden wachsen.

Wenn 5–10 Arten pro m^2 gefunden werden, gilt das Ergebnis als „ausreichend", bei 10–15 Arten als „befriedigend". Für eine größere Fläche betrachtet *Begemann* als Mindestforderung, daß 70% als „ausreichend" befunden werden.

In den großen Abbaugebieten wird schon vorher ein Plan für die Ablage des Abraums aufgestellt, die künftig zu rekultivierende Landschaft wird vormodelliert. Schwieriger ist es, die Abraumhalden des Steinkohlenbergbaus (der unter Tage erfolgt), des Erz- und Kalibergbaus und anderer Industrien wieder nutzbar zu machen. Diese Halden wurden meist auf kleinsten Flächen angelegt. Die steilen Hänge kamen zuweilen ins Rutschen und verursachten Unfälle. Jetzt werden sie zum Teil abgetragen, terrassiert, mit Erde bedeckt und begrünt. *Knabe* (21) referierte auf einer Fachtagung: „Halden im Ruhrgebiet und ihre Integrierung in der Landschaft." 1972 gab es dort Halden mit einer Fläche von 1300 ha und einem Inhalt von 200 Mio. m^3, die trotz Abtragung (z.B. für den Straßenbau) auf 350 Mio. m^3 anwachsen werden. Diese Halden sollen nach Möglichkeit begrünt werden, um eine Staubentwicklung und Erosion zu vermindern, den ästhetischen Anforderungen entgegenzukommen. Besondere Schwierigkeiten ergeben sich, wenn das Material toxisch ist. Metallsulfide oxidieren, neigen zur Selbstentzündung, bilden Säuren, die das Grundwasser verderben. – Bei der Kultivierung wird auf einer Zwischenschicht kulturfähiger Boden aufgetragen. Dann können durch eine Bepflanzung Erholungsflächen geschaffen werden. In Industriegegenden halten nur besonders widerstandsfähige Pflanzen durch. – 1977 wurden 35 Mio. t auf Halden geschüttet, Gesamtfläche 2400 ha. – Bei dem Abbau von Sand, Kies, Ton, Gestein und anderen Bodenschätzen entstehen in der Landschaft tiefe Löcher, die sich zum Teil mit Sickerwasser füllen oder als Müllkippe genutzt werden. – 1975 wurden in der BRD 480 Mio. t Kies gewonnen. – *Hofmann* (22) „Flächenbeanspruchung durch Sand- und Kiesabgrabungen." – *German* (23) „Schädigung unserer Landschaft durch Gesteinsabbau." *Steckert* (24) „Landschaftszerstörung durch Kies- und Sandabbau".

1972 erließ das Land Niedersachsen das „Bodenabbaugesetz beim Abbau von Steinen und Erden" („Kiesgrubengesetz"), damit „die abgebaute Fläche wieder sinnvoll genutzt werden kann". Es geht von dem Grundsatz aus, daß „das Wirkungsgefüge der Landschaft durch Eingriffe in die Tier- und Pflanzenwelt, den Boden, den Wasserhaushalt, das Kleinklima und andere Landschaftsfaktoren nicht nachhaltig geschädigt und die Landschaft nicht auf die Dauer verunstaltet wird". Jeder Eingriff in die Landschaft muß von der unteren Landespflegebehörde (Kreis- oder Stadtverwaltung) genehmigt werden und einen Plan enthalten, wie der Abraum, der Mutterboden genutzt oder wiederverwendet wird. Die Verpflichtung zur Rekultivierung muß durch eine Bankbürgschaft gesichert werden.

An der Mittelweser wurden 1972 über 4 Mio. t Kies gewonnen, der dort im Untergrund eine Mächtigkeit von 4–12 Meter erreicht. „Weite Flächen an der Weser gleichen einer wüsten Kraterlandschaft, die sich durch immer neue Kiesgruben wie Krebsgeschwüre weiter ausbreitet." An manchen Stellen beginnt die Rekultivierung. Bei Nienburg wurden die Ränder der ausgebeuteten Kiesgruben abgeflacht und bepflanzt. Das Wildgeflügel findet Brutgelegenheiten. Auch die Angler sind zufrieden. – In der Leinemündung zwischen Northeim und Einbeck entsteht eine ausgedehnte Seenlandschaft. Geplant wird ein Erholungsgebiet und ein Vogelreservat, aber erst nach 1985. Ein See könnte eine Fläche bis zu 12 km^2 erreichen. Es ist zu hoffen, daß die Planer auch die ökologischen Folgen bedenken. Große Wasserflächen bewirken eine starke Wasserverdunstung, zeitweise auch Nebelbildungen, eventuell regionale Klimaveränderungen. – Beim Bau des Elbe-Seitenkanal entstand aus einem riesigen Baggerloch ein See, der in kurzer Zeit zu einem Vogelparadies umgewandelt wurde („Jastorfer See") und jetzt unter Naturschutz steht.

Literatur zu X (Raumplanung)

1. Umwelt (BMI) 59, 13 (1977). – 2. Umweltbrief Nr. 17 des BMI v. 17. 4. 1978 S. 30. – 3. *Stich, R.* Natur und Landschaft 49, 3 (1974). – 4. *Buchwald, K.* u. *Engelhardt, W.* „Handbuch für Planung, Gestaltung und Schutz der Umwelt" (München 1978/79). – 5. *Mathe, P.* Forum Städtehygiene 28, 189 (1977). – 6. U – das technische Umweltmagazin November 1977. – 7. *Moll, W. L. H.* U – das technische Umweltmagazin Februar 1978. – 8. *von Känel, A.* Natur und Landschaft 53, 204 (1978). – 9. *Brunner, P. G.* Wasserwirtschaft 67, 98 (1977). – 10. *Gish, C. D.* u.a. Environ. Sci. & Technol. 7, 1060 (1973). – 12. *Olschowy, G.* Natur und Landschaft 50, 337 (1975). – 13. *Finke, L.* Umschau 78, 563 (1978). – 14. „Umweltgutachten 1978" Verlag Dr. H. Heger (Bonn 1978). – 15. *Oeltzschner, H.* u. *Schmid, H. V.* Der Städtetag 1976, 666. – 16. Dokumentation für Um-

weltschutz u. Landschaftspflege Nr. 16 (1976). – 16. *Weinzierl, H.* „Natur in Not" S. 119 (München 1975). – 17. *Dauschek, H.* gwf-wasser/abwasser **119**, 348 (1978). – 18. *Thul,* VDI Nachr. 17. November 1978. – 19. *v. Fisenne, O.* Naturschutz und Naturpark **17**, Heft 85 (1977). – 20. *Begemann, W.* Umwelt (VDI) 2/76 136. – 21. *Knabe, W.* Forstarchiv **43**, 12 (1973). – 22. *Hofmann, M.* Natur und Landschaft **54**, 39 (1979). – 23. *German, R.* Umschau **75**, 599 (1975). – 24. *Steckert, U.* Umwelt (VDI) 5/72, 19, *Peer, T.* „Die Mobilität von NaCl im Boden" Umweltschutz (Wien) **17**, 8 (1979). – *Przybylski, Z.,* Wirkung von Autoabgasen auf Kulturen, Environ. Pollut. **19**, 157 (1979). – *Hofmann, M.,* Sand- und Kiesabgrabungen, Natur u. Landschaft **54**, 294 (1979). – *Mrass, W.* u.a., Zum Bundesverkehrswegeplan, Natur u. Landschaft **54**, Heft 10 (1979).

XI. Naturschutz

1. Vorgeschichte

Im Jahre 1912 tagte in Stuttgart der 2. Internationale Kongreß für Heimatschutz (Naturschutz) (1). Es wurden Resolutionen angenommen gegen Hochgipfelbahnen, die auf Betreiben der Fremdenverkehrsindustrie die „erhabene Einsamkeit des Hochgebirges entweiht haben". Es wurde geklagt über die Kanalisierung der Flüsse, die Umwandlung der „herrlichen Laubwälder in einförmige Nadelwälder", die Entwässerung der Sümpfe, Urbarmachung der Moore. Von Professoren und Exzellenzen wurde gefordert, „der Kampf gegen den rücksichtslos das Gewordene und seine Schönheiten zerstörenden Kapitalismus". Das Walchenseeprojekt wurde vom Grafen *Moy* „sehr scharf" angegriffen. Es wurde dringend gewarnt, die „Ausnützung der elektrischen Kraft bis zur letztmöglichen Pferdestärke zu treiben". Einige Jahre darauf erklärte *Lenin*, die allgemeine Elektrifizierung sei eine Voraussetzung für den Sozialismus. – Unsere heutigen Probleme wurden bereits vor zwei Generationen klar erkannt. Ein allgemein überzeugendes Argument war schon damals: „an der Degeneration ... wie die Heeresersatzziffern in Preußen in unwiderlegbarer Weise dartun ... hat die Entfernung des Menschen von der Natur und der Natur aus dem Leben des Menschen, die Vernichtung landschaftlicher Schönheiten, die er leicht erreichen könnte – mit einem Wort: ungenügender Heimatschutz, keinen kleinen Anteil". „Der Heimatschutz ... ist weder rückschrittlich, reaktionär, noch romantisch." Der erste Weltkrieg konnte nicht verhindert werden. In der armen Zeit darauf blühten die Heimat- und Naturschutzverbände, Reformbestrebungen aller Art auf. *H. Löns, H. Hesse, E. Wichert* und andere Dichter erweckten die Sehnsucht nach einem natürlichen, einfachen Leben. Die Jugendbewegung erfaßte weite Kreise. Gläubig sangen sie „Mit uns zieht die Zeit". Sie stellten die Kader der „völkischen" und kommunistischen Jugendorganisationen. Im Kampf der politischen Richtungen siegte knapp der Nationalsozialismus. – Das „Reichsnaturgesetz" von 1935 war über eine Generation in Kraft. Es scheiterte weniger an seiner Konzeption als an der Untätigkeit der folgenden Regierungen aller Richtungen. – In den Jahren nach dem 2. Weltkriege waren alle Kräfte auf den Wiederaufbau gerichtet. Auf den Konsumrausch der satten Wohlstandsgesellschaft folgte in führenden Kreisen eine Ernüchterung, ja eine tiefe Besorgnis. Alle Bestrebungen in den ersten Nachkriegsjahren waren darauf gerichtet, gut zu essen, sich modern zu kleiden, schöner zu wohnen, komfortabel zu reisen. Der amerikanische Lebensstil setzte sich durch. Der Flüchtling aus dem Osten atmete in der Freiheit wieder auf, entsetzte sich andererseits über die Amerikanisierung des öffentlichen Lebens. – Ein kleiner Kreis verantwortlicher Persönlichkeiten, darunter Graf *L. Bernadotte*, beschlossen am 20. 4. 1962 auf der Insel Mainau eine „grüne Charta" in zwölf Forderungen zur Sicherung der gefährdeten Lebensgrundlagen. – Ein „Deutscher Rat für Landespflege" wurde 1962 gegründet. – Bis jetzt konnten einige Teilerfolge erreicht werden. Nach wie vor wurden und werden Landschaften zersiedelt, durch Straßen-, Industrie- und Wohnungsbau verbraucht. Der Rhein wurde noch stärker belastet, kleinere Gewässer ausgebaut und zerstört. Rohstoffe und Energien wurden weiter leichtfertig verbraucht, die Abfallstoffe häufen sich immer bedrohlicher an. Tiere und Pflanzen werden gefährdet und ausgerottet. – Der technische Umweltschutz durfte nur nachträglich die schlimmsten Folgen der ständigen Produktionssteigerungen mildern. Die Notwendigkeit eines biologischen, vorausschauenden Umweltschutzes wird noch kaum erkannt. Immerhin schuf die „Grüne Charta von der Mainau" eine Grundlage und Wegweisung für die kommende Entwicklung. –

Das „Europäische Naturschutzjahr" 1970 fand die Unterstützung der Massenmedien, das Interesse der Öffentlichkeit wurde geweckt (2). Das war auch dringend notwendig. Bei einer Meinungsumfrage kannten 59% der Befragten den Begriff „Umweltschutz" überhaupt nicht. – Die Sonderbotschaft des US-Präsidenten *R. Nixon* über Umweltfragen erregte weltweites Aufsehen. – Das „Umweltprogramm der Bundesregierung" 1970 (*H.-D. Genscher*) war ein mutiger Durchbruch, erlahmte aber in den folgenden Jahren. Das Abwasserabgabengesetz, die Novellierungen des Immissions- und Lärmschutzgesetzes (*Maihofer*) waren entscheidende Rückschritte.

Der Bundesnaturschutz ist dem Bundesminister für Ernährung, Landwirtschaft und Forsten (*J. Ertl*) unterstellt. Diese volkswirtschaftlichen Bereiche sind in erster Linie ökonomisch ausgerichtet, erst in zweiter Linie ökologisch.

Beim Naturschutz liegen die Präferenzen umgekehrt. Nach Umfragen und Wahlergebnissen neigen auch die Wähler mehr und mehr zu dieser Tendenz. – Prof. *B. Grzimek* wurde 1970 zum „Beauftragten der Bundesregierung für den Naturschutz" berufen und dem Bundeskanzleramt (*W. Brandt*) unterstellt. Sein Amt war aber „materiell und personell völlig unzureichend" ausgestattet und „weit hinter international vergleichbaren Einrichtungen" zurückgeblieben. Das kleine Schweden wandte z.B. bereits 1970 30 Mio.

DM für Naturschutz und Landschaftspflege auf. Seine Zentralbehörde hatte 200 Angestellte. – Anfang 1973 trat *Grzimek* aus Enttäuschung darüber zurück, daß die Bundesregierung ihre Versprechen nicht hielt. – Die Regierungen beschäftigten sich fast nur mit Tagesproblemen. – Minister *Ertl* hielt am 20. 3. 73 einen Vortrag über „Naturschutz und Landschaftspflege – Politik der Zukunftssicherung" (3). Zustimmen kann man u.a. auch seiner Forderung auf eine Vollkompetenz des Bundes für das Naturschutzrecht. Leider ist das mühsam zustande gekommene „Bundesnaturschutzgesetz" vom 20. 12. 1976, das das Gesetz von 1935 ablösen soll, nur ein Rahmengesetz, das erst in den folgenden Jahren durch sehr unterschiedliche Ländergesetze ausgefüllt wird. – Naturschutz und Landschaftspflege sind in den verschiedenen Bundesländern den Kultusministerien, Landwirtschaftsministerien, Innenministerien oder anderen unterstellt mit unterschiedlichen Zielrichtungen. So wird auch auf diesem Gebiet eine nationale, erst recht eine internationale Zusammenarbeit erschwert, und das im Zeichen der Europawahlen. –

Prof. *W. Pflug* (4) nahm zum Entwurf des Gesetzes Stellung und zu seiner Forderung: „Natur und Landschaft zu schützen, zu pflegen und zu entwickeln, daß die Leistungsfähigkeit des Naturhaushaltes und die Nutzungsfähigkeit der Naturgüter Boden, Wasser, Luft, Klima, Pflanzen- und Tierwelt als Lebensgrundlagen nachhaltig gesichert sind . . . um dann zur Durchsetzung dieser Forderung ein unzureichendes Instrumentarium anzubieten." Nach einer Aufzählung der entscheidenden Lücken im Gesetz schließt er mit der bitteren Feststellung: „daß den wirklich großen Veränderern unserer Landschaften mit allen nachteiligen Folgen die Macht gelassen bleibt". *W. Erz* (5) berichtete vom Deutschen Naturschutztag 1978. Er fordert eine „Bürgerbeteiligung im Naturschutz als Rechtsinstrument", eine Mitwirkung der Naturschutzverbände, bereits bei den Vorbesprechungen. „Die Verbandsbeteiligung erst im Stadium der Planfeststellung hat sich bei bisherigen Fällen als völlig unzureichend erwiesen." Die Bürgerbeteiligung stellt z.Z. nur eine „politische Feigenblattfunktion" dar. Sie trägt im „gesellschaftlichen Bereich zu einer Staatsverdrossenheit bei, die auch die gegenwärtigen politischen Strukturen in Frage stellen". *K.F. Wentzel*, Landesbeauftragter für Naturschutz und Landschaftspflege in Hessen (6) drängt auf die Einführung der schon lange geforderten „Verbandsklage", gegen „grobe Fehlentscheidungen oder Untätigkeit der Naturschutzbehörden". Um sie praktikabel zu machen, schlägt er vor, diese Klage nur einem Dachverband in den Ländern zu gewähren. Er führt Beispiele an „für völliges Versagen der Naturschutzbehörden" durch eigene

Genehmigungen und durch Untätigkeit. „Mit der Verbandsklage wird den Naturschutzbehörden geholfen, ihre Aufgaben gegenüber anderen Fachbehörden und politischen Kräften durchsetzen zu können." Es besteht ein „beklagenswertes Vollzugsdefizit der Naturschutzbehörden".

Olschowy (7) diskutierte „Begriffe auf dem Gebiet der Landespflege", *Egger* (8) „Raumordnung und Umweltschutz". – Im Dezember 1976 trat nach langjährigen Bemühungen und Behinderungen das „Bundesnaturschutzgesetz" in Kraft. Es ist nur ein Rahmengesetz, die Länder sollen die Ausführungsbestimmungen erlassen. Das Land Baden-Württemberg erließ ein „Gesetz zum Schutz der Natur, zur Pflege der Landschaft . . ." (9).

Die AGL (Arbeitsgemeinschaft für Landschaftsentwicklung) vergleicht die Gesetze der einzelnen Länder und zieht eine kritische Bilanz (10). Sie zählte eine Reihe von Vorschlägen und Forderungen auf. *Gerold* (11) diskutierte das neue Gesetz.

2. Landschaftsschutz – Schutzgebiete

In einer Zeit, in der Landschaft in großem Umfange verbraucht wird, müssen mindestens einige größere Flächen vor weiterer Zerstörung bewahrt bleiben, langfristig in möglichst naturnahem, ursprünglichen Zustand erhalten bleiben. – Gefährdet sind vor allem Pflanzen und Tiere, insbesondere ihr spezifischer Lebensraum, ihr Biotop. – In Bayern sind von 2032 Pflanzenarten mindestens 566 (28%) ausgerottet bzw. in ihrem Bestand bedroht. In Niedersachsen sind von 1847 Pflanzenarten 687 in einer „Roten Liste" als verschollen oder stark gefährdet aufgeführt. – Auch bei vielen Tierarten ist ein ähnlicher Rückgang zu verzeichnen. Von den 240 Brutvogelarten in der Bundesrepublik Deutschland sind 89 Arten (40%) bedroht. 1900 betrug der Bestand an Weißstörchen in Niedersachsen 4500 Paare, 1973: 350 Paare.

Das ist nicht nur ein Verlust für die Wissenschaft, für die ästhetischen und ethischen Grundlagen menschlicher Kultur. Es ist ein Alarmzeichen. Der biologische Fortbestand auch des Menschen ist bedroht. Wir stehen in einer untrennbaren Wechselwirkung mit der Natur. Degenerationserscheinungen sind unübersehbar. Körperliche und seelische Störungen werden schon bei Kindern immer häufiger festgestellt, aber nicht statistisch erfaßt. Die rücksichtslose Zerstörung der Landschaft, besonders in den letzten Jahrzehnten, wurde im „Dritten Reich" mir der Notwendigkeit der Autarkie auch auf dem Gebiet der Ernährung begründet. Diese Tendenz dauerte lange nach dem zweiten Weltkriege noch fort (z.B. im Wasserbau). – In der Konsum- und Wachstumsgesellschaft begann eine beschleunigte Zersiedlung der Landschaft durch die Industrie, aber auch durch Wochenendsiedlungen. Die Zahl der „Schwarzbauten" gerade in den schönsten Gegenden wird auf 100 000 geschätzt. In weitem Umkreis von solchen Bauten wird die Natur zerstört.

Zur Zeit wird die weitere Zerstörung der Landschaft durch Industriebauten auf der „grünen Wiese" oder an Wasserstraßen, der Bau von neuen Autostraßen u.a. mit der Schaffung oder Erhaltung von Arbeitsplätzen begründet. Überall dringen die Bauten weiter in die Landschaft vor, obwohl noch genügend Platz in den alten Siedlungsgeländen ist. Es ist ein Raubbau auf Kosten späterer Generationen, die unser Verhalten als kriminell bezeichnen könnten.

Die Landschaftspflege soll die Landschaft für den Menschen erhalten oder wiederherstellen. Eine Rückverwandlung eines zerstörten Bodens oder einer Landschaft in einen annähernd naturnahen Zustand könnte aber nur mit hohen Kosten in langen Zeiträumen erfolgen. Jede weitere Erhöhung unseres Lebensstandards auf Kosten der Natur bewirkt eine Verarmung fast aller Lebensbereiche.

2.1. Naturschutzgebiete

Reichel (12) referierte über „Bedeutung und Sicherung von Naturschutzgebieten". Die Einrichtung von Naturschutzgebieten als der strengsten Schutzform stößt wegen der in den Gebieten erforderlichen Einschränkungen von Nutzungsmöglichkeiten oft auf erheblichen Widerstand und auf Zweifel an der Notwendigkeit der Schutzmaßnahmen (von Seiten der privaten und öffentlichen Eigentümer). „Die wichtigste Voraussetzung für die Schutzwürdigkeit ist die Seltenheit der zu schützenden Naturbestandteile." „Naturschutzgebiete sind rechtsverbindlich festgesetzte Gebiete, in denen ein besonderer Schutz der Natur in ihrer Ganzheit (z.B. Moorgebiet) oder auch in einzelnen ihrer Teile (z.B. Tier- und Pflanzenarten) beabsichtigt ist . . . besteht hier meist ein *völliges Veränderungsverbot*, da oft schon kleine Eingriffe schaden können. Von den Verboten ausgenommen sind Pflegemaßnahmen, die der Erhaltung des Inhaltes des Gebietes dienen . . . Erlaubt sind meist auch Jagd, Fischerei sowie oft die forstliche Nutzung" (!)

Die Objekte und Aufgaben der Schutzgebiete sind verschiedenartig. Es gibt Wald-Schutzgebiete, Botanische oder Zoologische Gebiete, Gewässer- oder Moorgebiete, Geologische u.a. Schutzgebiete, oder auch Gebiete zum Schutze von verschiedenartigen Inhaltstypen. Naturschutzgebiete stellen unersetzliche Lehr- und Forschungsstätten für jene Wissenschaftszweige dar, die auf Freilandarbeit angewiesen sind, wie die Bodenkunde. Für die Landwirtschaft sind z.B. die natürliche Fruchtbarkeit der Bodenformen oder die Frage der Humusbildung wichtig. Das Studium der natürlichen Landschaftsformen vor Ort ist von kaum geringerer Bedeutung als in Gewächshäusern, Laboratorien und Museen, „Es ist viel zu wenig von den Zusammenhängen in der Natur bekannt, als daß von vornherein auf bestimmte Tier- oder Pflanzenarten verzichtet werden kann." Naturschutzgebiete besitzen meist keine erhebliche wirtschaftliche Bedeutung, sie stellen oft Extremstandorte oder Grenzertragsflächen dar. Um so unverständlicher ist es, wenn der Staat nicht stärker eingreift. Private Organisationen versuchen durch Aufkäufe einzelne Gebiete zu retten. Ihre Mittel reichen aber selten aus. − Die Größe von Naturschutzgebieten ist für ihren wirksamen Schutz oft ausschlaggebend. Gebiete unter 5 ha sollten nur als „Naturdenkmale" ausgewiesen werden (z.B. Baumgruppen, Felsen). Die Folgen von äußeren Einflüssen auf ein Naturschutzgebiet sind um so geringer, je größer das Gebiet ist. − Um Waldschutzgebiete sollte eine Sicherheitszone von mehreren hundert Metern gelegt werden, um die Einwirkung von Äckern und Monokulturen aller Art abzuschirmen. − Zu Gewässerschutzgebieten gehören nicht nur die Wasserfläche selbst, sondern auch die vollständigen Uferbereiche. Diese Grenzbezirke mit ihren spezifischen Pflanzenarten sind häufig Brut- und Wohnstätten von seltenen Vögeln, Fischen und Amphibien.

In Naturschutzgebieten sollten daher *keine* Uferwege angelegt werden. Hochmoore sind besonders empfindlich gegen Einwehung von Nährstoffen und gegen Be- und Entwässerung in der Umgebung und müssen daher breite Pufferzonen besitzen. Außer einer ständigen Kontrolle und evtl. Pflege durch Sachverständige ist es erforderlich, daß sich diese auch gegen die Behörden durchsetzen können. „Eine rechtsgültige Unterschutzstellung allein ist zur Sicherung von Naturschutzgebieten bei weitem nicht ausreichend."

Nationalparke sollten eine Mindestgröße von 20 000 ha haben und ebenfalls unter strengem Schutz stehen, auf jeden Fall ihre Kerngebiete. Der Bayerische Wald und der Alpenpark (Königsee − Watzmann) wurden als Nationalpark erklärt (siehe IX. 3.4.) Sie entsprechen aber noch nicht den strengen internationalen Bedingungen. − Die Lüneburger Heide ist kein Naturpark im eigentlichen Sinne, sondern ein Kulturpark (siehe Kap. XII. 3.1.). − Die Bemühungen, das Wattenmeer vor Schleswig-Holstein zum Nationalpark zu machen, sind an den Eindeichungen gescheitert (siehe Kap. VII. 2.).

2.2. Landschaftsschutzgebiete

dienen der Sicherung des Naturhaushaltes und der Erholung. In ihnen soll die Entwicklung planmäßig und mit den ökologischen Bedingungen in Übereinstimmung ablaufen. Eine ordnungsgemäße (?) forst- und landwirtschaftliche Nutzung kann weiterbetrieben werden. Zersiedelung, regellose Ablagerung von Abfall, großflächige Kahlschläge, Ausräumung von Busch und Baum usw. sollen verhindert werden (nach *W. Engelhardt* und *W. Erz*). *H. Wilkens* (13) untersucht „Die Rolle des Natur- und Landschaftsschutzes in der Bundesrepublik" am Beispiel Gorleben. Dort soll ein nukleares Entsorgungszentrum gebaut werden. In der engsten Umgebung lebt eine große Zahl in der Bundesrepublik seltener und bedrohter Tierarten.

Dort brüten 58 der 103 in der BRD in ihrem Bestand gefährdeten Brutvogelarten, der größte Teil der noch vorhandenen Kraniche und Greifvögel. Dort halten sich im Frühjahr und Herbst während des Zuges viele tausende gefährdete Vögel auf. Dort gibt es 10 von 15 deutschen Lurcharten (6 davon auf der Roten Liste), 58 Tagschmetterlingsarten (davon 28 gefährdet), 260 Nachtfalterarten (108 auf der Roten Liste) u.a. – Der Schutz der gefährdeten Landschaft und ihrer seltenen Tiere ist ein weiterer Grund, gegen die Atomindustrie Widerstand zu leisten.

Naturpark. Der „Verein Naturpark" formulierte den Zweck der 58 deutschen Naturparks (das sind 18% der Fläche der BRD): „Naturparks sollen der Freude und Erholung der Menschen dienen. Sie bedingen Landschaften von besonderer Schönheit und Weiträumigkeit . . . Der eigentliche Naturpark soll dem Wanderer zu Fuß, zu Pferd oder auf dem Fahrrad vorbehalten bleiben . . . Der Wanderer soll in Ruhe und reiner Luft auf in der Regel unbefestigten Wegen auf kurzen oder langen Strecken die schöne Landschaft genießen." In der Regel sollten Unterkünfte aller Art (Campingplatz, Jugendherberge, Hotel, Park-, Bade- und Sportplätze) am Rande der Naturparks liegen („was in der Realität freilich oft anders aussieht").

3. Erholungsgebiete

„Der Begriff ‚Erholung' ist für die Planung schwer faßbar, weil sich im einzelnen kaum bestimmen läßt, wann und bei welcher Art von Freizeitverhalten es sich um Erholung handelt . . . nicht nur die physiologische Regenerierung der Arbeitskräfte . . . sondern jede Art geistigen, seelischen und körperlich-gesundheitlichen Wohlbefindens, das mit dem Erlebnis der Landschaft oder dem

Aufenthalt und der Betätigung in der Landschaft im Zusammenhang steht" (14).

Naturschutzgebiete sind für Erholungszwecke häufig nicht geeignet, sie werden durch den Erholungsverkehr eher gefährdet. „So sind beispielsweise Hochmoore äußerst trittempfindlich. Der Bruterfolg von Wasservogelarten kann schon durch wenige Angler entscheidend beeinflußt werden."

Über die „Belastung der Landschaft durch Freizeit und Erholung" ließ die Bundesforschungsanstalt für Naturschutz und Landschaftsökologie (BFANL, *G. Fritz*) eine Untersuchung durchführen (15). — Der Großstadtmensch hat am Wochenende und in den Ferien Sehnsucht nach naturnahen Landschaften, Bergen, vor allem aber Gewässern. Etwa die Hälfte aller Naturschutzgebiete sind von der Erholungsnutzung betroffen (zusätzlich zu ihrer „normalen" land- und forstwirtschaftlichen Nutzung). Die „Erschließung der Gebiete erfolgte nach und nach (meist von den Naturschutzbehörden nicht bemerkt) durch landwirtschaftlichen oder forstlichen Wegebau. Besonders gefährdet sind offene Wasserflächen und Feuchtgebiete. Die Folgen waren: Uferbeschädigung, Bodenverschmutzung, Wasserverunreinigung und -eutrophierung. Selbst das Fotografieren in Feuchtgebieten bedeutet eine Gefährdung durch die Trittverfestigung. Seltene und empfindliche Pflanzen verschwanden, die Vogelwelt wurde beunruhigt. 70% aller Naturschutzgebiete mit Wasserflächen müssen als nachhaltig gestört bewertet werden. — Die Naturschutzgebiete bedecken nur 0,87% der Fläche der BRD, also nur einen geringen Anteil. Der Erholungsverkehr ist fernzuhalten oder zumindest nicht zu fördern. Erschreckend ist die Feststellung, daß in 28% aller Naturschutzgebiete Erholungseinrichtungen innerhalb der Gebiete geduldet werden. Eine weitere „Erschließung" muß gestoppt werden. Dabei helfen kleine Tricks. Wie festgestellt wurde, werden die Störungen durch Badeboote und andere Geräte erheblich geringer, wenn die Parkplätze mindestens 500 m (besser 1000 m) von der Wasserfläche entfernt liegen, da die Autofahrer dann die Schlepperei scheuen. Das Parkplatzangebot soll begrenzt werden. „Und selbst ein nur kurzes morastiges Wegstück kann den sonntäglichen Massenerholungsverkehr nach Wunsch dezimieren". Naturschutzgebiete sind keine Erholungsgebiete (15).

Leser (16) schrieb ein Taschenbuch „Landschaftsökologie", der Schweizer *Krippendorf* (17) „Die Landschaftsfresser. Tourismus und Erholungslandschaft", *Sening* (18) „Bedrohte Erholungslandschaft. Überlegungen zu ihrem rechtlichen Schutz". Die Landschaftsökologin *Worbs* (19) diskutierte dialektisch „Über den Umgang mit der Natur". Zitat daraus: „Landschaft ist das Produkt gesellschaftlichen Umgangs mit Natur. Der Mensch produziert Landschaft nach seinem Bild". *Achleitner* (20) und ein Autorenkollektiv schrieb „Die Ware Landschaft". Der Schweizer Journalist *Franz Weber* (21) verfaßte eine Kampfschrift: „Die gerettete Landschaft. Wie ein Einzelner der Zerstörung Einhalt gebieten kann". Durch Spendensammlungen ermöglichte er strategische Landkäufe zur Verhinderung von Bauspekulationen im Engadin. – Auch in der Bundesrepublik versuchen Naturschützer, durch Landkäufe wenigstens einige kleine bedrohte Gebiete vor der Zerstörung zu retten. Besonders rührig ist in Bayern der „Bund Naturschutz" (Landesvorsitzender *Hubert Weinzierl*). 1978 hat er 50 ha Land gekauft für 0,5 Mio. DM (Staatszuschuß 180 000 DM). Der Bund hat seit seiner Gründung 1913 insgesamt 700 ha gekauft. Zum Vergleich: allein in Bayern gehen täglich 40 ha durch Besiedelung und Straßenbau verloren. *Bauer* u.a. (25) schrieben „Zur Messung der Erlebniswirkung von Landschaften", *Feller* (26) über „Beurteilung des Landschaftsbildes". Die „Schutzgemeinschaft Deutscher Wald" (SDW) veröffentlichte: „Die Laacher Vulkaneifel" (Bonn 1978). *Erz, W.* „Bürgerbeteiligung an Naturschutz- und Landschaftspflege (Greven 1978).

3.1. Camping

In den fünfziger Jahren diente der Campingplatz als vorübergehender Rastplatz für Ferienreisende, die mit Zelt und Fahrrad kamen, später auch mit dem Auto. „Camping . . . ist das vorübergehende Wohnen in Zelten und ähnlichen transportablen Unterkünften". Seit den sechziger Jahren wird das Bild durch komfortable Caravans bestimmt, die sich als Dauermieter einrichten. „Camping ist ein zum Zweck der Erholung im Freien geführtes Leben mit zeitweiligem Aufenthalt in einer transportablen, nur vom Benutzer selbst mitgeführten Unterkunft." Nach *Mrass* (22) entfielen 1977 bereits 70% der Stellflächen (in einigen Plätzen noch mehr) auf Dauermieter, 30% auf Feriengäste. Aus den Mobilheimen wurden feste Anlagen, die mehr und mehr den Charakter einer Zweitwohnung mit Schrebergarten annahmen. – Zur Zeit schätzt man die Zahl der Campingplätze auf über 2000 mit hunderttausend Stellplätzen. 93% stehen in Gebieten, die als Erholungs- und Feriengebiete ausgewiesen sind, häufig an Seeufern. Die Behörden versuchen Vorschriften in Hinblick auf Umweltschutz und Hygiene durchzusetzen, z.B. Anschlußzwang an Kanalisationsanlagen. Die Naturschützer verlangen, daß die Plätze von Seeufern und anderen naturnahen Zonen, häufig den landschaftlich schönsten Stellen, rückwärts verlegt werden, z.B. hinter einen 50 Meter breiten Streifen. Die Campingplätze sollen im Flächennutzungsplan der Ge-

meinden ausgewiesen sein. − Die deutsche Campingbranche stellt
einen beachtlichen Wirtschaftsfaktor dar. Für 1978 gab sie einen
Umsatz von 5,28 Mrd. DM an (2/3 Kosten des Industrieumsatzes,
1/3 Übernachtung der deutschen Camper), Tendenz: steigend.
Die Ansprüche der Camper und die Forderungen der Naturschützer könnten zu einem Kompromiß führen: die Gemeinde Beder-
kesa baut am Weser-Elbe-Kanal auf 12 ha einen Campingplatz für
480 Einstellplätze, Kosten 3,5 Mio. DM. − „Camping − Naturschutz und Landschaftspflege" (23).

Literatur zu XI (Naturschutz)

1. Heimatschutz **8**, 51−114 (1912). − 2. Natur und Landschaft **45**, Heft
12 (1970). − 3. *Ertl, J.*, Bulletin des Presse- und Informationsamtes der
Bundesregierung Nr. 32 (1973). − 4. *Pflug, W.*,Natur und Landschaft **50**,
155 (1975). − 5. *Erz, W.*, Natur und Landschaft **53**, 241 (1978). − 6.
Wentzel, K.F., Natur und Landschaft **53**, 263 (1978). − 7. *Olschowy, G.*,
Natur und Landschaft **44**, 129 (1969). − 8. *Egger, K.*, „Raumordnung und
Umweltschutz" (Karlsruhe 1978). 9. Natur und Landschaft **51**, 1 (1976).
− 10. Natur und Landschaft **54**, 86 (1979). − 11. *Gerold, H.*, Ber. Ldw.
55, 353 (1977/78). − 12. *Reichel, D.*, Ber. Ldw. **56**, 224 (1978). − 13. *Wilkens, H.*, Natur und Landschaft **53**, 183 (1978). − 14. *Kiemstedt, H.*, „In-
halte und Verfahrensweisen der Landschaftsplanung" (BELF) (Bonn-Duis-
dorf 1976). − 15. *Fritz, G.*, u. *Lassen, D.*, (Bonn-Bad Godesberg 1977).
Fritz, G., Natur und Landschaft **52**, 191 (1977). − 16. *Leser, H.*, (Stuttgart
1976). − 17. *Krippendorf, J.* (Bern u. Stuttgart 1975). − 18. *Sening, C.*
(München 1978). − 19. *Wormbs, B.* (Hanser Verlag 1974). − 20. *Achleitner, F.* (Salzburg 1978). − 21. *Weber, F.* (München 1978). − 22. *Mrass, W.*,
Natur und Landschaft **53**, 3 (1978). − 23. X, Garten − Landschaft **89**, 233
(1979). − 24. *Odzuck, W.*, „Anthropogene Veränderungen eines Moorökо-
systems durch Erholungsuchende", Natur und Landschaft **53**, 192 (1978).
− 25. *Bauer, F., Franke, J.*, u. *Gätschenberger, K.*, Natur und Landschaft
54, 236 (1979). − 26. *Feller, N.*, Natur und Landschaft **54**, 240 (1979). −
„Wasser für die Erholungslandschaft" gwf − wasser/abwasser **115**, 373
(1974). − *Jacobshagen, A.* „Zerstörung der Landschaft durch den Tourismus" Natur u. Landschaft **54**, 312 (1979). − *Olschowy, G.*, „Natur- u. Umweltschutz in fünf Kontinenten", Hamburg 1976. − *Haarmann, K.*, „Natur-
schutzgedanken ... Agrarstruktur", Ber. Ldw. **57**, 235 (1979):

XII. Tier- und Pflanzenschutz

1. Tierschutz

Während die Verbreitung und Häufigkeit von Vögeln seit langer Zeit beobachtet und registriert wurde, beruht die Zahl der anderen Tiere auf Schätzungen. Die Gesamtzahl der in der Bundesrepublik Deutschland vorkommenden Tierarten wird auf 45 000 bis 50 000 geschätzt. Davon sind etwa 30 000 Insekten. Unsicher ist insbesondere die Zahl der Wirbellosen.

1.1. Säugetiere

Von den 483 erfaßten Wirbeltierarten gelten als ausgestorben 28 Arten (6%), als vom Aussterben bedroht bzw. stark gefährdet 188 Arten (39%) und als potentiell gefährdet 39 Arten (8%). Im folgenden sollen an einigen Arten die Probleme des Tierschutzes dargestellt werden.

Der Wolf
Der Wolf ist in Mitteleuropa längst ausgerottet. Anfang des Jahrhunderts wechselten in strengen Wintern gelegentlich Wölfe aus dem Osten nach Deutschland. Durch die ,,Sicherheitsgrenze" der DDR wurden wir vor dieser ,,Gefahr" bewahrt. – Nach dem Verhaltensforscher *E. Zimen* sind Wölfe harmlose Tiere im Vergleich z.B. zu deutschen Schäferhunden. Durch Hundebisse werden in Europa jährlich Dutzende Menschen getötet. – Im Januar 1976 brachen aus dem Freigehege des Nationalparkes Bayerischer Wald durch menschliches Fehlverhalten 8 Wölfe aus. Sie sollen einige Rehe gerissen haben. Als ein Kind von einem Wolf geringfügig gebissen wurde, setzte der bayerische Innenminister *Merck* 300 Polizisten und Jäger in Marsch und erteilte Schießbefehl. Mit Betäubungspatronen hätte man die Wölfe wieder einfangen können. *Ziemen* erforschte auch das Leben der Wölfe in den Abbruzzen. Er hält diese Tiere für wertvolle Helfer, um das ökologische Gleichgewicht in den Wäldern wiederherzustellen. Dort wird durch das Rehwild großer Schaden an der Vegetation angerichtet, begünstigt durch die Jäger. In Italien wurde die Jagd auf Wölfe generell verboten. – In Lappland soll es noch 15 Wölfe in der Freiheit geben.

Der Fuchs
Auch der Fuchs wird das ganze Jahr gejagt, obwohl er im Wald eine wichtige ökologische Funktion hat. Es bestehen sogar Pläne, ihn durch Begasung der Fuchsbauten weitgehend auszurotten, da

er in Mitteleuropa als wichtigstes Reservoir für die Tollwut angesehen wird. In der Bundesrepublik erkrankten 1950–1976 49 Menschen an Tollwut, einer gefährlichen Viruserkrankung. Von ihnen starben 15, z.T. weil sie zu spät nach der Infektion geimpft wurden. Die häufigste Infektionsquelle waren Hunde, mit Abstand folgten Füchse und Katzen. Es wäre also angebracht, die Haustiere zu impfen, um die Infektionskette zu unterbrechen. Der Versuch einer vollständigen Vergasung würde auch die Dachse, Marder u.a. Tiere ausrotten. – In Niedersachsen sind 1955–1971 7568 Tiere an Tollwut gestorben (davon 57% Füchse). Im folgenden werden einige Daten zur Tollwutbekämpfung zusammengestellt:

6. 4. 1971: Der Hamburger Rechtsanwalt (Jäger und Naturschützer) Dr. *Klaus Sojka* erhält einen Zwischenbescheid des Lüneburger Oberverwaltungsgerichtes: keine ausreichende Rechtsgrundlage für Vernichtung der Füchse durch Giftgas. – Am 27. 4. 72 unterliegt *Sojka* in Lüneburg. – Sept. 73: Schluckimpfung der Füchse in Hessen erprobt. März 1974: Landgericht Hannover und Bundesverwaltungsgericht Berlin: Fuchs-Begasung unzulässig. – Dezember 1975: Der Veterinär Prof. *Günter Wachendörfer* (Frankfurt) fordert die Wiederaufnahme der im Frühjahr 1974 ausgesetzten Fuchsvergasung. – 1976/1977 werden in Niedersachsen (Kreis Uelzen) versuchsweise Jungfüchse eingefangen, geimpft und wieder freigelassen. – 1976 wurden in der BRD 8634 Fälle von Wildtollwut gemeldet. 1977 gab es in Europa 15 726 Tollwutfälle (davon 83% bei Wildtieren, davon 72% bei Füchsen). 7 Menschen erkrankten.

Der Waschbär
Der nordamerikanische Waschbär wurde 1934 erstmalig in Deutschland ausgesetzt. Seitdem hat er sich auf 70 000 Exemplare vermehrt, die nachts kleine Tiere, auch Vögel und Fische jagen. Das kleine possierliche Tier soll daher durch die Jäger „scharf einreguliert" werden. Die Einbürgerung fremder Tiere ist immer problematisch, wie auch folgendes Beispiel zeigt.

Der Marderhund
Der Marderhund wurde aus China in die UdSSR eingebürgert. Er ist ein nachtaktiver Allesfresser (Insekten, Kleinsäuger, Vögel, Pflanzen, Früchte) und vermehrt sich stark. Er wird wegen seines Felles gejagt (jährlich 50 000 Felle). Da er aber auch Krankheiten verbreitet (auch Tollwut) und die Jagd schädigt, überlegt man die Wiederausrottung. Inzwischen dringt er weiter nach dem Westen vor und wurde auch in der Bundesrepublik gesichtet.

Die Wildkatze

Die Wildkatze wurde 1922 in Deutschland ganzjährig unter
Schutz gestellt. Es war das letzte große Raubtier in Mitteleuropa.
Es gab nur noch einzelne Tiere im Harz und in der Eifel. Von dort
aus haben sie wieder alle deutschen Mittelgebirge besiedelt. Es
sind sehr scheue Tiere, die vor allem von Mäusen leben. Sie erreichen ein Gewicht von 11 kg und eine Länge von einem Meter. Sie
vermischen sich auch mit Hauskatzen.

Der Steinbock

Der Steinbock war Anfang des Jahrhunderts vom Aussterben bedroht und wurde unter Schutz gestellt. In der Schweiz und Nach-
barländern leben jetzt 9000 Steinböcke, die sich jährlich um 500
Exemplare vermehren. Das ist die doppelte Zahl auf einer be-
schränkten Fläche, die einem natürlichen Gleichgewicht entspricht. Jetzt ist der Abschuß von 300 Tieren im Jahr freigegeben.

Die Fledermaus

In der BRD gibt es 22 Fledermausarten. Sie stehen seit 1935 unter Naturschutz. Trotzdem werden sie von unverständigen Menschen seit jeher verfolgt. Wegen ihres flatternden Fluges in der
Abenddämmerung wirken sie unheimlich. Sie leben von Insekten,
mit Vorliebe für Kieferspanner, Forleule, Maikäfer, Nonnen, also
ausgesprochen Schadinsekten. Sie sind mindestens so nützlich wie
Singvögel. Ebenso wie diese leiden sie unter den Insektiziden und
der Zerstörung ihres Lebensraumes. Sie wohnen in hohlen Bäumen, in Dachfirsten, alten Scheunen, auch in aufgelassenen Bergwerken und Höhlen, die durch die Zivilisierung der Landschaft
schnell verschwinden. In Niedersachsen sind von 18 Fledermausarten alle vom Aussterben bedroht oder in ihrem Bestand gefährdet.

Die Bilche

Ebenfalls unter Naturschutz stehen die Bilche (Siebenschläfer,
Gartenschläfer, Haselmaus). Wegen ihrer nächtlichen Lebensweise
sind sie wenig bekannt. Ihr behaarter Schwanz ist so lang wie ihr
Körper. Das Niedersächsische Landesverwaltungsamt (Abt. Natur-
schutz, Richard-Wagner-Str. 22, 3000 Hannover 1) ruft zu einer
Erfassung aus.

Der Seehund

Der Bestand der Seehunde an der niedersächsischen Nordseeküste
ist gefährdet. Von 1964 bis 1974 sank der Bestand von 1700 auf
1200. 1970 wurde Prof. *Helmut Kraft* (München) beauftragt, das

Verhalten der Robben zu untersuchen. Danach sind die Feinde der Robben nicht die Jäger, sondern die Touristen, besonders aber die Meeresverschmutzung. Im Fleisch der Tiere wurden große Mengen Quecksilber, Cadmium u.a. Gifte gefunden. Die Zahl der kranken Seehundbabys, die von ihren Müttern verstoßen wurden, wächst. „Die meisten leiden an schweren Infektionskrankheiten, oft sind Nabel, Augen und Schnauze vereitert."

Eine deutsche Station in Norden pflegte 1978 18 Seehundbabys, eine niederländische 17. Nach monatelanger Pflege wurde im September ein Dutzend in einem Seehundschutzgebiet wieder ausgesetzt. Die Niederländer bauen eine neue Pflegestation (drei Salzwasserbassins, Solarium) für 380 000 Gulden, die von dem WWF (Stiftung für die Erhaltung und den Schutz der natürlichen Umwelt) gestiftet wurden. Die deutsche Station erhält 1979 einen Neubau. – Vor der Nordküste Schottlands leben 60 000 Seehunde, die nach Schätzung des schottischen Fischereiministeriums jährlich 56 000 t Fische im Wert von 45 Mio. DM fressen. Im Auftrag des Ministeriums sollten 1978 5000 Tiere abgeschossen werden. Eine Bürgerinitiative verhinderte das. – Vor der Küste Neufundlands werden jährlich 250 000 Jungtiere erschlagen, trotz massiven Protesten von Umweltschützern und aktivem Widerstand. – Eine Bürgerinitiative in Nürnberg verlangte 1978 ein Importverbot für alle Erzeugnisse aus Robbenfellen. In Frankreich, England und Belgien soll ein Importverbot in Kraft treten. – Die Mönchsrobbe steht vor dem Aussterben im Mittelmeer, Schwarzem Meer und Atlantik vor der afrikanischen Küste.

Der Fischotter
Das Niedersächsische Landesverwaltungsamt gab ein Merkblatt heraus: „Rettet unsere letzten Fischotter und ihre Lebensräume." Darin heißt es: „Der europäische Fischotter ist . . . ein empfindlich reagierender Indikator für den Zustand unserer Seen und Gewässersysteme. Da diese Lebensräume durch Gewässerverschmutzung, Gewässerausbau und Erholung an den Gewässern stark eingeengt und zerstört werden, gehört der Fischotter heute zu den in der Bundesrepublik Deutschland vom Aussterben bedrohten Säugetieren . . . Geschätzt wird der Fischotter-Bestand in der Bundesrepublik Deutschland derzeit auf etwa 200 Exemplare."

Der Bisam
Ein naher Verwandter des Fischotters ist der Bisam. Dieses Tier wurde 1905 aus Kanada in Böhmen eingeführt und in 7 Exemplaren ausgesetzt. Er vermehrte sich sehr schnell. Ein Weibchen wirft dreimal im Jahr etwa 7 Junge. Der Bisam gräbt seinen Bau von

der Wasserseite her in die Uferdämme und bringt sie dadurch zum Einsturz. Er gefährdet so Wassergräben und Deichbauten, gilt daher als Schädling. Aus Sicht des Ökologen ist andererseits in den letzten Jahrzehnten die unverantwortlich beschleunigte Entwässerung von Feuchtgebieten, die Regulierung und Begradigung jedes kleinen Gewässers ein schwerer Fehler, eine Katastrophe für viele Ökosysteme. Wegen kleiner augenblicklicher wirtschaftlicher Vorteile wurde der Lebensraum für viele Pflanzen und Tiere zerstört.
– Der Bisam wird jedenfalls in Europa gejagt bzw. in Fallen gefangen. Im Bundesgebiet betrug 1976 die Beute 400 000 Stück. Ein Bisamfell wird mit 5–10 DM gehandelt. – Auch in Sibirien und Kanada wird der Bisam gejagt. Er hat aber dort eine Schonzeit. Seine Regulierung erfolgt durch den Uhu, der bei uns fast ausgerottet wurde. – Der Bisam ist ein Schulbeispiel für die Folgen eines ökologischen Fehlverhaltens des Menschen.

1.2. Amphibien

Eine Reihe anderer Tiere wäre hier noch aufzuzählen. In Niedersachsen wird ein Artenschutzprogramm für 30 Fischarten aufgestellt. – Von den 25 Lurch- und Kriechtierarten sind 18 bestandsbedroht (davon sechs hochgradig), die übrigen sieben benötigen vollen Schutz. Sie spielen eine wichtige Rolle im Naturhaushalt als Regulatoren, z.B. der Insekten und sind selbst die Nahrungsgrundlage für viele andere bedrohten Tierarten. Infolge Veränderung der Landschaft wird ein ständiger Rückgang festgestellt, ein Warnsignal für die fortschreitende Verschlechterung unserer Umwelt. Ein Merkblatt gab das Niedersächsische Landesverwaltungsamt aus. *Blab* (15) „Amphibienfauna und Landschaftsplanung". *Wilkens* (16) „Die Amphibien des mittleren Elbetales".

1.3. Insekten

Die Insekten sind die artenreichsten Tiere auf der Erde (schätzungsweise 2 Millionen Arten). Durch Insektizide und andere Umweltgifte nehmen auch diese Arten schnell ab, kaum bemerkt von der Öffentlichkeit. Von der Käferfauna in der Umgebung Düsseldorfs wurden 1941 878 Käferarten festgestellt, 1977 nur noch die Hälfte (17). Einzelne Arten werden mit großem Aufwand verfolgt, z.B. Maikäfer. Spezialisten sind Prof. Dr. *Friedrich Schütte*, Leiter der Biologischen Bundesanstalt für Land- und Forstwirtschaft in Kiel, und Prof. Dr. *Bernd Heydemann*. – 1938 war das letzte große Maikäferjahr. Den Ernteschaden in Deutschland schätzte man auf 100 Mio. Mark. – Im Engerlingstadium werden Zuckerrüben und Kartoffeln, insbesondere Anzuchtgebiete für Forstpflanzen, geschädigt. Nach früheren Erfahrungen rechnete man mit großen Maikäferjahren alle 38—40 Jahre. Aber auch 1979 blieb der Käfer aus. Der Marktwert stieg auf 0,50 DM pro Stück. Viele verwandten Käfer (Rosenkäfer, Nashornkäfer, der große Hirschkäfer) sterben ebenfalls aus. Haben die tüchtigen Chemiker, Biologen und Agrarindustrielle ihr Ziel erreicht? „Durch die vorbeugende Maikäferbekämpfung, die sogenannte Entseuchung des Bodens, d.h. tiefes Einpflügen von Gift (man beachte die Pervertierung des Sprachgebrauchs!) (wird) die Erde so nachhaltig verseucht, daß kein Wurm mehr darin lebt" (18). – Demandt fragt: „ Sollte das Sammeln von Insekten – insbesondere von Schmetterlingen – in Deutschland verboten werden?" Nach der „Roten Liste" sind in Deutschland 6 Falterarten ausgestorben, 45 Arten vom Aussterben unmittelbar bedroht und 155 Arten stark gefährdet. Die Zahl einiger tagfliegender Arten ist von 1908 bis 1970 auf ein Drittel gesunken. Nach Demandt ist die Sammlerleidenschaft meist nicht am Aussterben so vieler Insekten schuld. Wenn auch einige Sammler mit Hilfe der Technik (Lichtfalle, Formolfalle) allein im Raum Köln—Bonn jährlich über 1 Mio. Tiere töten, so liegt der Hauptgrund doch woanders. Ein Drittel der aussterbenden Tagfalterarten lebt in Feuchtgebieten. Deren fortgesetzte landwirtschaftliche Erschließung ist der Hauptgrund für das Aussterben vieler Tier- und Pflanzenarten. Nach Malicky (19) sind Tagfalter auf Pflanzen angewiesen, die auf stickstoffarmen Böden wachsen.

Die Bienen

Die Bienen sind bekannt als fleißige Sammler des Honigs. Vielleicht noch bedeutsamer ist ihre Tätigkeit als Bestäuber von Obstbäumen und -sträuchern, aber auch von Raps, vielen Bäumen, Kräutern und Gemüsen. 88% der Obstblüten werden von Bienen bestäubt (12% von Hummeln und anderen Insekten). Wenn also die Zahl der Bienenvölker in den letzten Jahren stark zurückging, ist auch unsere Obsternte gefährdet. 1950 wurden im westfälisch-lippischen Raum noch 138 000 Bienenvölker gezählt, 1974 57 000 Völker. In Niedersachsen gab es 1972 68 000, 1977 noch 19 000 Völker. In der ganzen BRD wird die Zahl der Bienenvölker auf 1 Million geschätzt, die von 90 000 Imkern betreut werden. Die Jahresproduktion schwankt um 10 Mio. kg Honig (das sind 20% des Verbrauchs). Die Bienen sind zunächst direkt oder indirekt bedroht durch Pestizide aller Art. Seit einigen Jahren bemüht sich die chemische Industrie, „bienenungefährliche" Mittel herzustellen (wenn sie nach Vorschrift versprüht werden). Über die Rolle der Landwirtschaft wird an anderer Stelle berichtet. Auch die Forstwirtschaft und die Rebengroßbetriebe (früher „Weingarten" genannt) richten viel Unheil an, besonders durch Hubschrauberaktionen. Die Straßen- und Bahnmeistereien „befreien" Straßenränder, Böschungen und sonstige „Seitenräume" mehrere Meter breit von Unkraut und Buschwerk, wenn nicht mehr mit Gift, so doch mit mechanischem Werkzeug. Wahre Giftorgien betreiben viele Hobbygärtner. Es geht gegen ihre Ehre, wenn der gepflegte Rasen einige Gänseblümchen aufweist. Ihr Chemikalienverbrauch steigt, auch durch die Anregung des Fernsehens. Der „Fernsehgarten" scheint fest in der Hand der chemischen Industrie zu sein. – Die Bienen leiden nicht nur durch direkte Vergiftung. Mehr und mehr werden blühende Pflanzen, Wildkräuter ausgerottet oder stark reduziert, die sie für ihre Ernährung und Gesunderhaltung benötigen. – Eine neue Belastung erfolgte durch einen eingeschleppten Schädling, der Varroa-Milbe, gegen die es noch kein Mittel gibt.

1.4. Haustiere

Während in der „Natur die Tiere verschwinden, wächst allerdings die Zahl der Haustiere". In den USA werden 40 Mio. Hunde gehalten, ebensoviel Katzen. In New York gab es 1972 eine Million Hunde. 40 000 Hundebisse wurden registriert (20). 50 Mio. Hunde erblicken jedes Jahr das Licht der Welt. Für die Beseitigung der Überproduktion an Hunden geben Behörden und Tierschutzvereine jährlich 500 Mio. Dollar aus. – Früher wurden die Hunde mit Abdeckerfleisch ernährt. Jetzt bekommen sie die feinsten Delikatessen aus der Büchse, für 15 Mrd. Dollar pro Jahr. Nach einer Untersuchung wird allerdings ein Drittel dieser Tiernahrung von armen Menschen verzehrt. Für 100 Mio. Dollar pro Jahr könnte man 1 Mio. Kinder in den Entwicklungsländern vor dem Hungertod retten. – Die Hunde werden nach ihrem Tode in gepflegten Friedhöfen bestattet mit tausenden Gedenkplatten. – In der Bundesrepublik werden 3,3 Mio. Hunde (2,7 Mio. Katzen) gehalten. Für ihre Ernährung werden 300 Mio. DM (bzw. 120 Mio. DM) ausgegeben. – Die Berliner halten 89 000 Hunde, die jährlich 9,6 Mio. DM Hundesteuer erbringen und täglich 20 t Kot auf den Straßen hinterlassen. – Landwirte stellen sich um von der Massenproduktion von Schweinen auf die einträglichere Produktion von Hunden. – Der Prozentsatz der Haushaltungen, die ein Tier halten, ist von 33% in den fünfziger Jahren auf 44% (1976) gestiegen. – Die Deutschen halten 3,3 Mio. Wellensittiche, 1,8 Mio. Papageien, 1,4 Mio. Kanarienvögel, 1,5 Mio. Goldhamster, 1,0 Mio. Reptilien, 0,8 Mio. Meerschweinchen, 0,5 Mio. Zwerghasen. Schließlich werden in 1,0 Mio. Haushaltungen 4,4, Mio. Zier- und Goldfische gehalten. – Die Kleintierhändler setzten 1975 1,7 Mrd. DM um. Die

Tierfutterfabrikanten verkauften 1976 für 525 Mio. DM Fertigfutter (1978: 750 Mio. DM). Die Motive, ein Haustier zu halten, sind vielfältig. Das Tierschutzgesetz verlangt „artgemäße Nahrung und Pflege" sowie eine „verhaltensgerechte Unterbringung". Diese Bedingungen sind häufig nicht erfüllt, besonders in den Städten. Die Tierhalter sind oft einsame Menschen, verbittert und enttäuscht von den Mitmenschen. Ihre Liebe sollte auf die vielen Kinder gelenkt werden, die Hilfe brauchen, auch die Kinder der Fremdarbeiter. Die Tierhändler meinen, sie erfüllten „eine soziale Funktion, indem sie die Sehnsucht des Menschen nach einer natürlichen Umwelt befriedigen".

1.5. Tierversuche

In der Bundesrepublik Deutschland werden täglich schätzungsweise 40 000–60 000 Versuche an Tieren gemacht. Die Tiere stammen aus eigens dafür eingerichtete Zuchtanstalten, z.T. werden auch eingefangene streunende Hunde und Katzen verwendet. Jährlich werden etwa 5 Mio. Tiere „verbraucht", für die Wissenschaft und für die Befriedigung menschlicher Wißbegierde. – Tierversuche sind z.T. gesetzlich vorgeschrieben, z.B. zur Prüfung von Pharmaka, für den Unschädlichkeitsnachweis von sogenannten Pflanzenschutzmitteln, auch für die Prüfung von Kosmetika. – Viele Vorversuche könnten auch an Zellkulturen oder „niederen" Lebewesen wie Bakterien, Insekten und Pflanzen vorgenommen werden. Es ist aber schwierig, von solchen Versuchen auf die Wirkung auf „höhere" Lebewesen zu schließen, oder gar auf den Menschen. Die häufigsten Versuchstiere wie Mäuse, Kaninchen, Schweine und Menschenaffen zeigen z.T. andere Reaktionen als der Mensch (siehe auch Band II, Contergan S. 113). Entscheidend sind Versuche an Menschen, selbstverständlich nur an Freiwilligen, die voll über die Wirkungen bzw. Nebenwirkungen aufgeklärt werden. Dagegen wurde und wird häufig verstoßen. Überflüssig erscheinen auch Versuche zur Behandlung von Krankheiten, die selbstverschuldet sind, durch Überernährung, Alkohol- und Nikotinmißbrauch, Selbstbehandlung mit Medikamenten. Nach *Rolf Burger* (Kiel) sind das die Hälfte der Krankenhausfälle. – Unter diesen Voraussetzungen könnten die Zahl der Tierversuche auf einen kleinen Bruchteil herabgesetzt werden.

1.6. Zoologische Gärten. Tierhandel

Steffahn (21) gab einen Überblick über die Bedeutung und Aufgaben der Zoologischen Gärten. – *Carl Hagenbeck* war der erste, der 1907 wilde Tiere statt in Käfigen in Freigehegen zeigte. Die

Besucher hatten den Eindruck eines natürlichen Lebensraumes. Die Zoologischen Gärten haben auch durch ihre parkähnliche Gestaltung zunächst die Aufgabe einer hochrangigen Naherholungsstätte. Berlin hatte z.B. 2 Mio. Einwohner, aber jährlich 3 Mio. Zoo-Besucher, die 9400 Tiere bewundern konnten. Information, Erziehung, Volksbildung sind weitere Funktionen des Zoo. 160 000 Schüler besuchten den Frankfurter Zoo im Jahr. – Nach *Domalain* (22) wurden jährlich etwa 500 Mio. wilde Tiere gefangen. Nur 10% erreichten lebend den Zoo bzw. die Wohnstube, 90% starben auf der Jagd oder beim Transport. In Frankreichs öffentlichen Tiergärten verendeten jährlich 80% aller Insassen. Nach einer Schätzung des französischen Zoologen *P. Diole* gehen in den Tiergärten der westlichen Welt alljährlich 36 000 Wildtiere zugrunde. – Nach jahrelanger Vorbereitung wurde im März 1973 in Washington eine Artenschutz-Konvention beschlossen, die den Handel von bedrohten lebenden oder toten Tieren und Pflanzen regeln soll. Von 375 Tierarten ist der Handel vollständig verboten. bei 239 eingeschränkt. In tierreichen Ländern wie Kanada, Südamerika und afrikanischen Staaten ist vor allem eine Exportkontrolle erforderlich. Die Bundesrepublik Deutschland ist ein Hauptumschlagplatz für den Tierhandel, sie hat eine bedeutende Pelz- und Lederindustrie. Hier ist eine Importkontrolle notwendig. Am 20. 6. 1976 trat das Gesetz in der BRD in Kraft, am 1. 2. 1977 auch in den anderen EG Staaten. Vier Jahre Verzögerung hatte die Lobby der Tierhändler und der Pelzindustrie bei ihren Regierungen durchgesetzt, um sich umstellen zu können. Auch mancher Zoo kam in eine schwierige Lage. In der Zwischenzeit hatte man die Versuche verstärkt, die wilden Tiere selbst zu züchten. Bei Säugetieren (Affen), manchen Vögeln und anderen Tieren gelang es, unter verbesserten Lebensbedingungen für die Tiere. „Bei Fischen und Reptilien ist es nach wie vor schwer." – So kann man jetzt manche Tiere im Zoo bewundern, die an ihrem Ursprungsort fast ausgestorben sind. – In einzelnen Fällen gelang es sogar, bereits ausgestorbene Tierarten wieder zurückzuzüchten. Im Zoo Berlin glückte das Kunststück, aus noch lebenden Mischrassen in vier Generationen den Auerochsen wieder herauszuzüchten (nach *Mendel*). – Nach Ansicht amerikanischer Zoologen sollte es eine Hauptaufgabe der Zoos werden, seltene Tierarten vor dem Aussterben zu retten. Bisher wurden nur 50% der bekannten Säugetiere und 20% der Vogelarten von den Zoos gehalten. – In mancher Hinsicht vorbildlich ist der Vogelpark Walsrode. Während die Vögel in den üblichen Volieren etwas traurig dreinschauen, scheinen sie sich in der großen Freiflughalle in natürlicher Umgebung wohl zu fühlen. Besonders reizvoll ist die „Paradieshalle" für die tropischen Vögel. 1,5 Mio. Besucher jährlich zählte der Park. An den Wochenenden quälen sich endlose Autokolonnen durch die engen Straßen der Stadt. Da die Belastung unerträglich wird, ist eine Umgehungsstraße geplant. Diese würde aber fruchtbare Äcker zerstören, Landschaftsschutzgebiete, die Naherholung der Walsroder und – den Lebensraum einheimischer seltener Vögel. – Die Lieferländer für die wilden Tiere, z.B. die jungen afrikanischen Nationalstaaten, tragen eine besondere Verantwortung. Sie haben für ihre Nationalparks erheblich mehr Geld ausgegeben als die „zivilisierten" Länder, im Verhältnis zu ihrem Nationaleinkommen. Prof. *B. Grzimek* erklärte den afrikanischen Politikern, daß sie durch den Tourismus das sehr geringe Nationaleinkommen steigern könnten (23). In der Tat erreichte der Anteil des Tourismus 1972 in Kenia 30% der Gesamtausfuhr, in Tansania immerhin 7%. *Mobutu* hat in Zaire von vier Nationalparks zwei für den Tourismus freigegeben. *Grzimek* verweist besonders auf die armen Länder Rwanda, Malawi und Kamerun. – Mit den Nationalparks und den Zoos sind die sogenannten „Safariparks" in Westeuropa nicht zu vergleichen. Sie sind nur Schaugeschäfte, auf Gewinn ausgerichtet. Der „Serengeti-Park" in der Lüneburger Heide beherbergt etwa 300 wilde Tiere auf 180 ha. Der Park soll als Attraktion für den Fremdenverkehr in dem strukturschwachem Gebiet dienen. Daher wurde er bei seiner Eröffnung 1974 vom Landrat und Regierungspräsidenten begrüßt, von einer Bürgerinitiative abgelehnt. Im Schrittempo schieben sich täglich tausende Autos durch den Park. Bei 6000 Besuchern rentiert er sich. Durch die Abgase werden Gräser und Büsche an den Straßen vergiftet. Elefanten, Giraffen und Nashörner schädigen die Vegetation und die Bäume, bis sie eingehen. Im Januar jeden Jahres werden neue Tiere in Uganda gefangen, solange der Vorrat reicht und die afrikanischen Staaten liefern.

2. Vogelschutz

Ein uralter Traum der Menschen ist, zu fliegen wie die Vögel. Unsere lärmenden, stinkenden Flugmaschinen erfüllen diesen Wunsch nur schlecht. Im Gegenteil hilft die Technik, die schönsten Wunderwerke der Natur auszurotten, auch in der Vogelwelt. Die großen und starken, aber auch die kleinen und feinen Vögel sterben aus. Gleichzeitig vermehren sich anpassungsfähige, robuste Vogelarten, werden zur Plage. „Nur das Gesindel überlebt."

Das Buch von *Bezzel* „Verstummen die Vögel?" (1) kann man betrachten als die Fortsetzung und Ergänzung des 1962 erschie-

nenen Buches der Ärztin *R. Carson* „Der schweigende Frühling"
(siehe Band I, 174), in dem ein Aussterben der Singvögel durch
Pestizide wie DDT vorhergesagt wird.
Seidem wurde eine Reihe anderer Faktoren als Ursache des
Vogelsterbens erforscht: die Zerstörung der natürlichen Lebensräume (z.B. Feuchtgebiete), Landwirtschaft und Jagd, Störung
durch Flugzeuge und Überlandleitungen, durch Angler, Touristen
und Fotografen, Handel und Haltung von Vögeln.
In der EG gab es 408 Vogelarten, von denen bei 221 ein rapi-
der Rückgang festgestellt wurde. In der Bundesrepublik Deutschland wurden 1974 in der „Roten Liste" von den 242 heimischen
Brutvogelarten 19 als ausgerottet, 86 Arten als vom Aussterben
bedroht registriert. In Niedersachsen werden in der „Roten Liste"
v. 1. 1. 76 von 210 Vogelarten 18 als verschwunden, 73 Arten als
in ihrem Bestand bedroht registriert.

2.1. Vögel im Stadtbereich

Bezzel bringt in seinem Buch zunächst eine Übersicht über die
zahlreichen Vogelarten in den Parks und Gärten von Großstädten
wie München, Hamburg und London. Die häufigsten brütenden
Vögel sind allerdings Haussperlinge, verwilderte Haustauben, Amseln und Drosseln. Alle anderen Arten folgen in weitem Abstand.
Die Vögel leben von Abfällen, sie gewöhnen sich daran, im Winter
gefüttert zu werden. Ihre Hauptfeinde, die Sperber und Eulen,
kommen selten in die Nähe des Menschen. Die Amselbevölkerung
in der Stadt erreicht die 15fache Dichte der weiteren Umgebung.
Die Amseln wurden in den letzten 100 Jahren zu Standvögeln,
manche Gartenbesitzer möchten sie gerne wieder loswerden. –
Waldamseln überwintern dagegen in Frankreich oder Italien. –
Möwen, Enten, Stare und Watvögel gehen dazu über, entgegen
ihrer früheren Gewohnheit, in der Nähe ihrer Brutplätze zu überwintern. Viele, auch selten gewordene Vögel passen sich den
menschlichen Lebensbedingungen an. In den Jahren 1968–1972
wurden in den Außenbezirken von London 120 nistende Vogelarten beobachtet (2). In manchen Städten Europas haben sich Tau-
ben und Möwen so vermehrt, daß ihre Fütterung polizeilich verboten wurde. Die Verschmutzung von Gebäuden und Plätzen
wird lästig. Durch den Kot werden Krankheiten (Ornithose, Salmonellose u.a.) verbreitet, besonders an den Futterstellen (3).
Auch die Menschen sind gefährdet. Die Übervermehrung bestimmter Arten sollte reguliert werden. Über die Methode ist man
sich noch nicht einig. – *Bezzel* (Staatliche Vogelschutzwarte Garmisch-Partenkirchen) erörtert auch die Fütterung der Vögel im
Winter, für Städter eine alte und liebe Gewohnheit. Besonders für

Kinder ist die Beobachtung der Meisen, Gimpel, Sperlinge u.a. am Vogelhäuschen ein Erlebnis, eine Möglichkeit der Naturbeobachtung, ein Hinführen zum Naturschutz. Auf keinen Fall sollte aber die Fütterung auf die milden Jahreszeiten ausgedehnt werden. In kalten und langen Wintern könnten einzelne Vögel auf diese Weise überleben. „Auf den Bestand dieser Arten hat das jedoch keinen Einfluß." Zur Futterstelle kommen robuste Arten, nicht die scheuen, deren Bestand bedroht ist.

2.2. Vogelzählung. Bilanz

Hunderte Vogelschützer zählen die Nester der brütenden Vögel, schätzen die Zahl der ziehenden und rastenden Vogelschwärme. Die Regierungen kümmern sich wenig darum. Die Jäger haben ihre eigenen Zahlmethoden. Die über den Daumen gepeilten Werte (z.B. für Birk- und Auerhähne) bilden die Grundlage für die geplanten Abschußzahlen. − Aus den Zählungen kann man auch den Platzbedarf der verschiedenen Vogelarten schätzen. Bei Überbevölkerung reicht das Nahrungsangebot der Natur nicht aus, der Konkurrent wird vertrieben. Ein Steinadlerpaar beansprucht z.B. in der Schweiz 300 km^2, in Schottland 50 km^2. Ein Mäusebussärd verlangt in Mitteleuropa 3−4 km^2. Ein Waldlaubsänger benötigt im Fichten-Mischwald 1 ha, im Buchenwald 10 ha, eine Kohlmeise in städtischer Umgebung 3−5 ha. Man kann also die Zahl der Vogelpaare nicht beliebig durch das Aushängen von Vogelkästen vermehren. Entscheidend ist das Angebot an natürlichem Futter, das auch von Witterungsschwankungen abhängt. Jedenfalls erkennt man aus den Zahlen, daß Schutzgebiete eine Mindestgröße haben müssen. − Vogelzählungen hatten 1970 in Baden-Württemberg das Ergebnis, daß von 183 Brutvogelarten 10% ausgestorben, 24% in ihrem Bestand erheblich abgenommen hatten. In Westfalen waren ebenfalls 10% ausgestorben, 29% nahmen stark ab. Einzelne Arten sind noch stärker bedroht. Von den Greifvögeln und Eulen sind mehr als die Hälfte ausgestorben oder stark bedroht. Die Bilanz der Wasser- und Sumpfvögel ist ähnlich. − Andererseits haben sich einige wenige Arten so vermehrt, daß sie nicht mehr unterstützt werden sollten, wie die Stare und die verwilderten Höckerschwäne.

1925 gab es auf dem Bodensee 40 Schwanenpaare, 1935: 350, 1962 über 1000 Paare. In Dänemark zählte man 1935: 35 Brutpaare, 1966: 2740. Der Winterbestand beträgt mehr als 40 000 Paare. („Schwäne sollen übrigens gut schmecken.") Die Schwäne haben hier keine natürlichen Feinde, im Gegenteil verdrängen sie Enten und andere Wasservögel. Eine Regulierung wird aber nicht empfohlen. Wenn alle Brutplätze besetzt sind, läßt die Vermehrung nach. Eine Winterfütterung sollte aber nicht stattfinden, da sie das Überleben von kranken und schwachen Vögeln ermöglicht. Schwäne, die Junge führen, greifen auch Menschen an, wenn sie sich bedroht fühlen. – Als Opfer der Verstädterung, auch der Dörfer, werden die Schwalben von Jahr zu Jahr weniger. Es gibt offenbar zu wenig Insekten. Die Hausbesitzer verhindern den Nestbau, da sie eine Beschmutzung der Fassaden befürchten. In unserer aufgeräumten Landschaft werden Lehmpfützen immer seltener, die Schwalben zum Nestbau brauchen. – Auch die Natur setzt der Vermehrung von Vögeln eine Grenze. Wegen naßkalten Wetters, Futtermangel, natürlichen Feinden überstanden bei Amselbruten nur ein Viertel der Jungvögel. – Eine weitere Gefahr ist der Straßentod. In England fand man im Jahr 2,5 Mio. getötete Vögel. 45% von ihnen waren Sperlinge (das waren 10% der normalen Sterblichkeit). – Für viele Vögel bilden die Überlandleitungen eine Todesfalle.

2.3. Zugvögel. Vogeljagd

Ein erheblicher Teil der europäischen Vögel sind Zugvögel, die in Nordeuropa brüten und den Winter im Süden verbringen. Im Herbst ziehen sie z.T. über dem Festland (Spanien oder Türkei) nach Afrika, z.T. über das Mittelmeer auf Routen über Sardinien, Italien oder Griechenland. Im Frühjahr kehren sie auf gleichem Wege zurück. Nach Radarmessungen wird ihre Zahl auf über eine Milliarde geschätzt. Über 200 Millionen werden unterwegs getötet oder gefangen. Die Zahl der italienischen Vogeljäger beträgt 2 Mio., etwa ebensoviel Franzosen und Belgier beteiligen sich an der „Jagd". Dazu kommen in Italien 400 000 lizensierte Vogelfänger, die mit Netzen, Leimruten und Schlingen die Vögel fangen, eine grausame Tierquälerei. Für die afrikanische Küste liegen keine Zahlenangaben vor. Nach *Kalchreuter* (4) besteht die Jagdbeute vor allem aus Amseln und Drosseln aus Polen und Weißrußland. – In früheren Zeiten waren die Vögel für arme Leute die einzige erschwingliche, wohlschmeckende Fleischspeise. Jetzt ist die Vogeljagd vor allem ein Prestigesport, eine Befriedigung niedriger Instinkte, für viele auch ein Geschäft. Die Munitions- und Gewehrindustrie (120 000 Beschäftigte) setzte in Italien im Jahr 1974: 3,4 Mrd. DM um. Außerdem verdienen daran: die Bekleidungsindustrie, die Versicherungen u.a., nicht zuletzt der Staat. Es wäre unrecht, die italienische Nation zum Prügelknaben zu machen. Gerade die italienischen Vogelschützer führen seit Jahren einen verzweifelten Kampf (Comitato Internazionale Anticaccia. Corso de Caspari 34, Turin). Die Industrie verteilt großzügige Geschenke an die Parteien, insbesondere an die Democrazia Christiana (Senator

Faustino Zunio aus Brescia), aber auch an die KPI (Senator *Franco Del Pace*) (5). Die Wähler dürfen nicht verärgert, die Arbeitsplätze nicht gefährdet werden. Mit diesem Vorwand versuchen alle Regierungen, ihre Untaten (Unterlassungen) zu rechtfertigen. – Das ganze Europa wird ärmer, wenn die Zugvögel dezimiert werden. Manche Arten wurden auf die Hälfte oder weniger vermindert, einige sind bereits ausgerottet. Das hat böse Folgen. Die getöteten Vögel hätten viele Milliarden Insekten töten können (nach einer Schätzung zehntausende Tonnen). Die Insekten vermehren sich daher rascher. Infolgedessen werden mehr Insektizide versprüht. Diese gelangen in den Organismus der Vögel. Die Vogelbrut ist daher immer häufiger nicht mehr lebensfähig. 240 Insektenarten wurden resistent gegen die bisherigen Insektizide, ein ökologischer Teufelskreis. Organisationen gegen den Vogelmord schlagen nationalistische Töne an. Sollten wir nicht vor der eigenen Haustüre kehren? 100 000 Singvögel pro Jahr sollen von Italien nach Deutschland geschickt worden sein. Nur ein Bruchteil davon erreichte lebend die Spezialgeschäfte oder die deutschen Wohnstuben. Auf einem Bahnhof in Italien sollen in einem Jahr 28 000 kg tote und 8000 kg lebende Vögel verladen worden sein, ein großer Teil für den Export, für Feinschmecker und Vogelliebhaber in der ganzen Welt. – In einem ADAC Prospekt für Italienreisende wurden „Amseln und Lerchen gegrillt" empfohlen. – Die deutsche Gesetzgebung tut sich schwer. Die internationale Vogelschutzkonvention in Paris aus dem Jahre 1950 konnte nicht in Kraft treten. Die deutsche Jägerschaft wollte die Schnepfenjagd nicht aufgeben. Ab 1. 1. 1976 hat Baden-Württemberg endlich den Handel und Einfuhr von lebenden oder toten europäischen Singvögeln verboten. Als letztes deutsches Land hat Bayern ab 1. 10. 1976 ein Importverbot für Vögel erlassen. Es hatte gezögert, weil es die Agrarexporte in den Süden nicht gefährden wollte. Von jetzt ab wird bestraft, wer Vögel wildlebender europäischer Arten importiert, die in Bayern nicht dem Jagdrecht unterliegen ... Aber darum geht es gerade. Manche Vögel, die auf der „Roten Liste" stehen, also vom Aussterben bedroht sind, unterliegen noch dem Jagdrecht, nicht dem Naturschutz, sind also noch nicht ganzjährig geschützt. Gehandelt werden dürfen nur noch Vögel, die im Inland gezüchtet wurden. – Die Frage der Zugvögel geht alle europäischen Länder an. Seit 1971 bemüht sich das Europäische Parlament in Straßburg um einen wirksamen Schutz. Im Dezember 1974 trat die BRD der Internationalen Konvention zum Schutz von Feuchtgebieten bei. Es geht um ein Netz von gesicherten Lebensräumen während des ganzen Jahres für die ziehenden Wasservögel bzw. um Winterquartiere für die nordischen Gastvögel. Die Bundesanstalt für Vegetationskunde, Naturschutz und Landschaftspflege in Bonn hat 35 Feuchtgebiete vorgeschlagen, 17 wurden von den Bundesländern genehmigt. In Brüssel verhandelt die EG seit Jahren über eine „Richtlinie über die Erhaltung der Vogelarten". Von den 400 europäischen Vogelarten sind die Hälfte bedroht. Auch im Mai 1978 konnten sich die EG Staaten nicht darüber einigen, welche Arten zu schützen und welche noch gejagt und gehandelt werden dürfen. Der französische Umweltminister *d'Ornano* führte die Jägerlobby an. Zu den vielerlei Ausflüchten gehörte auch die Frage, welche Arten gefährdet sind und welche zu welchen Jahreszeiten geschont werden sollten. – Der EG-Rat hat am 2. 4. 79 eine Richtlinie über die Erhaltung der wildlebenden Vogelarten erlassen (6).

2.4.1. Chemische Bedrohung der Vogelwelt. Pestizide
Gelegentlich wird die Öffentlichkeit durch Meldungen aufgeschreckt, daß Wasservögel an der Küste durch eine Ölpest verenden oder daß ein Bauer beim Drillen seiner Saat Insektizide ausbringt und dann am nächsten Tag hunderte tote Vögel aufgefunden werden. Der eigentliche Chemietod wirkt ständig und unauffällig, heute und noch viele Jahrzehnte, auch wenn die weitere Zufuhr von Umweltchemikalien sofort gestoppt würde. Die zahllosen chlororganischen Verbindungen, die z.B. eine entscheidende Rolle spielen, haben eine lange Lebensdauer. 30 Mio. t Chlor werden jährlich produziert und zu Lösungsmitteln, Weichmachern, Kunststoffen, Pestiziden u.a. verarbeitet. Ihre flüchtigen Anteile sind weltweit verbreitet, setzen sich mit Luft und Wasser im Licht zu neuen unbekannten Verbindungen um. Die festen und flüssigen chlororganischen Verbindungen werden bei Bränden, in Müllverbrennungsanstalten in flüchtige Verbindungen umgewandelt, die auf dem ganzen Erdball von Pol zu Pol nachweisbar sind. Ihre Wirkungen auf Einzeller oder große Organismen sind noch wenig erforscht, gerade in kleinsten Verdünnungen, in langen Zeiten. In Europa ist die Verwendung von Stoffen wie DDT, PCB u.a. verboten oder eingeschränkt. In Nordafrika, Israel u.a. Ländern ist ihr Einsatz noch sehr hoch. Die im Frühjahr aus dem südlichen Winterquartier heimkehrenden Vögel weisen einen hohen Gehalt an DDT usw. auf, der auch ihr Zugverhalten schädigt, ihre Brut tötet.

In der Nahrungskette werden diese Stoffe angereichert, in verschiedenen Organen der Vögel zu hohen Konzentrationen. Seit dem Buch von *R. Carson* 1962 wurden die Befunde von der chemischen Industrie und ihren Professoren abgestritten oder verharmlost. Mehrere Untersuchungen von unabhängigen Wissenschaftlern bewiesen aber die verhängnisvolle Wirkung der chlororganischen Verbindungen auf die Fortpflanzung der Vögel. *B. Conrad* (7) untersuchte 1974/76: 557 Eier von 19 einheimischen Vogelarten gaschromatographisch auf ihren Gehalt an chlorierten Kohlenwasserstoffen. „Kein Ei war frei von Pestiziden und polychlorierten Biphenylen (PCB)." – „Bei 5 Arten traten statistisch hoch gesicherte Eischalenverdünnungen auf (Sperber –12,5%, Habicht –8,2%, Wanderfalke –9%, Waldkautz –4,1%, Schleiereule –4,4%). Bei Uhu (–6,8%) und Weißstorch (–5,3%) konnte eine Reduktion statistisch nicht gesichert werden." – „Nach den Ergebnissen der Studie scheinen zumindest 6 Vogelarten (Seeadler, Sperber, Wanderfalke, Rohrweihe, Uhu, Zwergseeschwalbe) äußerst empfindlich auf die Umweltverschmutzung zu reagieren. Es kommt bei ihnen häufig zu erheblichen Fertilitätsstörungen. Hierin dürfte ein Grund für die z.T. besorgniserregenden Bestandsrückgänge zu suchen sein." *Clausing* (8) referiert über Dünnschaligkeit von Vogeleiern, *Scherf* (31) über Umweltchemikalien in Amseleiern.

2.4.2. Zerstörung der Biotope der Vögel

Die aus Afrika heimkehrenden Vögel haben es immer schwerer, einen Rastplatz, einen Nist- und Brutplatz zu finden. Im „Dritten Reich" wurden weite Überschwemmungsgebiete entwässert, in Wiesen verwandelt. Diese sind z.T. bei einer weiteren Melioration (= Verbesserung!?) in Ackerland aufgewertet worden. Nach dem Kriege wurde diese Umwandlung unter dem Aufwand von Milliarden DM fortgesetzt. Jetzt stehen die EG Staaten vor dem Problem, mit weiteren Milliarden die Produktionsüberschüsse zu verwerten.

Unter der Bezeichnung „Melioration" wurden Flüsse und Bäche kanalisiert, Sümpfe und Moore entwässert, Tümpel zugeschüttet, Hecken und Haine entfernt, Bodenerhebungen eingeebnet. Aus den Wäldern wurden beschleunigt Forstplantagen gemacht, Laub- und Mischwälder in Nadelwälder verwandelt. Die Vögel haben es immer schwerer, einen ihnen gemäßen Lebensraum zu finden. Nur einige robuste, anpassungsfähige Arten haben eine Überlebenschance.

In einem Bericht der Landesregierung von Niedersachsen zum Umweltschutz vom Juni 1971 heißt es: „Schon sind 80% der Naturschutzgebiete und der noch schützenswerten Flächen ernstlich gefährdet oder schwer beeinträchtigt. Entwässerungen bedrohen die Vogelarten, Abtorfungen die landschaftlich wertvollen Moore." Dazu zwei kleine Beispiele: 1972 mußte der „Internationale Rat für Vogelschutz" gegen eine weitere Entwässerung des „Ren-

zeler Moor" kämpfen, gegen die Bestrebungen des Landwirt-
schaftsministeriums, 563 Haupt- und Nebenerwerbsstellen mit einem Aufwand von 11,5 Mio. DM zu entwässern. Die Erträge
könnten dann bis auf das Doppelte steigen. (Wohin mit der Über-
schußproduktion?) – Außer gegen die Wasserbauämter müssen
die Vogelschützer auch immer wieder gegen die Straßenbauämter
ankämpfen. Um 10–15 min Fahrzeit für 400 Pendler zu sparen,
sollte 1976 eine 8 km lange Straße durch ein Landschaftsschutzgebiet entlang dem Flüßchen Wietze gebaut werden. 14 Vogelarten, die auf der „Roten Liste" stehen, verlieren dann ihren Wohn-
sitz. – In weiten Gebieten werden durch Tiefflüge von Düsenjä-
gern und Hubschraubern, durch Geschützdonner Mensch und Tier
im Streß gehalten. Langsam wird das zerstört, was man zu schützen vorgibt. Auch die Erhöhung der landwirtschaftlichen Überproduktion hat nur einen „Sinn" in strategischen Erwägungen,
ebenso die Fortsetzung des Straßenbaus.

2.5. Bedrohte Arten

Der Vogelliebhaber denkt bei dem Wort „Vogelschutz" zuerst an
die Singvögel. Es ist aber nicht einzusehen, warum gerade diese
besonders geschützt werden sollten, wenn nicht gegen ihre unsachgemäße Pflege, z.B. in zu kleinen Käfigen. – Vor dem Aussterben stehen große Vögel, die Greife, einige Eulenarten, viele
Wasservögel. Einige von ihnen sollen hier stellvertretend besprochen werden. – Von den 14 Greifvogelarten gelten 12 als stark
bedroht. Die Greifvögel tragen zur Gesunderhaltung ihrer Beutetiere bei. Sie schlagen die schwachen und kranken Tiere. Nachweislich haben die Greife in keinem Falle ihre Beutetiere ausgerottet. – Obwohl fast alle Greifvögel ganzjährig geschützt werden
sollten, werden immer wieder angeschossene Greife und vom
Schrot durchlöcherte Horste mit toten Jungvögeln gefunden. –
Adler werden nur noch in einzelnen Exemplaren an der Küste
oder im Hochgebirge gesichtet. – Fischadler wurden von den
Menschen seit jeher als Nahrungskonkurrenten verfolgt. Ein Adler
verzehrt täglich 300–500 g Fisch. Beim Durchzug hatten sich Adler 1% des Inhalts eines Fischteichs geholt (der normale Verlust
eines Teiches ist im Sommer 5–25%, auch durch Krankheit). In
Deutschland ist er ausgerottet. In Skandinavien gibt es noch einige tausend Brutpaare. In Schweden sind aber über 1000 Seen
fischleer durch saure Abgase (SO_2) aus Mitteleuropa. Die Vergiftung der Gewässer durch DDT und Quecksilber u.a. Chemikalien
fordert viele Opfer. Durch die Zersiedlung der Landschaft, durch
Sportangler und Motorboote wird die Brut gestört. Seeadler gibt
es noch vier Paare in Deutschland. Als Endglied der Nahrungsket-

te sammeln sich in seinem Organismus besonders hohe Rückstände aus chlorierten Kohlenwasserstoffen (DDT, PCB u.a.) an. Die Eierschalen werden dadurch dünner, zerbrechen während der Brut. Steinadler brüten noch in 15 Paaren im Hochgebirge. Trotz gesetzlichem Schutz werden immer wieder Vögel erlegt. Ihr Lebensraum wird gestört durch Bergbahnen, Hubschrauber, Touristen, Tierfotografen.

Die Nahrung des Habicht besteht zu 19% aus (verwilderten) Haustauben, 18% Wildtauben, 17% Eichelhäher, 12% Drosseln, 5–6% Stare, Krähen, Kaninchen und Rebhühner. Solche Analysen sind wichtig um die Bedenken der Jäger zu besänftigen. – Der Wanderfalke hat einen ähnlichen Speisezettel: 32% Haustauben, 19% Stare, 10% Drosseln. In vielen Ländern wurde er ausgerottet. In Baden-Württemberg und Bayern halten sich noch kleine Bestände. Falken sind als Beizvögel (auf die Jagd dressiert) von der Falknerei begehrt. Viele Jungvögel wurden ausgehorstet. Der Wert eines Falken liegt zwischen 3000 und 20 000 DM. Taubenzüchter zerstörten Brutplätze. Pestizide und andere Umweltgifte vereitelten einen Bruterfolg. – Der Mäusebussard ist ein Standvogel. In Mitteleuropa benötigt ein Paar 3–4 km^2. Seine Nahrung besteht hauptsächlich aus Mäusen. Gelegentlich schlägt er auch junge Hasen, Fasanen und Rebhühner, insbesondere kranke und geschwächte Tiere. Manche Jäger behaupten, es gäbe zuviele Greifvögel. Nach den Aussagen von Ökologen werden Greifvögel und anderes Raubwild durch die Anzahl ihrer Beutetiere reguliert, nicht umgekehrt. So führt z.B. ein mäusearmes Jahr zu einer Reduzierung des Greifvogelbestandes. In der „Roten Liste" von Niedersachsen (1. 1. 1976) wird eine ganzjährige Schonung für den Mäusebussard verlangt. In Bayern setzte aber der Landesjägerpräsident *Gerhard Frank* (CSU) eine Lockerung des Abschußverbotes für Mäusebussard, Habicht und andere Greifvögel durch. – Auch die Eulenbestände nehmen stark ab. Im Harz wurden 1974 noch 110 Eulenpaare auf 850 km^2 gezählt. Die größte Eule, der Uhu, wurde jahrhundertelang verfolgt und ist fast ausgerottet (außer in Bayern). Im Harz macht man Einbürgerungsversuche. Kleinere Eulen werden dadurch behindert, daß ihre Brutstätten verloren gingen, z.B. durch Zumauern von Löchern in Scheunen, Schloß- und Kirchtürmen.

Bezzel (1) und *Löhrl* (9) gaben Anleitungen zum Bau von Nistkästen. – Eine immer wiederholte Forderung der Vogelschützer ist, daß man statt monotoner Fichtenforsten artenreiche Laubwälder pflanzen soll. – Keinerlei Schutz- oder Schonzeiten genießen Rabenkrähen, Elster und Eichelhäher. *Wittenberg* (10) untersuchte eine Artenschutzregelung für diese von der Landwirtschaft und den Jägern als schädlich angesehene Vögel. Auch diese spielen aber eine wichtige ökologische Rolle. Ihre Populationsdichte begrenzen sie selbst. Schäden im Getreidebau durch die Krähen werden durch die modernen Abschreckungs- und Vergällungsmittel vermieden. Durch die Vernichtung von Mäusen und anderen Schädlingen werden eventuelle Schäden weit überkompensiert. Abzulehnen sind die besonders üblen Methoden des „Ausschießens" von Raben- und Elsternestern, die Verwendung von Massenfallen und Gifteiern. *Loske* (11) berichtete über Pflege von Kopfbäumen als Niststätte für Vögel.

2.5.1. Vögel in Feuchtgebieten

Die Graureiher nehmen in Mitteleuropa stark ab. In Baden-Württemberg wurden 1946: 880 Paare gezählt, 1974: 280 Paare. In Niedersachsen nahm der Brutbestand von 1960 bis 1971 von 5000 auf 3600 Paare ab. Die Vögel werden von den Teichwirten bekämpft, da sie in Karpfen- und Forellenteichen Schaden anstiften. 15 Reiher fraßen an einem Tag 4—5 kg Fisch. Die Teichwirte sollten entschädigt werden. Für Graureiherkolonien werden jetzt Nahrungsteiche angelegt. Im Regierungsbezirk Lüneburg wurden 30 Futteroasen eingerichtet. Eine vorbildliche Verordnung zum Schutz der Graureiher erließ Baden-Württemberg (12). – Die Kraniche ernähren sich von Samen, Beeren, Eicheln, grünen Pflanzen. Als Zukost holen sie sich Libellen, Käfer, Regenwürmer. Ihre Brutgebiete in Schleswig-Holstein und Niedersachsen (je acht Paare) werden vom Frühjahr bis zum Herbst bewacht, mit Unterstützung durch die „Lufthansa". Die größte Gefahr geht von dem Bau der geplanten Autobahn Berlin—Hamburg und der Atommüllaufbereitung Lüchow-Dannenberg (Gorleben) aus. Der Deutsche Bund für Vogelschutz e.V. erließ dagegen eine Resolution (13).

Die Schwarzstörche leben in feuchten Wäldern. Seit 1960 bemühen sich in Niedersachsen Vogelschützer um eine Wiederansiedlung der scheuen Tiere. Einen Erfolg brachte das Jahr 1978: auf Kunsthorsten haben von 22 Paaren 19 mit Erfolg gebrütet. – Die Weißstörche leben seit langer Zeit in der unmittelbaren Nähe des Menschen. Ihre Lebensweise wurde daher gründlich erforscht. Ihre Nester bauen sie ohne Scheu auf den Hausdächern in Dörfern und Kleinstädten, in deren Umgebung feuchte Wiesen sind. Ihre Nahrung besteht aus Fröschen und Wassertieren, neuerdings fangen sie auch Mäuse. In Niedersachsen zählte man im Jahre 1900 noch 4500 Paare, 1973 nur noch 350 Paare. In Baden-Württemberg ging die Zahl von 252 (1948) zurück auf 17 (1977). Der Rückgang beruht auf der Zerstörung des Lebensraumes (Entwässerung, Dränage von Wiesen, Flußbegradigung). Verhängnisvoll wirkten die Überlandleitungen. Unter 294 Totfunden beringter Störche gingen 226 (77%) auf Drahtverluste zurück. − 34% aller Auslandsfunde beringter deutscher Störche beruhten auf Abschuß.

2.5.2. Hilfsprogramme für bedrohte Vogelarten

Schon 1899 gründete *Lina Hähnle* den „Bund für Vogelschutz". Der „Deutsche Bund für Vogelschutz" hat über 100 000 Mitglieder. Eine alte Tradition, eine große Zahl steht hinter dem Vogelschutz. Und doch ist er noch weit vom Ziel. Bereits 1974 faßte die „Deutsche Sektion des internationalen Rates für Vogelschutz" folgende Resolution: „Eine der Hauptursachen für den Rückgang zahlreicher Vogelarten in der Bundesrepublik Deutschland ist der Verlust ihrer Lebensräume. Vögel, die Feuchtgebiete zum Leben brauchen, sind davon besonders betroffen. Die Zahl der hierdurch gefährdeten Arten ist erschreckend hoch. Es sind 40 Arten ... Für den Rückgang vieler dieser Arten ist der Staat voll verantwortlich. Er hat von 1962−1971 5 Milliarden DM für Flußbegradigungen und Entwässerungen ausgegeben, also bereits zu einer Zeit, als das Brachland ständig zunahm (allein von 1960−1970: 400 000 ha freigesetzt). So ist einerseits Land teils sogar wertvoller Bodenqualität aus der Nutzung entlassen, während zur gleichen Zeit mit Steuergeldern Grenzertragsböden kultiviert wurden. Unter diese Entwicklung ist endgültig ein Schlußstrich zu ziehen" (14). Seitdem wird die Eindeichung des Wattenmeer, von Flußufern und -mündungen fortgesetzt, ebenso die Begradigung von Bächen, die Trockenlegung von Feuchtgebieten. Andererseits versucht man, neue Reservate für die Tierwelt zu schaffen. Baggerteiche, Kiesgruben, Rieselfelder, Staubecken werden zu neuen Rast- und Brutstätten. Feuchtgebiete werden nach international einheitlichen Kriterien ausgewählt, wie Bestandszahl, Gefährdungsgrad und Lage innerhalb von bestimmten Flugrouten. Wenn diese Schutzflächen aber gleichzeitig für Sportangler, Wassersportler, sogar für Motorboote, freigegeben werden, wenn weite Uferstreifen von Campingplätzen oder durch Sport- und Kampfflugzeuge beunruhigt werden, kann die Tierwelt nicht gedeihen. Seltene, scheue Arten verschwinden, nur einige robuste Tiere überleben. Viele tausend Vogelschützer setzen ihre ganze Kraft ein, ihr Wissen um die Bedrohung nicht nur der Vogelwelt in weitere Kreise zu tragen. Landwirte, Jäger, auch einige Behörden erkennen die Gefahr. Die schwerfällige Bürokratie in Wirtschaft und Staat setzen aber ihre langjährigen, längst überholten Planungen durch. „Das in Feuchtgebiete eingreifende Bauvolumen der staatlichen Wasserwirtschaft in Niedersachsen belief sich 1974 auf 202 Mio.

DM. Der gesamten Landespflege stellte Hannover im selben Jahre
nur eine einzige Million zur Verfügung. Während 1975 in den
Wasser- und Landwirtschaftsverwaltungen ... über 4000 haupt-
amtlich Beschäftigte tätig waren, arbeiteten in der Landespflege
nur 26 Beamte und Angestellte." Aber auch wenn es gelingt, ge-
nugend Rast- und Brutplätze zu sichern, bleibt eine andere dro-
hende Gefahr bestehen: die zunehmende Vergiftung von Luft und
Wasser, besonders der Flußmündungen, durch Chemie- und Atomanlagen. „Wir brauchen die Vögel, sie sind die früh aufleuchtenden
Warnlampen im komplizierten Haushalt der Natur. Wo die Le-
benslichter der Vögel zu flackern beginnen, da ist Gefahr auch für
den Menschen im Verzug" (*Horst Stern*) (12). Das Zitat stammt
aus einem großartigem Buch „Rettet die Vögel − wir brauchen
sie", eine letzte Warnung. Der „Deutsche Bund für Vogelschutz
e.V., Verband für Natur- und Umweltschutz" faßte eine Resolution, die die Gefahren der geplanten Entsorgungs- und Wiederaufbereitungsanlage in Gorleben darstellt:

Resolution zur geplanten Entsorgungs- und Wiederaufbereitungs-anlage in Gorleben

Der Deutsche Bund für Vogelschutz e.V., Verband für Natur- und
Umweltschutz, erklärt anläßlich der Vertreterversammlung am
24. 3. 1979 in Celle im Namen seiner über 75 000 Mitglieder zur
geplanten Entsorgungs- und Wiederaufbereitungsanlage Gorleben
folgendes:

Mit großer Sorge sehen wir Planungen im Bereich der Kern-
energiegewinnung einschließlich der dafür notwendigen Entsor-
gung. Abgesehen von den aus der Technologie sich ergebenden
Gefahren müssen wir feststellen, daß durch den Bau von Kernkraftwerken die Lebensgrundlagen zahlreicher Tiere und Pflanzen
sowie auch des Menschen zerstört werden. Die Mehrzahl der Kernkraftwerke wird an Standorten errichtet, die aus Naturschutz-
gründen von besonderer Bedeutung sind. Denn:

− Kernkraftwerke werden bevorzugt in Flußniederungen gebaut. Dadurch werden ökologisch wertvolle Feuchtgebiete
  vernichtet, deren Anteil an der Gesamtfläche der Bundesrepublik Deutschland in den letzten Jahrzehnten bereits in erschreckender Weise zurückgedrängt wurde;
− Kernkraftwerke werden bevorzugt in verhältnismäßig dünn besiedelten Gebieten gebaut. Diese Gebiete sind für den Naturschutz besonders wichtig, da gerade hier noch naturnahe Landschaftsteile in größerem Umfang als letzte Lebensräume für bedrohte Tiere erhalten geblieben sind.

Durch das immer stärkere Vordringen in bisher noch verhältnismäßig wenig gestörte naturnahe Landschaften verursachen Bau
und Betrieb von Kernkraftwerken Naturzerstörungen in besonde-
rem Ausmaß.

Ein deutlicher Beweis dieser negativen Entwicklung ist die Wahl
des Standortes Gorleben für die Wiederaufbereitungsanlage und
das Lagern von hochgradig radioaktiven Abfällen aus Kernkraftwerken. Die Landschaft um Gorleben zählt zu den ökologisch
wertvollsten Gebieten im Lande Niedersachsen. Vom Aussterben
bedrohte Tiere und Pflanzen sind hier heimisch. Im Umkreis von
wenigen Kilometern um die geplante Wiederaufbereitungsanlage
brüten beispielsweise über 50 Vogelarten, die nach der ,,Roten
Liste" in der Bundesrepublik Deutschland im Bestand bedroht
sind. Mehrere Kranichbrutplätze liegen in unmittelbarer Nähe der
geplanten Anlage.

Der Deutsche Bund für Vogelschutz befürchtet, daß diese in ihrer ökologischen Bedeutung hervorragende Landschaft durch
den Bau der Wiederaufbereitungsanlage so nachhaltig gestört wird,
daß nicht wiedergutzumachende Schäden entstehen.

Während der mehr als zehnjährigen Bauphase und der dann folgenden nur vierzigjährigen Betriebsphase wird die Natur belastet
und zerstört durch:

Erhebliche Eingriffe in den
Wasserhaushalt!
Grundwassersenkungen bis zu 20 m sind zu erwarten. Zur Zeit
werden im gesamten Landkreis Lüchow-Dannenberg 5 Mill. m^3
Wasser im Jahr verbraucht. Die Wiederaufbereitungsanlage wird
jährlich 37 Mill. m^3 Wasser benötigen.
Bedenkliche Veränderung
des Regionalklimas!
Durch die Kühltürme wird die Luftfeuchtigkeit erhöht. Durch den
Bau riesiger Kühlteiche und durch Betonierung bzw. Asphaltierung
großer Flächen ist mit Temperaturänderungen zu rechnen.

Starke Luftverschmutzung!
Viel Lärm!
Staub, nitrose Gase, Schwefeldioxyd, Kohlenwasserstoffe werden
anfallen.
Während der Bauphase werden zum Verladen der mehreren Millio-
nen Tonnen schweren Baumaterialien rund 750 000 Hin- und
Rückfahrten von 15-t-Lkw erforderlich. In der Betriebsphase wird
neben den Eisenbahntransporten mit rund 100 zusätzlichen Lkw-
Fahrten täglich gerechnet.
Verdrahtung, Neubau und

Erweiterung von Straßen
und Bahnlinien!
Starker Landschaftsverbrauch und zusätzliche Verluste bei besonders bedrohten Vogelarten sind zu erwarten.

Übermäßige Steigerung der
Bevölkerungsdichte im Landkreis
Lüchow-Dannenberg um 25–30%!
Daraus ergeben sich für die Natur nachteilige Folgen wie verstärkte
Freizeitaktivitäten sowie eine Ausweitung der Siedlungs- und Ge-
werbeflächen.

Eine riesige Salzhalde!
Zu den Abfallstoffen gehört vorwiegend Steinsalz, das aus dem
Gorlebener Salzstock gefördert werden muß. Im Endstadium wird
eine Halde von fünf Millionen m³ Steinsalz entstehen, die 10 m
hoch 50 ha Land bedeckt! Wie Grundwasser und Boden der Umgebung vor der zu befürchtenden starken Versalzung geschützt
werden sollen, ist unklar.

Ausgedehnte Kiesgruben!
1,8 Mill. m³ Kies und Sand werden für den Bau der Anlage benötigt. Kieslager in der näheren Umgebung sollen dafür ausgebeutet
werden – selbst im angrenzenden Naturschutzgebiet „Lucie", einem traditionellen Kranichbrutplatz?

Eine erhebliche Veränderung
des Landschaftsbildes!
Die Anhäufung von gigantischen Baumassen wird einer bisher länd-
lich-strukturierten Landschaft ein völlig neues und fremdes Ge-
sicht geben.

Aus Sorge um die Erhaltung der Natur fordert der Deutsche
Bund für Vogelschutz die Verantwortlichen aus Politik und Wirtschaft auf, bei ihren Planungen im Bereich der Kernenergie neben
dem Schutz des Menschen mehr als bisher auch die Belange des Naturschutzes zu berücksichtigen.

Wir fordern nachdrücklich, daß Kernkraftanlagen oder andere
Großbauten nicht mehr an ökologisch besonders wertvollen Standorten gebaut werden.

Wir fordern, daß die Entsorgungs- und Wiederaufbereitungsanlage nicht in Gorleben und auch nicht an anderen Orten von ähnlicher ökologischer Bedeutung gebaut wird.

Nach Ansicht des Deutschen Bundes für Vogelschutz kann diesen Vorderungen am ehesten entsprochen werden, wenn

1. ein eindeutiges Moratorium für den Bau von Kernkraftwerken
   im allgemeinen ausgesprochen wird, bis deren Bereich ökologisch, technisch und wirtschaftlich gelöst ist und

2. mit höchstem Nachdruck Forschungen mit dem Ziel einer möglichst weitgehenden Energieversorgung durch alternative Energiequellen gefördert werden.

3. Pflanzenschutz

Von etwa 600 000 Pflanzenarten wurden bisher 30 000 beschrieben. Unter diesen gelten 2 000 als Nutzpflanzen, von denen bisher 50 in größerem Umfang angebaut wurden. – Alle anderen gelten als „Unkraut", ein bezeichnender Ausdruck für Unverständnis und Anmaßung des Menschen. – Der Ökologe weiß, daß viele Pflanzen miteinander eine Symbiose (Nutzgemeinschaft) bilden, auch mit Insekten und anderen Kleinlebewesen. Diese sind wiederum die Beute von Vögeln, Echsen, kleinen Säugetieren. Alle zusammen bilden eine ausgewogene Lebensgemeinschaft. In diese bricht der Mensch ein und zerstört sie aus Unkenntnis und kurzsichtigem Gewinnstreben.

In der Bundesrepublik Deutschland gibt es 2 400 Gefäßpflanzenarten (Blütenpflanzen und Farne). Von diesen gelten 913 (38,1%) als gefährdet. Nach dem Gefährdungsgrad werden unterschieden (in Klammern Prozentanteile): ausgestorben, bzw. verschollen 56 (2,4), akut vom Aussterben bedroht 180 (7,7), stark gefährdet 170 (7,2), mit allgemeiner Rückgangstendenz 227 (9,7) und durch ihre Seltenheit gefährdet 262 (11,1).

In einer naturnahen, bzw. extensiv bewirtschafteten Region stehen hunderte Pflanzen- und tausende Tierarten in einem ökologischen Gleichgewicht, das sich selbst reguliert. Eine Übervermehrung oder der Ausfall von Arten werden von anderen Gliedern der Gemeinschaft rechtzeitig ausgeglichen. In der Folge von „Flurbereinigungen" werden die naturnahen Landschaften, auch Äcker und Wiesen, in Monokulturen verwandelt, die nur wenige Pflanzen- und Tierarten enthalten und nur kurzzeitig Gewinn bringen. Wenn in solche artenarme Gesellschaften z.B. Schadinsekten oder Pflanzenviren einbrechen, kann nur durch einen großen Aufwand an Chemikalien der Raubbau an der Natur eine Zeit lang fortgesetzt werden.

An der Verarmung unserer Landschaft sind nicht nur die Landwirte, sondern auch Forstleute, Straßenbauverwaltungen und Wasserbauämter beteiligt.

Die „Bundesforschungsanstalt für Naturschutz und Landschaftsökologie" in Bonn-Bad Godesberg ab 1974 eine „Rote Liste" der gefährdeten Pflanzenarten heraus, die seitdem mehrfach ergänzt wurde (24). Danach sind nicht so sehr die einzelnen Pflanzenarten bedroht, als ihre Biotope. Hochgradig gefährdet sind die Feuchtvegetationen an Flüssen, Seen und Teichen, in Niederungen und Mooren, außerdem, weniger auffällig: die Grasfluren (z. B. Kalkmagerrasen des Flachlandes, alpine Matten). Diese Gebiete galten früher als weniger wertvoll für die Landschaft. – Weite Feuchtgebiete Nordwestdeutschlands wurden durch Meliorationen und Grundwasserabsenkungen erst in Wiesen, dann in Äcker umgewandelt.

Auch die verbleibenden Ackerbiotope verloren durch die moderne Landwirtschaftstechnik und -chemie ihre ökologische und botanische Vielfalt. Kornblumen und Mohn verschwanden vom Acker, dafür wucherten andere „Unkräuter" um so mehr.

Auch die einzelnen Länder der BRD gaben „Rote Listen" heraus, Niedersachsen zum 1. 5. 1976 (25). Danach sind in Mitteleuropa 25–40% der Tier- und Pflanzenarten gefährdet, insbesondere durch die Verkleinerung, Zerschneidung und Zerstörung ihres Lebensraumes. Die Landschaften werden biologisch und ökologisch nivelliert. Kleine Tümpel und Feuchtstellen werden zugeschüttet, Waldreste, Gebüsche, Hecken und Einzelbäume beseitigt. Diese ökologischen Kleinzellen dienten vielen Pflanzen und Tieren als letzte Zuflucht. Dabei haben sie wirtschaftlich kaum eine Bedeutung.

Nach *Däumel* ist das ökonomisch Wünschbare mit dem ökologisch Notwendigen in Einklang zu bringen (nicht umgekehrt). Mit dem Aussterben jeder Art wird „eine potentielle Entwicklungsrichtung unwiederbringlich abgeschnitten, der „genpool" wird um einige Merkmale ärmer" (*Sukopp* 1972). Ein Drittel sämtlicher Arten ist gefährdet. „Die aktuelle Populationsgrößen haben z.T. ihr kritisches Minimum erreicht". Nach *Maarel* (1971) ist in den Niederlanden die mittlere Artenzahl pro Quadratkilometer von 120 (um 1900) auf 70 (1970) zurückgegangen. „Vernünftiger Artenschutz ist nur durch geeigneten Schutz des entsprechenden Biotops möglich". Bis die unteren Behörden und die Grundeigentümer das erkennen, ist es zu spät.

Viele der aussterbenden Arten könnten einmal wichtig für die Wissenschaft werden, aber auch für die Praxis, z.B. für Züchtungszwecke. Es wurde vorgeschlagen, die 500 botanischen Gärten auf der Erde (55 in der BRD) mit der Erhaltung zu beauftragen. – In den USA werden 90 000 Arten Pflanzensamen tiefgekühlt aufbewahrt (Fort Collins, Colorado), in den UdSSR sogar 400 000 Samenarten (Kuban, Kaukasus). – Der Europarat entwarf 1977 einen „Grünen Plan für Europa", in dem u.a. die Städtebau- und Freizeitplaner gemahnt werden, z.B. die Uferregionen von Seen und Flüssen vor dem Campingwesen zu schützen. – In der Schwäbi-

schen Alb (Beutenlay) werden in einem „Feldflora-Reservat"
seltene Unkräuter erhalten. – Nach *Kossel* (26) sind ausgerechnet
auf einem Truppenübungsplatz (Bergen-Hohne) viele Pflanzenarten
erhalten, die in der weiteren Umgebung kaum noch vorkommen
(infolge der Chemisierung von Wald und Äckern).

Weinzierl (27) setzte sich entschieden für die Erhaltung von
„Ökologischen Zellen" ein. „Die Stabilität und damit die nachhal-
tige Ertragsfähigkeit einer Landschaft wird durch die gewachsene
Vielfalt ihrer Tier- und Pflanzenarten gesichert und bestimmt".
Das gilt auch für die Landwirtschaft. – *Deixler* und *Riess* über
„Zur Bedeutung ökologischer Zellen im Weinbaugebiet Unterfran-
ken" (28). – Selbst die Wiesen degenerieren immer mehr zu Gras-
plantagen. Kräuter aller Arten verschwinden. Das hat offensichtlich eine ungünstige Auswirkung auf die Gesundheit des Viehs.
Selbst die Straßen- und Wegränder werden mit Hilfe der „chemischen Sense" von Kräutern befreit. – Der starke Rückgang des
Hasenbestandes, zunehmende Wilderkrankungen werden darauf
zurückgeführt, daß bestimmte Kräuter fehlen, die für die Gesundheit der Tiere notwendig sind. Seit den ältesten Zeiten werden
Kräuter zur Heilung von Krankheiten verwendet. Die Kräutersamm-
ler und Klostergärten waren Lieferanten für die Apotheken. Auch
jetzt werden noch viele Arzneien aus Heilkräutern gewonnen, die
in Plantagen gezüchtet werden. Die pharmazeutische Industrie hat
die wirksamen Substanzen isoliert, analysiert und synthetisch dargestellt. Der Aufwand zur Entwicklung neuer Medikamente wird
immer größer, der Erfolg immer fragwürdiger. Die Industrie ist in
eine Sackgasse, in eine Vertrauenskrise geraten, wie weite Gebiete
der Medizin. – Jetzt besinnt man sich auf die überlieferte Volks-
medizin. Sie hat sich in den meisten Fällen bestätigt. Man erkennt
langsam, daß die Natur der Chemie weit überlegen ist. Auf Expeditionen in die Urwälder Afrikas und Australiens sucht man z.B.
nach Tumorhemmstoffen, die in manchen Compositen und Cela-
straceen gefunden wurden. – Andererseits sind auch Pflanzen bekannt, die hochgiftige Substanzen enthalten, die in kleinsten Mengen z.B. Krebs erzeugen.

Viele alten Kulturpflanzen sind inzwischen ausgestorben bzw.
durch bessere Sorten verdrängt. Das Institut für Pflanzenbau und
Saatgutforschung der Bundesanstalt für Landwirtschaft in Braunschweig-Völkenrode hat eine Gen-Bank für Kulturpflanzen eingerichtet und bis März 1979 bereits 25 000 Muster wichtiger Pflanzen zusammengetragen. Die Bevölkerung wird gebeten, von einfachen Landsorten und alten Zuchtsorten, die nicht von heutigen
Zuchtsorten abstammen, Samen, Früchte, Knollen oder Zwiebeln
zur Verfügung zu stellen, da bereits früher viel genetisches Material

verloren ging. – Außer den 300 000 Arten von Blütenpflanzen (Phanerogamen) gibt es schätzungsweise ebensoviel blütenlose Pflanzen (Kryptogamen), von denen nur etwa 25% untersucht wurden, z.B. Farngewächse, Moose, Großpilze und Flechten. Noch wenig erforscht wurden Algen, die häufig nur mikroskopisch klein sind. In den letzten Jahrzehnten ist nun ihr Artenreichtum stark zurückgegangen. Das ist um so bedenklicher, als durch Algen, Kleinpilze, Mikroben z.B. in Gewässern und im Boden die organischen Abfälle abgebaut (remineralisiert) werden. –

Von der Osten (29) gab eine Übersicht über den Ursprung des Naturschutzes, seine psychologische, soziale, biologische und wirtschaftliche Begründung. Aus ethischer Sicht zitierte er *Albert Schweitzer*, dessen Formel „Ehrfurcht vor dem Leben" die ganze Welt vereinen sollte: „Ich bin Leben, das leben will, inmitten von Leben, das leben will".

3.1. Die Heide

Auf armen Böden in der Ebene blüht im Spätsommer das Heidekraut. Die Lüneburger Heide ist seit den Lönsliedern als Wander- und Erholungsgebiet bekannt. 1977 wurden 4 Mio Besucher gezählt. Jetzt wird ihre Existenz von verschiedenen Seiten bedroht. Der 20 000 ha große Naturschutzpark (VNP) wird bald 70 Jahre alt. Der Vorsitzende des Vereins, Dr. *Alfred Toepfer*, erhält seit 25 Jahren den Park mit großer Energie und viel Geld (1 Mio. DM jährlich). Die Heideflächen sind überaltert und werden immer mehr von Gräsern, Sträuchern und Bäumen überwuchert. Früher wurde die Heide durch die bäuerliche Nutzung kurzgehalten. Sie diente als Weide für die Heidschnucken, wurde als Stallstreu gemäht, gelegentlich auch abgebrannt. So wurde sie immer wieder verjüngt. Die Heide ist eine Kultur-, keine Naturlandschaft. Zur Zeit ist sie besonders durch die starke Vermehrung der Birken gefährdet. Eine Birke erzeugt 2 Mio Samen, die über 100 km weit fliegen. Im Heidepark gibt es etwa 30 000 Birken, die man zu vermindern sucht. 1971 kostete die Birkenaktion dem Verein 400 000 DM. Versuche, mit Chemikalien (Herbiziden) die Birken auszurotten, schlugen fehl. Dabei wurde auch das Heidekraut schwer geschädigt, wahrscheinlich auch die Bienen und andere Insekten. – Andererseits werden die Birken als Alleebäume und in Hainen geschätzt. Im Institut für Forstgenetik der Universität Göttingen werden jetzt unfruchtbare Birken gezüchtet. Weiter sollen Wacholder und Eichen gepflanzt werden. – Das vereinseigene Gebiet der Lüneburger Heide umfaßt 4500 ha. Von diesen stehen aber nur 2 600 ha zur Verfügung. 3 500 ha Heide werden von britischen Panzern als Übungsgelände beansprucht. In jahrelangen Prozessen versuchte *Toepfer* dieses Land wieder zurückzubekommen. Das Gericht entschied: „Verteidigungsinteressen sind wichtiger als Schutz der Umwelt".

Die Heidebewohner müssen sich gegen immer neue Belästigungen wehren. Der ADAC plante bei Bispingen eine internationale Rennstrecke für Sportwagen und Motorräder. – Auch Querfeldein-Jagden sind in der Heide unerwünscht. – Der VNP klagt gegen eine Genehmigung, die zwei Ölgesellschaften seismische Untersuchungen im Naturschutzpark gestattete.

In der Heide sind Schafe als Landschaftspfleger unentbehrlich. Die Heidschnucken sind trotz Zuschuß auf etwa 10 000 Stück zusammengeschmolzen. Sie halten die Birken kurz und beleben den Fremdenverkehr. Nach *Froment* (30) können sie aber die weitere Ausbreitung der Birken nicht verhindern. Für die Samenbirken müssen daher „ab sofort neue einheimische, für die Heide ungefährliche Bäume als Ersatz angepflanzt werden".

Literatur zu XII Tier- und Pflanzenschutz

1. *Bezzel, E.* (München 1973). – 2. *Montier, D.J.* „Atlas of breeding of the London area" (London 1977). – 3. *Steiniger, F.* Forum Umwelt Hygiene 27, 110, 3/76. – 4. *Kalchreuter, H.* „Die Sache mit der Jagd" (München). – 5. Italia Nostra (1978) Bolletino 165/166 (1978). – 6. *Emonds, G.* u. *Nowak, E.* Natur und Landschaft 54, 77 (1979). – 7. *Conrad, B.* Naturwissenschaften 64, 43 (1977). – 8. *Clausing, P.* Biolog. Rdsch. 16, 28 (1978). – 9. *Löhrl, H.* „Nisthöhlen" (1973). – 10. *Wittenberg, J.* Natur und Landschaft 53, 285 (1978). – 11. *Loske, K.-H.* Natur und Landschaft 53, 279 (1978). – 12. siehe „Rettet die Vögel", S. 119 (1978). – 13. *König, C.* Natur und Landschaft 54, 151 (1979). – 14. Leben und Umwelt 11, 65 (1974). – 15. *Blab, J.* Natur und Landschaft 54, 3 (1979). – 16. *Wilkens, H.* Natur und Landschaft 54, 46 (1979). – 17. *Koch, K.* u. *Sollmann, A.* Decheniana, Beih. 20, 36 (1977). – 18. *Demandt, E.* Natur und Landschaft 53, 306 (1978). – 19. *Malicky, H.* Umschau 79, 420 (1979). – 20. Dtsch. med. Wochenschrift 99, 2626 (1974). – 21. *Steffahn, H.* DIE ZEIT 20. Oktober 1978). – 22. *Schraps, W.* Stern 26. 8. 75. – 23. *Grzimek, B.* DIE WELT 13. Oktober 1973. – 24. Jahresbericht 1975 „Forschung im Geschäftsbereich der BELF" *Olschowy, G.* Natur und Landschaft 50, 7 (1975). – 25. *Haeupler, H., Montag, A.* u. *Wöldecke, K.* „Verschollene und gefährdete Gefäßpflanzen in Niedersachsen" (1976). – 26. *Kossel, H.* Göttinger Floristische Rundbriefe 9, 39 (1975). – 27. *Weinzierl, H.* „Natur in Not", S. 114 (München 1974). – 28. *Deixler, W.* u. *Riess, W.* Natur und Landschaft 53, 341 (1978). – 29. *Von der Osten, G.* Natur und Landschaft 53, 317 (1978). – 30. *Froment, A.* Natur und Landschaft 53, 228 (1978). – 31. *Scherf, H.* Naturw. Rdsch. 32, 118 (1979).

XIII. Landwirtschaft

1. Statistik

Nach einem Bericht der FAO ist von 1950 bis 1973 auf der festen
Erdoberfläche die Agrarfläche insgesamt von 22,0 auf 33,4%
gestiegen, davon das Dauergrasland von 15,9 auf 22,4%, das unter
Anbau stehende Land von 9,1 auf 11,0%. In den Industrieländern
beträgt der Anteil der Agrarflächen sogar 39,7% (in den Entwicklungsländern nur 30,7%) der Gesamtfläche. Zur Zeit zieht sich die
Landwirtschaft in den Industrieländern von den weniger produkti-
ven Standorten (z.B. Mittelgebirgslagen) auf intensivierungsfähige
Standorte zurück („Höhenflucht"). – Auf dem Gebiet der Bundesrepublik Deutschland sank die Agrarfläche in den Jahren von
1935/38 bis 1976 von 14,6 auf 13,3 Mio. ha, in den USA (1950
bis 1969) von 453 auf 435 Mio. ha, bei stark steigenden Ernteer-
trägen.
   1949 waren in der BRD noch 4,7 Mio. Personen in der Landwirtschaft tätig, 1964: 2,8 Mio, 1978: 1,4 Mio. Die Zahl der Betriebe sank 1949–1975 von 1,6 Mio. auf 0,9 Mio., die durchschnittliche Betriebsgröße stieg von 8,1 ha landwirtschaftlicher
Nutzfläche auf 13,8 ha (1975). Die Produktion (in Mio. t Getrei-
deeinheiten) stieg von 25,9 (1949) auf 63,4 (1978). – Das Ver-
mögen der deutschen Landwirtschaft betrug nach Angabe des
Bundesernährungsministeriums 1978 insgesamt 230 Mrd. DM
(1968 195 Mrd.). Die Vermögenswerte sind: der Boden (102,8),
Wirtschaftsgebäude (34,5), Maschinen und Geräte (25,0), Viehbestand (24,9), Umlaufvermögen (21,3), Wohngebäude (19,4)
und Dauerkulturen (2,1 Mrd. DM).

2. Änderung der Agrarstruktur

Das Bundesernährungsministerium gab Zahlen über die „Flurbereinigung" der drei letzten Jahrzehnte bekannt. Diese erbrachten
eine erhebliche Erhöhung der Produktivität und des wirtschaftlichen Ertrages. Die Größe der flurbereinigten Fläche wird mit 9,8
Mio. ha angegeben. Die Zusammenlegung von kleinen Flächen,
der Ausbau von ländlichen Wegen (90 000 km) brachte beträchtliche ökonomische Vorteile, war aber verbunden mit Planierungen,
Heckenrodung, Rainbeseitigung u.a. Maßnahmen, die eine ökologische Schädigung darstellten. – Als ausgebaute Gewässerstrecken
wurden 15 000 km angegeben, das bedeudete Entwässerung, Fluß-

und Bachbegradigung bzw. Verrohrung, Verfüllung von Tümpeln, die sich für die Fauna und Flora verheerend auswirkten. Als in der Folge im Wasserhaushalt wirtschaftliche Schäden auftraten, sollten diese wiederum durch 320 Rückhaltebecken und Talsperren z.T. behoben werden. „Alljährlich fressen die Bagger weitere 620 km^2 grünes Land", die bebaut oder asphaltiert werden. –

In Niedersachsen wurden 600 000 ha Land von der „Niedersächsischen Landgesellschaft" (NLG) umgesetzt. Als positiv bewertete die NLG, daß in Ostfriesland die Zahl der landwirtschaftlichen Betriebe von 25 000 (1960) auf 17 000 (1976) zurückgegangen ist, die Zahl der Betriebe mit einer Fläche über 20 ha von 3 500 auf 4 300 gestiegen ist. Vor zehn Jahren hätte das *Mansholt* auch gefreut, jetzt aber nicht mehr! Die NLG bedauerte, daß immer noch 16,5% der Erwerbstätigen in der Landwirtschaft und im Gartenbau tätig sind und daß „nicht selten der Widerstand der in traditionellen Vorstellungen verharrenden Landwirte überwunden werden mußte". – Im ländlichen Raum gewinnt der Fremdenverkehr eine wachsende Bedeutung. Die NLG organisiert den Bau von Feriendörfern. In der Gemeinde Bedekaspelermarsch hat sie für die Feriengäste einen Kanal ausbaggern lassen. Jedes Ferienhaus besitzt einen eigenen Bootssteg. Die Erhaltungskosten für den Kanal werden wohl beträchtlich sein. Wasserflächen erscheinen für die Ferienerholung unentbehrlich.

Die NLG schlug daher unter anderem auch vor, die Böhme (kleiner Fluß) und die Warnau (Bach) zu stauen. Da die Gewässer nährstoffreich sind, würden aus den jetzigen lieblichen Tallandschaften bald stinkende Schlammpfützen werden. – Schon planen tüchtige Geschäftemacher, auch die letzten einsamen Feuchtgebiete durch Straßen für den Fremdenverkehr zu erschließen. – *Briemle* (2) fragte: „Zerstört die Flurbereinigung Lebensräume heimischer Tiere und Pflanzen?". Er fordert die Erforschung der Auswirkungen anhand mehrjähriger Untersuchungen vor und nach der Flurbereinigung eines bestimmten Areals. Nur dann können die ökologischen Folgen von bestimmten Eingriffen erkannt, Schäden vorgebeugt werden. Er bittet Botaniker, Ornithologen und andere Naturfreunde, Angaben zu machen über landschaftsverändernde Maßnahmen durch Flurbereinigung wie Beseitigung von Feldgehölzen, Baumgruppen, Hecken, Streuobstwiesen, Feldraine, Tümpel, Gräben, Bächen, Ufergebüsch usw., ferner die Auswirkung wie Zu- oder Abgänge von Pflanzen- und Tierarten, an ihn oder an das „Institut für Landschaftspflege und Naturschutz" der Technischen Universität Hannover, Herrenhäuserstr. 2, 3000 Hannover 1, zu richten. *Olschowy* (3) referierte über „Naturschutz und Landwirtschaft": „Verkehr, Siedlung und Industrie haben weniger schädliche Eingriffe zu verzeichnen als die Landwirtschaft". „Falls alle landwirtschaftlichen Betriebe vollkommen modernisiert wären, hätte dies das Verschwinden von 80% aller Vogelarten und rund 95% der Schmetterlingsarten zur Folge". „In intensiv genutzten Agrargebieten . . . müssen mindestens 2 bis 5% der Fläche Restwäldern, Flurgehölzen und sonstigen natürlichen Landschaftselementen vorbehalten bleiben".

3. Brache

Die brachliegende (ungenutzte) Fläche in der BRD stieg von 185 000 ha (1970) auf 255 000 ha (1972), 295 000 ha (1974) und 310 100 ha (1976), das sind 2,3% der landwirtschaftlich genutzten Fläche (4,5). Dieser Flächenzuwachs der Brache ging auf die Aufgabe von landwirtschaftlich genutzten Flächen zurück, deren Bestellung sich nicht mehr rentierte („Sozialbrache"). Der Zuwachs an brachfallenden Flächen pro Jahr nahm in den letzten Jahren wieder deutlich ab. Das war die Folge der schwierigen Arbeitsmarktlage für ländliche Jugend. Ein Teil der Flächen wurde wieder bestellt, ein Teil aufgeforstet, oft da, wo bereits zu viele Forsten standen. – Die bewaldete Fläche in der BRD blieb mit 7,2 Mio. ha in den letzten Jahrzehnten scheinbar konstant. Tatsächlich gingen große Waldflächen gerade dort verloren, wo sie dringend benötigt werden, in der Umgebung von Ballungsgebieten, durch Industrie- und Wohnsiedlungen, nicht zuletzt durch den Bau von Autostraßen. – In früheren Jahren wurde die Ansicht vertreten, daß man Brachflächen nicht sich selbst überlassen darf. Mehr aus ästhetischer als aus ökologischer Sicht wurde befürchtet, daß infolge der Verunkrautung, Verbuschung und schließlich Verwaldung eine Landschaft entstände, die auch von den Erholungsuchenden abgelehnt würde. Demgegenüber wurde betont, daß diese Entwicklung jederzeit rückgängig gemacht werden kann, wie es auch in früheren Zeiten geschah. Die wildwachsenden Brachflächen könnten ein Rückzugsgebiet für die bedrohte Flora und Fauna werden. – Eine Aufforstung der Brachflächen zu Fichtenplantagen wird dagegen von Ökologen abgelehnt. Sogar die Städter lieben es nicht, im dunklen, uniformen Stangenholz spazieren zu gehen. In größeren Waldbeständen sollten zumindest teilweise Mischwald und auch offene Wildäsungswiesen geschaffen werden. Einen instruktiven Erfahrungsbericht „Bracheaufforstung ohne Kulturpflege" gaben *Krause* und *Lohmeyer* (6).
Sie widerlegen die Meinung, daß Laubholzpflanzungen in der Anlage und Pflege teuer sein müssen: „Solche ausgesprochen zeit-

aufwendigen Pflegemaßnahmen verursachen naturgemäß erhebliche Kosten, und angesichts der Befunde vor Ort nach Abschluß der „Mäherei" etwa an Autobahnböschungen (aber keineswegs nur dort) kann man sich des Eindrucks nicht erwehren, daß diese gewohnheitsmäßigen „Säuberungsaktionen" vielfach ganz überflüssig sind und mitunter mehr Schaden anrichten als Nutzen bringen."

Im „Umweltgutachten 1978" heißt es (S. 412) „Sich selbst überlassene oder nach entsprechenden Erfordernissen gepflegte Brachflächen, auf denen Düngemaßnahmen und Pestizidanwendung entfallen, können wertvolle Refugien für bedrohte Tier- und Pflanzenarten darstellen. Insofern bieten Brachflächen eine große Chance für den Naturschutz ... Erstrebenswert wäre ein kleinräumiger Wechsel zwischen landwirtschaftlicher Nutzfläche, Wald und Brache, um den Arten bestmögliche Lebensbedingungen zu bieten."

4. Bodenbearbeitung (siehe auch IV)

Durch die Bodenbearbeitung sollen die Schäden und Mängel, die durch Mensch und Natur entstanden sind (hinsichtlich der Fruchtbarkeit) behoben werden, in dem Bereich, in dem Pflanzenwurzeln und Mikroben leben. Nach *Czeratzki* (7) ist seit der Erfindung des Pfluges in der Frühzeit immer wieder die Frage aufgetaucht, ob es besser ist, den Boden zu wenden oder nur zu lockern (z.B. durch Wühlen des Untergrundes). — Der Ackerbau unterscheidet im Boden einen A-, B- und C-Horizont (mit vielen Unterteilungen). Der A-Horizont ist die oberste, fruchtbare, humushaltige Erdschicht. Der C-Horizont wird gebildet durch eine Gesteinsschicht oder eine andere, unbelebte Grundschicht. Dazwischen befindet sich die eine andere, unbelebte Grundschicht. Dazwischen befindet sich die B-Schicht, die aus der A-Schicht durch Regen herausgelöste Bestandteile enthält. — Die Schichtdicke der einzelnen Horizonte und die Länge der Pflanzenwurzeln bestimmen die Bearbeitungstiefe. Der Bodenbearbeitung entgegen wirkt die Bodenverdichtung durch die neuen, schweren Maschinen. Nach *Quirbach* wiegt ein Mähdrescher bis zu 9 t, ein Zuckerrübenvollernter 15 t. Solche Maschinen üben auf 1 cm^2 einen Druck von 1,5 kp aus. Für den Boden ist das eine Katastrophe. Er verliert sein Luftporenvolumen und damit seine Lebensfähigkeit (auf das Edaphon bezogen). Humus mildert die Katastrophe. Schädlich ist auch die Bodenverschlämmung und Staunässe. Diese Schadwirkung wächst mit dem Schluffgehalt. Von der mechanischen Verdichtung des

Bodens und der Dichtlagerung werden die Poren größer als 10 μ betroffen. Gerade sie sind wichtig für den Austausch von Sauerstoff der Atmosphäre gegen das Kohlendioxid der Bodenluft. Diese soll mehr als 10% Sauerstoff und weniger als 3−5% CO_2 enthalten. Dafür sind 8−10 Volumenprozente Luftkapazität der Bodenporen erforderlich.

Die Poren beeinflussen auch den Wasserhaushalt der Böden. Besonders wichtig sind Zahl und Durchmesser der Poren für das Wachstum der Wurzeln. Durch den bodenwendenden Pflug wird die biologische Struktur des Bodens gestört. Mit dem Pflug wurde ursprünglich das Unkraut bekämpft. Durch die Untergrundlockerung soll der Unterboden für die Pflanzenwurzeln erschlossen werden, ohne die Krumenschicht durch Aufmischung mit dem Unterboden zu verschlechtern.

Estler (8) stellte die „Minimal-Bestelltechnik" dar, also Maschinen und Geräte, mit welchen in einem Arbeitsgang Bodenvorbereitung und Saat durchgeführt werden können. Sie kommen vor allem für den Getreidebau in Frage, in dem auch bei günstiger Mechanisierung noch 50−60% des Gesamt-Arbeitsbedarfs auf die Bodenbearbeitung und Bestelltechnik entfallen. Auf die Frage des Arbeitsbedarfs wird noch später eingegangen werden. −

Probst (9) u.a. befassen sich mit der Bodenbearbeitungstechnik auf Grenzertragsstandorten. Sie vertreten die Ansicht, daß eine extensive landwirtschaftliche Nutzung einem Brachfallen vorzuziehen ist. Bei geringem Aufwand an Kunstdünger, geeigneter Zwischenfrucht, Strohdüngung, „sparsamen oder unterlassenem Einsatz von Herbiziden und Fungiziden" könnten „durchaus befriedigende Erträge" erzielt werden. Dieses zunächst erstaunliche Ergebnis kann dadurch erklärt werden, daß in einem „modernem" landwirtschaftlichem Großbetrieb 25−30% des Ertrages für Chemikalien aufgewendet werden.

4.1. Das Flämmen

Im Frühjahr bzw. im Herbst werden immer noch Grasflächen, Ackerraine, Böschungen, Hecken bzw. Stroh auf abgeernteten Feldern abgebrannt. Dieses „Flämmen" ist weitgehend verboten, in Nordrhein-Westfalen ganzjährig, in Niedersachsen nur in der Zeit vom 15. März bis 30. September. Diese alte Unsitte hat schon viele Menschenleben gefordert und Millionenschäden angerichtet. Wer flämmt, beeinträchtigt oder zerstört die Bodendecke, vernichtet die den Oberboden bewohnenden Kleinlebewesen. Diese stehen wiederum im Gleichgewicht mit Insekten (z.B. Hummeln), Igeln, Spitzmäusen, Eidechsen und anderen Lebewesen, die immer seltener werden, die jedoch eine bestimmte Rolle im Ökosystem spielen. Die Hecken bilden z.B. eine Zuflucht für Vögel. – Durch das Feuer werden nicht die Schadinsekten vernichtet. Diese halten sich in der Nähe von Kulturpflanzen auf. Der Samen von Wildkräutern verbrennt, dadurch wird die artenarme Flora immer ärmer. Die übergroße Vermehrung einer Pflanzenart kann mit der Sense bekämpft werden. Das „Flämmen" ist nicht nur auf Vorurteile zurückzuführen, sondern zum Teil auch auf irrationale Motive psychologischer Herkunft. Eine Ursache ist das übergroße Streben nach „Ordnung" und „Sauberkeit", die gerade den Deutschen seit Jahrhunderten von ihrer Obrigkeit als hohe Tugend anbefohlen wurde. – 1973 kamen 31 Landwirte oder Mithelfende beim Stroh-Abbrennen ums Leben. Über 100 Menschen erlitten z.T. lebensgefährliche Verbrennungen oder Rauchvergiftungen. – *Perwanger* (71) untersuchte die „Einarbeitung von Stroh". Er empfahl, das auf 5–10 cm gehäckselte und gut verteilte Stroh sofort nach der Ernte innig mit der Krumenschicht zu vermischen mit Hilfe von Fräsen und Grubber.

5. Wasserbedarf

Die Landwirtschaft ist der größte Wasserverbraucher. Als mittlerer Jahresniederschlag in der Bundesrepublik Deutschland wurden früher 803 mm angenommen. Nach *Keller* (10) ergaben sich nach neueren Messungen 825 mm. Die mittlere Transpiration (Verdunstung) auf den landwirtschaftlichen Nutzflächen betrug 378 mm (Klee 445, Zuckerrüben 424, Roggen 412, Weizen 398, Grünland 398, Futterrüben 316, Kartoffeln 223 mm). Für Wald errechnete *Keller* einen Wasserbedarf von 355 mm. Für die Erzeugung von 1 t Roggen werden 200 t Wasser benötigt, für 1 t Zuckerrüben 580 t, für 1 t Grünfutter sogar 1 100 t Wasser. – In trockenen Zeiten ist der Ernteertrag von der Bewässerung abhängig. Eine künstliche Beregnung ist nur auf Grund einer Sondergenehmigung erlaubt (nicht in der Mittagshitze). – In ariden (semiariden) Zonen, also bei den Entwicklungsvölkern, ist der Ernteertrag vor allem vom Regen abhängig. *Gustavsson* (11) gab Diagramme über die großen Schwankungen der Niederschläge im Laufe eines Jahres und auch im Verlauf der letzten Jahrzehnte. Während die mittlere Schwankung um den Mittelwert in Schweden nur ± 10% betrug, stieg sie in verschiedenen Entwicklungsländern auf 27 ± 37%. Wasserreserven, Bewässerungsanlagen sind daher dort lebenswichtig. – Die Grenzen der Ausdehnung der landwirtschaftlich genutzten Flächen diskutierte *Andreae* (1). Sie sind unter anderem bedingt durch die Temperatur und das Wasserangebot. Beschränkt man sich auf die europäische Zonen, so sind z.B. als Grenzen anzusehen (in nördlichen Breitengraden) für Sojabohnen und Ölbäume: 45°, Reis 52°, Mais 54°, Weizen 63°, Gerste und Kartoffeln 70°. – Hinsichtlich des Wasserbedarfs (in mm Regenhöhe im Jahr) gilt als Grenze für Reis 800, Mais 760, Kartoffeln 400, Weizen 300, Gerste 250 und Ölbaum 200 mm. – Eine Milchproduktion erfordert z.B. 500 mm Regen, eine Wollschafhaltung ist noch bei 150 mm möglich. –

6. Düngung

Bei jeder Ernte werden dem Boden Nährstoffe entzogen, insbesondere, wenn die Ernterückstände und Abfälle nicht wieder zurückgeführt werden. Die Nachlieferung der anorganischen Stoffe durch Gesteinszerfall erfolgt nur langsam. Seit *Justus von Liebig* (1803–1873) werden wachsende Mengen von Mineralsalzen auf Äcker und Wiesen gestreut. *Liebigs* Entdeckung: „Die Pflanze nährt sich von wasserlöslichen Nährstoffen" wurde von Interessenten durch ein kleines Zusatzwort verfälscht: „Die Pflanze ernährt sich nur von wasserlöslichen Substanzen" (*Heinrich Brauner*). Seitdem haben sich die Ernten vervielfacht, durch Düngesalze, Bewässerung, Pflanzenzüchtung und großem Aufwand an Maschinen (Energie). Das Optimum ist aber längst überschritten. Die Quantität der Ernteprodukte ist auf Kosten der Qualität gewachsen.

Bei dem Wort „Düngung" denkt man zunächst an die „Hauptnährstoffe" Stickstoff, Kali und Phosphat. Die Tabelle 17 gibt die Menge Chemikalien ($N + K_2O + P_2O_5$) in kg, die man in den verschiedenen Ländern je ha bebautes Land (ohne Berücksichtigung der Dauerweiden) im Jahr 1969/70 aufgebracht hat. Der Verbrauch an Kunstdünger ist in den Industriestaaten besonders hoch (Ausnahme: USA).

Die Tabelle 18 enthält Zahlen des Kunstdüngerverbrauchs in Deutschland (bzw. BRD) von 1913 bis 1976. Für Reinstickstoff ergab sich eine Steigerung von 6 kg/ha (1913) bis auf 92 kg/ha (1975/76). Die Zahlen zeigen eine stetige Zunahme (Ausnahme: die Krisenjahre 1930–1934). Eine Diskussion folgt später. Die Mengen für Kali bzw. Phosphate sind von 17 auf 83 kg/ha bzw. von 19 auf 59 kg/ha gestiegen. Seit 1973 zeigt sich eine abnehmende Tendenz, vor allem wegen der stark steigenden Preise, die sich für Phosphate vervielfacht haben. – Tabelle 19 gibt einen Vergleich der Kunstdüngerproduktion der RGW Staaten und der westlichen Welt.

Den Kunstdüngerbedarf eines Ackers kann man abschätzen nach den Mengen, die durch Auswaschung bzw. Ernte im Laufe eines Jahres dem Boden verloren gehen. Das Versuchsgut Limburger Hof (BASF) ermittelte folgende Werte (in kg pro ha und Jahr): P_2O_5 7, K_2O 140, CaO 520, MgO 60, SO_4 380, Na_2O 150, Cl 160, NO_3 23 (*nach Loub*).

6.1. Stickstoff

Die Industrialisierung und Spezialisierung der Landwirtschaft der letzten Jahrzehnte zerstörte den Kreislauf: Acker (Wiese) → Vieh → Dünger → Acker. Der Schwemmist der Tierfabriken führte zu noch ungelösten Abwasserproblemen. Der an Humus rasch verarmende Ackerboden wurde nun mit Kunstdünger angereichert. Die Folgen waren eine ständige Verarmung des Bodenlebens, zahlreiche Pflanzenkrankheiten, Unkrautvermehrung. Diese versuchte man wiederum durch einen wachsenden Chemikalienaufwand zu bekämpfen, wobei aber immer neue Probleme auftraten. Ein eindrucksvolles Bild gibt Tabelle 20. Danach stieg der Weizenertrag in den Jahren 1950 bis 1974 von 27 auf 46 dt/ha bei einer Erhöhung des Stickstoffaufwandes von 25 auf 88 kg/ha. Dazu ist zunächst zu bemerken, daß diese Erntesteigerung nicht etwa allein auf Kunstdüngerzufuhr beruhte, sondern auf der Züchtung ertragreicher Weizensorten, verbesserter Bodenbearbeitung, nicht zuletzt des anormal günstigen Wetters. Die rechte Seite der Tabelle gibt einen Eindruck von dem wachsenden Aufwand an Agrochemikalien (Saatgutbehandlung, Insektizide, Herbizide, Fungizide u.a.). Unter ähnlichen Bedingungen stieg der Ernteertrag in den letzten 50 Jahren für Kartoffeln von 130 auf 280 dt/ha, für Zuckerrüben von 280 auf 470 dt/ha. Bei letzterer Frucht stieß man allerdings auf eine Grenze: eine Steigerung der Mengenerträge führte zu einer Verminderung des Zuckergehaltes, der etwa bei 15% liegt (14).

Die Folgen der Chemikalienanreicherung für das Bodenleben sind noch nicht abzusehen, weiter: die Wirkung der Stickstoffdüngemittel auf die Atmosphäre, den Nitratgehalt des Grundwassers, der Nahrungsmittel, die Folgen für die menschliche Gesundheit, die Säuglingssterblichkeit.

Die Düngemittelindustrie produziert weltweit jährlich 50 Mio. t Stickstoff. Der Jahresumsatz der stickstoffbindenden Mikroben wird auf 180 Mio. t geschätzt. *Parthier* (15) und *Evans* (16) gaben einen Überblick über die biologische Stickstoffbindung. Es ist lange bekannt, daß die Schmetterlingsblütler mit Hilfe ihrer Wurzelbakterien (Rhizobium) N binden, etwa 60–160 kg pro ha und Jahr, Luzerne sogar bis 600 kg. Auch die Wurzeln verschiedener Bäume wie Erlen, Sanddorn u.a. binden Stickstoff. Frei lebende blau-grüne Algen, Flechten und photosynthetisierende Bakterien binden 25–40 kg N. Im Erdboden lebende Azotobakterien können ohne Sonnenlicht 0,3–0,5 kg N binden. Ihre Produktion wird begrenzt durch die Masse der organischen Substanz, aus deren Verwertung sie die Energie zur Synthese beziehen. – Für die Produktion von synthetischem Stickstoff ist ein hoher Energieaufwand erforderlich. Durch die steigenden Erdölpreise wird die Rückkehr zur natürlichen N-Produktion begünstigt. – In der BRD stieg der Mineraldüngereinsatz von 1961 bis 1972 bei Stickstoff (N) von 0,6 auf 1,2 Mio. t, bei Phosphat (P_2O_5) von 0,6 auf 0,9 Mio. t und bei Kali (K_2O) von 1,0 auf 1,2 Mio. t/Jahr.

6.2. Kali

ist in den meisten Böden genügend vorhanden. Die Bundesrepublik verfügt über große Lagerstätten. Zuckerrüben, Kartoffeln benötigen eine Kalizufuhr.

6.3. Phosphate

sind ebenfalls in vielen Böden enthalten, reichlich im natürlichen Dünger, der aber in unserer Verschwendungswirtschaft wenig genutzt wird. Bestimmte Vorzüge soll das Thomasmehl haben, auch für Gartenfreunde. Es kann aber bis 2% Vanadiumpentoxid enthalten, über dessen physiologische Wirkung noch wenig bekannt ist.

Erst in den letzten Jahren wurde bekannt, daß in den Phosphatimporten noch andere Schadstoffe in bedenklichen Mengen enthalten sein können.

Der jährliche Import der BRD entspricht 0,917 Mio. t P_2O_5. Nach einer Mitteilung des BMI (17) enthalten die Rohphosphate Uran, Thorium, Radium 226 sowie deren radioaktive Folgeprodukte wie Radon. In der Landwirtschaft beschäftigte Personen, die diesen Dünger handhaben, können einer externen Strahlenexposition von 2 mrad/pro Jahr ausgesetzt sein. Der Radongehalt (Rn 222) in schlecht belüfteten Phosphatdüngelagern kann die maximal zulässige Konzentration von 30 p Ci/l für strahlenexponierte Personen überschreiten (18). Radoninhalation bewirkt Lungenkrebs. Phosphatdünger kann auch erhebliche Mengen Arsen enthalten. Alle diese Stoffe könnten auch in den Waschmitteln vorkommen. – Noch bedrohlicher erscheint der Anteil an Cadmium (Cd) im Dünger. Schwedischer Handelsdünger enthält bis 30 mg/kg, australischer sogar 18–91 mg/kg (19). – In Belgien wird die jährliche Zufuhr von Cd durch Düngemittel auf nur 10 g/ha/a geschätzt (durch Regen auf 50 g/ha/a) (20). Ein Teil davon gelangt in die Nahrungsmittel.

6.4. Kalk

Der Boden wird durch säurehaltigen Regen in weiten Gebieten Europas und der USA sauer. Es wurden z.B. 160 kg SO_2 pro ha jährlich gemessen. Durch umweltfreundliche Gesetze sollte eine Reinigung der Industrieabgase erzwungen werden. Bis dahin könnte die überschüssige Säure mit Kalk neutralisiert werden. Nach der Angabe einer Handelsfirma betragen außerdem die Kalkverluste je ha jährlich 50 kg durch Ernteentzüge, zusätzlich 300–450 kg durch Auswaschung (je nach Bodenart und Klima). Anzustreben ist für Ackerland ein pH-Bereich um 6 für Sandböden und um 7 für Lehmböden (für Grünland 5 bzw. 6). In stark belasteten Gegenden wäre auch eine Kalkung der Wälder günstig. Die Zuwachsverluste der Wälder werden vom BMI (149) auf 20–30% geschätzt, entsprechend einem Verlust von 10–20 Mio. DM pro Jahr. – Eine Neutralisierung durch Kalkzugabe in den Agrargebieten der BRD würde 150–200 Mio. DM kosten.

Der Kalk sollte auch einige Prozent Magnesia (MgO) enthalten. Weiter sind Spurenelemente wie Mangan, Kupfer, Kobalt, Molybdän u.a. in kleinsten Mengen unentbehrlich. – Bei Überkalkung könnten Spurenelemente festgelegt werden.

Zuviel Kalk bewirkt in Moor- und Anmoorböden eine rasche Zersetzung.

6.5. Humus und Kompost

Die Zufuhr von wasserlöslichen anorganischen Düngestoffen und anderen Chemikalien erhöht nur kurzzeitig den Ertrag der Böden. Eine Anreicherung mit humusbildenden Stoffen begünstigt das Bodenleben, damit die Gesundheit und Ertragsfähigkeit der Böden auf Dauer. – Im Garten, auf dem Felde, in den Kommunen und manchen Betrieben fallen große Mengen organischer Abfälle an, die zu Kompost verarbeitet werden können. – In früheren Zeiten lag in jedem Garten in einer schattigen Ecke ein Komposthaufen, der alle verwesbaren Abfälle aufnahm und in fruchtbare Gartenerde umwandelte. Jetzt werden die Gartenabfälle durch die Müllabfuhr abgeholt oder gar mit behördlicher Genehmigung verbrannt. Die Stadtdirektoren müßten aufgeklärt werden. – Bereits vor mehr als drei Jahrzehnten verfaßte *Alwin Seifert* eine „Kompostfibel" (Auflage jetzt 120 000). Auf Grund einer 50jährigen Tätigkeit als Garten- und Landschaftsarchitekt, eigener Erfahrung und Austausch mit Gärtnern und Bauern kam er zu der Erkenntnis, daß ein Großteil der Boden-, Pflanzen- und Tierkrankheiten vermieden bzw. behoben werden kann durch selbsterzeugten Humus (21). Ohne chemische Dünge- und Spritzmittel erhielt er in Gemüse- und Obstgärten reichliche und hochwertige Ernten. — In den letzten Jahrzehnten fielen in den Kommunen wachsende Mengen von Hausmüll an, dazu Klärschlamm aus der Abwasserreinigung. Ein Teil davon wird gemischt und zu Kompost verarbeitet (Band I, 221).

Das ist offenbar eine ideale Verbindung der kommunalen Bestrebungen, die Abfälle schadlos zu beseitigen, und der Bedürfnisse der Gartenbaubetriebe, der Weinberge und der Landwirtschaft nach mehr Humus.

Die Tabelle 21 zeigt die unterschiedliche Wirkung der Düngung mit Kompost, mit Stalldünger oder mit Mineraldünger auf die Zahl der Mikroben und ihrer Aktivität (gemessen durch die CO_2-Entwicklung). Die Zahl der Bakterien, Schimmelpilze und Aktinomyceten steigt infolge der Kompostzugabe stark an. Die CO_2-Entwicklung ist am Anfang sehr hoch, auch am Ende der Versuchsreihe von 7 Tagen noch beträchtlich. Ähnliche Wirkung hat der Stalldünger. Viel niedriger sind die Zahlen für die Proben mit Mineraldünger und die ungedüngten Muster, die sich kaum von einander unterscheiden. — Jetzt wird noch der größte Teil des Mülls und des Klärschlamms auf Deponien gekippt oder verbrannt. — Warum setzt sich die ökologisch erwünschte Kompostierung so langsam durch? Das ist zunächst ein Transportproblem. Die Landwirtschaft nimmt den Kompost nur zögernd auf, und das nur, wenn er kostenlos frei Haus geliefert wird. Auch der Absatz an Gärtnereien, Weinberge, Forsten stagniert. — Ein Fachmann der Abwassertechnik, *Karnovsky* (23) berichtet über ,,Klärschlamm in der Landwirtschaft''. Der Naßschlamm hat einen Trockengehalt von etwa 5%. Man kann ihn durch Trocknen und Pressen auf 20—60% erhöhen. Dabei geht aber ein großer Teil des Stickstoffs und des Phosphors verloren. 100 m^3 Naßschlamm pro Hektar ersetzen die jährlichen Ca- und.Mg-Verluste durch Ernteentzug und Auswaschung. Die Humus- und Nährstoffzufuhr durch Klärschlamm entspricht etwa der üblichen Gabe an Stallmist bzw. Flüssigmist. Den höchsten Ausnutzungsgrad für den Stickstoff erhält man kurz vor oder während der Vegetationsperiode. Unproblematisch ist die Schlammausbringung nach der Ernte. Aus hygienischen Gründen ist eine Pasteurisierung des Klärschlamms erwünscht.

,,Er sollte bevorzugt bei landwirtschaftlichen Kulturen angewendet werden, bei denen ein Rohverzehr durch den Menschen außer

Betracht steht". Aus dieser Beschreibung geht hervor, daß die direkte Schlammanwendung der Vorstellung eines biologischen Anbaus in keiner Weise entspricht.

6.5.1. Schadstoffe in Kompost (Klärschlamm)

Nach *Borneff* (24) war die Aufnahme von krebserzeugenden Kohlenwasserstoffen wie Benzpyren durch die Pflanze und in der Folge durch den Menschen „gesundheitlich unerheblich". – Die eventuelle Verunreinigung des Bodens durch organische Stoffe wird im allgemeinen durch die Mikroben mit der Zeit verdaut, außer den langlebigen Pestiziden, insbesondere den chlororganischen Verbindungen.

Schwerwiegender erscheint die Anreicherung des Bodens durch Kompost (bzw. Klärschlamm) mit unverweslichen anorganischen Stoffen, insbesondere mit Schwermetallen. Von diesen sind einige als lebenswichtige Spurenelemente erwünscht (siehe Tabelle IV. 6) allerdings nur in einem bestimmten Konzentrationsbereich, der z.T. schon jetzt überschritten wird. Andere Elemente wie Blei, Quecksilber, Cadmium, Chrom, Nickel u.a. sind als toxisch bekannt, auch in kleinsten Mengen. Diese werden zwar z.T. durch die Ton-Humuskomplexe festgelegt und von den Wurzeln kaum aufgenommen. Das ist u.a. eine Frage des pH des Bodens. Sinkt dieser z.B. von 7 auf 5 ab, so kann die Löslichkeit von Schwermetallen um das 10- bis 30fache steigen. Weiter können sich in sauerstoffarmen, anaeroben Böden und Schlämmen organische Metallverbindungen bilden, die leichtlöslich oder sogar flüchtig sind. –

Spohn (25) setzte sich seit Jahrzehnten für die Kompostwirtschaft ein und entwickelte ein neues Verfahren in dem Werk Blaubeuren. Komposte für verschiedene Spezialzwecke können danach in einwandfreier Qualität aus Hausmüll und Klärschlamm hergestellt werden. Abfälle aus der Industrie und Gewerbe müßten dagegen regelmäßig analytisch überwacht werden. –

In München (und anderen Städten) wird mit dem Klärschlamm der Boden städtischer Güter gedüngt. 1978 wurde der Cadmiumgehalt des Trockenschlamms mit 150 mg/kg bestimmt, im Boden wurden 15–35 mg/kg gefunden. Nach dem Abfallbeseitigungsgesetz, das 1979 in Kraft treten soll, sind nur 30 mg/kg im Schlamm und 3 mg/kg im Boden zugelassen. Außerdem sind im Klärschlamm noch Blei, Zink und andere toxischen Metalle in hohen Mengen enthalten.

Die weitere Zunahme der chemischen Belastung des Bodens durch Schadstoffe der Industrie hätte durch ein wirksames Abwasserabgabegesetz vermindert werden können (siehe V. 3.10.).

7. Pestizide (siehe auch Band I 167–182, Band II 197 ff.)

Die hochgezüchteten, mit synthetischem Stickstoff gemästeten Pflanzen sind empfindlich gegen Krankheiten, besonders in Monokulturen.

Büchel (26) verfaßte eine Monographie der wichtigsten Pflanzenschutz- und Schädlingsbekämpfungsmittel (Struktur, chemischbiologische Eigenschaften, Anwendung) aus der Sicht der Hersteller. In der BRD sind über 1 600 Mittel zugelassen mit etwa 300 verschiedenen Wirkstoffen. Die Prüfung und Zulassung der Mittel ist Aufgabe der ,,Biologischen Bundesanstalt für Land- und Forstwirtschaft" (BBA) in Braunschweig-Völkenrode, in Zusammenarbeit mit den Landespflanzenschutzämtern und dem ,,Bundesgesundheitsamt" (BGA). Die Kapazität dieser Ämter reicht aber nicht aus, die zulässige Konzentration der Mittel in inländischen Produkten und vor allen in den Nahrungsmittelimporten regelmäßig zu kontrollieren. ,,Das Pflanzenschutzmittel (hat) bei bestimmungsgemäßer und sachgerechter Anwendung keine schädliche Auswirkungen für die Gesundheit von Mensch und Tier sowie keine sonstigen schädlichen Auswirkungen, die nach dem Stand der wissenschaftlichen Erkenntnisse nicht vertretbar sind". Der Toxikologe *H.P. Bertram* (27) gab eine Zusammenstellung der Chlorkohlenwasserstoffe, die als Pestizide und als Medikamente dienen, mit Angaben über ihre Handelsbezeichnung, MAK, Humantoxizität, Anwendung und Therapie bei Intoxikationen. – *Weber* (28) stellte für eine Auswahl von Pestiziden in Tabellen die Toxizität für Ratten und Fische, die Halbwertszeit und Bioakkumulation zusammen und berechnete daraus Werte für ihre ,,relative Sicherheit". Danach liegt die LD_{50} für Ratten meist zwischen 10 und 5 000 mg/kg (Gewicht des Giftes, bezogen auf das Lebendgewicht des Tieres in kg, bei welcher Konzentration 50% der Tiere sterben) (Tabelle 23 u. 24).

Für Fische liegen die Werte für die LD_{50} zwischen 0,003 und 100 ppm (das bedeutet: in dem Intervall 3 mg bis 100 g im Kubikmeter Wasser). Weiter werden die Halbwertszeiten (in denen sich die Hälfte der Menge der Pestizide zersetzt) zu 2 bis 600 Wochen (= 12 Jahre) angegeben, schließlich der Anreicherungsfaktor (Bioakkumulation) im Tierkörper zu 0 bis 4 000. DDT wird in Austern sogar auf das 70 000fache angereichert. *Hayes* (29) analysierte die etwa 100 Todesfälle, die jährlich in den USA (Japan) als Folge von Pestizideinwirkung bekannt wurden. Die meisten Unglücksfälle betrafen nicht die beruflich mit Pestiziden Beschäftigten, sondern Außenstehende als Folge von Fahrlässigkeit. *Hearn* (30) gab einen Überblick über Unglücksfälle durch Pestizide in der eng-

lischen Landwirtschaft (1952–1971): 9 tödliche Unfälle, 121 All-
gemeinvergiftungen, 57 Augenschädigungen, 54 Dermatitis u.a. –
Nach *Israeli* (31) wiesen Arbeiter aus der Produktion und Landwirtschaft epilepsieähnliche Symptome auf infolge von Endosul-
fan (Telodrin, Dieldrin u.a.). Von 71 exponierten Arbeitern wiesen 21,9% pathologische Enzephalogramme auf. *Kingsley* (31)
analysierte an Hand von 175 Untersuchungen das Krebsrisiko der
mit Pestiziden Beschäftigten. – Die WHO stellte 1978 in Genf
fest, daß die Informationen über die Anwendung von Pestiziden
die Bauern in der dritten Welt kaum erreichen. Jährlich werden
daher dort viele tausend Menschen durch Pestizide getötet oder
schwer geschädigt, besonders in Zentralamerika.

Die Produktion aller Pestizide in den USA wurde für 1969
auf 0,5 Mio. t geschätzt, die Weltproduktion auf mehr als das
Doppelte. Wertmäßig betrug der Weltverbrauch 1975 etwa 16
Mrd. Dollar. – In der BRD wurden inzwischen die Anwendung
vieler Pestizide verboten oder eingeschränkt, z.B. DDT. Die Welt-
verbreitung nimmt indessen weiter zu. Begründet wird die Herstellung und Export des DDT u.a. damit, daß es unentbehrlich sei
für die Bekämpfung der Malaria und anderer Seuchen (siehe Band
I, 169).

Die alten Römer bekämpften das „Sumpffieber" durch Trockenlegung der Pontinischen Sümpfe. Neuerdings erprobte man das
umgekehrte Verfahren: Feuchtgebiete wurden in Seen verwandelt.
Eingesetzte Fische vertilgten dann die Larven der Schadinsekten. –
Die Industrie versucht, mit immer neuen Pestiziden in immer
größeren Mengen der Schädlinge Herr zu werden. Die Schädlinge
werden dagegen schnell immun. 1950 gab es in den USA 20 resistente Insekten- und Milbenarten, 1968 bereits 230 Arten. Inzwischen hat sich ihre Zahl schätzungsweise verdoppelt. –

Auf der gesamten Erdoberfläche, von Pol zu Pol, werden jetzt
Pestizide und andere Umweltchemikalien gefunden. *Cramer*
(33) versuchte den Verbreitungsmechanismus modellmäßig dar-
zustellen. – An sich ist der Dampfdruck (die Flüchtigkeit) von
DDT und anderen Pestiziden meist gering. Bei der Verdunstung
von Wasser nimmt aber der Wasserdampf auch große schwer-
flüchtige organischen Moleküle mit sich, eine Erscheinung, die
jeder Chemiestudent als „Wasserdampfdestillation" kennt. Die
Abbauprodukte von DDT und Lindan haben z.T. höhere Dampf-
drücke als die Ausgangstoffe (34). – Regenwasser enthält kaum
Salze (etwas Säure), außerdem wachsende Mengen organischer
Schadstoffe. Absolut sind diese Konzentrationen gering, zuweilen
kaum nachweisbar. Auf dem Luftwege gelangen sie rund um die
Erde, als Moleküle oder an Staubteilchen adsorbiert. Gelegent-

lich sinken sie auf den Boden ab, in die See, bzw. in die Tiefsee. Dort werden sie von Organismen z.T. ab- oder umgebaut, in der Nahrungskette auf das Vieltausendfache angereichert, mit gefährlichen Folgen. So kann z.B. das Wachstum des Phytoplanktons herabgesetzt werden, schon wenn das Meereswasser weniger als 1 ppb DDT enthält (= Verdünnung von 1 : 1 Milliarde). Das Phytoplankton verbraucht CO_2 und produziert O_2, hat also für fast alle Organismen eine lebenswichtige Funktion. − 0,1 μg/l Hexachlorbenzol schädigt stark Insektenlarven (35).

Wolfe u.a. (EPA) (36) bestimmten den Abbau (Halbwertszeit) von DDT bzw. Methoxychlor (Ersatzprodukt für DDT) in Wasser zu 8−20 Jahren bzw. 1 Jahr (bei 27 °C). Sie analysierten die Abbauprodukte und schätzten ihre Halbwertszeit. − *Peakal* (37) stellte fest, daß nach einer DDT-Sprühaktion das Insektizid in einem 4 000 km entfernten Gebiet im Regenwasser nachgewiesen werden konnte in einer Konzentration von 0,8−1,8 g/cm^{-3} · 10^{-12}. − *Lue* u.a. (38) untersuchten die Wirkung von Mirex, das zur Bekämpfung der Feuerameise dient, auf kleine Bodentiere (Arthropoden). − *El Beit* u.a. (39) untersuchten das Verhalten von Dimethoat in Böden verschiedener Zusammensetzung (Sand, Lehm). Dimethoat ist eine Organophosphorverbindung, ein systemisch wirkendes Insektizid und Akarizid, das zur Saatgutbehandlung und für Insektensprays verwendet wird. Der Verlust des Pestizids im Boden erfolgt durch Verdampfen, Auswaschung und irreversible Adsorption. Der biologische Abbau war gering. − Die toxische Wirkung von Hexachlorbenzol auf Ratten (40), Hunde (41) und Schweine (42) wurde gründlich untersucht. Hexachlorophen wird in Ratten über die Plazenta und die Milch an ihre Junge übertragen (43). − Mirex ($C_{10}Cl_{12}$) wurde als Pestizid und als Flammenschutzmittel viel verwendet, bis seine krebserzeugende Wirkung erkannt war. Im biologischen Kreislauf wird es stark angereichert, Fische werden bereits bei 0,2 μg/g geschädigt (44). − Phosphororganische Pestizide (45) wurden Ratten in Mengen von 0,1−10 mg/kg Körpergewicht zugeführt. Schon kleinste Konzentrationen senkten die Fruchtbarkeit und schädigten den Embryo. Bei Kombination mehrerer Präparate waren die Auswirkungen noch wesentlich stärker.

Toxaphen wird durch Chlorierung von Camphen hergestellt (67−69% Chlor). Es besteht aus mindestens 12 verschiedenen Verbindungen. In den USA wird es vor allem über Baumwollfelder versprüht. Für Fische ist es giftiger als DDT. Infolge seiner komplexen Zusammensetzung sind aber Toxizität und Abbauverhalten noch unbestimmt (161). In den USA wurden 1976 mehr als 45 500 t hergestellt. In Getreide gelten 5 ppm als zulässig. Bei Mäusen bewirkt

es Leberkrebs, bei Ratten Schilddrüsenkrebs. In 50% der Trinkwasser-
proben wurde T. gefunden. Nach *Hooper* (164) ist Toxaphen
mutagen.

Auch wenn die Produktion von DDT sofort gestoppt werden
könnte, würde seine weltweite Verbreitung nach *Cramer* (33)
weiter zunehmen, seine Konzentration infolge seiner großen Stabilität erst nach 25–100 Jahren wieder abnehmen. Insofern ähnelt
die Verseuchung des Erdballs mit chlororganischen Stoffen der
zunehmenden Verbreitung von radioaktiven Stoffen. Der Abbau
der Pestizide geht meist in vielen, großenteils unbekannten Stufen
vor sich. Die Zwischenprodukte („Metabolite") können relativ
harmlos oder auch toxischer als das Ausgangsprodukt sein. Sie
werden durch Luftsauerstoff und Sonnenstrahlung oder auch Organismen im Erdboden weiter abgebaut, einige auch in ihre Ausgangsstoffe (Wasser, CO_2, Salze u.a.). *Glotfelty* (46) kam nach
Studium von 55 Literaturstellen zu dem Ergebnis, daß wir auch
im Jahr 1978 über den Abbau der Pestizide in der Atmosphäre
nichts Sicheres wissen. -- *Ebing* und *Schuphan* (47) werteten 290
Untersuchungen über die „Umwandlungsprodukte von Pestiziden
als umweltbelastende Stoffe" aus. Aus Hunderten angewandter
Pestizide gehen Tausende Metabolite (Abbauprodukte) hervor.
Dazu kommen noch viele Hilfsstoffe, die für die Anwendung gebraucht werden (Lösungsmittel, Emulgatoren, Netz- und Haftmit-
tel u.a.), die auch für sich wirksam sind. Die toxikologische Beurteilung wird nur am Originalwirkstoff, z.T. auch am Hauptmetabo-
liten vorgenommen. In vielen Fällen ist nicht bekannt, welche
Umwandlungsprodukte mehr oder weniger toxisch sind, welche
für lange Zeit in der Umwelt verbleiben.

Ein großer Anteil der Pestizide sind immer noch chlororganische Verbindungen. DDT wurde zwar 1971 in der BRD verboten (außer für die Forstwirtschaft), ab 1973 auch in den USA
(Ausnahmen: Hausgebrauch und Vorratsschutz). 1974 setzten die
USA auch Aldrin und Dieldrin auf den Index. Ratten und Mäuse
bekamen Tumoren, wenn ihr Futter 0,1 ppm Dieldrin enthielt.
80–90% aller Molkereiprodukte, Fleisch, Fisch und ein Großteil
aller Kornprodukte, Kartoffeln, Gemüse, Fett enthielten Dieldrin
(48).

7.1. Herbizide (Band I 178 ff.)

Nach der Tabelle 25 ist der Anteil der Insektizide an dem gesamten Absatz von Pflanzenschutzmitteln mengenmäßig in der BRD
nur 7,3%. Den größten Anteil stellen die Herbizide mit 60,3%, die
in wachsenden Mengen zur Vertilgung von Unkraut verwendet
werden. *E. Kühle* (Bayer AG, Leverkusen) gab eine ausführliche

Übersicht über Chemismus und Wirkungsweise der Herbizide (49).
Er macht einige merkenswerte Feststellungen: „. . . Primärvorgän-
ge oft nicht bekannt sind" . . . „Eine Verdoppelung der Aufwand-
menge führt unter Umständen zu erheblichen Schäden an den
Kulturpflanzen" . . . „Die Geschwindigkeit der Inaktivierung des
Wirkstoffs ist sehr wichtig für den Dosierungsspielraum". Dosie-
rungsvorschriften und Anwendungszeitpunkt sind unbedingt zu
beachten. Eine selbstverständliche Folgerung wäre, daß nur ge-
schulte und geprüfte Spezialisten diese Gifte anwenden dürften
(der Referent), nicht aber Analphabeten.

Prof. *P. Böger* (50) berichtete über „Herbizide im modernen
Pflanzenbau" vom Standpunkt der Hersteller und Verbraucher.
Auch *Baumann* und *Günther* (51) (DDR) kommen in ihrer Übersicht „Wirkungsprinzipien und Selektivität von Herbiziden"
zu der optimistischen Erwartung, daß die sich abzeichnende Resistenz vieler Unkräuter gegen Herbizide überwinden läßt (durch
ein „risikofreies und optimal wirkendes Herbizid"). *H.-H. Cramer* (Bayer Leverkusen) (52) erörtert die ökologischen und ökonomischen Folgewirkungen der Herbizide. Die Ausrottung von
Kornblumen, Mohn, Hederich, Senf u.a. waren verhältnismäßig
leicht. Dafür nahmen viele andere Unkräuter wie Kamille, Vogel-
miere relativ zu. Der Einsatz von Mähdreschern verlangt unkraut-
freie Bestände, andererseits druschtrockenes Getreide.

Zur gleichen Zeit werden auch die Ungräser reif, der Mähdrescher wird dann zur Aussaatmaschine für den Unkrautsamen.
Dieses neu auflaufende Unkraut muß wiederum durch vermehrten Einsatz von Herbiziden bekämpft werden, damit der Stickstoffdünger vor allem dem Getreide zugute kommt. Die hoch-
schießenden Getreidehalme müssen dann durch Spritzung mit
Chlorcholinchlorid (CCC) verkürzt und verdickt werden. *Schneider* (53) untersuchte Unkrautsamen hinsichtlich der verschiedenen Phasen des Keimungsprozesses die für eine Vernichtung geeignet wären. – Nach *Cramer* (52) kann durch die Technisierung
und Chemisierung der Landwirtschaft ein einzelner Landwirt
100–150 ha mit Getreide ohne weitere Hilfskräfte bebauen.
Auch der Zuckerrübenbau wird industrialisiert. Je geleistete Ar-
beitsstunde wurden 1950: 0,25 t Zuckerrüben erzeugt, 1973:
1,36 t. Durch die Industrialisierung verschärft sich weltweit
die soziale Lage der Landbevölkerung. Herbizide sparen landwirtschaftliche Hilfskräfte ein. Zur Zeit sind etwa 52% der Welt-
bevölkerung (5% der BRD) in der Landwirtschaft tätig. Auch
wenn es gelingen sollte, den Hunger in den Entwicklungsländern
zu beseitigen, so wächst gleichzeitig die Arbeitslosigkeit. Durch die
Vernichtung der Unkrautflora wird die Ökologie auch außerhalb

der eigentlichen land- und forstwirtschaftlichen Gebiete stark gestört. Neue Unkräuter vermehren sich. Verschiedene Blattschädlinge nehmen zu, namentlich Blattläuse. Auch innerhalb der Landwirtschaft wächst die Sorge, ob der Boden die dauernde Behandlung mit chemischen Substanzen verkraftet oder ob die Ertragsfähigkeit leidet, schließlich zusammenbricht.

Mohr (54) (CELAMERCK) berichtete über „Pflanzliche Wuchsstoffe und Wachstumsregulatoren".

Schon 1973 haben Prof. *G. Wellenstein* und 30 Hochschulprofessoren (Ärzte, Biologen, Forstwissenschaftler) des deutschsprachigen Europas eindringlich vor den Gefahren der Herbizide, zum Beispiel in der Forstwissenschaft gewarnt. Das Dokument ist im Anhang wiedergegeben (55). Es hat auch noch heute (nach 6 Jahren) seine volle Gültigkeit. Die Antworten der indirekt angesprochenen staatlichen Behörden: Biologische Bundesanstalt und Bundesgesundheitsamt, gingen nur unzulänglich und ausweichend auf die schwerwiegenden Befunde ein. Ihre Prüfungsmethoden und Kontrollbefugnisse sind nach wie vor unzureichend.

Ebing (Biologische Bundesanstalt für Land- und Forstwirtschaft, Berlin) gab eine ausführliche Statistik der Herbizidmengen und der unerwünschten Nebenwirkungen, die 1972 in der BRD gemeldet wurden (56). *Kurir* (Wien) warnte vor den Gefahren für Mensch und Tier beim Einsatz von Herbiziden und Arboriziden im Walde (Schleimhautentzündung, Leukämie u.a. (57). Nach *Oka* (58) wird das Wachstum von Kornkäfern und anderen Schadinsekten durch das Herbizid 2,4-D sogar gefördert. – *Wellenstein* (59) berichtete über „Unerlaubt hohe Pestizid-Rückstände in Waldbeeren". Eine Woche nach der Besprühung wurden Rückstände gefunden, die in Himbeeren um das 38- bis 144fache, in Brombeeren das 83fache der erlaubten Restmengen (0,05 mg [2,4,5-T] in 1 kg Frischmasse) überstiegen. Acht Monate nach der Besprühung wurden noch durchschnittlich 35 mg/kg Blätter gefunden, in Waldbeeren und Hutpilzen bis zu 10 mg/kg. Nach einem Jahren wurden in Forsten Herbizidreste gefunden, die höher waren als die Toleranzwerte für Lebensmittel. Auch außerhalb des Sprühgebietes wurden Rückstände von 0,01 mg/kg gefunden, das sind Mengen, die bei Fütterungsversuchen Schäden an der Nachkommenschaft von Ratten verursachten. – Auf Grund dieser Erkenntnisse hatte der NRW Landwirtschaftsminister *D. Deneke* das Versprühen des Entlaubungsmittel Tormona 80 über 27 Forstflächen des Rhein-Siegkreises verboten. Das Gift sollte Stockausschläge, Ginster, Brombeeren u.a. in Fichtenkulturen bekämpfen, ausgerechnet in der Zeit der Waldbeerenernte. „Die Flächen liegen in einem stark besuchten Erholungsgebiet." Das Verbot wurde im März 1977 von dem Oberverwaltungsgericht Münster wieder aufgehoben. – Frau *G. Duthweiler* (60) berichtete über einen Tormonaeinsatz durch das Forstamt Saupark (bei Springe) am 25. 6. 1976, 70 Meter von Hausgärten, mit erschütternden Ergebnissen, nicht nur für die Gemüse- und Obstgärten. Sieben Familien erlitten z.T. schwere Gesundheitsschäden, das alles, um ein Stück Waldboden für einen neuen Buchenaufwuchs vorzubereiten. Über die „Analytik der Herbizide" (61) die Synergese von Herbiziden und Insektiziden (62).

Eggers (Biologische Bundesanstalt) schlägt vor: „Der Einsatz von Herbiziden in Quell- und Wasserschutzgebieten muß ausgeschlossen bleiben" . . . „wird z.Z. angestrebt, die Ausbringung von Herbiziden an und in Gewässern genehmigungspflichtig zu machen" (63).

Wellenstein (64) beklagt die durch „Herbizideinsatz verursachte Verarmung der offenen Landschaft an Blütenpflanzen; sie läßt sich messen am Rückgang der Honigernten. . . . Die Blütenbefruchtung der Obstbäume und Wildflora ist bereits gefährdet. . . . notwendig, die chemische Bekämpfung unerwünschter Kräuter, Sträucher und Bäume in Wäldern, an Straßenrändern und Bachufern auf ein Mindestmaß zu beschränken." – Nach Prof. *H. Grimme* (Bremen) existieren von ca. 250 Pflanzenarten, die ursprünglich im Umfeld des Ackers vorkamen, nur noch ca. 50 Arten. – Seit der Seveso-Katastrophe ist hinreichend bekannt, daß TCDD (Dioxin) ein schweres Gift ist. Als minimale Verunreinigung kommt es im Herbizid 2,4,5-T vor. In Oregon (USA) klagten acht Frauen wegen 13 Fehlgeburten. Regelmäßig im März/April wurde durch Hubschrauber 2,4,5-T versprüht, im Juni/Juli folgten Fehlgeburten (65). Nach der EPA werden über 3 Mio. kg des Herbizids versprüht. Bei Tieren hat Dioxin noch eine Wirkung bei 10 ppt (Verdünnung 10 zu 1 Billion). Die EPA verlangte einen Stopp der Sprühaktionen, bis weitere Versuchsergebnisse vorliegen. Die Herstellerfirma Dow Chemical erklärte, daß das Dioxin nicht aus ihrer Produktion stamme, sondern ein typisches Nebenprodukt bei Verbrennungsprozessen sei.

7.2. Fungizide

Fungizide dienen zur Bekämpfung von parasitischen Pilzen, z.B. zur Saatgutbeizung. 1976 wurden nach Tabelle 25: 5 400 t Fungizide (Wirkstoff) in der BRD abgesetzt, das sind 22% des gesamten Absatzes an Pestiziden. Die Fungizide gehören chemisch zu verschiedenen Stoffklassen. Früher wurden bevorzugt anorganische Mittel benutzt, Schwefel, Kupfer-, Arsen-, Quecksilberverbindungen. Neuerdings kommen vielerlei organische Verbindungen auf den Markt mit verschiedenen Giftigkeitsgraden. Nach dem „Umweltgutachten 1978" (S. 321 ff.) steigt der Fungizideinsatz in der BRD stetig an. Der Erwerbsobstbau, Wein- und Hopfenbau kann darauf angeblich nicht verzichten. Mehrfache Behandlungen sind üblich, z.B. werden gegen Apfelschorf 10–18 Spritzungen vorgenommen. In Getreidebaugebieten gehört die Fungizidspritzung zur Routinemaßnahme, die präventiv (vorbeugend) angewendet wird. Hier „kann mit Sicherheit eine wesentliche Zunahme der Fungizidanwendung vorausgesagt werden". „Organische Quecksilberverbindungen spielen immer noch eine wichtige Rolle", auch im gewerblichen Gemüsebau (Gurken, Salat, Tomaten, Kohl und Bohnen). „Im Kartoffelbau werden etwa 40% der Flächen mehrfach behandelt". Wenig bekannt ist das Abbauverhalten. Von Dithiocarbamaten sind 50% nach 5–10 Tagen „verschwunden", der restliche Rückstand nimmt sehr viel langsamer ab. Bei einer Zinnverbindung erfolgt der biologische Abbau mit einer Halbwertszeit von 140 Tagen. In den Fruchtschalen von Kühlhausäpfeln bleibt der Gehalt des Fungizids MCB über viele Monate in nahezu gleicher Höhe erhalten. – Die steigende Zahl der zu prüfenden Mittel wurde bisher keinem ökologischen Testverfahren unterworfen. Fungizide töten nicht nur Pilze, sondern auch deren Feinde. – Der Abbau von Gras, Fallaub u.a. durch Regenwürmer wird sehr stark gehemmt. Schlupfwespen, die von schädlichen Kleintieren leben, werden von Fungiziden mehr oder weniger stark geschädigt. Bei Gemüse (Salat) wurden Rückstände und auch Toleranzüberschreitungen gefunden.

Ein Abbauprodukt der Dithocarbamate wirkte bei Tierversuchen karzinogen. – *Lyr* (66) berichtete über den Wirkungsmechanismus neuer Fungizide. „Der Angriffsort ist in vielen Fällen noch ungenügend bekannt". „Über die Struktur des Rezeptors gibt es noch keine Angaben". „Die Ursachen der Selektivität sind allerdings noch weitgehend ungeklärt". *Wainwright* (67) gab eine Literaturübersicht über „die Wirkungen von Fungiziden auf die Mikrobiologie und Biochemie der Böden".

Ein Kartoffelacker wird dreimal in der Vegetationsperiode mit Fungiziden gegen mögliche Pilzkrankheiten gespritzt, einmal mit einem Insektizid bei der Entdeckung einzelner Kartoffelkäfer, dann mit E 605 gegen andere Insekten, zweimal mit Herbiziden gegen Unkräuter. Wenn dann die Reife einsetzt, wird mit X . . ." das Kartoffelkraut zum Zusammenbruch gebracht". „Keimschäden sind bei der Anwendung nach Vorschrift nicht zu befürchten". „Das Absterben des Krautes, die innere Reife der Knolle und die Ausbildung der Schale sind ca. 3 Wochen nach der Behandlung abgeschlossen". Dann kann die vollmechanische Rodung vor sich gehen. Darf man ein Grundnahrungsmittel so oft mit Giften behandeln?

Die „National Academy of Sciences" veranlaßte eine dreijährige Untersuchung „Pest Control" (68). Sie kommt zu dem Schluß, daß der Pflanzenschutz durch Chemikalien immer wirkungsloser wird, infolge zunehmender genetischer Resistenz vieler Schädlingsgruppen, die Störung und oftmals Zerstörung des Gleichgewichtes zwischen Schädlingsarten und ihren natürlichen Feinden, durch die Breitenwirkung der verwendeten Chemikalien sowie die zu geringe Information für den Verbraucher (Farmer und Forstarbeiter), die zu falscher Anwendung und oftmals zu Gesundheitsrisiken für den Menschen führen kann.

Obwohl der Pflanzenschutzmarkt der USA ein Volumen von mehreren hundert Millionen Kilogramm jährlich habe, seien Daten über die Art und Menge der verwendeten Chemikalien gewöhnlich erst mit fünfjähriger Verzögerung und ohne wissenschaftliche Wertung zugänglich. – Nur sehr wenig sei z.B. über die Krebsrisiken von Pestiziden bekannt, und Arbeitsunfälle mit Pestiziden bei Forst- und Farmarbeitern seien bisher chronisch unterschätzt worden.

Es müßte ... eine neue Generation von artspezifischen, chemischen Pestiziden mit minimaler Breitenwirkung entwickelt werden. ... Aus einem Prospekt der Firma Ciba-Geigy: „das Allwetter-Breitbandherbizid mit der sicheren Wirkung gegen Unkräuter ... die Kombination verschiedenartiger Wirkstoffe gewährleistet die außergewöhnliche Breitenwirkung".

Blaszyk (69) referierte über „Beeinträchtigung der freilebenden Tierwelt durch Pestizide" (97 Literaturzitate), *Eggers* (63) über „Pflanzenschutz und Landschaftspflege" (75 Literaturzitate). – Tabelle 23/24 gibt Zahlen über die Schadwirkung einiger Pestizide. – Prof. *F. Korte* warnte davor, die „Verdauungskapazität" dessen, was man Natur nennt, zu überschätzen. Verteile man die Produktionsmenge organischer Chemikalien (130 Mio. Jato) auf die Landoberfläche der Erde, so ergebe sich eine Belastung von 1 g/m^2. Tabelle 26 gibt die mit Pestiziden behandelten Flächen in Prozent der jeweiligen Anbaufläche wieder (Schätzung nach „Umweltgutachten 1978, S. 323).

7.3. Ausbringungsmethoden

Früher spritzte ein Gärtner Pestizide aus einem Behälter, den er auf dem Rücken trug. In der Landwirtschaft, auf den Weinbergen werden die Gifte jetzt häufiger durch Maschinen versprüht, immer mehr auch durch Flugzeuge. – Die Behandlung einer 10 ha großen Steilhangfläche mit der Schlauchspritze erfordert 250 Arbeitsstunden. Ein Hubschrauber leistet die gleiche Arbeit in einer Stunde. Ein weiteres Argument der Piloten: ein Flugzeug kann an einem Tag 150 Winzer vor dem Einatmen gefährlicher Chemikalien bewahren. – Prof. *G. Wellenstein* (71) hat selber auftragsgemäß viele tausend Hektar durch Flugzeuge besprüht. Um so mehr sind seine Warnungen zu beachten, immer größere Mengen Biozide unsachgemäß über große Flächen zu verbreiten. Beim Versprühen aus der Luft ist ein minimaler Sicherheitsabstand von 50 m zu den gefährdeten Objekten vorgeschrieben. „Selbst der beste Pilot kann nicht verhindern, daß ein beträchtlicher Teil der Wirkstoffe (bis zu 60%) verdampft oder maximal mehrere Kilometer verweht wird". Das trägt zur weltweiten Verbreitung chemischer Fremdstoffe bei. „In Gemenglagen von Weinbergen, kleinen Waldstücken, Obstwiesen, Hausgärten, öffentlichen Straßen, Siedlungen, Campingplätzen und Wasserläufen ist das unvereinbar mit den Forderungen des Lebens- und Landschaftsschutzes". – Besonders gefährlich ist das Versprühen von konzentrierten Emulsionen. Vorgeschrieben sind starke Verdünnungen und großtröpfige Abgabe. *Wellenstein* wünscht, daß die Biologische Bundesanstalt für Land- und Forstwirtschaft und das Bundesgesundheitsamt die Entscheidung über solch gefährliche Ausbringungsmethoden nicht auf die in dieser Sache überforderten Landesbehörden abwälzen, sondern ein generelles Ausbringungsverbot bienengiftiger Insektizide und flüssiger Herbizide durch Luftfahrzeuge und erdgebundene Großgeräte aussprechen. – *Thiede* (72) erörterte „Die Bedeutung der Anwendungstechnik im Pflanzenschutz". – Nach *Farwell* u.a. (73) entstanden beim Versprühen von 2,4-D durch Flugzeuge Driftverluste von 40–75%, wodurch empfindliche Obstplantagen zerstört wurden.

7.4. Toxikologie der Pestizide

Der Präsident der Biologischen Bundesanstalt für Land- und Forstwirtschaft (BBA) in Braunschweig, *G. Schuhmann* teilte mit (107): „Nach dem Pflanzenschutzgesetz vom 10. Mai 1968 gehören Prüfung und Zulassung von Pflanzenschutzmitteln zu den Aufgaben der BBA. Die Zulassung wird von der BBA im Einvernehmen mit dem Bundesgesundheitsamt (BGA) erteilt ... Die Einstufung der Pflanzenschutzmittel in eine der drei Giftabteilungen ... wird vom Ausschuß Arzneimittel-, Apotheken- und Giftwesen der Arbeitsgemeinschaft der Leitenden Medizinalbeamten der Länder ... vorgenommen. Dabei wird nach einheitlichen Kriterien verfahren, wobei die akut orale und akut dermale LD_{50}

sowie die akut LC_{50} (Inhalation) besonders berücksichtigt werden". Dreimal hintereinander wird betont, daß die Prüfungen auf die *akuten* Wirkungen abgestellt sind. Die lebensgefährdenden Folgen über die akuten Wirkungen hinaus – die chronischen Erkrankungen, teratogene, mutagene, kanzerogene – wurden bis in die letzten Jahre nur in besonderen Fällen bestimmt, erst dann, wenn dringende Verdachtsmomente bestanden, wenn Unglücksfälle bereits eingetreten waren. Das liegt an der ungenügenden personellen und apparativen Ausrüstung der Untersuchungsämter, aber auch an der sehr großen Zahl von Chemikalien, die jährlich auf die Markt geworfen werden. Erst jetzt beginnt man sich ernsthaft um den Komplex „Umweltchemikalien" Gedanken zu machen. *Schuhmann* schrieb: „Aus der Tatsache heraus, daß die Wuchsstoffherbizide keiner Giftabteilung angehören, darf jedoch nicht der Schluß gezogen werden, daß sie völlig ungiftig seien. . . . Der Gehalt an 2,3,7,8-Tetrachlor-dibenzo-p-dioxin des technischen Wirkstoffes 2,4,5-T darf nicht über 0,1 ppm liegen".

Die Herbizide 2,4,5-T und 2,4-D werden in der BRD in Mengen von 1 Mio. t jährlich eingesetzt.

Im Vietnamkrieg haben die USA diese Stoffe in großen Mengen versprüht. Der Dioxingehalt (das Gift von Seveso) war etwa 30 ppm mit furchtbaren Folgen für Pflanzen, Tier und Mensch. Dann gelang es der Industrie, den Gehalt des Giftstoffes auf 0,1 ppm herabzusetzen. Aber: „Noch durch Dosen von 0,6 ng/kg Körpergewicht wurde in Laborversuchen jedes zweite Meerschweinchen getötet" (95).

„Die Biologische Bundesanstalt ist apparativ erst seit Anfang 1978 in der Lage, TCDD (= Dioxin)-Spuren zu analysieren" (95). – Die Toxikologen bestimmen die LD (letale Dosis) an Tieren mit chemisch reinen Substanzen. Die Pestizide sind aber meist Mischungen verschiedener Substanzen. Die „reinen" Pestizide kann man nach dem Katalog der Firma Riedel – De Haen zu einem Preis von 20–50 DM/g kaufen (Reinheit ⩾ 99%). Die handelsüblichen Pestizide kosten nur den zehntausendstel Teil, enthalten meist erhebliche Mengen von Fremdstoffen, die harmlos oder auch hochtoxisch sein können. Ihre Zusammensetzung kann sich ändern bei Verwendung von anderen Rohstoffen, oder bei kleinen Änderungen der Produktionsverfahren. Ihre Eigenschaften werden sich daher deutlich von denen der reinen Präparate unterscheiden, deren Wirkung wiederum von kleinsten Beimengungen (z.B. 1 ppm Dioxin) abhängen können. Alle Angaben über Toxizität erscheinen unsicher zu sein, alle Behauptungen der Unschädlichkeit also leichtfertig.

Meist sind die Pestizide (Medikamente usw.) Mischungen. Die Kombinationen verschiedener Stoffe können nun die Wirkungen der einzelnen Stoffe hervorrufen, unabhängig voneinander sein, oder additiv wirken, oder ihre Wirkung multiplizieren oder gar potenzieren. Sie können sich auch gegenseitig abschwächen, aufheben. Man spricht dann von „Synergese" bzw. Antagonismus". Das alles kommt in der Praxis vor, wie Tabelle 27 zeigt.

Daraus kann man berechnen, daß in einem Gemisch in 19% der untersuchten Fälle eine überadditive, in 38% eine additive und in 43% eine unteradditive Wirkung eintrat. — Bei der Festsetzung der maximalen Grenzwerte für Mischungen nimmt man aber an, daß die Wirkungen der einzelnen Komponenten unabhängig voneinander erfolgen. Wenn man z.B. ein Gemisch von drei chemisch wenig verschiedenen Substanzen, A, B, C hat, so dürfen (bei einem Grenzwert von je 100 mg/kg) von den drei Stoffen je 99 mg vorhanden sein. So wurde es auch festgelegt in der deutschen VDI Richtlinie 2306. Andere Staaten, z.B. die UdSSR, sind vorsichtiger. Sie wenden eine Mischungsformel an (Band I, 50). Unter der Voraussetzung einer additiven Wirkung, die bei ähnlichen Verbindungen wahrscheinlich ist, dürfen von den Stoffen A, B, C z.B. nur je 33 mg/kg in der Mischung der Pestizide vorhanden sein. Die Produzenten und Importeure nützen die „großzügige" Regelung nach der Richtlinie des VDI gerne aus, zum Schaden des Verbrauchers.

Wie schon oben bemerkt, beziehen sich die Toleranzgrenzen, die Höchstmengen von Schadstoffen in Lebensmitteln (in mg/kg oder ppm) auf eine akute Gefährdung der menschlichen Gesundheit. Chronische Wirkungen, Schäden in langen Zeiten bei kleinsten Dosen wurden kaum untersucht. Inzwischen sind die Pestizide, häufig chlororganische Verbindungen, weltweit verbreitet. Da sie nur sehr langsam abgebaut werden, reichern sie sich immer mehr an. Ihre Halbwertszeiten d.h. die Zeiten, in denen ihre Konzentration durch Abbau im Boden (im Schlamm der Gewässer u.a.) auf die Hälfte sinkt, betragen Jahre bis Jahrzehnte. Durch ihre Allgegenwart von Pol zu Pol werden sie in der Nahrungskette von minimalen Konzentrationen in der Luft und in den Weltmeeren durch Mikroorganismen, Pflanzen, Tiere immer wieder zu gefährlichen Konzentrationen angereichert.

Akute Vergiftungen sind selten, chronische häufiger, aber selten eindeutig: nervöse Störungen, Eingreifen in den Hormonhaushalt, Schädigung des Immunsystems, Leberschäden, Unfruchtbarkeit, Leukämie, Krebs. — Wegen dieser bedrohlichen Aussichten wurde oft gefordert, nur leicht abbaubare Pestizide zu verwenden, die jedoch häufig toxischer und weniger untersucht sind.

Wie *Schuphan* u.a. (74) zeigten, sind die Abbauvorgänge und -produkte wenig bekannt, sie könnten sogar die toxische Gesamtsituation verschlechtern. – *An der Lan* und *Schuphan* (75) wiesen schon vor 10 Jahren darauf hin, daß die Pestizide, bzw. ihre Verunreinigungen, auch in kleinsten Mengen neurotoxisch wirken. Sie warnen eindringlich vor genetischen Schäden. – Die einzige Lösung wäre, die Produktion von Pestiziden, insbesondere der chlororganischen Verbindungen, sogleich stark zu drosseln. Spätfolgen der Pestizide werden erst Jahre (Jahrzehnte) später erkannt. – 1962–1970 hatte die US Army große Mengen Herbizide über Südvietnam versprüht, die schätzungsweise 170 kg Dioxin, das Gift von Seveso, enthielten. Nach *Wade* (159) wurde 1974 bis 1977 ein Anwachsen der Erkrankungen an Leberkrebs in Südvietnam festgestellt. Gleichzeitig wurden bei US Veteranen Chlorakne, beginnende Taubheit von Fingern und Zehen, nervöse Gereiztheit beobachtet.

26 Hochschulprofessoren wandten sich 1973 gegen den Einsatz von Herbiziden (55). Ihre Argumente sind nach wie vor gültig:

7.5. Gemeinsame Erklärung unabhängiger Wissenschaftler zum Einsatz chemischer Unkrautbekämpfungsmittel

Die unterzeichneten Universitäts- und Hochschulprofessoren bringen hiermit ihre schweren Bedenken zum Ausdruck gegen die zunehmende Verwendung chemischer Unkrautbekämpfungsmittel, insbesondere in der Forstwirtschaft. Diese Herbizide sind in toxikologischer Hinsicht zu wenig erforscht, um ihre breite Anwendung ohne Widerspruch hinzunehmen. Die toxische Bedenklichkeit einiger herbizider Verbindungen, zum Beispiel von Aminotriazol, Paraquat, 2,4,5-Trichlorphenoxyessigsäure, steht außer Frage; sie ist an Labortieren einwandfrei nachgewiesen. Auch die Erfahrungen beim Einsatz von 2,4,5-T im Vietnamkrieg sprechen hierfür. Die Reduzierung des hochtoxischen Nebenbestandteils „Dioxin" im 2,4,5-T durch die Hersteller scheint nach neueren Untersuchungen die großen Bedenken gegen dieses Mittel nicht ausräumen zu können. Unter bestimmten Umständen wurde bei Anwendung von Chlorphenoxyessigsäure-Verbindungen die Nachkommenschaft geschädigt (Totgeburten und Mißbildungen). In der freien Natur kam es zu einem Massensterben von Rentieren (Vistträsk in Nordschweden, 1970) und zu einer tödlichen Spontanerkrankung von Davidshirschen (Karlsruher Zoo, 1971) nach Futteraufnahme von Pflanzen, die mit Wuchsstoff-Herbiziden behandelt worden waren. In beiden Fällen wurden Reste des 2,4,5-T-Mittels im Körper der verendeten Tiere gefunden. Mehrfach traten auch Bienenverluste nach Sprühaktionen mit Herbiziden ein.

Ganz unabhängig von diesen toxikologischen Bedenken ist die steigende Herbizid-Anwendung in den Wäldern mit den Forderungen der Landschaftshygiene und Forstästhetik unvereinbar. Die vielfältigen Lebensgemeinschaften der Wälder werden durch solche chemischen Eingriffe empfindlich gestört. Es ist erwiesen, daß diese Mittel sogar in der näheren Umgebung von Naturschutz- und Wasserschutzgebieten sowie bekannter Kurbäder eingesetzt wurden.

Entgegen der Auffassung der Pflanzenschutz-Behörden und der Herstellerfirma halten die Unterzeichneten die Ausbringung der Herbizide in der bisherigen Form (Spritzpersonal ohne Mund- und Augenschutz, Hubschrauber-Einsätze auf größeren Flächen) für fahrlässig und nicht vertretbar. In den Wäldern, die bisher noch am wenigsten mit Pestiziden belastet sind und als Erholungsraum sowie natürlicher Wasserspeicher zunehmend an Bedeutung gewinnen, sollten chemische Präparate zur Abtötung natürlicher Pflanzengesellschaften (forstlicher Ausdruck: „Kulturvorbereitungs- und -pflegemaßnahmen") nicht verwendet werden bis die Auswirkungen dieser Verbindungen und ihrer Abbauprodukte auf die Ökosysteme mit überzeugenden Prüfungsmethoden geklärt sind.

In den Vereinigten Staaten, Kanada und Schweden sind Wuchsstoff-Herbizide nur noch mit Einschränkungen zugelassen. In der Schweiz hat die Konferenz der Kantonsoberförster kürzlich beschlossen, im Wald grundsätzlich auf die Verwendung von chemischen Mitteln zur Unkrautbekämpfung zu verzichten. Dies scheint uns in ganz Mitteleuropa notwendig und auch erreichbar zu sein, zumal die waldbaulichen und organisatorischen Möglichkeiten zur Entschärfung des Unkrautproblems vielerorts nicht ausgeschöpft werden.

An der Lan/Innsbruck (Zoologie, Pflanzenschutz, Umwelttoxikologie), *Barner*/Freiburg (Forstwissenschaft), *Bruns*/Berlin (Zoologie, Umweltschutz), *Buchwald*/Hannover (Landschaftspflege), *Egger*/Heidelberg (Botanik), *Elster*/Konstanz (Limnologie), *Engelhardt*/München (Landschaftsökologie), *Goerttler*/Heidelberg (Med. Pathologie), *Hildebrandt*/Freiburg (Forstwissenschaft), *Kurir*/Wien (Forstentomologie und Forstschutz), *Leibundgut*/Zürich (Forstwissenschaft), *Lorenz*/Seewiesen (Zoologie, Ökologie), *H. Marquardt*/Freiburg (Forstbotanik und Genetik), *P. Marquardt*/Freiburg (Experimentelle Therapie), *H. Mayer*/Wien (Forstwissenschaft), *Mitscherlich*/Freiburg (Forstwissenschaft), *Mohr*/Freiburg (Pflanzenphysiologie), *Oberdorfer*/Freiburg

(Pflanzensoziologie), *Osche*/Freiburg (Zoologie, Ökologie), *Prodan*/Freiburg (Forstwissenschaft), *Schimitschek* Wien (Forstwissenschaft), *Schuphan*/Mainz (Angew. Botanik), *Sitte*/Freiburg (Zellbiologie), *Wahl*/Marburg (Angewandte Zoologie), *Wellenstein*/Freiburg (Forstwissenschaft), *Wilmanns*/Freiburg (Botanik).

8. Pflanzenzüchtung („Grüne Revolution")

Die gewaltige Steigerung der landwirtschaftlichen Erträge wurden erkauft durch einen hohen Einsatz von Chemikalien (Düngemittel, Pestizide) aber auch Energie (Maschinen). Weiter trug die Züchtung ertragreicher Sorten wesentlich dazu bei. *Röbbelen* (76) gab einen Überblick über diese landwirtschaftliche „Revolution". Er beschrieb, wie es *Borlaug* gelang, durch umfangreiche Versuche Weizen zu züchten, der gegen Schwarzrost beständig war, der früher katastrophale Mißernten in Mexiko bewirkte. Nun wurde das Land zum Selbstversorger, schließlich zum Exporteur. Mit verschiedenen modernen Züchtungsmethoden konnten die Kornerträge von Intensivweizen auf mehr als das Doppelte gesteigert werden. Ähnliche Erfolge gelangen für Reis und Mais. Die neuen Sorten brauchten aber gute Bewässerung, große Düngermengen. Sie waren anfällig für Pflanzenkrankheiten und Klimaschwankungen. *Kranz* (77) wies auf die Grenzen der Pflanzenzüchtung hin. „Genetische Einheitlichkeit bei Kulturpflanzen birgt Gefahren". Die Züchtung ertragreicher Pflanzen brachte vor allem den Industrieländern Vorteile.

In den Entwicklungsländern wurde die bisherige soziale Ordnung zerstört. Die Landbesitzer kündigten den kleinen Pächtern und betrieben den jetzt gewinnbringenden Pflanzenbau selber. Die Ausweitung des Getreidebaus ging auf Kosten des Anbaus von Leguminosen. Diese eiweißreichen Pflanzen waren aber für die Ernährung der Armen unentbehrlich. Nach *Collins* u. *Lappe* (78) brachte die „Grüne Revolution" in den Entwicklungsländern zwar große Produktionserhöhungen, aber nur für kapitalstarke Großfarmen, die damit hohe Exporteinkommen erzielten. Die Agroindustrie der USA beherrscht viele kleine Staaten. Der Hunger der Landlosen wächst. „Hungernde Menschen können sich selbst ernähren und tun es auch, wenn man sie nur läßt".

Die Steigerung der landwirtschaftlichen Erträge in den Industrieländern ist allein durch Züchtung neuer Sorten um 25% gestiegen. Diese „Ertragsexplosion" wird aber nach *Röbbelen* (bzw. *Thiede*) „überschattet von volkswirtschaftlich kostspieligen Überschüssen, von der Notwendigkeit zur Einschränkung der

Ackerflächen und vom Zwang zur Regionalisierung der Agrarproduktion". „Wird man in USA und Europa die pflanzlichen
Grundnahrungsmittel zunehmend durch tierische Veredelungs-
wirtschaft einschmelzen (!) müssen". In einer weiteren Arbeit
untersuchte *Röbbelen* (79) die Züchtung von Pflanzen zur Verbesserung ihrer physiologischen Eigenschaften. Auf die Züchtung von Raps wurde schon früher hingewiesen (Band II, 186)
Seher (80). „Der derzeitige Stand des Rapsproblems".

Nach *Röbbelen* gelang es, den Gehalt des Rüböls an Eruca-
säure (die Stoffwechselstörungen bewirkt) im Winterraps von
50% auf 0,3% herabzusetzen. Der Gehalt der ebenfalls unerwünschten Linolensäure stieg allerdings dabei von 8 auf 10%.
Der Prozentsatz an wertvoller Linolsäure („Vitamin F") konnte dagegen von 12 auf 20% erhöht werden. Das Rapsschrot ist
wegen seines hohen Proteingehaltes ($> 35\%$) ein begehrtes Futtermittel. Bei der Sojabohne ist das Schrot sogar das Haupt-
produkt (das Öl: Zweitprodukt). – *Röbbelen* untersuchte weiter
die Möglichkeiten, den Eiweißgehalt (bzw. Gehalt an bestimmten
Aminosäuren) auch im Getreide zu erhöhen. – In den Züchtungs-
zielen widersprechen sich aber häufig die Anforderungen hinsichtlich der Quantität und der verschiedenen möglichen Quali-
tätsvarianten: „Ertragsfaktoren stets den Vorrang haben müssen".
Hinsichtlich der Qualität der Getreidearten wird man auch die
Wünsche der Verarbeiter berücksichtigen, z.B. der Brotfabriken
und der Brauereien. –

Auch bei der Züchtung von Gemüse und Obst steht an erster
Stelle der hohe Ertrag, die Widerstandsfähigkeit gegen Krankheiten und Schädlinge, weiter die Eignung für maschinelle Ernte-
verfahren, Haltbarkeit und gutes Aussehen, aber kaum das Aroma,
der Vitamingehalt, die Freiheit von Fremdstoffen. *Schuphan* (81)
„Pflanzenzüchtung und moderne Kulturmaßnahmen – Fortschritt
oder Rückschritt?"

9. Viehproduktion

Der Viehbestand in der Bundesrepublik Deutschland war 1976:
20,6 Mio. Schweine, 14,5 Mio. Rinder, 1,1 Mio. Schafe und 0,36
Mio. Pferde. – Von den Rindern waren 5,4 Mio. Milchkühe, die
22,2 Mio. t Milch erzeugten. – Der Verbrauch an Konsummilch
betrug 113 kg pro Kopf, an Butter 6,7 kg, an Käse 13,2 kg. – Der
Fleischverbrauch stieg auf 87 kg (davon 9 kg Geflügel). Er hat
sich seit Beginn des Jahrhunderts verdoppelt, während sich der
Verbrauch von Brot und Kartoffeln halbierte (Band II, 219). –

Die Milchproduktion der Welt betrug 432 Mio. t, der Anteil der Industrieländer war 85,2%. Hier wurden 280 kg Milchprodukte pro Einwohner verbraucht (in den Entwicklungsländern nur 50 kg).

9.1. Das Futter

Bis zum zweiten Weltkrieg bestand ein Bauernhof in der Regel aus der Viehwirtschaft, Äcker und Weiden (Wald). Die Betriebsteile ergänzten sich, stellten z.T. einen ökologischen Kreislauf dar. Das Vieh verbrachte die bessere Jahreszeit auf der Weide, wurde im Winter mit Ackerprodukten, Silage und Heu gefüttert. Für die Mast wurde Kraftfutter hinzugekauft, insbesondere Fischmehl.

Infolge der steigenden Preise wurde dieses in den Jahren 1968 bis 1973 durch importiertes Futtergetreide und Sojaschrot ersetzt. Auf diese Weise wurden in der EG große Überschüsse an Milch (Butter, Trockenmilch) und der Hauptbedarf an Fleisch erzeugt. Als „Interventionsmittel", mit denen diese Überschüsse auf Kosten der Steuerzahler auf dem Weltmarkt verschleudert werden, sind im Agrarhaushalt der EG für 1979 vorgesehen: 14 Mrd. DM. — In der EG werden jährlich 2 Mio. t Magermilchpulver hergestellt, von denen 80% zur Viehfütterung verbraucht werden. Nach Beschluß des EG Ministerrates sollten 1976 die Futtermittelhersteller 400 000 t Milchpulver dem Sojaschrot zumischen. — In der EG stiegen 1979 die Lagerbestände an Butter auf 0,54 Mio. t, an Magermilchpulver auf 0,44 Mio. t.

Max Witt (82), früher Direktor des Max-Planck-Instituts für Tierzucht und Tierernährung, erklärte: dieser Überschuß „stammt nicht aus Futtermitteln der eigenen Bodenproduktion, sondern wird mit importierten Kraftfuttermitteln (Getreide, Soja-Eiweiß) erzeugt, die an sich weitgehend als Primärkalorien für den unmittelbaren menschlichen Konsum in den Entwicklungsländern geeignet wären". „Unsere Landwirtschaft wandelte mit ihren Milchviehbeständen, zum Beispiel Sojaeiweiß, das den Entwicklungsländern vorenthalten wird, weil sie es nicht bezahlen können, unter großen Verlusten in das biologisch wertvollere Milcheiweiß um. Den sich dabei in Form von Magermilchpulver ergebenden Überschuß aber läßt man nicht den eiweißhungrigen Kindern, Müttern und Arbeitern in den Entwicklungsländern zukommen, sondern verfüttert ihn, mit dem Ergebnis, daß dieser Eiweiß-Stickstoff in Form von Gülle oder Jauche über Boden, Pflanze und Tier seinen Kreislauf von neuem beginnt."

Der „Hunger in der Welt" ist für gewisse Wirtschaftskreise eine Propagandakulisse, hinter der sie riesige Geschäfte machen (Tabelle 22). Soja wird z.Z. noch billig aus den USA und Brasilien eingeführt. Um diese Abhängigkeit zu verringern, laufen seit Jahren Versuche, aus Erdöl (Paraffin) mit Hilfe von Mikroorganismen (Bakterien, Hefe) ein eiweißreiches Futter zu gewinnen. – Aussichtsreich erscheinen auch Versuche, Stroh durch Bakterien in ein biologisch wertvolles Futter mit 50% Protein zu verwandeln. – Durch mechanischen Aufschluß von Stroh mit wenig Natronlauge kann man die Verdaulichkeit von 40% auf 75% erhöhen. – Wiederkäuer haben auch die Fähigkeit, aus synthetischen Stickstoffverbindungen (Harnstoff) Eiweiß aufzubauen. Sie können aus 100 g Futterharnstoff 287 g Roheiweiß erzeugen (nach einem Firmenprospekt). – Auch getrockneter Geflügelmist (mit 30% Rohprotein) wird als Viehfutter empfohlen. Zur Aufwertung des Viehfutters wird eine große Auswahl von Vitaminen angeboten.

Stark umstritten ist der Zusatz von weiteren Chemikalien zum Viehfutter. Antibiotika sollten Kalb oder Rind eigentlich vor Krankheiten schützen. Dabei entdeckte man, daß diese Medikamente auch das Wachstum und den Fleischansatz vergrößern. Die Futterausnützung wird erheblich verbessert. Für eine Gewichtszunahme von 1 kg rechnete man früher 5 kg Futter, jetzt benötigt man bei Zusatz von Antibiotika nur noch 3 kg. Auf diese Weise erhalten aber die Menschen regelmäßig diese Medikamente. Es entstehen dabei resistente Bakterienstämme, so daß bei ernsthaften Erkrankungen die Antibiotika nicht mehr helfen.

Diese Mittel dürfen daher bei der Fütterung nur noch in bestimmten zeitlichen Abständen angewendet werden (Band II, 199). Prof. *L. Kotter* forderte, daß bei Schlachttieren Antibiotikareste nicht mehr nachgewiesen werden können, z.B. durch Hemmstofftests. „Die angewendeten Hemmstofftests werden inzwischen vom grauen Markt durch den Einsatz neuer Präparate unterlaufen, auf die der Test nicht anspricht. Die Stichproben der Kontrollbehörden erfassen nur 1% der Fleischproduktion" (83). – Der Schaden, der durch den jahrzehntelangen leichtfertigen Gebrauch von Antibiotika in der Tierhaltung für die Humanmedizin entstanden ist, kann kaum abgeschätzt werden. Immer mehr Schadbakterien werden resistent. In England starben 41 Kleinkinder an Magen- und Darmerkrankungen, da die übliche Antibiotikatherapie wirkungslos geworden war (*K.R. Späth*). – In den USA untersuchte das vom Verbraucheranwalt *R. Nader* gegründete „Center for Study of Responsiv Law" zahlreiche Fleisch-, Milch- und Eiprodukte. 80% enthielten Pflanzenschutzmittel, Bakterien, Antibiotika und Hormone. Die verhängnisvolle Wirkung des weiblichen Sexualhormons Diäthyl-Stilböstrol (DES) wurde bereits erwähnt (Band II, 132). Diese Substanz führt in Mengen von 0,07 mg bei Mäusen zu Tumoren. Ein Nachweis im Fleisch ist aber erst bei höheren Konzentrationen möglich. Die Beimengung in das Tierfutter wurde in den USA zum 1. 1. 1973 wegen Krebsgefahr untersagt. – Nach *Bruns* (84) hatte das Sexualsteroid (STS 153) ähnliche Folgen.

In Dänemark wurde 1978 im Rindfleisch ein anderes Hormon entdeckt: Prostaglandin. Es soll die Läufigkeit von Kühen synchronisieren. Beim Menschen bewirkt es Aborte. Angehörige des „Landwirtschaftlichen Beratungsdienstes" verkaufen jährlich für 25 Mio. Kronen Medikamente, z.B. Penicillin, das dann in der Milch gefunden wurde. – Trotz wachsendem Arzneiverbrauch hat die Sterblichkeit der Tiere stark zugenommen. In Schweden mußten z.B. 1950 von 1,57 Mio. Kälbern 119 000 der Abdeckerei zugeführt werden, 1975 von 1,18 Mio. Kälbern 162 000. – In Schleswig-Holstein wurden 1978 im Mastfutter für Bullen Thyreostatika nachgewiesen. Diese Mittel dämpfen die Schilddrüsentätigkeit, verlangsamen den Stoffwechsel, führen zur Wasseranlagerung im Gewebe und erhöhen so das Schlachtgewicht. Der Verbraucher ist dann enttäuscht, wenn das Fleisch in der Pfanne stark zusammenschrumpft. Auf dem „Grauen Markt" für Agrochemikalien werden Riesensummen umgesetzt.

9.2. Stallhaltung

Die Chemisierung und Technisierung der Land- bzw. Viehwirtschaft entspricht dem Konzept des Bundesministers für Ernährung, Landwirtschaft und Forsten *Josef Ertl.* Daraus folgt auch seine Forderung einer „standortungebundenen Nurstallhaltung". Nur in einem extrem rationalisiertem spezialiertem Massenbetrieb wird eine hohe Rendite erwirtschaftet. Durch die Ganzstallhaltung sollen vor allem Löhne eingespart werden. – Die neuen Großbetriebe gehören immer häufiger nicht mehr Bauern, sondern Strumpf- oder Likörfabrikanten bzw. Abschreibungsgesellschaften. – *B. Grzimek* (85) schilderte den Besuch einer Intensiv-Kälbermästerei. In einer Halle lebten 2 500 Kälber bei 37 °C in völliger Dunkelheit, von ihrer Geburt bis zu ihrer Schlachtung im Alter von drei Monaten.

Sie standen in engen hölzernen Boxen, in denen sie sich nicht umdrehen und kratzen, nur aufstehen und sich niederlegen können. Durch die Hitze haben sie ständig Durst und werden gezwungen, übermäßig viel einer milchähnlichen Nährflüssigkeit mit 20% Fettgehalt zu trinken. Diese ist eisenfrei, damit ihr Fleisch weiß bleibt. Sie sind daher blutarm und leiden unter Atemnot (Anämie). Eine Streu aus Stroh fehlt. Kot und Harn werden mit Wasser weggeschwemmt. – Stallkühe sollten nach *K. Zeeb* (Freiburg) mindestens 6 m² Platz haben. In den Anbindestellen haben sie nur 2,2 m². Die Deutsche Landwirtschafts-Gesellschaft (Frankfurt a. M.) (DLG) beschreibt auf ihrem Merkblatt 89 die Milchviehhaltung in Anbindeställen. Die Standlänge soll Rumpflänge + 10 cm sein. Bei strohloser Haltung in Verbindung mit der Flüssigentmistung empfiehlt sie Rostaufstallung (Gitterrost). Der Flüssigmistanfall beträgt täglich 50 l/Kuh. – Bei der Einführung der Intensivhaltung wurde in Schweden in den Jahren 1957–1967 eine Zunahme der Erkrankungen um 21% festgestellt. Von 19 000 Kühen, die auf unbedecktem Betonboden liegen mußten, wiesen 10% zerquetschte Zitzen auf. Euterentzündungen wurden bei 17% der Tiere festgestellt. Bei Stroheinstreu betrugen die Zahlen 4% bzw. 9%. –

Die DLG beschreibt im Merkblatt 90 auch die Milchviehhaltung in Laufställen mit Liegeboxen. Jede Kuh hat eine Liegeboxe 210 x 110 cm) mit einer Behaglichkeitszone (Stroh, Matten).

9.2.1. Hühnerhaltung
In der BRD werden 100 Mio. Hühner gehalten, davon 60 Mio. Legehennen. Ein Huhn legte 1977/78 durchschnittlich 246 Eier. Diese werden immer größer. 56% gehörten noch der Gewichtsklasse 3 und 4 an (55 g bzw. 64 g). Die Gewichtsklasse 2 (65–69 g) stieg auf einen Anteil von 17%, Klasse 1 (größer als 70 g) auf 6%. – Ein Viertel des deutschen Bedarfs wird importiert. – Die einheimische Produktion erfolgt in Eier-Fabriken, unter Bedingungen, die von unabhängigen Sachverständigen als „grobe Tierquälerei" gekennzeichnet werden.

Das Tierschutzgesetz v. 24. 7. 1972 sagt: ein Tierhalter „darf das artgemäße.Bewegungsbedürfnis eines Tieres nicht dauernd und nicht so einschränken, daß dem Tier vermeidbare Schmerzen, Leiden oder Schäden zugefügt werden". In der „Hühner-Batterie-Haltung" werden je 4 Legehennen in Käfigen von 40 x 43 cm untergebracht für ihre Lebenszeit von 12–14 Monaten. Der Fußboden besteht aus einem 2-mm-Drahtrost. Er hat ein starkes Gefälle, so daß die Eier nach dem Legen auf ein Transportband rollen. – Bei Masthähnchen drängen sich sogar 16 auf einen Quadratmeter. In 7 Wochen müssen sie ihr Schlachtgewicht von 1 500 g erreicht haben. – In der Enge zanken sich die Hühner, reißen sich die Federn aus. Es tritt Kannibalismus auf. Fast alle haben eine entartete Fettleber. Das DLG-Merkblatt 87: „Hygiene-Maßnahmen für die Aufzucht von Legehennen" enthält einen Impfplan gegen eine Reihe von Krankheiten, Zufuhr von

Medikamenten über das Futter, Wurm- und Vitaminkuren, Ungeziefer und Desinfektionsmittel. – Durch Farbstoffe können 15 verschiedene Tönungen für das Eigelb erzielt werden. – 20% der Hühner sterben jedes Jahr in den Käfigen oder müssen notgeschlachtet werden.

Prof. *Grzimek* wird in einem Gerichtsurteil vom Jan. 1976 bescheinigt, daß er weiter von „KZ-Hühnern" und „KZ-Eiern" sprechen darf. Er vergleicht das Schicksal der Tiere mit den Qualen in dem Konzentrationslager von Auschwitz. – Der Verhaltensforscher und Nobelpreisträger Prof. *Konrad Lorenz* schreibt, daß die mit der Batteriehaltung befaßten Eierfabrikanten von unleugbarer Gefühlsabstumpfung, ja Verrohung befallen werden: „Derartige Grausamkeiten gegen Tiere sind nicht nur unmenschlich, sondern auf die Dauer auch entmenschend wirksam". – In Dänemark ist die Käfighaltung seit 1952 verboten, in den anderen Ländern, auch des Ostblocks, erlaubt.

Der verantwortliche Minister *Ertl* beauftragte daraufhin 1977 das Institut für Kleintierzucht Celle der Bundesforschungsanstalt für Landwirtschaft Braunschweig-Völkenrode (Frau Prof. Dr. *R.-M. Wegner*), die Verhaltensweise der Hühner in den drei Formen: Auslaufhaltung, Bodenhaltung und Käfighaltung zu vergleichen. „Die Versuche . . . werden bis 1980 laufen müssen, bevor erste Ergebnisse vorgelegt werden können". *Ertl* und seine Beamten (Ministerialrat *Schultze-Petzold*) versuchen, unbequeme Entscheidungen möglichst lange hinauszuschieben. – Bereits am 16. 6. 75 schrieben Wissenschaftler des Max-Planck-Instituts für Verhaltensphysiologie einen offenen Brief an den Bundestagsausschuß für Ernährung, Landwirtschaft und Forsten (86). Sie kamen zu der Folgerung: „durch die Käfighaltung der Hühner wird das Tierschutzgesetz verletzt; das Huhn kann sich im Käfig nicht wohl fühlen; das Huhn ist an die Käfighaltung nicht angepaßt". – Bereits 1974 veröffentlichte *S. Goll* (87) „Die tierärztliche Fakultät der Universität Cambridge hat über sechs Jahre die Batterieaufzucht von Hühnern mit der Haltung auf Tiefstreu verglichen. In den Versuchsbetrieben lebte das Geflügel auf strohbedecktem Boden in großen Hallen, die auf einer Seite nur mit einem luftigen Zaun begrenzt waren. So konnten Tageslicht, frische Luft und Sonne eindringen. Ergebnis: Die „Strohhennen" aßen weniger als die Batteriehühner, legten aber trotzdem mehr Eier und waren nach Ablauf eines Jahres gesund und munter. Die Batteriehennen hingegen waren dann bereits vollkommen erschöpft". Das Zoologie-Department der Universität Oxford machte Versuche, in denen es den Hennen freigestellt war, entweder ihre gewohnten Batterie-Käfige aufzusuchen oder im Freiland zu leben. Die Hen-

nen taten alles, den Aufenthalt im Käfig zu vermeiden (88).
Fleischle (89) über „Arzneimitteleinsatz in der Geflügelproduktion und Rückstände im Ei und Geflügelfleisch".

Es bleibt noch das Verhalten des Ministers *Ertl* zu erklären. Aus dem Wirtschaftsteil der „WELT": „Wie auch andere Eiervermarkter ist die Egga in eine verhältnismäßig starke Abhängigkeit ihrer Kreditgeber geraten. In erster Linie sind dies die Kraftfutterhersteller, bei denen inzwischen Forderungen an die Egga in der Größenordnung von rund 30 Mio. DM aufgelaufen sind. Mit weiteren 30 Mio. DM im Obligo ist die Egga bei dem amerikanischen Konzern „Big Dutchmann", der die Käfiganlagen lieferte . . . hat die Egga-Gruppe im vergangenen Jahr mit einem Verlust von 30 Mio. DM gearbeitet . . . profitieren die Gesellschafter von der Abschreibungsmöglichkeit der Verlustzuweisungen . . .". –

9.2.2. Schafe

Wenn Wiesen z.B. im Mittelgebirge nicht mehr von Kühen genutzt werden, treten häufig Schafherden an ihre Stelle. – 1975 schätzte man des bundesrepublikanischen Schafbestand auf 1 Million Tiere. Ihr jährlicher Produktionswert beträgt rund 100 Mio. DM. 82% des Erlöses bringt das Schafsfleisch, 14% die Wolle und 4% die Zucht. 85% der Schafhalter sind Nebenerwerbslandwirte. – Durch Züchtung versucht man den Fleischertrag, die Fruchtbarkeit und die Wetterunempfindlichkeit zu erhöhen. – Aus Korsika wurden Muffelschafe in Niedersachsen eingeführt und weitergezüchtet. Aus dem Bestand von 3 000 Stück wurden im Jagdjahr 1977/78 413 Muffel geschossen. Die schneckenförmig gewundenen Hörner sind eine begehrte Jagdtrophäe. – In Bayern laufen auf dem Staatsgut Romental seit 1976 Versuche, Damwild auf Brachflächen zu halten.

9.3. Tierzucht

Während sich Pferde, Schafe und andere Haustiere noch der Vermehrung auf natürliche Weise erfreuen können, werden Kühe seit dem Zweiten Weltkrieg immer häufiger künstlich besamt. Ein guter Bulle konnte früher jährlich 50 Kühe beglücken. Jetzt schafft ein Bulle jährlich bis zu 14 000 Besamungen. Alle fünf Tage liefert er an eine Kunststoffkuh 8 cm^3 Ejakulat mit etwa 10 Mrd. Einzelspermien ab. Dieses wird in Portionen zu je 20 Mio. Spermien verdünnt, tiefgefroren und verkauft. In diesem Zustand ist es ein Exportartikel. – Die Erfolgsquote ist gut: in Schleswig-Holstein gingen 1976 aus 9,24 Mio. Besamungen 8,8 Mio. Kälber hervor. – In Niedersachsen nahmen 85,5% einer Genossenschaft die Besamung in Anspruch. Als Besamungsergebnis wurde 71% (?) angegeben. Unter der Hand klagte man über Fruchtbarkeitsstörungen bei Kühen und Bullen. Wichtig ist vor allem das Futter. – Computer speichern alle Daten und berechnen daraus die günstigsten Paarungen.

Hauptziel aller Züchter ist noch immer die Steigerung der Milch- und Milchfettproduktion. – Auch eine Spitzenkuh kann nur ein Kalb jährlich produzieren, in ihrem ganzen Leben immer weniger. Es werden daher Versuche gemacht, mit Hilfe von Hormonen Zwillingsgeburten zu bewirken. Aber auch diese Produktionsmethode ist zu langsam. Seit Jahrzehnten experimentiert man mit einer neuen Methode. Eine Spitzenkuh wird einer Hormonbehandlung unterworfen, so daß sich viele Eizellen bilden. Diese werden dann mit dem Samen eines Spitzenbullen befruchtet. Etwa eine Woche danach werden die Embryonen, möglichst zehn oder mehr, aus der Gebärmutter gespült und Normalkühen eingepflanzt. Diese sollen sie dann austragen. Auch Versuche, die Embryonen erst bei $-196\,^\circ$C einzufrieren und dann einzupflanzen, ist gelungen. Ein internationaler Handel ist also möglich. – Eine weitere neue Zeugungstechnik ist das „Cloning". Das Erbmaterial einer Spitzenkuh wird dem Ei einer Normalkuh eingesetzt. Auf diese Weise wird ein Duplikat der Spitzenkuh produziert. Das schwer berechenbare genetische Risiko einer Verbindung aus einem weiblichen und männlichen Tier wird umgangen. Inzwischen sind die Einzelleistungen von Milchkühen gewachsen. Die Milch- und Butterberge werden immer größer. – Jetzt stellten Physiologen (90) fest, „daß die jahrzehntelangen Bemühungen eine Steigerung des Milchfettgehaltes hinsichtlich der Qualität des Milchfettes zu ungünstigen Ergebnissen geführt haben". Der Gehalt an den erwünschten ungesättigten Fettsäuren ist ständig gesunken. „Das bisherige Zuchtziel ‚hoher Milchfettgehalt' ist nicht mehr gerechtfertigt". „Als neues Zuchtziel einen höheren Eiweißgehalt der Milch anzustreben". – Eiweißmangel besteht in manchen Entwicklungsländern. Versuche, europäisches Milchvieh einzubürgern, scheiterten am Klima und Krankheiten. Überweidungen an Wasserstellen hatten katastrophale ökologische Folgen.

10. Landwirtschaftliche Produkte

Die Landwirtschaft erzeugt Nahrungsmittel, aber auch Rohstoffe und (in Zukunft) auch Energie.

Nahrungsmittel (s. auch Band II, 182 ff.) werden nach ihrer chemischen Zusammensetzung als Kohlenhydrate, Fette, Eiweiß u.a. unterschieden. Der Nährwert wird in Kalorien angegeben. Im vorigen Jahrhundert wurde entdeckt, daß Mangelkrankheiten entstehen, wenn bestimmte organische Verbindungen fehlen: die Vitamine. Schließlich erkannte man, daß auch mehrere anorganische Stoffe in den Nahrungsmitteln nicht fehlen dürfen, die Spurenelemente. Alle diese Forschungsergebnisse reichten aber nicht aus, synthetische Nahrungsmittel zu erzeugen, durch die Menschen auf die Dauer gesund und leistungsfähig bleiben. – Wichtiger wurden andere Probleme, die zunehmende Denaturierung der Nahrungsmittel und ihr wachsender Gehalt an Schadstoffen.

10.1. Schadstoffe in Lebensmitteln

10.1.1. Anorganische Stoffe
In Ergänzung zum vorigen Band II sollen hier einige neue Ergebnisse referiert werden *An der Lan* (91) schrieb eine ausführliche Übersicht: „Ernährung – Umweltchemikalien – Gesundheit".

10.1.1.1. Blei
Der Bleiverbrauch der BRD betrug 1971: 342 000 t. Davon gelangten ein Viertel in die Umwelt. Die Bleiemission in die Luft betrug 1974 in der BRD 11 500 t, davon aus Kraftfahrzeugabgasen 8000 t. – Eine umfassende Darstellung „Blei als Umweltgift" gab *D. Stöfen* (92). *F. Vester* (93) brachte in seinem Werk „Das Überlebensprogramm" die vielfache Wechselbeziehung von Blei und anderen Schadstoffen in der Biosphäre. – Das Umweltbundesamt stellte in einer umfangreichen Monographie „Luftqualitätskriterien für Blei" (94) alle Forschungsergebnisse und Zahlen über die Wirkung von Blei zusammen. – *Koch* und *Vahrenholt* (95) brachte ausführliche Berichte über die Folgen der Bleivergiftungen in Stolberg und Nordenham. *D. Stöfen* (96) „Mehr Klarheit über die Bleiauswirkungen in Nordenham". *Bryce-Smith* (97) „Mental health of Lead on Children". In den USA leiden in Belastungsgebieten besonders Kinder in den ersten drei Lebensjahren. Etwa 3200 amerikanische Kinder weisen mittlere bis schwere Gehirnschäden auf, noch stärker bei direkter Aufnahme mit der Nahrung. Die WHO und FAO setzten als maximale duldbare Aufnahme 3 mg pro Woche fest. Unsere Nahrung hat anscheinend diese Grenze bereits erreicht. Eine Höchstmengenregelung für Blei gibt es noch nicht, nur „Richtwerte" (Tab. 28). Diese sind aber keine Schutzwerte, sondern nur statistisch berechnete Durchschnittszahlen, die auch noch von 5% der Proben überschritten werden. *H. Oeltzschner* (98) schrieb: „Auf Blättern und Gräsern an der Autobahn war 10mal soviel Blei wie an der wenig befahrenen Landstraße".

Mit dem Abstand „nimmt der Bleiniederschlag ab und wird – je nach Hauptwindrichtung – nach 30 Metern relativ harmlos". *Vester* (93) schrieb aber: „An stark befahrenen Straßen konnte noch im Abstand von 300 Metern eine starke Verbleiung der Vegetation nachgewiesen werden. Bei Getreide fand man bis zu 8 mg je 1 kg Frischsubstanz". *Oeltzschner* schrieb: „Die Autobahnkühe fraßen bis zu 10mal soviel Blei in sich hinein wie ihre Geschwister in den Bergen. Doch in der Milch zeigte sich kaum ein Unterschied." „Allerding können Leber und Nieren von Autobahnkühen so vergiftet sein, daß sie von der Lebensmittelkontrolle ausgesondert werden müssen." „Was ist nun mit den Pflanzen in dieser gefährdeten Zone – Gemüse, Obstbäume, Getreide, Gras? Auf der Oberfläche dieser Gewächse lagert sich tatsächlich bis zu 10mal soviel Blei ab wie normal." Aber – so beschwichtigt Professor *Kloke* – „etwa 30 bis 70% davon können wieder entfernt werden: durch gründliches Waschen." Leider teilt der Professor nicht mit, mit welchem Intensivwaschmittel er seine Versuche durchgeführt hat. *Oeltzschner* überlegt: „Sollte man längs der 40 000 km Bundesfernstraßen einen 50 m breiten Streifen einfach nicht mehr nutzen? Gut wär's, ist aber wirtschaftlich nicht zu machen. Denn davon wären rund 1,6% der gesamten Fläche der Bundesrepublik betroffen." – Bisher nahm man an, daß die Pflanzenteile unter der Erde keine erheblichen Mengen an Schadstoffen aufnehmen. Nach *Elfving* (99) u.a. steigt aber der Pb-Gehalt in Möhren von 1,0 auf 7,1 ppm, wenn der Bleigehalt des Bodens von 12 auf 218 ppm zunimmt. Ähnliche Zahlen gelten auch für Arsen. Nach *Krämer* u.a. (100) ist der Bleigehalt von Kartoffeln bei Wachstum in „normalem" Boden 2 ppm (Trockensubstanz). Wenn der Boden aber mit Kompost aus Müll/Klärschlamm gedüngt war, stieg der Pb-Gehalt auf 28 ppm. – „Richtwerte" für den Bleigehalt in Lebensmitteln (Tab. 28). Im „Umweltgutachten 1978" ist der Bleigehalt von Luft, Wasser, Böden und Organismen in der BRD dargestellt (Seite 52). *Hensel* (102) berichtete über Reduzierung der Bleirückstände in Apfelsaft.

10.1.1.2. Cadmium (siehe auch Band I, 196)

Auch über das Cadmium (Cd) veröffentlichte das Umweltbundesamt eine ausführliche, inhaltsreiche Monographie (103). Cd kommt als Beimengung in Zinkerzen und -metall vor. 1972 wurden in der BRD 2000 t Cd für verschiedene technische Zwecke verarbeitet. Cd ist für Organismen kein wesentliches Spurenelement. Bereits in kleinsten Mengen wirkt es auf Tiere und Pflanzen toxisch. Cd wird in der Umwelt verbreitet durch den Rauch von Metallhütten und Müllverbrennungsanlagen (MVA), durch die Abwässer von Galvanisieranstalten und durch den Klärschlamm der Abwasserreinigung. Cd wird verbraucht als Metall in Akkumulatoren, Kernkraftwerken, als Überzug von Eisen, als Verbindung in Farbstoffen, im Stabilisierungsmittel von PVC und vielen anderen Verwendungszwecken.

Die Schlacke der MVA enthält 5−140 ppm Cd, wird aber trotzdem in unverantwortlicher Weise für den Straßenbau u.a. Zwecke verwandt. Der Flugstaub enthält sogar 290−1800 ppm Cd. − Als MIK wird 50 ng/m^3 angegeben, das Umweltbundesamt fordert eine Herabsetzung auf 20 ng/m^3 (n = 10^{-9}). Der MAK Wert von 0,1 mg/m^3 kann bei langjähriger Einwirkung Lungenschäden bewirken.

Cd gelangt als Staub auf den Boden und die Pflanzen, in der Nahrungskette dann in den Organismus von Tier und Mensch. „Die vom WHO/FAO Expert Committee on Food Additives vorgeschlagene maximal tolerierbare wöchentliche Cadmiumaufnahme beträgt 0,4 bis 0,5 mg." Das entspricht ca. 57−71 μg/Person und Tag. Dazu kommen im Trinkwasser 2−3 μg pro Tag. Raucher konsumieren pro Tag zusätzlich 3 μg Cd (= 17 Zigaretten), eine weitere Ursache für Krebs. − Im Gewebe von Neugeborenen befinden sich nur Spuren Cd. Im Erwachsenen können sich bis zu seinem (vorzeitigen) Tode bis zu 30 mg speichern (Lunge, Leber, Niere, Knochen). Ein Teil des Cd wird durch den Urin ausgeschieden. Die biologische Halbwertszeit beträgt aber 10 bis 30 Jahre. − Durch den Feinstaub wird Cd großräumig verbreitet. Landwirtschaftliche Nutzpflanzen reagieren mit Ertragseinbußen bei 1 ppm Cd im Boden. „Die wachstumshemmende Wirkung dieser Metalle in kombinierten Gaben war größer als die Summe der Effekte einzeln verabfolgter Metalle, was auf eine synergistische Wirkung von Blei und Cadmium schließen läßt" (104). Gleichzeitig sind meist noch andere Schadstoffe vorhanden. Die Wirkung von Kombinationen ist noch kaum erforscht. − Nach *Olsson* (105) wird die Aufnahme von Cd und Hg noch verstärkt durch PCB. *Schulte-Löbbert* u.a. untersuchten den Cd-Gehalt in Säuglings- und Kleinkinderfertignahrung (106). Sie fanden 0,01−0,03 ppm Cd. Das führt zu einer wöchentlichen Aufnahme von 0,04 mg (1. Monat) bis 0,12 mg Cd (8.−12. Monat). In Trockenmilch fanden sie 0,08 ppm, in Rinderleber bis 0,3 ppm Cd.

Elinder u.a. (107) bestimmten den Cd-Gehalt der Nierenrinde, die den Schadstoff besonders stark anreichert. In Proben aus dem vorigen Jahrhundert fanden sie 15 ppm (Trockengewicht), in Mustern der letzten Jahre 57 ppm. In Weizen hat sich der Cd-Gehalt vom Jahre 1916 bis 1972 verdoppelt (aus Industrieemissionen und Düngemitteln). Die tägliche Cd-Aufnahme des Menschen aus

Nahrungsmitteln beträgt 10−15 μg. Bei 200 μg treten Nierenschäden auf. In Schweden betrug der Cd-Gehalt der Nierenrinde (feucht) für Kinder von 0−9 Jahren 2,4 μg/g, für Erwachsene Nichtraucher 11 μg/g (Alter 50−59 Jahre), für Raucher 24 μg Cd/ gr Nierenrinde. − Das „Umweltgutachten 1978" bringt auf Seite 59 eine Tabelle mit dem Cd-Gehalt von Luft, Wasser, Böden und Organismen.

10.1.1.3. Quecksilber (siehe auch Band I, 195)
1971 wurden in der BRD 660 t Quecksilber (Hg) verbraucht, davon gerieten etwa die Hälfte in die Umwelt (z.B. aus Industrieabfällen). Die jährliche Hg-Emission der Müllverbrennungsanstalten wird auf 45 t geschätzt. Hier interessiert vor allem der Hg-Verbrauch in der Nahrungskette. Nach *Stelte* (108) dürfen Quecksilberverbindungen als Fungizide zum „Beizen" von Saatgut verwendet werden, und zwar für Getreide 0,04−0,06 g Hg/kg, für Zuckerrüben 0,12 g/kg. Zum Besprühen von Apfelbäumen vor der Blüte sind 100 g Hg/ha zugelassen. Dazu werden organische Hg-Verbindungen verwandt, die 10mal giftiger als die anorganischen sind. − Fische aus Mündungsgebieten von Flüssen und verseuchten Binnenseen (Ostsee) enthalten z.T. hohe Hg-Mengen. Der Bundesrat der BRD hat aus ökonomischen Gründen beschlossen, daß 1 ppm Hg in Fisch noch zulässig ist. Im „Umweltgutachten 1978" wird dagegen eine Herabsetzung auf 0,5 ppm empfohlen, den auch von der WHO vorgesehenen Wert. − Durch einen hohen Hg-Gehalt des Fischmehls gelangt über das Viehfutter auch eine erhebliche Menge in die menschliche Ernährung. 1974 wurde englisches Stärkemehl in den Niederlanden einem Viehfutter beigemischt. Es enthielt so große Mengen Quecksilberphenylacetat, daß in Italien hunderte Rinder beschlagnahmt werden mußten. Das „Umweltgutachten 1978" enthält auf Seite 56 eine Tabelle über den Hg-Gehalt von Wasser, Boden und Organismen. − Indianer und Eskimos in Canada weisen nach *Charlebois* (109) einen hohen Quecksilber-Spiegel auf.

10.1.1.4. Verschiedene Metalle
In der Praxis enthält der Boden nicht einen, sondern mehrere Schadstoffe, die ihre Wirkung häufig gegenseitig verstärken und über die Pflanze auf dem Nahrungswege zum Tier bzw. Menschen gelangen. *Wosing-Narr* (110) schätzte die Metallzufuhr über Lebensmittel. Danach sind für Erwachsene pro Woche: „3 mg Pb, 0,3 mg Hg (bzw. 0,2 Methyl Hg) und 0,4−0,5 mg Cd als vorläufig duldbare Höchstmengenbegrenzung anzusehen" (WHO-Report Nr. 505, Genf 1972). Solche Höchstmengen bedeuten erfahrungsge-

mäß keine „Sicherheitsgrenze", beschreiben eher den gegenwärtigen Zustand und müßten weiter herabgesetzt werden. – *Lorenz* u.a. (111) über die Pb-, Cd- und Hg-Gehalte in Speisepilzen. 1977 wurden in der BRD 148 000 t Speisepilze umgesetzt, davon waren 90% Kulturchampignons. *Alse* u.a. (112) machten Angaben über den Gehalt von Zn, Cd, Hg und Pb in Pilzen.

Kulturchampignons wiesen einen beträchtlichen Hg-Gehalt auf, die Wildpilze außerdem zuviel Cd. Das Bundesgesundheitsamt kommt zu der Empfehlung, den Pilzverzehr einzuschränken. Bei größerem Pilzkonsum sollte man jedenfalls den Verzehr von Fisch und Innereien (Nieren) vermindern. Die Bundesanstalten geben sich Mühe, den Konsumenten zu schützen, ohne den Verursacher, die Wirtschaft (Industrie, Landwirtschaft u.a.) zu verärgern. – *Grant* u.a. (113) machten Versuche mit Holzschutzmitteln, die Kupfer, Chrom und Arsen enthielten, um Holz für 30 Jahre zu schützen, z.B. in Gewächshäusern. Verseuchte Böden hemmten die Keimung und das Wachstum von Pflanzen. Karotten in einem Boden, der 200 ppm Arsen enthielt, wiesen einen doppelt so hohen Schadstoffgehalt auf, wie zulässig ist. – *Vester* (93) zeigte in seinem Buche „Das Überlebensprogramm" (S. 140), daß in Fleisch, Fischen und Reis hohe Mengen an Quecksilber und Selen vorhanden sein können. In diesem Fall darf man annehmen, daß diese beiden Gifte antagonistisch wirken, d.h. die Wirkung der einzelnen Komponenten abschwächen, da die Selenverbindungen der Schwermetalle schwerlöslich sind.

Ein außerordentlich kritischer Beitrag zum Problem: Schwermetalle in der Nahrungskette des Menschen stammt aus dem Umweltbundesamt von *Claussen* (114). In dem komplexen System: Schadstoff, Luft, Boden, Pflanze, Tier (Menschen) sind bisher nur Bruchteile erforscht, nicht einmal die funktionalen Zusammenhänge bekannt. – Das Bundesimmissionsschutzgesetz ist darauf abgestellt, das Einatmen von toxischen Stoffen zu begrenzen durch Festlegung von maximalen Immissionskonzentrationen (MIK). Das erscheint für gasförmige Schadstoffe möglich, ist aber nicht sinnvoll für Aerosole (Metallrauch). Diese werden meist gar nicht durch Inhalation in größeren Mengen aufgenommen, sondern zu 90–99% auf dem Umwege über Nahrungsmittel. Die Emissionen aus Industrie, Verkehr u.a. können direkt auf den Pflanzen (ihren oberirdischen Bestandteilen) oder zunächst auf dem Boden niedergeschlagen werden. Dort liegen sie in einer dünnen Oberflächenschicht. Die Schwermetalle werden nicht biologisch abgebaut. Nur in besonderen Fällen werden sie in eine lösliche Form verwandelt und können dann auch in tiefere Bodenschichten einwandern. Die Regel ist eine ständige Anreicherung der „Spurenelemente" in einer oberen Bodenschicht. – Zum Beispiel war die Herabsetzung des Bleigehaltes in Benzin von 0,4 auf 0,15 g/l ein Schritt in der richtigen Richtung. *Moll* (115) wies aber darauf hin, daß man deshalb nicht von einer „Belastungsabnahme" (z.B. des Bodenbleigehaltes in der Umgebung der Straßen) sprechen kann. Nur die „Zunahme der Belastung" wird verlangsamt. Eine Sprachkritik an den Äußerungen der Umweltverschmutzer, z.B. der chemischen Industrie und der Atomwirtschaft ist häufig aufschlußreich. – Die Schadstoffe gelangen z.T. direkt auf die Blattoberfläche der Pflanzen, z.T. erst zum Boden, dann über die Wurzeln in die Pflanzen, von da über den Nahrungsweg in die Organe der Tiere (Menschen). Dieser Weg ist noch weitgehend unbekannt. Zum Beispiel liegen nur wenige Untersuchungen vor über Beziehung zwischen dem Metallgehalt von Klärschlamm und dem Gehalt im Boden und der Pflanze. – Noch weniger wissen wir von der Aufnahme durch die Wurzeln und die Weiterleitung in die verschiedenen Pflanzenteile, schließlich die Aufnahme, Speicherung und Ausscheidung von Tieren und Menschen. – Nach *Claussen* treten sichtbare Schäden an Pflanzen erst bei Konzentrationen auf, die bereits die Leistungsfähigkeit und Gesundheit von Tier und Mensch schädigen. – Die zulässigen Schadstoffgehalte in Luft, Boden, Pflanze, Tier (Mensch) müßten weit unterhalb der Wirkungsschwelle liegen, wenn „Sicherheitsfaktoren" berechnet werden sollen. Dafür fehlen wichtige Zwischenglieder. *Sharma* (116) berichtete über den Gehalt an Pb, Cd und As in tierischen Geweben, *Shakman* (117) über den Einfluß von Cr, Se, Mo, Mn, V u.a. Metalle auf die Ernährung.

Nach *Claussen* wurde die Abnahme des Schadstoffgehaltes der Böden und Pflanzen mit dem Abstand von Emittenten mehrmals gemessen und berechnet, aber nicht gleichzeitig die absolute Größe der Emission. Erst in den letzten Jahren wurde begonnen, die Bodenbelastung in einzelnen Belastungsgebieten in Katastern zu erfassen. Im Ruhrgebiet ergaben sich Bodengehalte an Zink, Blei, Kupfer und Cadmium, die auch an entlegenen Stellen des Untersuchungsgebietes „besorgniserregend" erscheinen und die noch tolerierbaren Konzentrationen überschreiten. – Auch in „Reinluftgebieten" wächst die Umweltgefährdung durch den Ferntransport von Schadstoffen auf dem Luftwege. Dieser wurde z.B. im Falle von Süd-Schweden viele Jahre von der Industrie und der ihr hörigen Regierungen in Ost und West einfach verleugnet. Trotz eindeutigen wissenschaftlichen Nachweisen von erheblichen Anreicherungen und Schäden durch diese „Importe" werden weiter Schadstoffexporte eingeplant durch den Bau von hohen Schornsteinen der Elektrizitätswerke, Hüttenwerke, chemischer Industrie und Atomanlagen.

Für die Zulassung von neuen Industrieanlagen wird die Einhaltung bestimmter Immissionsgrenzwerte verlangt (TA Luft). Vorher sollte der Schadstoffgehalt des Bodens auch in der weiteren Umgebung bestimmt werden. Dieser liegt schon seit Jahren häufig über dem „natürlichen" Gehalt, der aus der Mineralzusammensetzung des Bodens zu erwarten ist, jedenfalls auf der stark industrialisierten nördlichen Halbkugel. Die bei der Zulassung bereits vorhandene Grundbelastung dürfte dann nicht über einen bestimmten Grenzwert steigen, wenn der Boden weiter landwirtschaftlich genutzt werden soll. − *Claussen* schreibt: „Mangelnde Kenntnisse über Dosis-Wirkungs- bzw. Dosis-Akkumulations-Beziehungen zwischen Schadstoffgehalten in Futterpflanzen und in Weidetieren stellen z.Z. den größten Engpaß in der Erarbeitung von Immissionsgrenzwerten toxische Spurenelemente dar." − *Cröß mann* (118) berichtete über Schwermetalle in Futtermitteln, *Ocker* (119) in Getreide und Getreideprodukten, *Bohn* (163) über Beryllium in Kartoffeln und Hafer. In der Futtermittelverordnung (120) sind nur für Arsen, Fluor und Quecksilber Höchstgehalte für Futtermittel ausgewiesen, dringend notwendig sind Werte für Zink, Blei und Cadmium. Für toxische Elemente in Lebensmitteln für Menschen gibt es noch keine Höchstmengenverordnungen (im Jahr 1979). Wenn die „Richtwerte" von Behörden anscheinend als „Höchstwerte" oder gar als „Sicherheitsgrenzen" angesehen werden, so bewirkt das eine Irreführung der Öffentlichkeit. *Claussen* verweist auf die z.T. beträchtliche Heraufsetzung der „Richtwerte" des Jahres 1976 gegenüber den letzten aus dem Jahre 1975 hin. *Claussen* führt noch weitere Elemente an, die nach internationalen Angaben vordringlich auf ihre Wirkung in der Nahrungskette geprüft werden müßten: Vanadium, Chrom, Mangan, Selen, Molybdän, Antimon, Barium, Nickel, Thallium, Wismut, Tellur, Zinn, Titan und Germanium. Alle diese Elemente (u.a.) sind vom Menschen aus der Erdtiefe an die Oberfläche gebracht und dort tausendfach angereichert worden, ohne Kenntnis ihrer Wirksamkeit im ökologischen Geschehen. − Tabelle 28 enthält die „Richtwerte '76 über Arsen-, Blei-, Cadmium- und Quecksilbergehalte in Lebensmitteln" (101), Tab. 31 „Richtwerte 1979". Das Bundesgesundheitsamt (BGA) bemerkt dazu, daß sie „keine amtlich empfohlenen Höchstmengenbegrenzungen" darstellen. In 5% der (viel zu selten gemessenen) Kontrollproben wurden sogar höhere Werte gefunden (und z.T. dem Markt entzogen). „... kann davon ausgegangen werden, daß die tatsächlichen Zufuhrmengen die von den WHO/FAO-Sachverständigen als vorläufig zu tolerierenden Grenzwerte von 3 mg Blei, 0,3 mg Quecksilber und 0,4−0,5 mg Cadmium pro Kopf und Woche im Durchschnitt der Bevölkerung nicht erreicht werden. Aus diesem Grunde erschien es gerechtfertigt, die neuen Richtwerte zunächst an den Gesichtspunkten der ausreichenden Nahrungsmittelversorgung auszurichten ..." Will das BGA damit sagen, daß es besser ist, sich leicht zu vergiften statt zu hungern?

Während man der Bürokratie noch Unkenntnis unterstellen kann, so darf man das nicht für Wissenschaftler. Diese schrieben in der VDI-Richtlinie 2310 vom September 1974: „Die zuständigen Gremien der VDI-Kommission ‚Reinhaltung der Luft' werden auch hinsichtlich einer Belästigung des Menschen sowie zum Schutz von Tier, Pflanze und Sachgut entsprechende Maximale Immissions-Werte vorlegen." Wann wird das geschehen? Inzwischen wurde bestätigt, daß Konzentrationen, die von der VDI-Kommission als für Menschen zulässig erklärt wurden, manche Pflanzen bereits schädigen (z.B. SO_2). Nur für drei Metall-Aerosole wurden MIK-Werte festgelegt: Zink (0,1), Blei (0,003) und Cadmium (0,00005) mg/m^3 (Mittelwerte über 24 Stunden). Diese drei Elemente treten häufig gemeinsam auf. Dazu heißt es in der VDI-Norm:

„Die MIK-Werte werden allgemein zunächst für die einzelnen luftverunreinigenden Stoffe festgesetzt, obwohl diese in der Regel zusammen mit anderen Komponenten auftreten. Bisher liegen nur in wenigen Fällen quantitativ gesicherte Fakten über Kombinationswirkungen vor." Nach diesem Prinzip dürfen z.B. in einem Lebensmittel beliebig viele Schadstoffe enthalten sein, wenn nur jeder einzelne die Grenzkonzentration nicht überschreitet. Diese Folgerung wurde bereits in Band I (S. 49 ff.) zu widerlegen versucht. Die VDI-Norm fährt fort: „Der MIK-Wert muß um einen Sicherheitsfaktor niedriger liegen als der Wert, der beim Menschen nach derzeitigem Stand der Kenntnisse — vermutet oder nachgewiesen — gerade noch zu einer Gesundheitsschädigung führt." Dieser „Sicherheitsfaktor" konnte immer noch nicht genannt werden, auch nicht der Grenzwert, der „gerade noch zu einer Gesundheitsschädigung führt". Sind da auch teratogene und mutagene Risiken eingeschlossen? „Bei der Festlegung von MIK-Werten für Tiere und Pflanzen sind sichtbare Schäden, wirtschaftliche Auswirkungen ... zu berücksichtigen, die nachhaltige Störungen der Funktionsfähigkeit von Ökosystemen erwarten lassen." Die Anreicherung der Erdoberfläche mit Schwermetallen, aber auch Pestiziden und radioaktiven Niederschlägen hat bereits einen Punkt erreicht, an dem es für die Menschheit kein zurück mehr gibt. Wir können nicht warten, bis diese Zusammenhänge auf Grund von Messungen und Statistiken öffentlich erkannt und anerkannt werden. Erst dann kann die Staatsanwaltschaft einen Prozeß gegen Umweltverbrecher in Gang setzen. Wissenschaftler müssen den Elfenbeinturm ihrer gesicherten Erkenntnisse verlassen und den Machthabern unmißverständlich die Folgen ihrer Politik vor Augen stellen.

10.1.2. Organische Schadstoffe in Lebensmitteln

Im „Umweltgutachten 1978" (S. 307 ff.) werden in Lebensmitteln vorkommende organische Verbindungen besprochen, die Krebs bewirken können. Polycyclische aromatische Kohlenwasserstoffe (PAK) entstehen bei der unvollständigen Verbrennung von organischem Material wie Kohle, Motortreibstoffe, Müll (Pyrolyse). Sie bilden sich auch beim Räuchern (Grillen) von Fleisch und Fisch. Als Toleranzwert wurde 1 ppb 4,3-Benzpyren festgesetzt. – Nach den Tierarzneimitteln (Rückstände im Fleisch) werden ausführlich die Nitrosamine behandelt, die Magenkrebs bewirken. Sie können sich bilden aus stark gedüngtem nitrathaltigem Gemüse (Spinat, Möhren) oder aus nitratbehandeltem Fleisch (Pökelfleisch). Für Trinkwasser ist ein bedenklich hoher Nitratgehalt zugelassen (90 mg/l NO_3). Nitrosamine bilden sich auch im menschlichen Magen. Nach einer Tabelle auf Seite 309 wird der Nitrosamingehalt im Fleisch beim Braten erhöht. Verschiedene Käsesorten enthalten 1 bis 6 $\mu g/kg$ Dimethylnitrosamin. – Auch das Bier enthielt eine Zeit lang Nitrosamine. Infolge des technischen „Fortschritts" wurde das Grünmalz bei einer Flammentemperatur von 1700–1800 °C getrocknet, wobei nitrose Gase entstanden. Nach dem „Rückschritt" auf 1200 °C entstehen keine Nitrosamine mehr. Man kann das Bier wieder unbesorgt trinken. – *Thaler* (121) berichtete über „Nitrate und Magenkarzinome". –

Auf Getreide, Mais, Reis, Erdnüssen wachsen besonders in den Tropen Schimmelpilze, die hochkanzerogene Toxine entwickeln (Band II, 196). Aflatoxine bewirken in kleinsten Dosen Leberkrebs. *Laub* u.a. (122) berichteten über „Vorkommen der Aflatoxine". Von 316 Erdnußpackungen wiesen 35 Packungen Verunreinigungen auf, die über dem Grenzwert für Aflatoxin (5 bzw. 10 ppb) lagen.

Salmonellose ist eine bakterielle Erkrankung, die von Schweinen, Rindern, Milch, Geflügel seuchenartig auf den Menschen übertragen wird (123/124). Häufig sind importierte Futtermittel infiziert, z.B. Fischmehl. Dieses kann entkeimt werden durch Erhitzen auf 80 °C (8 Minuten). Die Infektion wird weiter verbreitet durch Abwässer, überschwemmte Wiesen, Intensivstallungen, Schlachtereien, unhygienische Lagerung und Zubereitung in Großküchen, Dauerausscheider. Die Infektion befällt den Magen-Darm-Trakt. Typisch ist eine akut-fieberhafte Durchfallerkrankung. Auf Grund des Bundesseuchengesetzes müssen Erkrankungen gemeldet werden. Die Zahl der Erkrankungen stieg steil an von 3000 (1962) auf 31 228 (1975), darunter 75 Todesfälle (111). Ein Höhepunkt der Erkrankungen liegt in den Monaten August–Oktober. Lebensmittel werden immer noch durch den Zusatz von Farbstoffen „geschönt". Über den Farbstoff Amaranth (125) (siehe auch Band II, 205). Auch anorganische Stoffe werden Lebensmitteln zugesetzt, die jedenfalls im Überfluß gesundheitsschädlich sind. Kochsalz (NaCl) ist in kleinen Mengen für die Verdauung unentbehrlich. Von der Nahrungsmittelindustrie wird es aber der Bevölkerung in hohen Dosen aufgezwungen. Das beginnt bereits bei der Babykost, wird noch gesteigert im Brot, Wurst, Käse, Konservengemüse, geräucherten und gepökeltem Fleisch. Die Geschmacksnerven sind bereits abgestumpft. Das hat nun böse Folgen: hohe Dosen Kochsalz fördern die weit verbreitete Hypertonie. Nach Reinhold Kluthe (Universität Freiburg) könnte bei einer Diät von nur 3 Gramm Kochsalz pro Tag jeder zweite Patient seinen Blutdruck senken (dpa 26. 2. '79). – Phosphate werden Schmelzkäse, Wurst und Schinken zugefügt (Band II, 206). Diese Zusätze sollen bei Kindern Aggressionen auslösen. Um diesen Befund nachzuprüfen, wurden in einem Nürnberger Kinderheim Versuche angestellt (dpa 6. 4. '79).

10.1.2.1. Chlororganische Verbindungen

Chlororganische Verbindungen werden im „Umweltgutachten 1978" ausführlich behandelt (S. 300 ff.). Sie stellen die Hauptmenge der organischen Fremdstoffe in Lebensmitteln dar und bedeuten auf lange Sicht eine große Gefahr für die Menschheit, entgegen den Beteuerungen der Hersteller. Gefährlich ist zunächst ihre große Persistenz. Der Abbau erfolgt – in der Natur und im menschlichen Körper – sehr langsam, meist auf vielen Zwischenstufen, zu neuen Verbindungen (Metaboliten), die ebenfalls beständig sind, aber noch toxisch wirken können. Die Reaktionen dieser Metabolite sind weitgehend unbekannt. Die „Wartezeiten", das heißt die vorgeschriebene Zeit zwischen der letzten Spritzung und der Ernte (Verkauf) können daher auf einer Täuschung beruhen, sie garantieren keinerlei Sicherheit (Band I, 172, 199). – Die chlororganischen Verbindungen sind wasserunlöslich, reichern sich in den Fetten (Ölen und Wachsen) an und gelangen auf dem Nahrungswege schließlich in die Organe der Tiere und Menschen. Sie werden dort in lebenswichtigen Organen, in der Leber, Niere, Gehirn und auch im Fettgewebe in hohen Konzentrationen gespeichert. Von dort können sie in extremen Situationen, bei Streß, Krankheiten, Hunger wieder freigegeben werden und gelangen in gefährlichen Dosen ins Blut. Nur langsam werden sie im Organismus in lösliche Verbindungen umgewandelt und wieder ausgeschieden (lange biologische Halbwertszeit).

Die Anwendung vieler Pestizide wurde in den letzten Jahren in der Bundesrepublik wegen ihrer gefährlichen biologischen Eigenschaften verboten. Im „Umweltgutachten 1978" (S. 336) werden die Gesetze und Verordnungen über Höchstmengen gebracht. Trotzdem treten sie immer wieder in Lebensmitteln auf, z.T. sogar in Konzentrationen, die über den an sich schon fragwürdigen Höchstgehalten liegen. – Hexachlorbenzol (HCB) wurde 1977 verboten, aber nicht als Bestandteil des Fungizids Quintozen, das zur Behandlung von Saatgut (Getreide und Pflanzkartoffel) zugelassen ist. Dann wurde aber HCB wieder bis zu 0,1 ppm zugelassen. Hohe HCB-Gehalte wurden in Blattgemüse (Salat) gefunden, besonders aus Treibhäusern (Importen). – Bei Getreide gelten als Höchstmengen für Lindan 0,1, für DDT 0,05 und für HCB 0,1 ppm (Inlandgetreide). In Importgetreiden werden diese Werte häufig überschritten, außerdem wurde auch noch PCB gefunden (z.B. 0,13 ppm PCB in Roggen). Es ist dringend notwendig, daß auch in den anderen EG-Staaten gesetzliche Regelungen erfolgen, auch im übrigen Ausland. – Ein wesentlicher Anteil der Pestizide in der BRD stammt aus Importen von Futtermitteln (Fischmehl, Getreide). Der PCB-Gehalt im Futter (über 10 ppm) könnte auch aus PCB-haltigen Siloanstrichen und Verpackungsmaterial stammen. PCB wird in hohen Prozentsätzen Chlorkautschuk als Weichmacher zugesetzt. Mit diesen Lacken wurden auch Behälter für Futter und Lebensmittel gestrichen, sogar Wasserbehälter. PCB in Verpackungsmaterial (126), Analysenmethoden für chlororganische Stoffe in Futtermitteln (127), in Lebensmitteln tierischer Herkunft (128). Bestimmung von Di-, Tetra- und Hexachlorbenzol in menschlichem Fett (129). – Nach *Woidich* (130) enthielten Pappkartons 0,6–5,4 ppm PCB, ausländisches Material bis 200 ppm. Als Höchstgehalt wurde vom BGA 10 ppm festgesetzt. – Wegen der Anreicherung im Körper enthalten ältere Tiere in der Regel mehr Schadstoffe als junge. In 6 Monate alten Schlachtschweinen wurden bei 5,6% eine Überschreitung der Höchstmengen festgestellt, bei 12 Monate alten Zuchttieren sogar 18,3%. –

Für Fleisch und Fleischerzeugnisse waren als Höchstwerte für Hexachlorbenzol (HCB) 0,5 mg/kg, für Hexachlorcyclohexan (HCH) 0,3 mg/kg festgesetzt. Diese Werte wurden auf den Fettanteil bezogen, sind also nicht zu vergleichen mit den Zahlen, die sich auf das Frischgewicht (Fleisch + Fett) beziehen. Von den untersuchten Fleischkonserven überschritten 8,3% den zugelassenen Wert für HCH und 6% den Wert für HCB. – Für PCB-Gehalte in Fleisch liegen keine Höchstmengenbegrenzungen vor (!). –

Faßbender (131) untersuchte den Gehalt an Pestiziden in Wildge-
flügelfleisch: „Seit 1974 wurden gehäuft Gehalte an Pestizidrück-
ständen im Fett von Wildfasanen nachgewiesen, die um den Faktor
250–500 höher waren, als durch Toleranzen für tierische Lebensmittel erlaubt." Man mag einwenden, daß der Verbrauch an Wild-
fleisch prozentual gering sei. Die Schädigung des Wildes ist aber
verknüpft mit der Gefährdung des Waldes, also von größtem Interesse für die Mehrheit der Bevölkerung. – *Blevins* (132) (USA) untersuchte den Gehalt an Pestiziden im Muskelfleisch von Wildvö-
geln. Als Durchschnittswerte fand er für Lindan: 1–2, Heptachlor
0,8–1,3, Endrin 0,4–1,4, Aldrin 0,2–0,6, Dieldrin 3–10, DDT
3–9 und Methoxychlor 0,5 mg/kg Frischgewicht. Diese Werte liegen sämtlich weit über den von der WHO/FAO bestimmten Tole-
ranzwerten.

10.1.2.1.1. Verunreinigung der Milch durch chlororganische Stoffe
Außerordentlich gefährlich ist die Zunahme des Schadstoffgehaltes eines Grundnahrungsmittels, der Milch, besonders für die her-
anwachsende Generation. Bereits 1972 ergab die Untersuchung
der Milch in der Gegend von Lörrach (Baden) bis zu 1,9 mg Lindan pro Liter (Höchstmenge ist 0,1 mg/kg). Aus einer Fabrik jen-
seits des Rheins, 5 km entfernt, waren vom Wind große Staubmen-
gen in das badische Land hinübergeweht. 1973 mußten die Bauern die Milch vernichten und fast den ganzen Kuhbestand not-
schlachten. Äcker und Weiden werden noch viele Jahre lang einen
gefährlich hohen Lindangehalt aufweisen (95). – Nach kanadi-
schen Untersuchungen bewirkt das Pestizid bei Kindern krankhaf-
te Verfettungen, Hirnstörungen und eine extreme Anfälligkeit gegen Virus-Infektionen.
    Lindan ist chemisch Hexachlorcyclohexan (HCH), und zwar
das Gamma-Isomere. Bei der Herstellung fallen als Nebenprodukte
große Mengen der Alpha- und Beta-Isomere an, die nach Angabe
der Herstellerfirma Merck (Gernsheim) „verhältnismäßig wenig
giftig sind". Die Produktion dieses Pflanzenschutzmittels wurde
1972 eingestellt. 82 000 t Abfälle waren in den sechziger Jahren
bis Anfang der siebziger mit behördlicher Genehmigung im Boden
vergraben worden. Vorher waren sie in offenen Halden gelagert
und z.T. vom Wind verweht worden. In der Höchstmengenverordnung für tierische Lebensmittel sind in Milch 0,1 ppm Alpha- und
Beta-HCH zugelassen, in Fleisch und Speisefett 0,3 ppm (bezogen
auf Fettgehalt). Der „Sicherheitsfaktor" soll 100 betragen. Das
heißt, erst bei Überschreitung dieser Grenze sollen auf Grund von
fragwürdigen Tierversuchen auch beim Menschen akute Krank-
heitssymptome auftreten. Langzeitschäden werden nicht berücksichtigt. – Schon 1977 war in dem zuständigen Landkreis Groß-

Gerau intern bekannt, daß die Milch überhöhte Gehalte an HCH aufwies. Erst 1979 befaßten sich die Behörden offiziell damit, wurde der hessische Umweltminister *Willi Görlach* aktiv. Bereits 1971 wurde in dieser Gegend in Fasanen HCH-Gehalte gefunden, die den zugelassenen Höchstwert von 0,7 ppm um das Hundertfache überstieg. In der Milch wurde siebenmal mehr HCH gefunden als zulässig. Betroffen waren hier 54 Betriebe. Im Extremfall enthielt die Milch den 32fachen Betrag an HCH. Man plante, diese Milch zu zentrifugieren. Im Milchfett befinden sich dann 99% der Schadstoffe, die auf hoher See verbrannt werden sollen. – Inzwischen meldeten Chemiebetriebe auch in anderen Ländern, daß sie aus früheren Zeiten Rückstandsdeponien mit HCH besitzen. Das Mittel wurde früher gegen Kartoffel- und Maikäfer verwandt. Letztere Art scheint inzwischen ausgestorben zu sein. Seit 1974 darf HCH nur noch gegen Borkenkäfer angewendet werden.

Die Firma Merck vermutet, daß sie nicht der alleinige Urheber für die Überschreitung der Höchstwerte in Milch ist. Das aus dem Ausland eingeführte Kraftfutter enthält erhebliche Mengen an Lindan. Das ist auch eine der Ursachen für die häufige Überschreitung der Höchstwerte in der ganzen Bundesrepublik. Eine regelmäßige Kontrolle ist nicht möglich wegen der geringen Zahl der Untersuchungsämter bzw. ihrer ungenügenden Ausstattung mit Personal und Geräten.

Die MAK (maximale Arbeitsplatzkonzentration) von Lindan war 1974 in den USA und der BRD 0,5 mg/m^3 Luft, in der UdSSR 0,05 mg/m^3 (Band II, 164). Als tödliche Dosis für Menschen werden 20–150 mg pro kg Körpergewicht angegeben. In kleinen Konzentrationen bewirkt es Schädigung der Leber und des Nervensystems. – In Lebensmitteln sind in der BRD zugelassen: in Fleisch 2,0, in Milch 0,2, in Eiern und Getreide 0,1 ppm Lindan (Band II, 200, 222, 224). – *Cliath* (34) untersuchte die Flüchtigkeit und den Abbau von Lindan und DDT. – Zur Zeit wird HCH noch von der Firma C.H. Böhringer (Hamburg) für den Export hergestellt. Etwa 4000 t Abfall lagerten auf dem Betriebsgelände. In der weiteren Umgebung wurde im Futter der Tiere, im Gras, Obst, Gemüse sowie im Oberflächen- und Grundwasser HCH gefunden. Die Milch von 6 Höfen enthielt sechsmal soviel HCH wie zugelassen. Die Gesundheitsbehörde erklärte, daß diese Milch mit der von 60 weiteren Höfen mit einwandfreier Milch vermischt wurde, so daß sie die Toleranzgrenze in der Mischung nicht überschritt. Im Zusammenhang mit dem HCH-Gehalt des Futters steht wohl auch, daß die Fruchtbarkeit der Kühe stark abnahm. – Von der Firma werden täglich 10 kg HCH emittiert. Damit bleibt sie unter der gesetzlich vorgeschriebenen Auflage.

Wegen der zunehmenden Resistenz der Schädlinge gegen chlororganische Stoffe und ihrer langen Lebensdauer wurden sie z.T. durch phosphororganische Verbindungen ersetzt. (Band I, 177). Diese werden zwar schneller abgebaut, sie selbst und ihre Abbauprodukte sind aber hochtoxisch. − *Lejbovic* (45) untersuchte Ratten, die 0,1 mg dieser Verbindungen (und mehr) erhielten. Schon die kleinsten Dosen senkten die Fruchtbarkeit und bewirkten Veränderungen im Embryo. Die Kombination verschiedener Verbindungen hatte noch wesentlich stärkere Wirkungen. − In der Regel wird die Toxizität von einzelnen Chemikalien geprüft, nicht von Mischungen. In diesen kann die Wirkung abgeschwächt, aber auch stark erhöht werden („Synergese"). Die Kombinationswirkungen von Pestiziden werden in Tabelle 27 dargestellt. Danach war die Wirkung in 77 Gemischen (= 19%) überadditiv, in 153 (= 38%) additiv und in 170 Gemischen (= 43%) unteradditiv.

10.1.2.1.1. Chlororganische Stoffe in Frauenmilch

Alle diese erschreckenden Meldungen werden noch übertroffen durch den Befund, das auch in der Frauenmilch chlororganische Verbindungen vorkommen in einer Konzentration, die weit über der tolerierbaren Grenze liegt. Aufschlußreich ist Tabelle 29. Sie enthält den Gehalt der Frauenmilch aus verschiedenen Bundesländern an einigen chlororganischen Verbindungen in mg/kg, bezogen auf den Fettgehalt der Milch (2,9−3,2%). Zunächst wird der Durchschnittgehalt in der BRD der Jahre 1970 und 1975 wiedergegeben. Weiter werden analytische Daten der Institute in Münster („M", Jahr 1970), in Bayern („B", 1973/74) und Kiel (1973/75), die schwedischen Messungen der Jahre 1967 und 1976, in der letzten Spalte die in der BRD für Kuhmilch zugelassenen Werte dargestellt. Auffallend ist zunächst die starke Streuung der Werte, vom Minimum (alle deutlich über dem Nullwert liegend) bis zum Maximum (bei dem akute Symptome möglich erscheinen). Anbetracht der starken Schwankungen blieb der Schadstoffgehalt in der Berichtszeit konstant, für PCB nahm er zu. Die Durchschnittswerte in Kiel erreichten nur ein Viertel der in Münster und Bayern errechneten. Das kann an der verschiedenen Futterzusammensetzung liegen. Es ist kaum anzunehmen, daß verschiedene Analysen- oder Bewertungsmethoden ausschlaggebend waren. Die schwedischen Werte (133) liegen in der Nähe der Kieler Zahlen, sie zeigen eine Abnahme in den letzten 10 Jahren (außer für PCB). Die Angabe der Summen aller bisher erfaßten Pestizide soll nicht bedeuten, daß sie als gleichbedeutend angesehen werden, wenn sie auch viele chemischen und physikalischen Eigenschaften und wahrscheinlich auch biologische Wirkungen gemeinsam haben. Dazu kommen weitere, noch nicht erfaßte Verbindungen. Nur für HCH wurden für einige Isomere getrennte Werte angegeben. Isomere sind auch für die meisten anderen chlororganischen (mehratomigen) Verbindungen anzunehmen, für PCB z.B. 210 verschiedene Molekülarten mit stark unterschiedlichen, zum größeren Teil noch unerforschten biologischen Wirkungen. – Die Schadstoffe gelangen in die Milch und das Fleisch der Tiere, und dann in den Organismus der Mütter und Kinder, vor allem durch die ausländischen Futtermittel, deren Gewinnung kaum kontrolliert wird. „In Zeiten hoher Kraftfuttergaben (Winter) wurden deutliche Erhöhungen des HCB- und HCH-Gehaltes in Milch und Milchprodukten festgestellt" (134). – Bereits die Embryonen erhalten Giftmengen, die ihren höchst empfindlichen Organismus entscheidend beeinflussen. Durch die Muttermilch erhalten sie dann weiteres Gift. Wenn auch in ihrem späteren Leben die Vergiftungserscheinungen wenig symptomatisch sein können, so werden doch die folgenden Generationen erheblich geschädigt, wie Tierversuche wahrscheinlich machten. „Im Jahre 1974 betrug der Anteil teilweise stillender Mütter 50%, der vollständig stillender nur noch 20%." Nach dem Bericht der Deutschen Forschungsgemeinschaft (135) ist „der Nutzen des Stillens derzeit höher einzuschätzen als ein gesundheitliches Risiko durch die in der Frauenmilch festgestellten Rückstände".

H.-J. Hapke (Institut für Pharmakologie der Tierärztlichen Hochschule Hannover) stellte im März 1979 in einer Fachzeitschrift (162) fest: „daß für den menschlichen Säugling allein die Frauenmilch das optimale Lebensmittel ist". „Die chemisch stabilen Schädlingsbekämpfungsmittel erreichen in der Frauenmilch Konzentrationen, die in einzelnen Fällen mindestens zehn- bis zwanzigmal höher sind als in der Kuhmilch. – Die Untersuchungen der letzten Jahre in der Bundesrepublik Deutschland ergaben, daß keine Frauenmilch-Probe frei war von Pestiziden." . . . „Im Vergleich zu anderen Lebensmitteln stellt die Frauenmilch dasjenige Nahrungsmittel mit dem höchsten Pestizidgehalt dar." – *Hapke* stellte fest: „Die tatsächlichen Auswirkungen der in der Frauenmilch festgestellten Schädlingsbekämpfungsmittel sind nicht bekannt." In der UdSSR soll festgestellt worden sein, daß das Geburtsgewicht geringer ist in Abhängigkeit vom Pestizidgehalt der Frauenmilch. Nach zahlreichen Tierversuchen ist gesichert: Funktionssteigerung der Leber, Zunahme des Übergewichtes, schnellerer Abbau der Hormone, Störung der Blutbildung, Abnahme der Infektabwehr, neurotoxische Wirkungen. Wahrscheinlich sind karzinogene, teratogene, mutagene Wirkungen. – Die ersten Befunde liegen nun 30 Jahre zurück. Seit 10 Jahren gibt es exakte wissenschaftliche (auch analytische) Messungen. Wir können nicht warten, bis z.B. das Forschungsministerium neue Untersuchungen anregt, um irgendwelche Detailfragen noch genauer zu klären – im Laufe der nächsten Jahre. Es scheint höchste Zeit zu sein, daß die Staatsanwaltschaft eingreift, wegen des Verdachtes der fahrlässigen Vorbereitung und Duldung eines Verbrechens gegen die Menschheit.

10.1.3. Obst und Gemüse

Die deutschen Gärtner und Obsterzeuger beschweren sich, daß die Bundesregierung „in der neuen Höchstmengenverordnung 62 Pflanzenschutzmittel bei Importware zuläßt, die in der BRD verboten sind". Nach Mitteilung der Arbeitsgemeinschaft der Verbraucher enthielten 25% der italienischen Weintrauben zehnmal soviel DDT wie bei uns zugelassen ist. – 60% aller Salatköpfe kommen aus Holland und sind mit Brassikol gespritzt, das bei uns seit 1973 verboten ist. – Die Höchstwerte für Quintocen und Methylbromid werden bei Salatimporten aus der EG häufig überschritten. – Nach *Richter* (136) werden in der BRD allein zur Bekämpfung des Apfelschorfs durchschnittlich 15 Spritzungen im Jahr durchgeführt. Eine Verminderung dieser Zahl wird durch ein elektronisches Schorfwarngerät ermöglicht. – Angeblich verlangt der Kunde fehlerfreies Obst. Wer also biologisch einwandfreies Obst vorzieht, sollte Äpfel mit Schorf oder Wurmlöchern verlangen. Vielleicht enthalten diese etwas weniger Gift. Nach großem chemisch-technischen Aufwand wird dann eine Überproduktion festgestellt. 1967–1977 wurden 4 Mio. t Äpfel, Birnen, Pfirsiche und Orangen „aus dem Markt genommen", das heißt meist: vernichtet. Die EG mußte dafür 1,5 Mrd. DM zuzahlen. – Weintrauben, Kirschen, Busch- und Beerenobst werden immer mehr mechanisch-automatisch geerntet, weil der Pflückerlohn zu hoch sei. Da die Qualität des Obstes darunter leidet, können diese Ernten nur noch industriell verwertet werden.

11. Integrierter Pflanzenschutz

Die „Gruppe Ökologie" (Prof. *K. Lorenz*) gab 1972 ein „Ökologisches Manifest" heraus (siehe S. 9, Anhang). Darin heißt es: „Zu warnen ist jedoch vor dem Raubbau an unseren Landschaften durch eine fabrikähnliche Land- und Forstwirtschaft, die maximale Erträge erzielen will . . . nur durch vollständige Technisierung und die größtmögliche Verwendung von hochwirksamen Chemikalien."
„. . . Rückstände chemischer Stoffe im Boden, im Wasser, in der

Luft und in den Körpern aller Lebewesen . . . Der Mensch lebt heute schon von oft qualitativ minderwertiger und chemisch verunreinigter Nahrung." — 1973 erkannte der bayerische Landwirtschaftsminister *H. Eisenmann*: „Der Vorwurf, moderne Agrarproduktion belaste, ja zerstöre das biologische Gleichgewicht und mindere den Gesundheitswert der Nahrungsmittel, wiegt schwer . . . Wir dürfen nicht nur an heute, wir müssen an die nächsten Generationen denken. Nicht (kurzfristige) wirtschaftliche Rentabilität darf entscheidend sein, das Prinzip der Nachhaltigkeit, die Gesetze der Biologie müssen den Vorrang haben." — Trotzdem ist der Aufwand an Pestiziden von 1972 bis 1978 um 18% in der BRD erhöht worden. Die Verwendung von Herbiziden stieg von 12 744 t (1972) auf 15 300 t (1977). Die „Deutsche Forschungsgemeinschaft" (DFG) veröffentlichte 1979 einen Bericht „Herbizide" (137). Danach werden diese in einem Boden, der reichlich Humus enthält, weitgehend (?) abgebaut. Bei Überdosierung gelangen Herbizide aber in tiefere Bodenschichten ohne Humus und in das Grundwasser. Noch herrscht völlige Unkenntnis angesichts der „Frage nach möglichen kumulativen Effekten, die bei gleichzeitiger oder aufeinanderfolgender Anwendung von zwei verschiedenen Herbiziden oder gleichzeitiger oder nacheinander erfolgenden Anwendung von Herbiziden oder anderen Pflanzenschutzmitteln auftreten können". „Durch intensive Herbizidbehandlung schwinden leicht bekämpfbare Unkräuter, hartnäckige ‚Problemkräuter' nehmen jedoch zu."

„Blattläuse bevorzugen gerade solche Kulturpflanzen, die auf herbizidbehandelten Feldern wachsen. Getreide und Maisfelder, die mit Herbiziden gespritzt wurden, sind anschließend besonders anfällig für Mehltau. Der Einsatz von Herbiziden erzwingt geradezu bei mehltauanfälligen Kulturen die zusätzliche Anwendung von fungiziden Giften. Diese hat in den letzten Jahren in fast beängstigender Weise zugenommen. Beunruhigend um so mehr . . . daß diese sehr schnell zur Resistenzbildung bei einigen Schadpilzen führen können oder aber das mikrobielle Gleichgewicht im Boden beeinflussen."

Die Chemie befindet sich also in einem aussichtslosen Wettlauf mit der Natur. Dabei werden nacheinander das Leben der Bodenorganismen, die Pflanzen, die Nahrungsmittel, die Menschen schwer geschädigt bis zum Zusammenbruch. — Einen Ausweg scheint die „Biologische Schädlingsbekämpfung" anzubieten. Die Verfasser des gleichnamigen Buches, *I.M. Franz* und *A. Krieg* (138) gehen von einer vernichtenden Bilanz der bisherigen chemischen Methoden aus: „Heute kennen wir weder eine wichtigere Schädlingsfamilie noch eine bereits länger eingesetzte Wirkungsgruppe, bei denen es noch nicht zur Herausbildung resistenter Stämme gekommen ist."

Die Methode der Züchtung und Verwendung schädlingsfester (resistenter) Sorten von Kulturpflanzen ist nur begrenzt anwendbar. Die biologischen Verfahren verwenden Lebewesen, um mit ihnen die Populationen bestimmter schädlicher Tiere oder Pflanzen zu begrenzen. Entweder werden die natürlichen Feinde gefördert (Räuber, Schmarotzer und Krankheitserreger), oder die Individuen einer Schädlingsart selbst werden verändert. Im Gegensatz zur chemischen Methode wird nicht beabsichtigt, die Population der Schädlinge auszurotten. Ihr Bestand soll nur so vermindert werden, daß ihr Schaden auf einen wirtschaftlich oder hygienisch unbedenklichen Stand sinkt. So bleibt die Funktionsfähigkeit des ökologischen Systems erhalten.

Als Nützlinge gelten Räuber wie Eidechsen, Fische, Greifvögel, Fledermäuse, weiter Insekten wie Libellen, Laufkäfer, Marienkäfer, Wespen und Raubwanzen. – In Kalifornien wurde die Zitrusernte gerettet durch Marienkäfer, die zu diesem Zweck aus Australien importiert worden waren. – Raubwanzen wurden eingeführt, um Kartoffelkäfer zu bekämpfen, Gambusien („Moskitofische") werden eingesetzt, um die Larven von Mücken zu vertilgen, die Malaria, Gelbfieber u.a. Seuchen übertragen. – Grasfische aus China weiden in der DDR und in Holland das Wasserunkraut ab.

Gute Erfolge hatte man bei der Anwendung von Parasiten. Mit Schlupfwespen gelang es, die San-José-Schildlaus zu unterdrücken. In Baden-Württemberg wurden 1953–1967 20 Mio. parasitierte Schildläuse ausgesetzt. Auf diese Weise werden die Schlupfwespen immer weiter verbreitet. Noch immer werden 5% der Äpfel von Schildläusen befallen. Dieser Verlust ist zu verschmerzen, wenn 95% keine gesundheitsschädlichen Restgifte mehr enthalten.

Erfolgreich waren auch Versuche, die Selbstvernichtung von Schadinsekten dadurch zu bewirken, daß man Männchen in großer Zahl durch radioaktive Strahlung oder Chemikalien sterilisierte und sie dann zur Paarung freiließ. Über Schwierigkeiten mit der Dasselfliege (139). – Eine neuere Schädlingsbekämpfungsmethode arbeitet mit Bakterien und Viren. „Spezialisierte Bakterien oder Viren werden im Labor gezüchtet und in Suspension mit dem üblichen Spritzgerät ausgebracht, sobald starker Schädlingsbefall droht. Die Raupen fressen dann bereits mit dem ersten Bissen den tödlichen Erreger, und der ist sofort in der Population allgegenwärtig, während er beim natürlichen Verlauf der Entwicklung erst auftritt, wenn die Tiere durch Massenhaftigkeit einander nahekommen und an Nahrungsmangel leiden, der Schaden für den Menschen also schon da ist" (*Chr. Schütze*). Die Zulassungsbehörden haben noch Bedenken (140). Erfahrungen liegen vor bei der Bekämpfung von Raupen durch den Bacillus thuringiensis, der auch großtechnisch produziert werden könnte. –

Franz und *Krieg* verstehen unter „integrierter Schädlingsbekämpfung" die Vereinigung mehrerer Verfahren unter Berücksichtigung der vorhandenen Abwehrkräfte des Ökosystems. Früher hatte man das Ziel, in kurzer Zeit möglichst alle Schädlinge mit chemischen Mitteln abzutöten. Das gelang in der ersten Zeit der Anwendung, dann immer schlechter. Einige Schädlinge überlebten, wurden resistent. Immer größere Mengen immer giftigere Chemikalien wurden erforderlich. Dabei werden nicht nur Schädlinge, sondern auch deren Feinde getötet. Das ganze Ökosystem kommt durcheinander. Schließlich gerät auch der Mensch in höchste Gefahr. – Die offizielle Definition der integralen Schädlingsbekämpfung lautet: „Ein Verfahren, bei dem alle wirtschaftlich, ökologisch und toxikologisch vertretbaren Methoden verwendet werden, um Schadorganismen unter die wirtschaftliche Schadensschwelle zu bringen, wobei die bewußte Ausnützung aller natürlicher Begrenzungsfaktoren im Vordergrund stehen." Die Autoren stellen zunächst rein ökonomische Berechnungen an. In einem Diagramm zeigen sie, daß die Bruttoerträge immer noch steigen, auch wenn die Aufwendungen z.B. für Düngemittel, Biozide schneller wachsen. Die Nettoerträge, nach Abzug des Aufwandes, sinken jedoch bereits, sogar nach Berechnungen der wirtschaftlich eingestellten FAO. Ein wichtiger Faktor ist die „Schadensschwelle". Als Schadensschwelle nimmt man zweckmäßig den Punkt in der Wert-Nutzungs-Kurve an, in dem die Ernteschäden doppelt so hohe Geldverluste bewirken, wie die Kosten der Bekämpfung der Schädlinge. Das wird begründet mit den hohen Folgekosten und -schäden.

In der rücksichtslos kurzsichtigen Kostenrechnung weiter Kreise der Wirtschaft (Industrie und Landwirtschaft) werden die externen Kosten (Sozialkosten) nicht berücksichtigt. *Franz* und *Krieg* listen sie ausführlich auf. – Die neue Bekämpfungsmethode hat wegen der Kosten und großen Anforderungen hinsichtlich der Qualifikation der Ausführenden erst in der Forstwirtschaft, z.T. auch im Obst- und Gemüsebau Fuß gefaßt. – 1975 hat sich die Biologische Bundesanstalt entschlossen, zusätzlich zu den bisherigen Prüfungen der Pflanzenschutzmittel (auf Wirkung gegen den Zielorganismus, auf Warmblüter-, Kulturpflanzen- und Bienentoxizität) nun auch eine (zunächst freiwillige) Prüfung auf Nebenwirkungen gegenüber entomophagen Arthropoden (Gliederfüßer) im Rahmen der Zulassung einzuführen. Selektive Mittel zu entwickeln (ohne daß ein Mindestabsatz vorliegt) hat keinen kommerziellen Anreiz.

Die westliche Welt wandte 1970 etwa 20 Mio. DM auf für die Bearbeitung biologischer Methoden. Die Industrie investierte für chemische Präparate jährlich 350 Mio. DM. Der Verkauf brachte 6 Mrd. DM ein (*Franz* und *Krieg*, S. 193).

12. Gesunde Nahrung aus gesundem Boden, oder — Industrienahrung?

*Am Anfang dies*es Jahrhunderts wurde der Satz: ,,Der Mensch ist, was er ißt" noch als ,,Materialismus" zurückgewiesen. *An der Lan* (141) wies schon frühzeitig auf die Gefahren der Chemie für die menschliche Ernährung hin, aber auch auf die hoffnungsvollen Reformansätze. ,,Ernährung bedeutet in der Natur Aufnahme und Weitergabe von Energie im Rahmen des biologischen Stoffkreislaufes." — ,,Gesunde Böden geben eine gesunde Ernährung." Schon vor über 400 Jahren drückte *Paracelsus* diesen Gedanken anschaulich aus: ,,Wir werden nicht nur geboren durch unsere Mutter, sondern in gleicher Weise durch unsere Mutter Erde, die mit jedem Mundvoll Nahrung täglich Einzug in uns hält." — Die Belastung unserer Umwelt (unserer Ernährung) mit Fremdstoffen hat im letzten Jahrzehnt beängstigend zugenommen. *Eichholtz* prägte den Begriff ,,toxische Gesamtsituation". *An der Lan* zieht es vor, von ,,körperfremden Substanzen" zu sprechen, da es sich häufig gar nicht um toxische Stoffe im herkömmlichen Sinne handelt, wohl aber um Stoffe, die langzeitig physiologische Störungen in den Nahrungspflanzen, danach auch im Menschen, vielleicht erst in der nächsten Generation, zur Folge haben. Er betont, daß z.B. chlororganische Stoffe wie DDT neurotoxisch wirken, die im EEG (Elektroencephalogramm) in Erscheinung treten. Für diese Stoffe ist ein Embryo 100mal empfindlicher als ein Erwachsener. Diese chlororganischen Stoffe sind in den letzten Jahrzehnten allgegenwärtig geworden. Sie waren früher in der Natur nicht vorhanden, werden von ihr kaum abgebaut. Auch die täglich neue Verseuchung mit Blei, Cadmium, Quecksilber und anderen toxischen Metallen, die täglichen radioaktiven Niederschläge, können mit keiner Methode wieder zum Verschwinden gebracht werden. Strahlenkrebs ist erst nach 10–20 Jahren zu erkennen, Schäden am Erbmaterial erst nach Generationen.

1977 ist Krebs als Todesursache bei Kindern in der BRD an die zweite Stelle vorgerückt. — Der kanadische Biochemiker *Hall* (142) definiert Ernährung als: ,,Verbrauch eines Lebens durch ein anderes."

In der heutigen Ernährungsweise werden aber natürliche Lebensmittel wie Milch, Getreide, Kartoffeln immer weniger als solche verzehrt, sondern als Industrieprodukt nach Verarbeitung in einer Nahrungsmittelfabrik. — *Reuter* (143) „Industrieprodukt Lebensmittel". — Ein amerikanisches Schulfrühstück bestand in einem Gebäck aus raffiniertem Zucker, weißem Mehl, raffiniertem Fett, in heißem Fett gebacken, mit eingespritzten sechs Vitaminen. Nach wissenschaftlichen Untersuchungen benötigt ein Mensch mindestens 16 Vitamine und 20 Mineralstoffe, außerdem viele andere Naturstoffe. Eine Biologin beendete diesen Unfug einer Schulspeisung. — Ein Fabrikant kam auf die Idee, aus Sojabohnen vegetarisches Fleisch zu machen. Sojabohnen sind an sich ein hochwertiges Lebensmittel mit 40% Proteinen, die in ihrer Zusammensetzung der Aminosäuren dem menschlichen Protein nahekommen. In der Fabrik wird das Sojamehl zunächst mit Benzin extrahiert. Man gewinnt dabei 20% Öl. Das entfettete Mehl wird darauf mit Alkohol extrahiert, um einen Teil der Kohlenhydrate zu entfernen. Der Proteingehalt steigt dabei auf 70%. Das Mehl wird nun in Lauge gelöst, durch feine Düsen in ein Säurebad gepreßt. Man gewinnt so das Sojaprotein als dünnfasriges Gespinst. Dieses wird gefärbt und mit Geschmacksessenzen versetzt, daß das Produkt nach Huhn, Rind oder geräuchertem Schinken schmeckt. Durch die chemische Behandlung werden gerade die lebenswichtigen Aminosäuren und Vitamine zerstört, die Mineralstoffe ausgewaschen. Professoren forschen nun, ob das Produkt TVP (textured vegetable protein) für Schulspeisungen geeignet ist (142). Sie werden das Produkt einige Wochen testen und dann feststellen, daß kein Schaden nachweisbar ist. *Sweeny* (144) stellte fest: „Kranker Boden erzeugt kranke Pflanzen. Kranke Pflanzen führen zu Krankheiten bei Tieren und Menschen." Die Mediziner, Zahnärzte, Tierärzte, Pflanzenpathologen behandeln nur Symptome. Eine Voraussetzung für die Gesundheit ist ein lebender, gesunder Boden. Die darauf gezogenen Lebensmittel sollen möglichst frisch und unverändert, z.T. als Rohkost vom Menschen genossen werden. Wenn sich auch Menschen mit Fabriknahrung am Leben erhalten können, so sind doch wahrscheinlich mancherlei körperliche und seelische Leiden, die vom Arzt nicht diagnostiziert werden können, auf diese Ernährung zurückzuführen. Die eigentlichen Folgen der falschen Ernährung sind dann in der nächsten Generation zu erkennen.

Professor *G. Gottschewski* vom Max-Planck-Institut für Immunbiologie (145) machte Versuche mit der Fütterung von Kaninchen mit verschiedenen Futtersorten: Nr. 1 „Pellet" Standardfutter mit Vitaminen und Mineralstoffen angereichert, Nr. 2 normales

Marktfutter und Nr. 3 rückstandsfreies Futter aus landwirtschaftlichen Betrieben, die nachweislich keine Pestizide und Herbizide einsetzten. Bei Futter Nr. 1 war die Zahl der lebendgeborenen Jungen am höchsten. Bei Nr. 2 war die Zahl der Totgeburten am höchsten. Bei Nr. 3 war die allgemeine Widerstandskraft (Resistenz) der Muttertiere am günstigsten, was sich auch auf die Lebensfähigkeit der Jungtiere günstig auswirkte. — *Aehnelt* und *Hahn* (146) von der Tierärztlichen Hochschule Hannover berichteten über die biologische Qualitätsprüfung von Futter- und Nahrungsmitteln auf Grund der Fruchtbarkeit von Tieren. Bei Samenbullen zeigte sich eine erhebliche Schädigung der Samenqualität durch minderwertiges Futtermittel, die aus Betrieben mit hohem Mineraldüngeraufwand stammten. Die Samenqualität von Vatertieren, die mit Futter aus Betrieben gefüttert wurden, die mit Kompostdüngung arbeiteten, war deutlich überlegen. Besonders günstig wirkte kräuterreiches Bergheu. — Auch in Versuchen an Kaninchen war die Fruchtbarkeit erheblich höher, wenn das Futter aus einem biologisch-dynamischen Betrieb stammte im Vergleich mit Heu aus einem Intensivbetrieb mit 3—4 Heuernten im Jahr. Leider mußten die Versuche abgebrochen werden. Es liegt nahe, auch beim Menschen Zusammenhänge zwischen Ernährung und Vitalität anzunehmen.

13. Alternativer Landbau

Nach *Weiger* (147) können Monokulturen ein Höchstmaß an Produktivität erreichen, weisen aber gleichzeitig nur ein Minimum an Stabilität auf. Ein Maximum stellt häufig kein Optimum dar. — Die Lage der Landwirtschaft verschärfte sich durch die zunehmende Spezialisierung. Von 1960—1972 nahm die Getreideanbaufläche von 55% auf 70% zu. Gleichzeitig nahm die Zahl der ohne Rindvieh und damit ohne Futterbau wirtschaftenden Betriebe von 20% auf 37% zu. Es fehlte also die Zufuhr von Dünger und Humus auf den Acker. Die Ernteertragssteigerung von 50% wurde erkauft mit einem Mehraufwand von 350% für Dünger und 1350% für Pestizide. Der Getreideanbau nahm stark zu, da er die höchsten wirtschaftlichen Erträge abwirft. — Nach *Bogulawski* (148) kann man nun der zunehmenden Ertragsgefährdung durch einen vermehrten Zwischenfruchtbau (Gründüngung) begegnen. Als Untersaat dienen z.B. Leguminosen (Klee) und Kreuzblüter (Senf). Zusätzlich kann man Stroh einarbeiten. Dadurch wird die biologische Bodenaktivität gefördert, wie am Diagramm für die Mikroorganismentätigkeit und Bodenatmung gezeigt wird. In einem

siebenjährigen Versuch wurden zwar „nicht die absolute Ertrags-
spitze, (aber) die Ertragssicherheit auf einem hohen Stand" erreicht. Dieses Ergebnis bestätigt die provozierende Formulierung
eines „Amateurs": *Alwin Seifert*: „Düngen heißt nicht die Pflanzen ernähren, sondern den Boden beleben". Es besteht die Hoffnung, ja die Notwendigkeit, die Chemikalienzufuhr radikal zu vermindern. Das gilt für künstlichen Dünger wie für Pestizide. – In
den USA wurden z.B. Weizenfelder vom Corn Rootwurm bedroht,
der praktisch vollständig gegen die üblichen Pestizide resistent geworden war. Die Abhilfe war einfach: wechselweise Feldbestel-
lungen mit Weizen und Sojabohnen. Letztere werden vom Wurm
nicht angenommen. Dadurch wurde sein natürlicher Lebenszy-
klus gestört. Dieser Schädling konnte also ohne Chemikalien aus-
geschaltet werden. Nach *Vester* (147) konnte auf den ausgedehn-
ten Maisplantagen in Kuba ein Schädling allein durch das Zwi-
schenpflanzen von 8 m breiten Streifen von Sonnenblumen, deren
Samen natürlich ebenfalls geerntet wurden, erfolgreich und drastisch reduziert werden". „Einen ähnlich verblüffend einfachen
Erfolg erreicht man durch bloßes steuerndes Eingreifen in die
Pflanzenentwicklung. Schon eine Verkürzung der Zeit zwischen
Saat und Durchbruch der Nutzpflanzen reicht aus, um den Un-
kräutern zuvorzukommen und sie wörtlich zu überschatten. Umgekehrt genügt es oft, den Winterschlaf des Unkrauts mit einfachen Techniken zu unterbrechen und es zu einem verfrühten
und damit tödlichen Wachstum zu bringen". – Nach dem „Fernsehgarten" kann ein Gärtner ohne Pestizide keine Möhren, Zwiebeln u.a. Gemüse mehr ernten. Biologische Gärtner säen Möhren
und Zwiebeln in abwechselnden Reihen. Dann schützen sie sich
gegenseitig vor Schädlingen.

13.1. Organisch-biologischer Landbau (nach *H. Brauner* (150)) (siehe Tab. 30)

Der Schweizer Bauer und Biologe *Hans Müller*, seine Frau *Maria*
und der Arzt und Bodenkundler *H.P. Rusch* gelten als Begründer
des neuen organisch-biologischen Landbaus. Nach ihnen soll die
Muttererde möglichst wenig in ihrem Gleichgewicht gestört und
durch richtige Ernährung und Bodenbearbeitung in ihrer Fruchtbarkeit so gesteigert werden können, daß die Durchschnittsern-
ten durchaus der derzeitigen Landwirtschaft gleichkommen. Danach finden im Mutterboden nicht nur Abbau- und Verwesungs-
prozesse statt, an deren Ende die vollständige Mineralisation
steht, sondern auch Aufbauprozesse.

So erzeugen z.B. die Hefe- und andere Zellen: Enzyme, Fer-
mente, Aminosäuren und viele andere organische Verbindungen.

Prof. *Virtanen* und Dr. *Rusch* entdeckten, daß die Pflanze Mikro- und Makromoleküle, Teile von Zellen und Plasma direkt aufnehmen kann. Die bisherige Annahme, daß Pflanzen nur wasserlösliche Substanzen aufnehmen, halten sie für widerlegt. Darauf deutet auch die weitere Verbreitung von Viruskrankheiten der Pflanzen. „Der organisch-biologische Landbau stützt seine Maßnahme auf die modernsten mikrobiologischen, bodenkundlichen und medizinischen Erkenntnisse, die von der herkömmlichen Landwirtschaft noch gar nicht berücksichtigt werden". – Besonderer Wert wird auf die Verwendung von Urgesteinsmehl gelegt, das die nötigen Mineralstoffe und Spurenelemente enthält. – Eine gesunde und vielfältige Mikroflora ist entscheidend. Wasserlösliche Düngemittel würden diese nur stören, da gibt es keinen Kompromiß. Dagegen sind schwerlösliche Stoffe wie Thomasmehl zulässig. – Der Boden soll ständig bedeckt sein durch Mulchen mit Gras, Blättern, Ernteabfällen. Besonders wichtig ist eine Zwischenfrucht. So wird die Humusschicht verstärkt, vor Sonnenlicht, Wind, Frost und Regen geschützt.

Laatsch (151) kam in seinem Buch über die Dynamik der Böden bereits vor über 40 Jahren zu Erkenntnissen, die ganz aktuell sind: „In zahlreichen Betrieben ist die natürliche Ertragsfähigkeit der Böden, d.h. die Ertragsleistung bei gleichem Wirtschaftsaufwand, zurückgegangen. Als ausschlaggebende Ursache wurde das zunehmende Mißverhältnis zwischen Humusproduktion und Humusabbau infolge einseitiger Mineraldüngung erkannt. Die Anreicherung des Bodens mit dauerhaften Humusstoffen erwuchs so zu einem der wichtigsten Probleme der landwirtschaftlichen Bodenkunde". Bemerkenswert ist, daß diese Kenntnisse schon Anfang des Jahrhunderts vorlagen, dann aber wieder in Vergessenheit gerieten. „Die Melioration durch Basalt(mehl) ist vollkommen gelungen, Steigerung der Massenleistung auf das Vierfache der ungedüngten Flächen."

13.2. Biologisch-dynamischer Landbau

Rudolf Steiner (1861–1925), der Begründer der Anthroposophie, entwickelte bereits 1924 die Grundzüge der biologisch-dynamischen Wirtschaftsweise. Über ihren gegenwärtigen Stand berichteten *Breda, Heinze* und *Schaumann* (152). Eine wichtige Aufgabe ist die Erhöhung der Produktivität des Bodens durch Humusanreicherung und Vertiefung des Wurzelraums, steigende Umsetzung organischer Substanzen im Boden. Das führt zugleich zur Entwicklung höchsten Artenreichtums von Pflanzen und Tieren in und über dem Boden. *Steiner* betonte den Unterschied, ja Gegensatz des Lebens in und über dem Boden. – Ein wichtiger Faktor ist die Viehhaltung. 80% der Nährstoffe kommen dann als Dünger wieder zum Boden zurück. Dieser Kreislauf der Stoffmenge ist wichtig, aber auch die Art der Substanzen und die Intensität der Zirkulation. Für den Anthroposophen sind die Wirkungen kleinster Zusätze z.B. von Heilpflanzenpräparaten für das Leben des Bodens, der Pflanzen und Tiere wichtig. Bedeutsam ist die Einbeziehung immaterieller Komponenten (rhythmische Prozesse, kosmische Kräfte wie z.B. die Mondphasen). Der Mond hat offenbar einen starken, nachweisbaren Einfluß auf das Pflanzen- und Tierleben, auch auf den Menschen. Da die Art dieser Kraftwirkungen noch nicht physikalisch geklärt ist, werden sie von Wissenschaftlern einfach abgeleugnet, nicht gerade ein Zeichen für Unvoreingenommenheit. Ein gutes Zeichen ist, daß auch im „Umweltgutachten 1978" auf diese Gedanken hingewiesen wird (S. 330). – Die Produkte dieser Erzeugungsweise (Getreide, Gemüse, Obst, auch tierische Produkte) werden unter dem Markenzeichen „Demeter" vertrieben. Die verschiedenen Vereinigungen für diesen Landbau haben sich zusammengeschlossen zum „Arbeitskreis Naturgemäßer Landbau". Folgende Tabelle 30 soll die grundlegenden Unterschiede der konventionellen und der biologisch-dynamischen Landwirtschaft andeuten.

Heinze (152) berichtete über gesicherte Ergebnisse der biologisch-dynamischen Praxis. Nach dem Betriebsbericht des Talhofes bei Heidenheim/Brenz war es möglich, in 50jähriger biologisch-dynamischer Bewirtschaftung ohne Zukauf von Mineraldünger auf Jura-Verwitterungsböden mit einer mittleren Bodenklasse von 30 und im rauhen Albklima die Getreideerträge von 21 dz/ha (1930–1937) auf 40 dz/ha in den letzten Jahren zu erhöhen, die Kartoffelernte von 160 auf 240 dz/ha. Das Betriebseinkommen stieg von 3 500 DM/AK (1952) auf 21 000 DM/ AK im Jahre 1974. – Weiter berichtete *Heinze* über die Auswirkungen von Konstellationen des Mondes auf das Wachstum der Kulturpflanzen. Bei den 20jährigen Untersuchungen von *Maria Thun* konnte (statistisch hoch gesichert) bei verschiedenen Kulturpflanzen nachgewiesen werden, daß es möglich ist, durch Beachtung der Stellungen des Mondes im siderischen Umlauf Ertragsunterschiede von 30% zu erhalten. Weiter konnte nachgewiesen werden, daß mit biologisch-dynamischen Quarzpräparaten bei Anwendung von 5 bis 10 g Quarzmehl (in 40 l Wasser verrührt) pro ha, gesicherte Ertragsunterschiede von 10 bis 15% zu erzielen sind. Schließlich berichtete *Heinze* über die Erfolge der Heilkräuter-Präparate zur Kompostbereitung.

Eine Anleitung für den ökologischen Landbau: „Gesunder Boden = leistungsstarker Betrieb" schrieb *Preuschen* (153).

R.C. Oelhaf „Organic Agriculture" (Economic and Ecological Comparisons with Conventional Methods) (New York 1979).

14. Landwirtschaft und Energiebilanz

Nach *Israel* (154) hat die primitive Landwirtschaft erstaunlicherweise das beste input/output Verhältnis. In den Entwicklungsländern erzeugt ein Bauer (ein Fischer) mit 1 Kalorie Arbeitseinsatz 20 bis 50 Nahrungskalorien (begünstigt durch das Klima). In der mechanisierten Landwirtschaft, beim intensiven Anbau von Sojabohnen, Getreide, Reis, Kartoffeln (Milch) erzeugt eine Arbeitskalorie etwa eine Nahrungskalorie. Erst in der industrialisierten Landwirtschaft, die einen großen Bedarf an Fremdenergie hat, kehrt sich das Verhältnis um. Man benötigt z.B. bis zu 10 Kalorien in Form von Erdöl um eine Kalorie „veredelte" Nahrungsmittel zu produzieren. Beispiele sind: Intensivproduktion und Verarbeitung von Fleisch und Eiern, Hochseefischerei. — In den USA waren die durchschnittlichen input/output Verhältnisse im Jahr 1912: 1, 1928: 2, 1945: 5, 1970: 8 (Energieaufwand/ Nahrungskalorie). „Über gewisse Grenzen hinaus bringt jede quantitative Zunahme des Pro-Kopf-Verbrauchs an Energie mehr soziale Kosten als Gewinn".

Das Erdöl war offenbar zu billig, das galt auch für die meisten Folgeprodukte. Für 1 t reinen Stickstoff werden benötigt: 1,1 t Schweröl und außerdem 300 Kilowattstunden Elektrizität. Von diesem Stickstoff gehen nach *Kickuth* 45% in die Pflanzen, 55% in die Luft und in die Gewässer (zum Schluß in das Trinkwasser). Weiter verbraucht die Landwirtschaft Energie, die zur Herstellung der Pestizide verwendet wird, schließlich Dieselöl zum Betreiben der landwirtschaftlichen Maschinen. Auch die Herstellung dieser Maschinen erfordert viel Energie. Dann gibt es noch lange Transportwege vom Erzeuger über den Veredler (Nahrungsmittelindustrie), den Handel bis zum Verbraucher. Nach *Israel* werden in den industrialisierten Ländern 15—20% des gesamten Bruttosozialproduktes auf dem Transportsektor verbraucht. —

In der Folge der Erdölkrise 1973 (und der Spekulation) stiegen die Preise für Düngemittel stark an. 40% des Welthandels an Stickstoffdünger entfallen auf Harnstoff. Die Preise stiegen (pro t) von 16 $ (1971) auf 95 $ (1973) und 300 $ (1974). Die Preise für Kali verdoppelten sich, für Phosphate stiegen sie sogar auf das Dreifache. Das betrifft besonders die Entwicklungsländer. Ihr Fehlbetrag an Düngemittel wurde auf 2 Mio. t geschätzt, das bedeutet 20 Mio. t weniger Getreide. Zugleich werden die Dünge-

mittel von den reichen Völkern verschwendet. 2 Mio. t wurden
auf amerikanischen Golfplätzen, Parkanlagen und Friedhöfen ver-
streut. Das ist der Gesamtverbrauch der indischen Landwirtschaft.
   Zur Produktion von 1 kg Fleisch verwenden wir 8 kg Getreide.
Das Eiweißdefizit der armen Völker wächst. Dort werden pro
Kopf 190 kg Getreide bzw. Reis im Jahr verbraucht, in den Industrieländern 1000 kg. Von dieser Menge werden aber nur 70 kg
direkt verzehrt, der Rest dient vor allem als Viehfutter (Tabelle
22). – Kennzeichnend für unsere Art der landwirtschaftlichen
Produktion sind folgende Zahlen: Vor 50 Jahren betrug das
Maschinenkapital je Hektar 300 RM, 1975: 5000 DM. Ein landwirtschaftlicher Arbeitsplatz kostet 150 000 DM. Während zu
Beginn der Rationalisierung die Befreiung von Schwerstarbeit
angestrebt wurde, ist das heutige Ziel vor allem die Erhöhung des
Profits. Dieser kann aber nur noch gesteigert werden durch rest-
lose Technisierung und Chemisierung, Zerstörung des Bodenlebens ohne Rücksicht auf die Erben und die Ökologie der Landschaft, Verbrauch von Rohstoff- und Energiereserven, verbunden
mit Zunahme der Umweltverschmutzung, Verminderung der
Qualität der Produkte, wachsende Gefährdung und Verschlechterung der menschlichen Gesundheit. – Ein Zukunftsprojekt für
eine bessere Nutzung der Sonnenenergie stellte *Bassham* vor
(155). In einer sonnenreichen (wasserarmen) Gegend werden in
riesigen Gewächshäusern (aus Plastikfolien) ganzjährig Alfalfa
(Luzerne) gezogen.
   Bei einer Ausnützung der Sonnenenergie von 5% könnten 200 t
Pflanzenmaterial auf 1 ha gezogen werden mit einem Proteingehalt von 24%. Das Eiweiß wird z.T. extrahiert für menschliche
Ernährung oder Viehfutter. Auch der Rückstand ist noch ein
hochwertiges Viehfutter, könnte als Kraftfutter einen Teil des
Getreides für die menschliche Ernährung freimachen. Der Überschuß der extrahierten Pflanzenmasse wird in einem Kraftwerk
verbrannt, die Abgase (Kohlendioxid und Wasserdampf) in
die Gewächshäuser zurückgeführt, ebenso die Asche. Das Projekt
erfordert noch erhebliche Entwicklungsarbeit. – In der Vergangenheit war die Landwirtschaft infolge betriebsinterner Kreisläufe von Fremdenergie fast völlig unabhängig. Nach *Stutzer* (156)
fällt von der in der Landwirtschaft und Gartenbau verbrauchten
Energie 62,7% auf die Herstellung von Düngemitteln und Pestiziden, 23,8% auf Kraftstoff für die Maschinen, 8,7% für deren Herstellung. Zur Einsparung von Handelsdünger sollte der Wirtschafts-
dünger besser aufbereitet werden. Wichtig ist der Anbau von
Pflanzen, die atmosphärischen Stickstoff binden (Gründüngung). –
Bei der Tierproduktion ist die Energieausnutzung schlecht. Nur

15% der im Futter enthaltenen Energie wird in Form von Nahrungsenergie an den Menschen weitergegeben, 41% verwandeln sich in Dung, Harn und Gärgase, 44% werden in Form von Wärme von den Tieren direkt an die Umwelt weitergegeben. Die Stallwärme kann wiedergewonnen werden. Die Abfälle werden in Biogasverfahren genutzt, deren Eigenverbrauch an Wärme in unseren Breiten noch 35—40% beträgt. Eine organisatorische Aufgabe ist, das Abfallholz und Stroh zu sammeln. Bei hoher Verdichtung kann 1 kg Stroh in Spezialkesseln 0,6 l Heizöl ersetzen. Selbstverständlich wäre die Nutzung der Solar- und Windenergie und Wärmepumpen (mit Gasantrieb) für landwirtschaftliche Betriebe vorteilhaft. – *Quirbach* (157) schrieb über „Energiesparender Ackerbau". – In Zürich fand im Mai 1978 eine Tagung „Energie und Landwirtschaft" statt (158).

In den industrialisierten Ländern werden aus Gründen der Rentabilität riesige Energiemengen verschwendet, ohne Rücksicht auf die sozialen und ökologischen Kosten. 7 Kalorien in pflanzlichem Material werden benötigt um 1 Kalorie in Fleisch herzustellen. 1961/63 wurden weltweit 37% der jährlichen Getreideernte als Viehfutter verwendet, 1972/74 bereits 43%. In den USA werden sogar 88% des Getreides ans Vieh verfüttert. „Im Nahrungssystem der USA werden etwa 1400 l Erdöl pro Kopf im Jahr verbraucht". Dieser hohe Betrag ergibt sich daraus, daß der Durchschnittsamerikaner sehr viel „veredelte" Nahrung zu sich nimmt, meist in Form von Konserven. Es werden daher 11 Kalorien Energie für 1 Kalorie Nahrungsmittel aufgewendet. – Die Folgen sind Zivilisationskrankheiten und Degeneration. – Schließlich gefährdet die wachsende Abhängigkeit der Landwirtschaft von der Fremdenergie (auch der Energieaufwand für Chemie und Technik) die Ernährung der Bevölkerung. Ein Energieausfall durch eine mittlere atomare Katastrophe und (oder) Krieg kann zu einer Hungersnot führen. Die Landwirtschaft wird vom Klima abhängig bleiben, sie kann sich aber frei machen von der Fremdbestimmung.

15. Die Rolle des Landwirts

„Es ist . . . nicht wahr, daß die Nahrungsmittelproduktion dem Erwerb der darin tätigen „Erwerbs"-Personen zu dienen hat, sondern unmittelbar der gesunden Ernährung und Erhaltung der ganzen Menschheit" (*H. G. Schweppenhäuser*, 1964). Das ist nicht eine Forderung eines „Blut und Boden" Romantikers, eines Naturschwärmers. Sie folgt vielmehr aus harten wirtschaftspolitischen Erkenntnissen und Überlegungen. Sie werden weiter geführt von *Weiger* und *Weichel* (147). „Die Hauptursache unserer heutigen Schwierigkeiten liegt darin, daß die Beiträge der gewerblichen Wirtschaft für die Schaffung oder Erhaltung des heutigen Wohlstandes bisher im selben Maße überschätzt wurden, wie man die entsprechenden Beiträge der Landwirtschaft unterbewertet hat . . . Die Landwirtschaft ist der einzige Wirtschaftsbereich, der – durch Unterstützung und Ausnützung der Wachstumsprozesse der lebendigen Natur – Güter echt produzieren kann. Sie ist . . . die einzige, bei richtiger Behandlung unerschöpfliche Produktionsquelle für Nahrungsmittel, Rohstoffe und Energie, die wir besitzen . . .'' Zum Beispiel entsteht das „Einkommen" des Bergbaues immer zu einem Teil aus Arbeit und zu einem anderen Teil aus *Kapitalverbrauch*. Das landwirtschaftliche Realeinkommen ist das einzige echte Einkommen der Volkswirtschaft, das ausschließlich aus Arbeit und *Kapitalnutzung* entsteht. Der Landbewirtschaftung kommt als einer Existenzgrundlage der Gesamtbevölkerung eine andere Rolle zu als z. B. der Automobilproduktion. Die Landwirtschaft muß krisensicher und nachhaltig produzieren können. Das erfordert eine völlige Änderung unseres Wirtschafts- und Agrarsystems. „Der wirtschaftliche Stellenwert der Land- und Forstwirtschaft darf nicht länger an dem 3,5%igen Beitrag zum Bruttosozialprodukt (BSP) gemessen werden. Diesem Wirtschaftszweig muß vielmehr der höchste Stellenwert eingeräumt werden."

Das Wirtschaftswachstum, die Erhöhung des BSP des „Nationaleinkommen", ist das Ziel, dem alle Regierungen in Ost und West nachjagen, nur wenige Entwicklungs-Länder erkennen die Gefahr. – Die Landwirtschaft in den Industrieländern glaubt sich zu einem selbstzerstörerischen Wettlauf gezwungen, „anstelle größter Gütererträge pro ha das größte Einkommen in DM je Arbeitskraft anzustreben". – Das BSP ist in sich unlogisch; unvergleichbare, positive und negative Zahlen werden zusammenaddiert. Damit wird verschleiert, daß unersetzliche Rohstoffe und Energien verschleudert, in nicht regenerierbaren giftigen Müll verwandelt werden, und das alles auf Kosten unserer Nachkommen. Das entspricht der Moral von Bankrotteuren, Räubern und Amokläufern. – Es ist nur zu hoffen, daß viele Bauern diesen Teufelskreis erkennen und durchbrechen. Der biologische Landbau weist neue Wege. „Nicht die einmaligen Stoffe dieser Erde aufbrauchen, sondern von den erneuerbaren leben. . . . Die Nachhaltigkeit der Bodenbewirtschaftung wird also – wie in der Forstwirtschaft – zum obersten Grundsatz erhoben werden müssen". Prof. *Steffen* machte Versuche, „Betriebswirtschaftliche Folgen begrenzter Dünge- und Pestizidanwendung" zu bestimmen. Prof. *Bick* (159) gab einen Vorbericht. Danach erhält man bei „Stufenwei-

ser Reduzierung aller eingesetzter Umweltchemikalien" Ertrags-
rückgänge bei Zuckerrüben und Winterweizen von 20%". Ähnliche Erfahrungen machten auch biologisch wirtschaftende Bauern. Sie brauchten bei der Umstellung von chemisch behandelten Böden auf biologische Anbauweise viele Jahre, bis das Bodenleben sich erholte und die natürliche Fruchtbarkeit wieder hergestellt war (soweit die Böden nicht unrettbar verseucht wurden).
Eine „stufenweise Reduzierung" würde allerdings den Heilungs-
prozeß eher verhindern. Vielleicht verstehen die biologischen
Bauern mehr davon als die Professoren. – Nach einer EG Studie
würden die Grundnahrungsmittel 25–30% teurer werden. Als Ak-
tivposten wäre u.a. eine Verbesserung der Volksgesundheit einzu-
setzen.

Der bayerische Landwirtschaftsminister H. Eisenmann läßt
die organisch biologische Wirtschaftsweise in einem Staatsgut
nachprüfen, nachdem Gutachter der Bayerischen Landesanstalt
für Bodenkultur bei einigen Bauern erstaunliche Erfolge ihrer
biologischen Anbauweise festgestellt hatten. 20 von 500 amtli-
chen Landwirtschaftsberatern befürworten die neue Methode.
Eine noch größere Zahl der nichtamtlichen „Berater" fördern
dagegen weiter die Umsätze der chemischen Industrie. – Nach
Vester (147) ergaben Untersuchungen der Washington Univer-
sity, daß die Betriebskosten bei 16 organisch betriebenen Farmen von 27% der Gesamtkosten auf 19% absanken, die Gewinne also höher waren, verglichen mit 16 konventionellen Betrieben. Der Energieaufwand letzterer war außerdem dreimal so
hoch. Dazu kamen die schwer berechenbaren ökologischen Vorteile der biologischen betriebenen Farmen.

Es wäre daher sehr zu wünschen, daß der alternative Landbau
eine weitere Verbreitung finde. 1977 soll sein Anteil an der
landwirtschaftlich genutzten Fläche der BRD noch bei 0,1%
gelegen haben. Der Bedarf an rückstandfreier Nahrung wird
wachsen. Die Kunden sind auch bereit, höhere Preise zu zahlen.
Das Bewußtsein wächst, daß eine radikale Wendung notwendig
ist, wenn die Menschheit überleben soll. Damit wächst auch die
Einsicht in die Bedeutung der Landwirtschaft, ihr Ansehen.

Literatur zu XIII (Landwirtschaft)

1. *Andreae, B.* Naturw. Rdsch. 29, 393 (1976), Ber. Ldw. 56, 289 (1978). –
2. *Briemle, G.* Leben und Umwelt 13, 87 (1976). – 3. *Olschowy, G.* Natur und Landschaft 54, 16 (1979). – 4. *Aeikens, H.O.* Ber. Ldw. 56, 72
(1978). – 5. *Bierhals, E.* „Brachflächen in der Landschaft" (Darmstadt-
Kranichstein 1976). – 6. *Krause, A.* u. *Lohmeyer, W.* Natur und Land-

schaft 53, 267 (1978). – 7. *Czeratzki, W.* Ber. Ldw. 56, 265 (1978). –
8. *Estler, M.* Ber. Ldw. 56, 457 (1978). – 9. *Probst, M.* Ber. Ldw. 56,
373 (1978). – 10. *Keller, R.* Umschau 71, 73 (1971). – 11. *Gustavsson,
Y.* AMBIO 6, 34 (1977). – 12. *Schmidt, A.* Chemiker-Zeitung 97, 401
(1973). – 13. Chem. Ind. 29, 126 (1977). – 14. *Schmid, G.* u.a. Bayer.
Landw. Jahrbuch 52, 914 (1975). – 15. *Parthier, B.* Biol. Rdsch. 16,
345 (1978). – 16. *Evans, H.J.* u.a. Science 197, 332 (1977). – 17. Umwelt (BMI) 41, 10 (1975). – 18. ref. Naturw. Rdsch. 30, 343 (1977). –
19. *Lee, K.W.* u.a. Water, Air, and Soil Pollution 5, 109 (1975). – 20.
Williams, C.W. Soil science 121, 86 (1976), *Ronneau, C.* Water, Air, and
Soil Pollution 9, 171 (1978). – 21. *Seifert, A.* „Gärtnern, Ackern – ohne
Gift" (München 1975). – 23. *Karnovski, F.* Abwassertechnik 3/77, 8. –
24. *Borneff, J.* u.a. Zbl. Bakt. Hyg., I. Abt. Orig. B 157, 151 (1973). –
25. *Spohn, E.* Städtehygiene 8/1970. – Forum Städte-Hygiene 28, 10/77,
278. – 26. *Büchel, K.H.* „Pflanzenschutz und Schädlingsbekämpfung"
(Stuttgart 1977). – 27. *Bertram, H.P., Kemper, F.H.* Deutsches Ärzte-
blatt, 157 (1977). – 28. *Weber, J.R.* Environ. Sci. & Technol. 11, 756
(1977). – 29. *Hayes, W.H.* Archiv of Environ. Health 31, 61 (1976),
Toxicology and Appl. Pharmacology 42, 235 (1977). – 30. *Hearn, C.E.J.*
ref. Staub-Reinh. Luft 35, 37 (1975). – 31. *Israeli, R.* u. *Mayersdorf, A.*
Zbl. Arbeitsmed. 23, 340 (1973). – 32. *Kingsley, K.* Environ, Research
7, 243 (1974). – 33. *Cramer, J.* Atmospheric Environment 7, 241 (1973). –
34. *Cliath, M.M.* u.a. Environ. Sci. & Technol. 6, 910 (1972). – 35. *Har-
per, D.B.* Environ. Pollut. 12, 223 (1977). – 36. *Wolfe, N.L.* Environ.
Sci. & Technol. 11, 1077 (1977). – 37. *Peakal, D.B.* Atmosph. Environ.
10, 899 (1976). – 38. *Lue, K.Y.* Water, Air, and Soil Pollut. 9, 177 (1978). –
39. *El Beit, I.O.D.* Intern. J. Environ. Studies 11, 113 (1977). – 40.
Kuiper-Goodman, T. Toxicol. and Appl. Pharmacology 40, 529 (1977). –
41. *Gralla, E.J.* u.a. Toxicol. and Appl. Pharmacology 40, 227 (1977). –
42. *Den Tonkelaar, E.M.* u.a. Toxicol. and Appl. Pharmacol. 43, 137
(1978). – 43. *Kennedy, G.L.* u.a. Toxicol. and Appl. Pharmacol. 40,
571 (1977). – 44. *Kaiser, K.L.E.* Environ. Sci. & Technol. 12, 520 (1978). –
45. *Lejbovič, D.L.* Gigiena Sanitarija (1973), Heft 8, S. 21. – 46. *Glotfelty, D.E.* J. Air Pollut. Contr. Ass. 28, 917 (1978). – 47. *Ebing, W.* u.
Schuphan, I. Ber. Ldw. 50, 325 (1972). – 48. *Carter, L.J.* Science 186,
239 (1974). – 49. *Kühle, E.* in: Ullmann, Enzyklopädie der techn. Chem.
12, 597 (1976). – 50. *Böger, P.* Naturwiss. Rdsch. 30, 322 (1977). – 51.
Baumann, G. u. *Günther, G.* Biol. Rdsch. 16, 274 (1978). – 52. *Cramer,
H.-H.* Naturwissenschaften 64, 195 (1977). – 53. *Schneider, I.* Biol. Rdsch.
12, 263 (1974). – 54. *Mohr, G.* Chemiker-Ztg. 97, 409 (1973). – 55.
Kosmos 69, 411 (1973). – 56. *Ebing, W.* Ber. Ldw. 51, 742 (1973). –
57. *Kurir, A.* U – das technische umweltmagazin 5/74, 34. 4/74, 22. – 58.
Oka, I.N. u.a. Science 193, 239 (1976). – 59. *Wellenstein, G.* Qualitas Plantarum 25, 1 (1975), Umschau 75, 510 (1975). – 60. *Duthweiler, G.* Lebensschutz-Informationen 8, (4) (1977). – 61. *Thier, H.P.* Angew. Chem. 86,
244 (1974). – 62. *Lichtenstein, E.P.* u.a. Science 181, 847 (1973), Science
186, 1128 (1974). – 63. *Eggers, T.* Ber. Ldw. 50, 48 (1972). – 64. *Wellenstein, G.* Garten organisch Nr. 4 (1977). – 65. *Smith, J.* Science 203,
1090 (1979). – 66. *Lyr, H.* Biol. Rdsch. 11, 156 (1973). – 67. *Wainwright,*

M. Z. Pflanzenernährung, Bodenkunde 140, 587 (1977). – 68. Nachr. Chem. Techn. 24, 101 (1976). – 69. *Blaszyk, P.* Ber. Ldw. 50, 404 (1972). – 70. *Wellenstein, G.* U – das technische umweltmagazin 2/74, 36. ifoam Nr. 23, 1977/4. – 71. *Perwanger, A.* Ber. Ldw. 56, 431 (1978). – 72. *Thiede, H.* Gesunde Pflanzen 31, 42 (1979). – 73. *Farwell, S.O.* J. Air Pollut. Contr. Ass. 26, 224 (1976). – 74. *Schuphan, W.* „Mensch und Nahrungspflanze" (Den Haag 1976). – 75. *An der Lan, H.* u. *Schuphan, W.* Zentralbl. f. Bakteriol. Parasitenkd. I Orig. 210, 234, 240 (1969). – 76. *Röbbelen, G.* Naturwissenschaften 64, 177 (1977). – 77. *Kranz, J.* Umschau 75, 607 (1975). – 78. *Collins, J.* u. *Lappé, F.M.* „Vom Mythos des Hungers" (Frankfurt 1978). – 79. *Röbbelen, G., Schön, W.J., Thies, W.* Ber. Ldw. 54, 9 (1976). – 80. *Seher, A.* Dtsch. Lebensmittel-Rdsch. 73, 69 (1977). – 81. *Schuphan, W.* Qualitas plantarum 27, 1 (1977). – 82. *Witt, M.* Umschau 77, 375 (1977). – 83. *Weinzierl, H.* „Natur in Not", S. 118 (München 1975). – 84. *Bruns, G.* Naturw. Rdsch. 32, 333 (1979). – 85. *Grzimek, B.* Das Tier (1974). – 86. *Umschau* 75, 595 (1975). – 87. *Goll, S.* „Sie müssen ja nicht lange leben" (Zürich 1974). – 88. Animal Behaviour, Band 25, S. 1304 (1977). – 89. *Fleischle, W.* Ber. Ldw. 55, 855 (1977/78). – 90. *Renner, E.* u. *Kosmack, U.* Umschau 75, 150 (1975), Umschau 78, 180 (1978). – 91. *An der Lan, H.* in *Buchwald, K.* „Handbuch für . . . Umwelt", II, 358 (1978). – 92. *Stöfen, D.* „Blei als Umweltgift" (Eschwege 1974). – 93. *Vester, F.* „Das Überlebensprogramm" (Frankfurt 1978). – 94. Umweltbundesamt Berlin, Berichte 3/76, Blei. – 95. *Koch, E.R.* u. *Vahrenholt, F.* „Seveso ist überall" (Köln 1978). – 96. *Stöfen, D.* Forum Städte-Hygiene 3, 25 (1979). – 97. *Bryce-Smith, D.* AMBIO 7, 192 (1978). – 98. *Oeltzschner, H.* ADAC-Motorwelt 4/76, 31. – 99. *Elfving, D.C.* u.a. Arch. of Environ. Health 33, 95 (1978). – 100. *Krämer, F.* u. *Wittkötter, U.* Schriftenreihe der L.I.B. 35, 38 (1975). – 101. Bundesgesundheits-Blatt 20, 76 (1977). – 102. *Hensel, W.* u.a. Dtsch. Lebensmittel-Rdsch. 74, 193 (1978). – 103. Umweltbundesamt, Berichte 4/77, Cadmium. – 104. *Hasset, J.J.* u.a. Environ. Pollut. 11, 297 (1976). – 105. *Olsson, M.* u.a. AMBIO 7, 25 (1979). – 106. *Schulte-Löbbert, F.-J.* u.a. Lebensmittelchemie, gerichtl. Chemie 32, 93 (1978). – 107. *Elinder, C.-G.* AMBIO 6, 270 (1977). – 108. *Stelte, W.* in: Schäfer, H. „Folgen der Zivilisation" (Frankfurt 1974). – 109. *Charlebois, C.* AMBIO 7, 204 (1978). – 110. *Wosing-Narr, U.* Bundesgesundheitsblatt 20, 49 (1977). – 111. *Lorenz, H., Kossen, M.T., Käferstein, F.K.* Bundesgesundhbl. 21, 202 (1978). – 112. *Alse, C.* u.a. Öff. Gesundheitswesen 39, 780 (1977). – 113. *Grant, C.* u.a. Environ. Pollut. 14, 213 (1977). – 114. *Claussen, T.* Ber. Ldw. 57, 105 (1979). – 115. *Moll, W.L.H.* U – das technische umweltmagazin Februar 1978, S. 34. – 116. *Sherma, R.P.* The Science of the Total Environment 7, 53 (1977). – 117. *Shakman, R.A.* Arch. Environ. Health 28, 105 (1974). – 118. *Crößmann, G.* Ber. Ldw. 55, 785 (1977/78). – 119. *Ocker, H.-D.* Ber. Ldw. 55, 796 (1977/78). – 120. *Gamp, H.* „Das geltende Futtermittelrecht . . ." (Hannover 1976). – 121. *Thaler, H.* Dtsch. Med. Wschr. 101, 1740 (1976). – 122. *Laub, E.* Dtsch. Lebensmittel-Rdsch. 73, 8 (1977). – 123. Bundesgesundhbl. 19, 281 (1976). – 124. Bundesgesundhbl. 20, 133 (1977). – 125. Dtsch. Lebensmittel-Rdsch. 72, 254 (1976). – 127. *Kallweit, P.* Ber. Ldw. 55, 779 (1977/78). –

128. *Meemken, H.-A.* u.a. Lebensmittelchemie, gerichtl. Chemie **29**, 95 (1975). – 129. *Morita, M.* u.a. Environ. Poll. **9**, 175 (1975). – 130. *Woidich, H.* u.a. Dtsch. Lebensmittel-Rdsch. **74**, 61, 443 (1978). – 131. *Faßbender, C.P.* Ernährungs-Umschau **26**, 18 (1979). – 132. *Blevins, R.D.* Water, Air, and Soil Poll. **11**, 71 (1979). – 133. *Westöö, G.* AMBIO **7**, 62 (1978). – 134. *Clauss, B.* u. *Acker, L.* Z. Lebensm. Unters. Forsch. **159**, 129 (1975). – 135. ref. Z. Lebensm. Unters. Forsch. **168**, 214 (1979). – 136. *Richter, J.* Umschau **75**, 149 (1975). – 137. Deutsche Forschungsgemeinschaft „Verhalten und Nebenwirkungen von Herbiziden im Boden und in Kulturpflanzen" (1979). – 138. *Franz, J.M.* u. *Krieg, A.* „Biologische Schädlingsbekämpfung" (Berlin 1976). – 139. Naturw. Rdsch. **30**, 108 (1977). – 140. *Müller, G.* Bundesgesundheitsbl. **20**, 153 (1977). – 141. *An der Lan, H.* „Ernährung-Umweltchemikalien-Gesundheit" in *Buchwald, K.* u. *Engelhardt* „Handbuch . . . Umwelt" (München 1978). – 142. *Hall, R.H.* Intern. J. Environ. Studies **12**, 21 (1978). – 143. *Reuter, H.* VDI-Nachr. Nr. 24 v. 18. 6. 1976. – 144. *Sweeny, S.B-I.* Intern. J. Environ. Studies **12**, 27 (1978). – 145. *Gottschewski, G.* VDI-Nachr. Nr. 6 v. 7. Februar 1975. – 146. *Aehnelt, E.* u. *Hahn, J.* Tierärztliche Umschau, Nr. 4/1973, 155, Veröff. Landwirtsch.-chem. Bundesversuchsanstalt Linz Band 10, 227 (1975). – 147. *Weiger, H.* in „Landbau heute . . .", 41 (Frankfurt 1977). – 148. *v. Bogulawski, E.* Mitteilungen der DLG, Heft **20**, 497 (1972). – 149. Umwelt (BMI) **64**, 31 (1978). – 150. *Brauner, H.* „Die wissenschaftlichen Grundlagen des organisch-biologischen Landbaues" (Linz 1974). – 151. *Laatsch, W.* „Dynamik der deutschen Acker- u. Waldböden". Verlag Theodor Steinkopff (Dresden-Leipzig 1938). – 152. *Breda, E., Heinze H., Schaumann, W.* Forschungsring für Biologisch-Dynamische Wirtschaftsweise (Darmstadt 1975). *Heinze, H.* Lebendige Erde 1/1977, 1. – 153. *Preuschen, W.* u.a. „Gesunder Boden = leistungsstarker Betrieb" (Graz 1978). – 154. *Israel, J.* in „Technologie und Politik", Band 3 (Reinbeck 1975). – 155. *Bassham, J.A.* Science **197**, 630 (1977). – 156. *Stutzer, D.* VDI-Nachr. Nr. 17. v. 27. 4. 1979. – 157. *Quirbach, K.H.* Natur und Landschaft **54**, 20 (1979). – 158. X, Lebendige Erde **5**, 186 (1978). – 159. *Wade, N.* Science, **204**, 817 (1979). – 160. *Leithe, W.* „Die Analyse der organischen Verunreinigungen in Trink-, Brauch- und Abwässern (Stuttgart 1972). – 161. Science **188**, 343 (1975). – 162. *Hapke, H.-J.* Umschau **79**, 318 (1979). – 163. *Bohn, H.L.* u. *Seekamp, G.* Water, Air, and Soil Pollution **11**, 319 (1979). – 164. *Hooper, N.K.* u.a., Science **205**, 591 (1979). – *Baumeister, W.* u. *Ernst, W.* „Mineralstoffe und Pflanzenwachstum" (Stuttgart 1978). – *Hampicke, U.,* „Wie ist eine umweltgerechte Landwirtschaftsreform möglich?" Landschaft + Stadt **11**, 68–80 (1979).

Tab. 17. Düngemittelverbrauch 1969/70 in kg (N + P$_2$O$_5$ + K$_2$O) je ha (nach (12))

Japan	400	USA	82
BRD	374	Italien	81
DDR	301	Jugoslawien	78
Österreich	245	Rumänien	55
Kuba	234	UdSSR	36
Großbritannien	213	China	30
Tschechoslowakei	212	Australien	27
Frankreich	212	Brasilien	20
Polen	158	Kanada	17
Schweden	156	Indien	10
Ägypten	112	Iran	7,5
Griechenland	84	Argentinien	2,2

Tab. 18. Kunstdüngerverbrauch in Deutschland bzw. BRD (in kg je ha)

	Stickstoff	Kali	Phosphat	Kalk
1913/14	6	17	19	62
1929/30	14	27	19	62
1936/37	20	32	21	55
1962/63	54	77	51	
1972/73	88	85	67	
1974/75	90	88	66	
1975/76	92	83	59	

Tab. 19. Kunstdüngerproduktion (in Mio. t) nach (13)

	Stickstoff (N)		Kali (K$_2$O)		Phosphat (P$_2$O$_5$)	
	RGW	Welt	RGW	Welt	RGW	Welt
1965	4,2	19,1	4,3	13,8	3,5	15,2
1970	8,5	33,0	6,6	17,8	5,5	20,7
1974	11,6	42,3	9,6	23,7	7,3	27,0

Tab. 20. Durchschnittliche Weizenerträge (Dreijahresmittel) und durchschnittliche Stickstoffdüngung (N) vom Wirtschaftsjahr 1950/51 bis 1974/75 (Dreijahresmittel) im groben zeitlichen Vergleich mit den sich gegenseitig bedingenden Pflanzenschutz- und Pflanzenbehandlungsmaßnahmen (aus „Umweltgutachten 1978")

Jahr	Durchschnittliche Weizen-Erträge dt/ha	Durchschnittliche N-Düngung je ha landwirtschaftlich genutzter Fläche in kg	Maßnahmen
1974	45,6	88,1	Pflanzenschutzsystem 1976
1971	42,0	85,1	Vor Aussaat: Herbizid
1968	41,7	72,3	Saatgutbeizung (Fungizide, Insektizide, Vogelabwehrstoffe)
			Nach Saat:
			Herbizid (1) Fungizide (Ährenmehltau, Spelzenbräune)
			Herbizid (2) Insektizid (Blattläuse; u.U. Gallmücken)
			Wachstumsregler (1) Blattdüngung
			Fungizid (Halmbruch) Spätdüngung
			Wachstumsregler (2)
			Fungizide (Blattmehltau, Rost) Nach Ernte: Herbizid
1965	33,4	60,9	Fungizide zur Mehltaubekämpfung ↑
1962	33,3	50,3	Vereinfachte Fruchtfolge ↑ Fußkrankheiten → Fungizide ↑
1959	32,9	42,5	Höhere Handelsdüngergaben ↑ Unkrautvermehrung → Herbizide ↑
1956	30,5	36,6	Halmverkürzung durch CCC ↑ Zunehmende Spelzenbräune → Fungizide ↑
1953	27,1	30,7	Herbizide zur Unkrautbekämpfung → Zunahme Ungräser → Spezialherbizide
1950	27,3	25,4	Saatgutbehandlung mit Insektiziden gegen Bodenschädlinge ↑ Mechanische Unkrautbekämpfung ↑ Saatgutbeizung

Tab. 21. Keimzahlen und Aktivität der Mikroflora im Boden (nach *Borneff* (24))

Variante	Bakterien in Mill./g Tr. M.		Schimmelpilze in Tausenden/g Tr. M.		Actinomyceten in Tausenden/g Tr. M.		CO_2-Entwicklung mg/100 g Tr. M. in 7 Tg.	
	Anfang	Ende	Anfang	Ende	Anfang	Ende	Anfang	Ende
Frischkompost	0,48	10,76	14	190	43	2090	607,93	69,30
Mietenkompost	1,60	8,49	2	13	25	379	238,33	62,75
Stalldünger	2,14	11,21	43	19	7	2470	326,11	138,59
Mineraldünger	1,02	2,80	8	0,4	11	25	18,19	37,00
Ungedüngt	1,02	2,76	11	5	18	18	31,66	32,51
Ungedüngt und unbepflanzt	0,27	0,20	11	6	15	40	21,44	12,80

Tr. M. = Trockenmasse

Tab. 22. Jahresverbrauch an Fleisch und Getreide in satten und hungrigen Völkern (nach *Witt* (82))

Land	Fleisch kg	Getreide kg	Fleisch : Getreide
	Gesättigte		
USA	110	66	1: 0,6
Neuseeland	111	78	1: 0,7
Uruguay	124	95	1: 0,8
	Hungrige		
Algerien	8	138	1:17
Nigeria	7	117	1:17
Indien	1,5	158	1:92

Tab. 23. Toxikologische Eigenschaften von Pestiziden nach *Weber* (28)

Handelsnamen	Akute orale Toxizität		Halbwerts-	Akkumula-
	Ratten LD_{50} (mg/kg)	Fische LD_{50} (ppm)	zeit (Wochen)	tionsfaktor
Chlorierte Kohlenwasserst.				
Aldrin	55	0,003	520	4 444
HCB	3000	0,79	208	60
DDT	113	0,007	546	70 000
Dieldrin	60	0,003	> 312	3 300
Endrin	25	0,0002	> 624	1 000
Lindane (HCH)	106	0,018	> 728	60
Organophosphor- verbindungen				
Azinphosethyl	17,5	0,019	< 4	0
Dichlorvos	68	0,700	8	0
Disulfoton	7,5	0,040	2	0
Malathion	1375	0,070	2	0
Parathion	13	0,047	8	9
Phorate	3	0,0055	2	0
Carbamate				
Carbaryl	675	2,0	2	0
Carbofuran	11	0,21	8–16	0
Triazine				
Ametryn	1100	3,4	4–12	0
Atrazine	2000	12,6	26–78	0
Cyanazine	334	> 1	4– 8	0
Prometone	1750	> 1	> 104	0
Verschiedene				
Dalapon	4000	115	2– 4	0
Dicamba	1100	35 000	8–12	0
Endothall	80	1,15	4	0
Picloram	8200	2,5	52–78	0
2,4-D	400	250	1– 4	0
2,4,5-T	300	0,5	1–12	0
Alachlor	1800	13,4	8–12	0
Bromacil	5200	75	40–48	0
Captan	9000	0,13	< 1	0
Copper sulfate	2000	0,150	permanent	0
Diuron	3400	4,3	< 52	0
Ethylmercury chlorid	37	1,8	permanent	3 000
Pyrazon	3300	40	4– 8	0

Tab. 24. Zahlen zur Schadwirkung von Schädlingsbekämpfungsmitteln nach *Leithe* (160)

Wirkstoff	Wasserlös-lichkeit (mg/l)	MAK-Wert mg/m³ Luft	LD_{50}-Ratte mg/kg Körpergewicht	LD_{50}-Fische mg/l Wasser
Aldrin	0,03	0,25	67	0,2
Captan	0,5		9000–15000	
Carbaryl	unter 1000	5	400–850	
Chlordan		0,5	250	0,05–1
Dalapon	leicht lösl.		6600–8100	340
Dichlorvos (Vapona)	10 000	1	50–80	1000
DDT	0,002	1	250–300	0,05–0,2
Dieldrin	0,1	0,25	40–87	0,05
Dimethoat (Perfekthion)	25 000		250	
Dinitro-o-Kresol	130		30	6–13
Endosulfan (Thiodan)		1	40–50	0,001–0,01
Endrin	prakt. unlösl.	0,25	5–45	0,001–0,008
Formaldehyd	leicht lösl.		2400	150
Lindan	10	0,5	88–125	0,2–0,3
Malathion	145	15	1375–2800	0,1–1
MCPA	Salze leicht löslich		700	35
Metasystox	3300		40–60	4–7,5; 100
Methoxychlor	prakt. unlösl.		5000–7000	0,05
Paraquat	leicht lösl.		150	32
Polyram	prakt. unlösl.		10 000	32
Parathion (E 605)	24	0,1	6–15	3
Toxaphen	3		40–120	0,006–0,2
2,4-D	Salze leicht löslich		375	5–75–1160

Tab. 25. Absatz von Pflanzenschutzmitteln (Wachstumsregler) in der Bundesrepublik Deutschland 1972 bis 1976 (in t Wirkstoff) (nach „Umweltgutachten 1978") (S. 319)

Mittelgruppe (Zielgruppe)	1972	1976	%
Herbizide (unerwünschte Pflanzen)	12 744	14 906	60,3
Fungizide (Pilze, z.B. an Saatgut)	4 526	5 401	21,9
Insektizide und Akarizide (Insekten bzw. Milben)	1 612	1 807	7,3
Nematizide (Nematoden)	533	977	4,0
Molluskizide (Schnecken)	33	38	0,2
Rodentizide (Nagetiere)	208	122	0,5
Wildverbißmittel (Abschreckmittel)	837	733	3,0
Keimhemmungsmittel	17	12	0,0
Wachstumsregler	488	529	2,1
Mittel zur Veredlung und Wundverschluß		185	0,7
	20 998	24 710	100

Tab. 26. Geschätzter Anteil der mit Herbiziden, Fungiziden und Insektiziden behandelten Fläche in Prozent der jeweiligen Anbaufläche. Mehrfachbehandlungen kommen vor. Saatgutbehandlungsmittel (Beizmittel) nicht berücksichtigt („Umweltgutachten 1978")

	Herbizide	Fungizide	Insektizide
Wintergetreide	90–95	15	unter 5
Sommergetreide	80–85	20	unter 5
Zuckerrüben	100	unter 10	50
Futterrüben	70–75	0	10
Kartoffeln	30	40	50
Körnermais	100	0	10
Raps, Rüben	60	0	90
Obstanlagen	60	100	100
Rebland	50–60	100	100
Hopfen	–	100	100
Grünland	2–5	0	0
Forst	unter 2	unter 1	unter 2

Tab. 27. Kombinationswirkung bei Pestiziden („Umweltgutachten 1978",
S. 49)

Art der Kombinations-einwirkung	Wirkung in %		
	überadditiv	additiv	unteradditiv
Gleichzeitige, einmalige Verabreichung (310 Versuche)	18	56	26
Gleichzeitige, mehrmalige Verabreichung (33 Versuche)	18	79	3
Aufeinanderfolgend einmalige Verabreichung (91 Versuche)	9	0	91
Mehrmalige Vorbehandlung und einmalige Nachbehandlung (66 Versuche)	32	18	50

Tab. 28. Richtwerte '76 für Gehalte über Arsen, Blei, Cadmium und Quecksilber in Lebensmitteln (berechnet als Gesamtelement in mg/kg, bezogen auf das Frischgewicht)

Lebensmittel	Arsen	Blei	Cadmium	Quecksilber
Fleisch				
– Rindfleisch	(0,05)	0,3	0,05	(0,02)
Rind – Leber	(0,25)	0,8	0,5	0,2
Rind – Niere	–	0,8	1,0	–
– Schweinefleisch	0,1	0,3	0,1	0,08
Schwein – Leber	0,25	0,8	0,8	0,4
Schwein – Niere	–	0,5	2,0	0,5
– Geflügel	0,1	0,5	0,1	0,08
Geflügel – Leber	0,1	(0,8)	(0,1)	(0,08)
Milch	(0,1)	(0,05)	(0,02)	(0,02)
Milcherzeugnisse				
– Kondensmilch	–	(0,5)	(0,02)	–
– Milchpulver	–	(2,0)	(0,2)	–
Hühnereier (ohne Schale)	0,1	0,15	(0,03)	0,1
Gemüse				
– Blatt- und Sproßgemüse	(0,2)	2,0	0,1	(0,05)
– Wurzelgemüse)	0,2	0,5	0,1	(0,05)
Kartoffeln	0,2	1,0	(0,08)	0,05
Obst	0,2	1,5	0,08	(0,05)
Getreide, ausgenommen Reis	(0,5)	0,5	0,1	0,03
Kakaobohnen, fermentiert und getrocknet	(0,5)	(1,5)	(0,3)	(0,05)
Kaffebohnen, ungeröstet	(0,5)	0,5	0,1	(0,05)
Tee und teeähnliche Erzeugnisse	(0,5)	1,0	0,05	1,0
Zucker	0,1	0,3	0,1	0,05
Bier	(0,1)	(0,2)	(0,02)	(0,01)
Alkoholfreie Getränke	0,1	0,2	0,02	0,01
Pflanzliche Fette und Öle, raffiniert	0,1	0,25	0,05	(0,05)

Tab. 29. Chlororganische Verbindungen in Frauenmilch (mg/kg Fett) (Mittelwerte)

Stoff	Hapke (161)	Umweltgutachten (1978, S. 306)		Kiel (Literaturverz. XIII, 135)	Münster	Bayern	Schweden (133)		Kuhmilch Butterfett zulässig
Jahr		1970	1975	1973/75	1970/75	1973/74	1967	– 1976	
α HCH	0,02		0,3						
β HCH	0,1–1,0	0,54	0,56	0,28	0,68	1,1	0,25	0,15	
γ HCH (Lindan)	0,1–0,5	0,03	0,09						0,1
HCB (Hexachlorbenzol)	0,1–5,0	5,3	2,6	0,5	2,65	1,8	0,14	0,11	0,5
DDT		1,1	0,64				1,3	0,4	
DDE		2,7	2,8				2,0	1,5	
DDT + DDE	0,5–5,0	3,8	3,5	1,25	3,5	4,4	3,3	1,9	1,0
PCB	0,5–10	3,5	6,5	1,1	6,53	3,3	0,5	0,9	
HE (Heptachlorepoxid)	0,1			0,11	0,11				0,1
Dieldrin	0,1			0,07	0,1		0,05	0,03	0,15

Tab. 30. Unterschiede der landwirtschaftlichen Verfahren (Schwerpunkte)

Aufgabe, Fragestellung	Konventioneller Landbau (industrielle Produktion)	Biologischer Landbau
Grundlagen	Physikalisch-chemische Labor- und Gewächshausversuche	Überlieferung, Versuche, wissenschaftliche Ansätze
Hauptziele	Industrielle Mittel sollen die Naturprozesse ergänzen oder ersetzen	Nahrungsbildung soll durch Förderung der Naturprozesse gesteigert werden
Pflanze und Standort	Willkürliche Bestimmung	Rücksichtnahme, Einordnung
Mineralbedarf	Mineraldünger	Verwitterung der Gesteine (z.B. Phosphate) im lebenden Boden
Stickstoffdünger	Industriedünger	Luft-Stickstoff-Bindung durch Bodenbakterien
Wachstum	Wachstumsregler (z.B. CCC)	Gestaltung und Stauung durch Licht (z.B. Untersaat)
Pflanzenkrankheiten	Pflanzenschutzmittel	Natürliche Widerstandskraft der Pflanze (Spritzen mit Naturprodukten)
Schadinsekten	Insektizide (verarmen Bodenleben, fördern Resistenz)	Artenreiche Kleintierfauna begünstigt Gleichgewicht
Ergebnisse	Steigerung der Erträge, der Quantität, der Gewinne (einstweilen)	Erhöhung der Bodenfruchtbarkeit, der Qualität der Produkte, der Gesundheit der Verbraucher

Tab. 31. Richtwerte 1979 für Blei, Cadmium und Quecksilber (mg/kg bzw. mg/l)

	Blei	Cadmium	Quecksilber
Milch	0,05	0,0025	
Hühnereier	0,2	0,05	0,03
Rind-/Kalbfleisch	0,3	0,1	0,02
Schweinefleisch	0,3	0,1	0,05
Rinder-/Kalbsleber	0,8	0,5	0,1
Schweineleber	0,8	0,8	0,1
Süßwasserfisch	0,5	0,05	(1,0)
Seefisch, Fischerzeugnisse			(1,0)
Blattgemüse	1,2	0,1	
Sproßgemüse	1,2	0,1	
Fruchtgemüse	0,2	0,1	
Wurzelgemüse	0,5	0,05	
Kernobst	0,5	0,05	
Steinobst	0,5	0,05	
Beerenobst	0,5	0,05	
Fruchtsäfte	0,2	0,02	
Getreide	0,5	0,1	0,03
Kartoffeln	0,2	0,1	0,02
Wein	(0,3)	(0,1)	
Trinkwasser	(0,04)	(0,006)	(0,004)

( ) Höchstmengen nach Wein- bzw. Trinkwasser- bzw. Quecksilberverordnung (Bundesgesundhbl. 22 Nr. 15 vom 20. 7. 1979)

Tab. 32. Energieverbrauch in der Landwirtschaft der BRD (in Billionen Kilojoule, nach Angabe des Instituts für Agrarpolitik, Kiel)

	1950	1978
davon (in Prozent)	234	547
Menschliche Arbeit	31	4
Tierische Arbeit	36	
Brennstoffe, Treibstoffe, Strom	10	48
Energieeinsatz für die Herstellung von:		
Düngemitteln, Maschinen, importierten Futtermitteln	23	48
	100	100

XIV. Nachwort

Bücher werden geschrieben in der Hoffnung, daß sie gelesen werden, eine Wirkung haben. Dieses Buch berichtet von Gefahren. Es versucht, sie einsichtig zu machen, Möglichkeiten der Abwehr anzudeuten. Die hoffnungsvollen Alternativen, die „Sanfte Technik", konnte nur kurz gestreift werden. – Diese schöne Welt zerstört sich selbst. Es gehört wohl viel Optimismus dazu, zu glauben, daß sie durch Einsicht zur Vernunft kommt.

Die industrialisierten, reichen Völker hatten noch vor wenigen Generationen Angst vor Hunger, Armut, Seuchen. Diese Urängste sind nur verdrängt, nicht überwunden. Sie äußern sich immer wieder durch Ichsucht, Besitzgier, Machtstreben, Nationalismus. Sie führen zu der Forderung einer streng geregelten Lebensform: Ordnung, Disziplin, Sauberkeit. In dem gepflegten Rasen des Vorgartens darf kein Gänseblümchen blühen, zwischen den Pflastersteinen kein Gras wachsen. – Der Glaube an übergeordnete Lebensmächte ist verdrängt durch den Aberglauben an die Allwissenheit der Wissenschaftler und die Allmacht der Techniker, da sie ja doch wesentlich zum Reichtum beitrugen. Das vorliegende Buch soll helfen, diesen Aberglauben abzubauen. – Vor 40 Jahren glaubten Chemiker, aus der Atomspaltung riesige Energien gewinnen zu können. Zur Erschütterung der Wissenschaftler *Lise Meitner, Otto Hahn* und *Straßmann* führte ihre großartige Entdeckung zur Entwicklung der Atombombe. Diese Herkunft hat die Atomtechnik nicht verleugnen können. – Die „friedliche Nutzung" der Atomspaltung versprach billige Energie, die Voraussetzung für viele technische und chemische Prozesse.

Manche Chemiker glaubten damals, Hunger und Krankheiten in der ganzen Welt besiegen zu können. Es war ein Irrtum. Die Mächtigen drängen auf schnelle Ausbeutung aller neuen Erfindungen. Die Atomtechnik hätte vielleicht 100 Jahre zur Reife gebraucht. Alle Wissenschaftsdisziplinen müßten an ihrer Erforschung beteiligt werden, nicht nur Physiker, Techniker und – Militärs. So müssen wir in Erwartung einer Atomkatastrophe leben und schwerer genetischer Schäden der Urenkel.

Robert Jungk zeigte den Rahmen auf, den Käfig, in dem wir leben sollen: „Der Atomstaat" (München 1977). Seine Alternative, der „Sanfte Weg", ist bestimmt nicht als innere Emigration gedacht.

Die Wissenschaftler werden immer mehr zu Spezialisten. Um auch nur ein kleines Fachgebiet zu beherrschen, müssen sie sich ganz darauf konzentrieren, können es sich kaum leisten, einen

Blick in das Nachbargebiet zu werfen. Neben dem Spezialisten brauchen wir aber immer dringlicher Generalisten, die eine größere Zahl von Wissensgebieten übersehen, ihre Zusammenhänge erkennen, Kontakte vermitteln. Ein hervorragendes Beispiel ist *Frederic Vester* „Das Überlebensprogramm" (Frankfurt 1975). – Gewiß hat die Menschheit seit Beginn ihrer Geschichte viele Gefahren überlebt. Die jetzigen Gefahren sind anderer Art. Vergiftungen von Luft, Wasser und Erde mit radioaktiven Elementen, toxischen Metallen wie Blei, Cadmium, Quecksilber, mit chlororganischen Verbindungen u.a. können nicht wieder aus der Natur entfernt werden. Sie bedrohen unübersehbar viele Generationen mit Krankheiten, Degeneration, Siechtum und vorzeitigem Tod.

Die Tagesarbeit eines Wissenschaftlers, seine Sorgen und Nöte sind wenig bekannt. Der Autor hat z.B. drei Doktorarbeiten angefangen. Die erste war zu kompliziert und zu teuer (für den Staat), die zweite zu langwierig, die dritte in kurzer Zeit ein Erfolg. Ein Wissenschaftler sammelt Beobachtungen, macht Experimente. Es dauert einige Zeit, bis er soviel Erfahrungen gesammelt hat, daß daraus ein eigenes Werk entsteht. Davon dürfen nur „gesicherte" Erkenntnisse veröffentlicht werden. Manches fällt unter den Tisch, auch Widersprüchliches, das vielleicht später einmal untersucht werden soll. Ohne diese Auslese, die Vereinfachung der Ergebnisse, Verteilung der Schwerpunkte, den willkürlichen Abschluß einer Untersuchung ist eine wissenschaftliche Aussage nicht möglich. Die „objektive" Wissenschaft ist von subjektiven Einflüssen nicht zu trennen. Sogar der Naturwissenschaftler ist von der Gefahr einer halbbewußten Manipulation, einer Selbsttäuschung, nicht ganz frei. Eine Korrektur, eine Berichtigung durch einen Fachkollegen – früher oder später – ist eine gute Sicherung. Eine große Gefahr ist die Zurückhaltung der Ergebnisse durch den Auftraggeber.

Der Techniker, der Praktiker greift zu den neuen Erkenntnissen, er will sie verwerten. Er baut z.B. Fabriken, Brücken, Kanäle und beachtet nicht, daß der Baustoff, Eisenbeton, nicht beständig ist, durch Kochsalz, Rauch- und Chemieabgase, Abwässer in wenigen Jahren angegriffen, zerfressen wird. Einsturzgefährdete Autobahnbrücken, ein Symbol für den technischen Fortschritt, unser Wirtschafts- und Gesellschaftssystem? – Der Techniker wird gedrängt durch die Wirtschaft, er hat viel zu wenig Zeit für längere Erprobungsversuche, er muß alle Neuigkeiten schnell verwerten, zu Geld machen. –

Wissenschaft und Technik scheinen immer schneller voranzuschreiten. Doch die Menschheit fühlt sich nicht sicherer, glücklicher, eher im Gegenteil.

Die „Sicherheit", die uns die Atomtechniker, die Chemieexperten, die Pharmakologen versprechen, ist unglaubwürdig. Das lehrt uns z.B. die Entwicklung der MAK- und MIK-Werte der Chemie in den letzten Jahren. Zu der Unsicherheit hinsichtlich der physikalisch-chemischen Kenntnisse, der Werkstoffe bis zu den Meßinstrumenten (im Atomreaktor, im Chemiewerk) kommen die menschlichen Schwächen, ein unberechenbarer Sicherheitsfaktor, der katastrophale Folgen haben kann. –

Die Wirtschaftssysteme in Ost und West zwingen dazu, gleichsam in einem Langstreckenlauf ununterbrochen ein immer schärferes Tempo einzuschlagen. – Wir möchten lieber ab und zu spazieren gehen, eine Ruhepause einlegen. – Viele Jugendliche verweigern den Leistungszwang, ziehen das harte, entbehrungsreiche Leben auf dem Lande vor, wollen mit eigenen Händen ihr täglich Brot erarbeiten. Sind es nur Phantasten, Sonderlinge, Deserteure? – In der Großstadt verkommen immer mehr Jugendliche in Alkohol, Drogen und Diskothekenlärm. Sie machen die Gesellschaft für ihr Elend verantwortlich. Erschreckend ist ihr Haß gegen Staat und Wirtschaftssystem. – Nicht nur die Jugend revoltiert, immer weitere Kreise fühlen, erkennen die Widersprüche zwischen den Möglichkeiten der reichen Industriestaaten und der erbärmlichen Wirklichkeit. –

Besonders beunruhigend ist, daß die fortdauernde Krise nicht wie früher auf Mangel und Armut beruht, sondern – vor allem in den westlichen Industriestaaten – im Gegenteil auf Überfluß, Übersättigung. – Im Nachwort des ersten Bandes wurde der erste Bericht des Club of Rome referiert, ohne Kommentar. Inzwischen ist der zweite Bericht von *Mesarovic* und *Pestel* erschienen (Stuttgart 1974). Die etwas summarische Weltbilanz des ersten Berichtes wurde verfeinert für die verschiedenen Regionen des Erdballs. Trotz Zitat des Werkes von *E.F. Schumacher* „Small is beautiful" (London 1973) wird die Grundhaltung des Technokraten beibehalten, der es sich nicht vorstellen kann, die unterentwickelten Völker aus ihrem „Elend zu erlösen" ohne moderne Technik, einschließlich Atomreaktoren. Von den Kritikern wird insbesondere das ungenügende ökologische Bewußtsein bedauert, z.B. von der „Gruppe Ökologie" (U – das technische umweltmagazin 6/74). – Einen Ausweg zeigte das „Bussauer Manifest" (in „Scheidewege", Heft 4, 1975). –

Ein hervorragender Politiker und Fachmann für Umweltpolitik, Dr. *Herbert Gruhl*, schrieb ein aufrüttelndes Buch „Ein Planet wird geplündert" (Frankfurt 1975). Auf Seite 254/255 heißt es:

„Es könnte aber schließlich der Fall eintreten, daß das Volk absolut jemanden zu hängen wünscht. Dann haben die Politiker

die größte Chance, zu dieser Ehre zu kommen . . . Aber so ganz
ungerecht wird das auch gar nicht einmal sein."

Sind die Politiker wirklich schuld, sind sie nicht abhängig von
der Verwaltungsbürokratie? Diese hat die Weimarer Republik zu
Fall gebracht, die Hitlerdiktatur gestützt. Auch jetzt sind die Politiker von den Beamten abhängig, ob es sich um den Bau einer Straße oder die Genehmigung eines Kernkraftwerkes handelt. Die Politiker sind meist unfähig, eine fachliche Entscheidung zu treffen.
Die heutigen technischen Probleme sind in der Tat viel zu kompliziert, selbst in Kreisen der Wissenschaft umstritten. Die Beamten
lehnen eine Verantwortung ab. Also wendet man sich an Experten,
an Sachverständige, möglichst Professoren.

Die Industrie hat sich viele vertraglich gesichert. Also strahlen
sie Optimismus aus. – Ein hervorragendes Beispiel ist *C.F. von
Weizsäcker*, früher international anerkannter Atomphysiker, dann
Philosoph, Fachmann auf dem Gebiet der Friedensforschung, der
Volkswirtschaft. Er riet der Bundesregierung zu ihrer Atompolitik.
Zwei seiner Argumente sind leicht zu widerlegen: Einen Mehrver-
brauch von Kohle (an Stelle von Kernenergie) hält er für gefährlich, erstens wegen der erhöhten Emission von Schwefeldioxid
(SO_2), zweitens wegen der erhöhten Kohlendioxid(CO_2)-Abgabe.
In der Tat müssen nach amerikanischen Schätzungen 30 000 Menschen wegen der Rauchgase fünf Jahre eher sterben. Dieses Gas
kann nun aus den Abgasen der Kraftwerke weitgehend entfernt
werden. Es gibt mehrere Verfahren (Band I, 33). In den USA und
in Japan haben sich die Verfahren großtechnisch bewährt. Bereits
1974 mahnte die „Landesanstalt für Immissionsschutz" des Landes NRW: „Die Abgasentschweflung ist anwendungsreif" (Band II,
141). Die deutsche Industrie verzögerte die Einführung wegen der
Kosten. Seit 1979 läuft auch im Saarland ein 700-MW-Kohlekraft-
werk mit Abgasentschweflung. Wußte das Prof. *C.F. von Weizsäcker* nicht? – Die Zunahme des CO_2 in der Atmosphäre könnte
theoretisch eine Klimaänderung (eine Erwärmung) bewirken. Das
Klima hängt von über 20 Faktoren ab. Eine Vorhersage über die
Wirkung des CO_2 ist schon aus mathematischen Gründen nicht
möglich. Das betonen auch fast alle Klimatologen, außer *Hermann
Flohn* (Bonn). In einem sensationellen Artikel „Stehen wir vor
einer Klima-Katastrophe?" warb er nebenbei für Kernreaktoren
(III, 24). Schöpfte *C.F. von Weizsäcker* auch aus dieser Quelle? –
Die Politiker und Beamten haben selten die Fachkenntnisse, Ent-
scheidungen zu fällen. Die Professoren werden sich einmal vor
einem Gerichtshof für Umweltvergehen verantworten müssen. Der
Nürnberger Kriegsverbrecherprozeß wird dagegen harmlos erscheinen. Noch haben die Professoren die Gelegenheit, ihre folgen-

schweren Thesen zurückzunehmen, bei der Wiedergutmachung zu helfen. Es geht nicht um Strafe oder Rache. Es geht um das Überleben der Menschheit. Es ist schwer, bei diesem Satz gelassen und ruhig zu bleiben. Einst sagte *Antigone* angesichts des Todes:

οὔτοι συνέχθειν, ἀλλὰ συμφιλεῖν ἔφυν.

„Nicht mitzuhassen, mitzulieben bin ich da."

Sachverzeichnis (Abkürzungen)

Seitenzahlen (I, II, III bedeuten Bandzahl)

303

WALTER L. H. MOLL,
TASCHENBUCH FÜR UMWELTSCHUTZ

Band I: **Chemische und technologische Informationen**
VIII, 237 Seiten, 8 Abb., 47 Tab. DM 19.80
(UTB 197)

Inhalt:
Einleitung
Luft
Wasser
Energie
Verkehr
Umweltchemikalien
Kunststoffe und Verpackung
Müll und Abfälle
Nachwort

Band II: **Biologische Informationen**
X, 234 Seiten, 3 Abb., 50 Tab. DM 23.80
(UTB 511)

Inhalt:
Einleitung
Bevölkerungspolitik
Gesundheitswesen
Pharmaka
Hygiene und Kosmetika
Toxikologie
Lebensmittel
Nachwort

DR. DIETRICH STEINKOPFF VERLAG · DARMSTADT

UTB

Fachbereich Chemie

1 Kaufmann: Grundlagen der organischen Chemie
(Birkhäuser). 5. Aufl. 77. DM 16,80

53 Fluck, Brasted: Allgemeine und anorganische Chemie
(Quelle & Meyer). 2. Aufl. 79.
DM 21,80

88 Wieland, Kaufmann: Die Woodward-Hoffmann-Regeln
(Birkhäuser). 1972. DM 9,80

99 Eliel: Grundlagen der Stereochemie
(Birkhäuser). 2. Aufl. 77. DM 10,80

197 Moll: Taschenbuch für Umweltschutz 1. Chemische und technologische Informationen
(Steinkopff). 2. Aufl. 78. DM 19,80

231 Hölig, Otterstätter: Chemisches Grundpraktikum
(Steinkopff). 1973. DM 12,80

263 Jaffé, Orchin: Symmetrie in der Chemie
(Hüthig). 2. Aufl. 73. DM 16,80

283 Schneider, Kutscher: Kurspraktikum der allgemeinen und anorganischen Chemie
(Steinkopff). 1974. DM 19,80

342 Maier: Lebensmittelanalytik 1 Optische Methoden
(Steinkopff). 2. Aufl. 74. DM 9,80

405 Maier: Lebensmittelanalytik 2 Chromatographische Methoden
(Steinkopff). 1975. DM 17,80

387 Nuffield-Chemie-Unterrichtsmodelle für das 5. u. 6. Schuljahr Grundkurs Stufe 1
(Quelle & Meyer). 1974. DM 19,80

388 Nuffield-Chemie. Unterrichtsmodelle. Grundkurs Stufe 2, Teil I
(Quelle & Meyer). 1978. DM 19,80

409 Härtter: Wahrscheinlichkeitsrechnung für Wirtschafts- und Naturwissenschaftler
(Vandenhoeck). 1974. DM 19,80

509 Hölig: Lerntest Chemie 1 Textteil
(Steinkopff). 1976. DM 17,80

615 Fischer, Ewen: Molekülphysik
(Steinkopff). 1979. Ca. DM 16,80

634 Freudenberg, Plieninger: Organische Chemie
(Quelle & Meyer). 13. Aufl. 77.
DM 19,80

638 Hölig: Lerntest Chemie 2 Lösungteil
(Steinkopff). 1976. DM 14,80

675 Berg, Diel, Frank: Rückstände und Verunreinigungen in Lebensmitteln
(Steinkopff). 1978. DM 18,80

676 Maier: Lebensmittelanalytik 3 Elektrochem. und enzymat. Methoden
(Steinkopff). 1977. DM 17,80

842 Ault, Dudek: Protonen-Kernresonanz-Spektroskopie
(Steinkopff). 1978. DM 18,80

853 Nuffield-Chemie. Unterrichtsmodelle. Grundkurs Stufe 2 Teil II
(Quelle & Meyer). 1978. DM 16,80

902 Gruber: Polymerchemie
(Steinkopff). 1979. Ca. DM 16,80

Uni-Taschenbücher wissenschaftliche Taschenbücher für alle Fachbereiche.
Das UTB-Gesamtverzeichnis erhalten Sie bei Ihrem Buchhändler oder direkt von
UTB, Am Wallgraben 129, Postfach 80 11 24, 7000 Stuttgart 80

UTB

Fachbereich Medizin

Uni-Taschenbücher
wissenschaftliche Taschenbücher für
alle Fachbereiche.
Das UTB-Gesamtverzeichnis
erhalten Sie bei Ihrem Buchhändler
oder direkt von
UTB, Am Wallgraben 129,
Postfach 80 11 24, 7000 Stuttgart 80